環境規制の現代的展開

大塚直先生還暦記念論文集

大久保 規子
高村 ゆかり
赤渕 芳宏
久保田 泉
編

法律文化社

謹んで還暦をお祝いし

大塚 直 先生に捧げます

執 筆 者 一 同

BRITANNICA
DICTIONARY
DICTIONARY
KENKYUSHA'S
NEW
ENGLISH-JAPANESE
DICTIONARY
THE CONCISE
OXFORD
DICTIONARY
SECOND
EDITION

大塚 直 先生 近影

目　　次

Ⅱ　環境規制の総体的把握

Ⅲ　環境規制の彫琢

Ⅳ　司法における／司法による環境規制の展開

凡　例

文献略称一覧

阿部＝淡路還暦	大塚直・北村喜宣編『環境法学の挑戦』〔淡路剛久教授・阿部泰隆教授還暦記念〕（日本評論社、2002年）
阿部古稀	高木光ほか編『行政法学の未来に向けて』〔阿部泰隆先生古稀記念〕（有斐閣、2012年）
淡路古稀	大塚直・大村敦志・野澤正充編『社会の発展と権利の創造』〔淡路剛久先生古稀祝賀〕（有斐閣、2012年）
大塚	大塚直『環境法〔第３版〕』（有斐閣、2010年）
大塚・Basic	大塚直『環境法 BASIC〔第２版〕』（有斐閣、2016年）
加藤追悼	森島昭夫・塩野宏編『変動する日本社会と法』〔加藤一郎先生追悼論文集〕（有斐閣、2011年）
環境法政策	環境法政策学会誌（商事法務、１号（1998年）-）
北村	北村喜宣『環境法〔第４版〕』（弘文堂、2017年）
北村・自治体	北村喜宣『自治体環境行政法〔第７版〕』（第一法規、2015年）
桑原・基礎理論	桑原勇進『環境法の基礎理論』（有斐閣、2013年）
大系	新美育文・松村弓彦・大塚直編『環境法大系』〔森嶌昭夫先生喜寿記念〕（商事法務、2012年）
高橋（信）	高橋信隆（編著）『環境法講義』（信山社、2012年）
高橋ほか編・法と理論	高橋信隆・亘理格・北村喜宣編『環境保全の法と理論』（北海道大学出版会、2014年）
西井編・環境条約	西井正弘編『地球環境条約：生成、展開と国内実施』（有斐閣、2005年）
百選（３版）	大塚直・北村喜宣編『環境法判例百選〔第３版〕』（有斐閣、2018年）
森島ほか編・行方	森島昭夫・大塚直・北村喜宣編『環境問題の行方』（有斐閣、1999年）

法令等略称一覧

法律

アセス法	環境影響評価法

オゾン層保護法	特定物質の規制等によるオゾン層の保護に関する法律
温暖化対策法	地球温暖化対策の推進に関する法律
外為法	外国為替及び外国貿易法
外来生物法	特定外来生物による生態系等に係る被害の防止に関する法律
化審法	化学物質の審査及び製造等の規制に関する法律
海洋汚染防止法	海洋汚染等及び海上災害の防止に関する法律
カルタヘナ法	遺伝子組換え生物等の使用等の規制による生物の多様性の確保に関する法律
環境配慮契約法	国等における温室効果ガス等の排出の削減に配慮した契約の推進に関する法律
希少種保存法	絶滅のおそれのある野生動植物の種の保存に関する法律
行訴法	行政事件訴訟法
グリーン購入法	国等による環境物品等の調達の推進等に関する法律
公健法	公害健康被害の補償等に関する法律
小型家電リサイクル法	使用済小型電子機器等の再資源化の促進に関する法律
湖沼法	湖沼水質保全特別措置法
再生可能エネルギー買取法	電気事業者による再生可能エネルギー電気の調達に関する特別措置法
資源有効利用促進法	資源の有効な利用の促進に関する法律
自動車 NO_X・PM 法	自動車から排出される窒素酸化物及び粒子状物質の特定地域における総量の削減等における特別措置法
循環基本法	循環型社会形成推進基本法
省エネ法	エネルギーの使用の合理化に関する法律
情報公開法	行政機関の保有する情報の公開に関する法律
水濁法	水質汚濁防止法
瀬戸内法	瀬戸内海環境保全特別措置法
ダイオキシン法	ダイオキシン類対策特別措置法
大防法	大気汚染防止法
鳥獣保護法	鳥獣の保護及び狩猟の適正化に関する法律
東京都環境確保条例	都民の健康と安全を確保する環境に関する条例（東京都）
土対法	土壌汚染対策法
毒劇法	毒物及び劇物取締法
農用地土壌汚染防止法	農用地の土壌の汚染防止等に関する法律

廃棄物処理法	廃棄物の処理及び清掃に関する法律
バーゼル法	特定有害廃棄物等の輸出入等の規制に関する法律
ビル用水法	建築物用地下水の採取の規制に関する法律
負担法	公害防止事業費事業者負担法
容器包装リサイクル法	容器包装に係る分別収集及び再商品化の促進等に関する法律
JAXA 法	国立研究開発法人宇宙航空研究開発機構法
PRTR 法	特定化学物質の環境への排出量の把握等及び管理の改善の促進に関する法律
RPS 法	電気事業者による新エネルギー等の利用に関する特別措置法

条約

オーフス条約	環境問題における情報へのアクセス，意思決定への市民参加及び司法へのアクセスに関する条約
気候変動枠組条約	気候変動に関する国際連合枠組条約
国連海洋法条約	海洋法に関する国際連合条約
生物多様性条約	生物多様性に関する条約
バーゼル条約	有害廃棄物の国境を超える移動及びその処分の規制に関するバーゼル条約
ボン条約	移動性野生動物種の保全に関する条約
水俣条約	水銀に関する水俣条約
モントリオール議定書	オゾン層を破壊する物質に関するモントリオール議定書
ロンドン条約	廃棄物その他の物の投棄による海洋汚染の防止に関する条約
ワシントン条約	絶滅のおそれのある野生動植物の種の国際取引に関する条約
CLP 規則	EU における化学品の分類、表示、包装に関する規則
GATT	関税及び貿易に関する一般協定
POPs 条約	残留性有機汚染物質に関するストックホルム条約
REACH 規則	欧州連合（EU）における化学品の登録・評価・認可および制限に関する規則
RoHS 指令	電気・電子機器に含まれる特定有害物質の使用制限に関する欧州議会及び理事会指令

英字略語一覧

AJIL：*American Journal of International Law*
COP：Conference of the Parties（締約国会議）
CSD：Commission on Sustainable Development（持続可能な開発に関する委員会）
EEZ：Exclusive Economic Zone（排他的経済水域）
EU：European Union（ヨーロッパ連合）
FAO：Food and Agriculture Organization of the United Nations（国連食糧農業機関）
FRP：Fiber-Reinforced Plastics（繊維強化プラスチック）
GEF：Global Environment Facility（地球環境ファシリティ：公定訳は「地球環境基金」）
GHG：Greenhouse Gas（温室効果ガス）
IAEA：International Atomic Energy Agency（国際原子力機関）
ICJ：International Court of Justice（国際司法裁判所）
ILA：International Law Association（国際法協会）
ILC：International Law Commission（国際法委員会）
IMO：International Maritime Organization（国際海事機関）
IPCC：Intergovernmental Panel on Climate Change（気候変動に関する政府間パネル）
IUCN：International Union for Conservation of Nature（国際自然保護連合）
J. Envtl L.：*Journal of Environmental Law*
KES：Kyoto Environmental Management System Standard（京都環境マネジメントシステム・スタンダード）
LNG：Liquefied Natural Gas （液化天然ガス）
LPG：Liquefied Petroleum Gas（液化石油ガス）
MSDS：Material Safety Data Sheet（化学物質安全性データシート）
OECD：Organization for Economic Co-operation and Development（経済協力開発機構）
PCB：Poly Chlorinated Biphenyl（ポリ塩化ビフェニル）
REDD+：Reducing emissions from deforestation and forest degradation and the role of conservation, sustainable management of forests and enhancement of forest carbon stocks in developing countries（途上国における森林減少・森林劣化に由来する排出の抑制、並びに森林保全、持続可能な森林経営、森林炭素蓄積の増強）
RFMO：Regional Fisheries Management Organization（地域漁業管理機関）
SAICM：Strategic Approach on International Chemical Management（国際的化学物質管理に関する戦略的アプローチ）
UNCED：United Nations Conference on Environment and Development（国際連合環

境開発会議；リオ会議）

UNEP：United Nations Environmental Programme（国際連合環境計画）

UNFSA：United Nations Fish Stocks Agreement（国連公海漁業実施協定）

WCED：World Commission on Environment and Development（環境と発展に関する世界委員会）

WSSD：World Summit on Sustainable Development（持続可能な発展に関する世界サミット；ヨハネスブルグ・サミット）

WTO：World Trade Organization（世界貿易機関）

WWF：World Wide Fund for Nature（世界自然保護基金）

■執筆者紹介（執筆順、＊は編者）

松本　和彦	（まつもと・かずひこ）	大阪大学大学院高等司法研究科教授
桑原　勇進	（くわはら・ゆうしん）	上智大学法学部教授
＊大久保規子	（おおくぼ・のりこ）	大阪大学大学院法学研究科教授
＊赤渕　芳宏	（あかぶち・よしひろ）	名古屋大学大学院環境学研究科准教授
＊高村ゆかり	（たかむら・ゆかり）	東京大学未来ビジョン研究センター教授
遠井　朗子	（とおい・あきこ）	酪農学園大学農食環境学群・環境共生学類教授
堀口　健夫	（ほりぐち・たけお）	上智大学法学部教授
鶴田　　順	（つるた・じゅん）	明治学院大学法学部准教授
北村　喜宣	（きたむら・よしのぶ）	上智大学法学部教授
岡村　りら	（おかむら・りら）	獨協大学外国語学部准教授
久保はるか	（くぼ・はるか）	甲南大学法学部教授
島村　　健	（しまむら・たけし）	神戸大学大学院法学研究科教授
黒川　哲志	（くろかわ・さとし）	早稲田大学社会科学総合学術院教授
奥　　真美	（おく・まみ）	首都大学東京都市環境学部教授
及川　敬貴	（おいかわ・ひろき）	横浜国立大学大学院環境情報研究院教授
＊久保田　泉	（くぼた・いずみ）	国立環境研究所 社会環境システム研究センター主任研究員
松本　充郎	（まつもと・みつお）	大阪大学大学院国際公共政策研究科准教授
大坂　恵里	（おおさか・えり）	東洋大学法学部教授
勢一　智子	（せいいち・ともこ）	西南学院大学法学部教授
小島　　恵	（こじま・めぐみ）	都留文科大学教養学部専任講師
藤岡　典夫	（ふじおか・のりお）	公益社団法人国際農林業協働協会専務理事
二見絵里子	（ふたみ・えりこ）	清和大学法学部非常勤講師
藤井　康博	（ふじい・やすひろ）	大東文化大学法学部教授
下村　英嗣	（しもむら・ひでつぐ）	広島修道大学人間環境学部教授
飯泉　明子	（いいずみ・あきこ）	静岡大学教育学部元非常勤講師
増沢　陽子	（ますざわ・ようこ）	名古屋大学大学院環境学研究科准教授

奥田　進一（おくだ・しんいち）　拓殖大学政経学部教授
前田　陽一（まえだ・よういち）　立教大学大学院法務研究科教授
佐伯　　誠（さえき・まこと）　早稲田大学大学院法学研究科研究生
越智　敏裕（おち・としひろ）　上智大学法学部教授
下山　憲治（しもやま・けんじ）　一橋大学大学院法学研究科教授
劉　　明全（りゅう・めいぜん）　東南大学法学院副教授

I

環境規制の正当化根拠

憲法問題としての環境保護
――民主主義との関係において

松本　和彦

1　はじめに

1947年に施行されて以来、これまで一度も改正されていない日本国憲法には、環境保護に関する明文規定がない。世界には何らかの形で環境保護の要請を憲法に規定する国が150ほどある[1)]といわれる中で（これは世界の4分の3に当たる）、日本国憲法には、環境権規定も国家の環境保護義務規定も明文化されていない。一見の限りでは、環境保護と無関係であるとの印象すら受ける。もっとも厳密には、「国は、すべての生活部面について……公衆衛生の向上及び増進に努めなければならない」と定める憲法25条2項が、唯一の環境保護規定といえなくもない。国の努力義務に過ぎないとはいえ、公衆衛生の向上・増進は伝統的な環境行政の1つだからである。しかし、同規定には「公衆衛生」と同列で「社会福祉、社会保障」が定められていることから、その主眼は明らかに社会国家・福祉国家の理念を追求しようとするところにあると考えざるを得ない。同規定からは、残念ながら、環境保護を明確な国家目標として打ち立てようとする意欲は感じられない。

とはいえ、そもそも憲法とは、一般的抽象的な規定を多く含む法規範であるため、明文ではっきりと書かれた規定がない場合でも、その趣旨・目的・機能が指し示す全体的な構造を手がかりに、憲法解釈の手法によって、その規範的内容が読み取られなければならないものである[2)]。環境保護が国政上の重要な課題とされ、その解決が法的にも模索されている以上、これを「国の最高法規」（憲98条1項）としての憲法の問題としても受け止め、解釈によって明らかにされた規範的内容に照らして、いかに対処されるべきなのかを考えておく必要もあろう。憲法問題としての環境保護という視点に立った現行憲法の解釈論的考察である。場合によれば、その延長線上において、憲法改正による環境保護の実定化の課題が見えてくる可能性もある。

以下では、紙数の関係から、論点を1つに絞る。その論点とは、環境保護を行う憲法上の正式ルートとしての民主主義の問題である。日本国憲法の下において、環境保護とは、民主的決定を通じて実現されるべき課題といってよいのだろうか。そうだとすれば、何よりもまず、環境保護と民主主義の関係に焦点を当て、両者がどのような仕組みにおいて機能するのか、解き明かされなければならないだろう。環境問題の解決はなぜ民主主義に委ねられなければならないのか、それはどのような民主主義を想定しているのか、民主主義の意義とさらにその限界が問われなければならない。民主主義の限界に対しては、さらに民主主義の補完を考える必要もある。

いうまでもなく、環境保護の憲法問題は民主主義の問題に限られるものではなく、他にも様々な論点が存在する。環境権をめぐる議論などは、その最たるものであろう。しかし紙幅の関係もあり、それらを逐一取り上げることは断念せざるを得ない。以下では、環境保護と民主主義の関係という論点に限定して考察を進めることにする。

2　環境保護の場としての民主主義

日本国憲法は、前文において、「そもそも国政は、国民の厳粛な信託によるものであつて、その権威は国民に由来し、その権力は国民の代表者がこれを行使し、その福利は国民がこれを享受する」と規定している。これは一般に、日本国憲法が民主主義の原理を採用したことを宣言したものと理解されている[3)]。国政＝国の政治は民主主義原理に基づいて営まれなければならないとする要請である。政治とは「集合的に拘束する正統な決定の作成（あるいは単純に集合的意思決定[4)]）」であるので、民主主義の国政では、国民＝被支配者が国民＝支配者の拘束力ある決定に服することになる。A・リンカーンの言葉に引き寄せて表現すれば、国民の、国民による、国民のための支配が、民主主義原理の意味内容になる。

これは、国民が自らに対して拘束力のある決定を下し、自らその決定に拘束されるという自己拘束の論理である。そのような自己拘束がいかにして実現可能なのかについては、後に論じることにして、その前に、なぜそのような自己拘束が必要なのかといえば、それは見解・利害・立場が国民間で不可避的に異なるからだと答えられる。国民間の見解・利害・立場の対立が深刻化すれば、平和が破壊され、誰もが不利益を被るため、落としどころが見当たらない場合であっても、対立がもたらす平和の破壊を回避するには、対立を超える何らかの決定を誰もが受け容れざるを得ない。しかし、その決定が他律的に強いられるものであると、安定した遵守が期待できない。国民が自らの決定に服従するという自己拘束の仕組みは、個々の決定内容に不服があっても、自分たちが下した決定なのだから受け容れようとする心理に訴えかけることで、正統な秩序を形成し、安定性を維持しようとする仕組みなのである。

自己拘束は環境保護の場面でも必要とされる。環境保護というテーマは、総論賛成・各論反対の対立状況を生み出す典型例である。対立状況の深刻化を防ぎ、平和裏に解決するためには、自己拘束的決定が不可欠になる。公共財としての環境利益は、みんなの利益であるがゆえに、それを保護しようという主張にまずは賛意が寄せられる。しかし、その環境利益が具体化されたとたん、各方面から反対意見が提起される。というのも、環境利益はみんなの利益であるがゆえに、関係主体の範囲が広く、誰もが自己主張する資格を有し、環境利益に対する評価を異にする（ある者は自然の改変自体に反対し、別の者は自然に手を加える方がむしろ自然を活かせると主張し、さらに別の者は少しぐらいの改変なら対抗利益に照らして十分に受忍可能と訴える[5]）ため、具体的な環境問題になるや否や政治問題化して、場合によってはトレード・オフの状況下で、最終的にどの方策を採用するかについて決定せざるを得なくなるからである[6]。このような決定は、自己拘束でないと、安定的に受容できないだろう。

3　民主主義の道具的価値

民主主義は、国民の、国民による、国民のための支配という自己拘束の論理を基礎にしているとはいえ、民主主義の仕組みに依拠しさえすれば、環境保護という目的も達成可能かといえば、もちろんそう単純に結論づけられるわけではない。環境保護のための具体的方策に対しては、民主主義の下でも、反対意見に晒されることは避けられない。意見がまとまらないからといって、いつまでも決定を先延ばしにできるとは限らないとすれば、どこかの時点で、その具体的方策に対して賛否の決定を下さなければならない。それが自分たちの下した決定であれば、賛否のいずれであっても、窮極のところでは、おそらく受け容れられるだろう。しかしその決定は、環境保護にとって有用といえるのか。民主主義は環境保護の目的に適合的なのか、それは環境保護を促進するものなのか、なお問われなければならない。

先にも述べたように、環境保護が総論において賛意を得るのは難しくない。環境保護の理念を憲法に掲げていようと、掲げていまいと、理念に反対する者はいないだろう。その意味で、環境を保護するか否かが問題視されることはない。争いになるのはあくまでも環境保護の具体的方策である。具体的方策には異論があり得る。しかも、もし採用された具体的方策が、結果的に環境破壊的なものであると、その限りで、民主主義には環境保護のための道具的価値がないと評価されよう。

これに対して、民主主義には望ましい結果をもたらす道具的価値があるとする見解もある[7)]。この見解は、たとえ個々人の判断に至らぬところがあったとしても、それが数多く集まれば、集合知と呼ぶべき賢慮へと導かれるのだという。この見解に従えば、環境保護が望ましい理念であり、達成されるべき目的である以上、民主主義は最終的には環境保護を促進することになる。民主的決定に至る過程には多くの誤りがあるだろうし、民主的決定が下された時点でも、なお誤りは残るかもしれないものの、集合知が機能すれば、いずれその誤りが認識され、最終的には排除されるはずだというのである。

正しい認識を重視するのであれば、むしろその筋の専門家（環境保護の専門家）に判断を任せた方が、望ましい結果を得る確率は高いはずとの評価もあり得ようが、専門家への過度の依存は専制化（いわゆるエコ独裁）を免れず、専制化した存在は歯止めが効かないため、結局は望ましくない方向に向かうと危惧される。これに対して、民主主義であれば、決定に至る過程で様々な意見と情報を契機にした反省のメカニズムが働くので、誤りを修正する機会も少なくないと考えられる[8)]。民主主義には自己修正と継続学習の能力が備わっているというのなら、決定に対する同意の調達を超えて、環境保護に資する正しい決定を調達できると想定することにも不自然さはない。さらに、民主主義は環境保護を促進するという望ましい結果をもたらすだけでなく、人々の環境保護意識を涵養するという望ましい副次効果も生んでくれるので、環境保護の好循環の確立に寄与すると期待できる。民主主義の仕組みをしっかりと整えることさえできれば、環境保護という目的も達成可能ということになる。

4　正統化できる決定の仕組み

しかし、このような結論は環境保護の実態に鑑みて、あまりにも楽観的な評価に過ぎるとの異論もあるに違いない。現実の民主主義社会にも当然に環境問題はある。そのことが否定されるわけではない。それでも、民主主義より優れた環境保護の仕組みが見当たらないのも事実である。環境保護の実態に問題があると感じられる場合も、その理由は、民主主義の仕組みが十全に機能するための条件を欠いているところにあるのかもしれない。民主主義が十全に機能するための条件を明らかにするのは、決して易しいことではないが、みんなの利益としての環境利益を保護するためには、エコ独裁でなく、さりとて「多数派の専制」でもない、みんながそこに貢献して、みんなでその成果を受け容れる民主主義の仕組みを構想せざるを得ない。そのためには、受容可能な自己拘束を具体化する仕組みを考案する必要がある。

(1) 決定の主体の権威性

民主主義は国民を主体とする。したがって拘束力のある決定は、すべて国民から発せられなければならない。拘束力のある決定はすべて国民から導かれるからこそ、その決定に国民自身が服することが自己拘束になるのである。しかし、あらゆる決定を国民自らが下すことは現実的でない。環境保護が総論において賛成されているとはいえ、各論においては見解の対立を免れない以上、日常生活上、様々な課題を抱え込んでいる全国民が、この対立を乗り越えるため常に解決を模索し、決定に関与するよう強いられるとすれば、負担過重に陥らざるを得ないだろう。すべての決定は国民から発せられなければならないが、国民自身による決定の負担から国民を解放することも必要なのである[9)]。そのためには、決定を委ねるべき国民の代表が求められる。決定の淵源が国民にあることを確保しつつも、決定自体はその代表者が行えるような仕組みが要るのである。

だから日本国憲法も前文で「その権威は国民に由来し、その権力は国民の代表者がこれを行使」するという。そして「全国民を代表する選挙された議員」で組織された国会（憲42・43条）を設けて、そこで基本的な決定を下すよう委任するとともに、執行機関として内閣を設け（憲65条）、さらにその内閣の下に行政各部（憲72条）を設置して、基本決定（それは法律という形式で下される）を誠実に執行する（憲73条1号）と定めているのである。日本国憲法の代表民主制の仕組みは、国民の決定主体性と決定の実行可能性を同時に確保しようとするものといえる。

それだけではない。この仕組みは、国民の委任を受けている国会、さらにその国会に信任されている内閣や、その内閣の指揮監督下にある行政各部に対して、国民への責任を果たすよう義務づける。責任政治の原理である[10)]。決定権者による責任の果たし方には様々な種類があるが、すべての決定に共通する責任は説明責任である。数々の異論を解消しきることのないまま決定せざるを得なかったのなら、なぜその決定になったのか、決定権者は、国民に説明しなければならない。逆に国民は自らの判断の理由を説明する必要がない。それどころか、国民は代表者による決定に対して、自由な批判を行うことが憲法上保障される（憲21条１項の表現の自由）。国民は自由で多様な公共圏において自らの意見を形成すればよいのであって、その意見形成に責任を負わない。決定も責任も免除された公共圏において表明される様々な国民の意見が、国会等の制度化された公的機関に反映されることで、公的な決定は民主的に正統化される[11]。

⑵　決定の手続の充実化

ただし、国民と国民代表の距離が大きくなりすぎると、国民の決定主体性のフィクションが維持できなくなる。委任者の意思と受任者の判断にはズレが付きものであって、だからこそ前者による後者の責任追及が不可欠とされるのだが、このズレが埋められなくなれば、代表民主制そのものが危機に陥るおそれがある。ここで直接民主制を持ち出しても、一時的解決にしかならない。ひどい場合はプレビシットと化す危険もある。それが国民に決定の負担を強いるからだという理由の他にも、直接民主制では、国民に説明も求めず、責任も問わないまま、ただ決定だけを委ねることになりかねないからである[12]。決定だけを任された国民が、その決定を実際に任せた権力者の道具に成り下がり、権力者の判断にお墨付きを与えるだけの役割しか果たせなかったことも、歴史上、珍しくない。

それゆえ、日本国憲法が代表民主制を基本枠組みとすることには理由があるといってよいが、決定が多くの国民の意思から乖離する事態は避けなければならない。日本国憲法は、国民から決定権者にアプローチする手段として、選挙権（憲15条）や請願権（憲16条）を保障しており、さらに公共圏での自由な意見表明を保障して、決定権者の関心が常に国民の要望に向くようにしている。国民が環境保護政策にプライオリティを有しているのなら、代表民主制下の決定権者はこれを無視することができないはずである。

問題は、環境利益が広くて薄い公共財であって、その保護のための費用分担を動機づける効果に乏しく、むしろフリーライドを誘発しやすい性質を持っている点にある。そのため、誰もが環境保護に対して総論では賛成しているにもかかわらず、環境保護政策にプライオリティが与えられないのである。啓発や教育を通じて国民の環境保護意識が高まり、公共圏において大きな潮流を作り出すことができれば、自ずと決定権者の関心と接続するはずであるが、そのような潮流を作り出すのは至難の業である。そこには工夫がなければならない。

1つの工夫は、環境利益の意義を説き、そのために必要な情報を調達し、その内容を広く一般に普及させるための手続を設けることである。そもそも手続は、無限の複雑性を有限のそれに縮減し、取扱い可能で受容可能な決定へと仕立て上げるのに不可欠とされる[13)]。手続がなければ実体的な決定はあり得ない。他にも手続には、決定によって不利益を受ける者に対して権利防衛的な地位を保障する機能がある（憲31条参照）。しかし、環境保護に資する積極的な機能を手続に期待するのであれば、環境保護に役立つ意見や情報を有する者を積極的に取り込むような手続を設定し、その者たちの手続的権利を保障するのが有益であると思われる。

これは環境民主主義の主張内容である[14)]。環境民主主義は、環境保護を志向した参加民主主義（participatory democracy）の1つといってよい。参加民主主義は、決定の様々な場面へのステークホルダーの関与を認めることで、公共的な決定に批判と反省の契機を与え、理解可能性・受容可能性を高めようとするものである。誰がステークホルダーになるのかといえば、決定の対象によって、その範囲が変わってくる。環境問題においては、それが生活環境の一場面にしか関わらなければ（たとえば騒音問題）、ステークホルダーの範囲も限定されるかもしれないが、境界のない環境を対象にすればするほど、ステークホルダーの範囲も広くなり、誰もがステークホルダーたり得えよう。広範囲のステークホルダーが参加してくれば、その間の調整が難しくなるかもしれないものの、参加者は決定権を持つわけではないので、参加者間に対立があっても、利害の調整は必須ではない。

環境民主主義の主張者が、環境民主主義の具体的イメージとして念頭に置くのは、1992年の「環境と開発に関するリオ宣言」第10原則であり、それを具体化した1998年の「環境問題における情報へのアクセス、意思決定への市民参加及び司法へのアクセスに関する条約」、いわゆるオーフス条約である。オーフス条約の定める3つの手続的権利、すなわち、情報アクセス権、行政決定への参加権、司法アクセス権は、環境民主主義を成立させるための不可欠の手続的権利とみなされている。なぜこれら３つの手続的権利が不可欠なのかは、必ずしもはっきりしていないが、これらが代表的な手続的権利であって、積極的に環境保護に取り組もうとする者に対し、決定に実質的な影響を与えるための正式のルートを示して、そこでの能動的な活動の機会を保障することにより、環境保護の質の向上と活性化を図ろうとするものと理解される。

環境保護手続に環境利益の保護を実際に促進する機能があるのかどうかは、実証済みとまではいい難いものの、そうした手続を設定し、その履行を強いることにより、環境適合的な決定に誘導できるとの想定は、大筋において広く受け容れられているといえる。手続への期待はとりわけ行政過程に対する市民参加に寄せられている[15)]。この意味での環境民主主義は、確かに日本国憲法とも親和的であるといってよい。しかし、情報アクセス権、行政決定への参加権、司法アクセス権は明文規定をもって定められているわけではないことから[16)]、憲法上の手続的権利として擁護可能かどうかは、意見の分かれるところかもしれない。ただ、ここで意見が分かれたとしても、これらの権利を法律で保障することは、民主主義の原理に照らして擁護可能であるし、手続の環境保護機能に重点を置いた制度の構築には、相応の期待を寄せてよいと思われる。

(3)　決定の内容の説得力

政治的多元主義者にとって、民主主義とは政治的対立を妥協させる仕組みの保障を意味する。民主主義の社会には唯一の正しい決定などなく、異なる見解間での妥協調整を経て、最終的には多数決原理に従って決定される[17)]。決定は妥協の産物であり、その妥協は多数決原理によって促進される。決定は必ずしも正解であることを意味しない。なので、下された決定を墨守しなければならない必然性はないし、状況次第で多数派と少数派の入替わりもあるから、決定が変更・修正される可能性も常に残る。むしろ民主主義にとっては、決定の変更・修正の可能性が確保されていることこそが重要とされている[18)]。

こうした見方によれば、環境保護の決定も妥協の産物であって、客観的に正しいものとみなす必要がない。求められているのは、その時々の環境保護政策上の対立を妥協させ、多数決原理に基づいて決定し、秩序を暫定的に安定させつつも、その後の状況変化に対応しながら、変更・修正を施すことに過ぎない。しかしそうなると、環境利益もその他の私益と同様に、妥協調整の過程に投入され、最後は多数決原理に従って処理される1つの利益になってしまう。環境利益を決定に反映させたいのであれば、環境利益の擁護者が政治過程において他の利益の擁護者と妥協調整を重ね、多数派を形成しなければならない。こうした多数派形成の仕組みが保障されているところに、民主主義の本質と価値が見出されることになる。

しかし、環境利益は公共財であって、誰もが擁護すべき公共の利益ではなかったのか。先に述べたように、環境保護というテーマは、総論では賛成されても各論では反対されることの多い論争的課題ではあったが、環境保護の目的自体は異論なく受け容れられる共通善（common good）だったはずである。だとすれば、共通善としての環境保護を決定内容に反映させ、単なる妥協の産物としてではなく、正しいとみなしてよいといえるだけの説得力をその決定に備えさせる必要があろう。

そうした方向で民主主義の仕組みを構想するのが、熟議民主主義の立場である[19)]。ここでは熟議（deliberation）が重視され、熟議の過程を通じて、決定の受容可能性の向上が図られるだけでなく、決定内容の正しさも追求される。熟議の過程においては、個々に行われる熟慮もさることながら、複数人による情報と意見の交換を通じた討論（すなわち熟議）によって、熟議参加者の当初の偏見が修正され、熟議前よりも質量ともに豊富になった情報に基づき、より理性的な判断が可能になると見込まれることから、判断の産物である決定も正しい内容に向かうと期待できるのである。では、環境問題も熟議の過程に置かれたら、正しい決定を獲得することができるのだろうか。

熟議民主主義の主唱者の中には、熟議を実現するための具体的な仕組みを提唱し、あるいは提唱した仕組みを実際に用いて、熟議の成果を明らかにする者も少なくない[20)]。具体的には、討論型世論調査（deliberative poll[21)]）、コンセンサス会議（consensus conference）、プランニング・セル（Planungszelle）、市民陪審（citizens jury）、「熟議の日（deliberative day[22)]）」の設定、などが提案され、あるいは実践されている。これらの提案の多くは、無作為抽出で選ばれた一般市民を集め、その場でミニ・パブリックス（mini-publics）を人為的に構成した上で、専門家の助力も得ながら特定のテーマについて議論し結論を出してもらうことを考えている。しかし、これらの提案の実現に要する参加審議のコストもさることながら、ミニ・パブリックスはもともと正規の代表ではないので、その結論に民主的正統性を求めることはできない[23)]。

ミニ・パブリックスでは合意形成を目指して理性的な議論が行われるが、合意が得られるのかどうかは分からないし、合意を形成することが本当に望ましいのか、立場の違いが残ることを認めた方がむしろよいのではないか、という意見もあり得るため、熟議の先で合意を目指さない熟議民主主義も視野に収めた方がよいかもしれない。その場合は、熟議の過程を経た意見形成自体に価値を認めることになる。先に述べたように、決定も責任も免除された一般市民の公共圏においては、合意形成の圧力下に置かない方が自由闊達な意見交換を促進すると推測されるのであり、その方が熟議を活性化させるのではないかと思われる。

さらに、ミニ・パブリックスの設定にこだわることなく、熟議の契機を自由な公共圏の中に定着させ、そこで形成された意見を公共圏から国会等の制度化された公的機関に反映させることができれば、公的決定は民主的に正統化されるだけでなく、内容的にも正しい決定とみなすことができるかもしれない[24)]。現時点では、そのような決定を得る見込みがあるとの実証はまだ見当たらないが、参加民主主義（環境民主主義）の試みと併せて挑戦してみる価値はある。

5　民主主義の限界と補完

冒頭で提起した問いに答えると、環境保護とは、民主的決定を通じて実現されるべき課題といってよいのではないか。環境問題の解決は民主主義に委ねられなければならない。民主主義は決して一義的ではないものの、日本国憲法には民主主義の仕組みを実定化した規定がいくつもあり、民主主義憲法として異論なく受け容れられている。ロバート・ダールは、民主主義であることを認める資格として、①選挙によって選出された公務員、②自由で公正な選挙の頻繁な実施、③表現の自由、④多様な情報源、⑤集団の自治・自立、⑥全市民の包括的参画という6つの要件が充足されることをあげたが[25)]、この6つの要件と日本国憲法の規定を対応させることは困難ではない。もちろん、市民参加の明文規定が欠けているなど、日本国憲法が完璧とされるわけではない。しかし、それさえも民主主義に則って補充していくことが可能である。参加民主主義や熟議民主主義の構想も、民主主義それ自体の充実化を通じて、自らの問題性に対応しようとしたと評することもできると思われる。

では、民主主義に限界はないのか。民主主義のポテンシャルはまだ十分に明らかにされていないことから、その限界をあげつらうのは時期尚早かもしれない。最終節で言及するつもりであるが、民主主義にはグローバル化と世代間正義に関する課題がある。それが民主主義の限界であるという者もいるだろう。仮にそうだとしても、限界を嘆く前に何らかの手当が可能かどうか、検討しておかなければならない。

環境保護との関係では、環境利益を保護すべきだとする主張が、少なくとも総論において賛同を得ている限り、民主主義のルートを通じて解決できる見込みが十分にある。各論での異論の調整（必ずしも解消ではない）だけが、民主主義の過程に委ねられた責務になろう。もちろん、民主主義であっても、環境の質を現状以上に向上させるのは、そのことに大きな利益を有する人が相当いないと、なかなか難しいだろう。しかし、環境問題の多くは「環境への負荷」（環境基本2条1項）の低減にかかわる。持続可能な発展を確保するため、一定の環境負荷を許容しつつ、それが行き過ぎることのないように人間活動を統制するのが、環境保護の目的である。そしてこの目的は民主主義社会において共有可能である。

日本国憲法は、民主主義のうちでも代表民主制を基本枠組みとしているため、公的決定は国会等の制度化された公的機関において下される。広くて薄い公共財としての環境利益が着実に政治過程に載せられ、公的機関で適切にすくい上げられるためには、フリーライドを防ぎ、代表民主制の盲点をふさぐことのできる補完的制度が備わっていなければならない。そのためにも、代表民主制から一定の距離が確保されている司法府に相応の役割を果たしてもらう必要があろう[26]。環境保護の場面における司法アクセス権の意義は、代表民主制の補完という見地からも、正当化可能であると思う。

6　おわりに――民主主義の課題

民主主義が国民国家の枠内で発展してきたがゆえに、この仕組みは空間的にも時間的にも閉じられることになった。もちろん、空間的・時間的な枠があったからこそ、民主主義はその内部で精緻化され、うまく機能できたということは否定できない。何らの枠組みもなければ、おそらく民主主義もこれほど発展できなかっただろう。しかし、今や空間的・時間的に閉じた仕組みのままで民主主義を維持することは難しくなっている。この点をいかに考えるべきかが、今後の民主主義の課題である。

まず、空間的な閉鎖性についてであるが、民主主義はグローバル化の前で対応を迫られている[27]。とりわけ環境問題は、温暖化等の地球環境問題を挙げるまでもなく、国境を越えて拡大していくものであるため、国境を越えた対応が迫られている。地球温暖化への対応は、もはや喫緊の課題であるといっても過言ではない。これに対して、日本国憲法は国際協調主義（前文及び98条２項）を掲げるのみである。グローバル化は民主主義の限界というべきなのか、それとも、民主主義自体がグローバル化に適応し、グローバル民主主義の方向へと歩み始めるべきなのか、何らかの選択をせざる得ないだろう。ここでも「良性の環境型独裁制の誕生[28]」を求める声があるだけに、民主主義のしなやかな対応能力の解明に尽力しなければならないと思われる。

次に、時間的な閉鎖性についてである。民主主義における決定主体は、現在世代の国民である。国民の代表者もまた現在世代にならざるを得ない。しかし環境問題は、利益を受ける現在世代と負担を被る将来世代の利害対立を提起するといわれる。特に地球温暖化や生物多様性の問題は、将来世代において深刻な被害をもたらすと想定されるだけに、世代間正義の観点からも無視すべきではないと考えられる[29]。果たして世代間の公平な利害調整が民主主義に依拠して実行できるのか。それともこれはやはり民主主義の限界なのか。日本国憲法は

「われらとわれらの子孫のために」（前文）この憲法は確定されたと述べ、基本的人権を「現在及び将来の国民」（憲11条及び97条）に保障するという。このことは日本国憲法が将来世代のことを意識し、将来世代の利益のために、現在世代に一定の責務を課したと読む余地がある。だとすると、何らかの形で将来世代を取り込んだ民主主義の仕組みを構想する責務が、現在世代に課されていると解釈しなければならないのかもしれない[30)]。

民主主義を空間的にも時間的にも拡大（あるいは開放）できるのかどうかの解明は、今後の課題として留保されなければならない。現行の日本国憲法のままで解明されるべき問題なのか、それとも何らかの改正を施す必要があるのかどうかも含めて、本格的な検討は今後に委ねざるを得ない。

【注】

1） D. Boyd, The Environmental Rights Revolutiton, 2012, 47.
2） 松井茂記『日本国憲法〔第３版〕』66頁（有斐閣、2007年）参照。
3） 清宮四郎『憲法Ⅰ〔第三版〕』60頁（有斐閣、1979年）。
4） 田村哲樹ほか『ここから始める政治理論』20頁（有斐閣、2017年）。
5） 北村喜宣『環境法〔第２版〕』４頁（有斐閣、2019年）。
6） 城山英明「環境問題と政治」苅部直他『政治学をつかむ』275頁（有斐閣、2011年）。
7） 田村ほか・前掲注(4)88頁。
8） 長谷部恭男『憲法の理性〔増補新装版〕』167頁以下（東京大学出版会、2016年）。
9） 国民による決定負担の免除については、J・ハーバーマス（河上倫逸・耳野健二訳）『事実性と妥当性―法と民主的法治国家の討議理論にかんする研究（下）』92頁（未來社、2003年）参照。
10） 大石眞『憲法講義Ⅰ〔第３版〕』29頁（有斐閣、2014年）。
11） ハーバーマス・前掲注(9)102頁、264頁。同（高野昌行訳）『他者の受容―多文化社会の政治理論に関する研究』270頁以下（法政大学出版局、2004年）も参照。
12） 毛利透『民主政の規範理論』266頁（勁草書房、2002年）。
13） N・ルーマン（今井弘道訳）『手続を通しての正統化』31頁（風行社、1990年）。
14） 磯野弥生「法制度に見る環境民主主義の展開と課題」現代法学33号25頁（2017年）、大久保規子「環境民主主義指標（EDI）の意義と課題」環境と公害46巻３号38頁（2017年）参照。
15） 山下竜一「市民参画」高橋ほか編・法と理論180頁以下、北村喜宣「環境政策・施策形成と実施への市民参画」環境法政策６号31頁以下（2003年）参照。
16） ただし、情報公開における知る権利、適正手続の権利、裁判を受ける権利といった個別の権利に関して、豊富な解釈論があることは周知の通りである。

17）H・ケルゼン（長尾龍一・植田俊太郎訳）『民主主義の本質と価値　他一篇』73頁以下（岩波書店、2015年）。

18）Ch. Möllers, Demokratie, 2008, S. 31f.

19）熟議民主主義については、その問題点を意識しつつも、これを擁護する立場から検討する、田村哲樹『熟議の理由』（勁草書房、2008年）及び、同『熟議民主主義の困難』（ナカニシヤ出版、2017年）参照。

20）J・ギャスティル/P・レヴィーン編（津富宏ほか訳）『熟議民主主義ハンドブック』（現代人文社、2013年）。

21）J・フィシュキン（曽根泰教監修、岩木貴子訳）『人々の声が響き合うとき』（早川書房、2011年）。

22）B・アッカマン/J・フィシュキン（川岸令和ほか訳）『熟議の日—普通の市民が主権者になるために』（早稲田大学出版部、2014年）。

23）田中愛治編『熟議の効用、熟慮の効果』13頁（勁草書房、2018年）。

24）熟議民主主義の下で正しい決定を得ようとする際に注意しなければならないのは、集団分極化（group polarization）の危険性である。それは、同質の集団内における熟議が、構成員がもともと有していた偏向を助長し、かえって過激化・極端化させる現象をいう。熟議の過程が正しい決定ではなく、それとは真逆の誤った決定に至る可能性があるという警告でもある。C・サンスティーン（伊達尚美訳）『#リパブリック—インターネットは民主主義になにをもたらすのか』81頁以下（勁草書房、2018年）、同（那須耕介編・監訳）『熟議が壊れるとき—民主政と憲法解釈の統治理論』5頁以下（勁草書房、2012年）参照。

25）R・A・ダール（中村孝文訳）『デモクラシーとは何か』116頁（岩波書店、2001年）。

26）拙稿「環境団体訴訟の憲法学的位置づけ」環境法政策15号153頁（2012年）では、環境団体訴訟の法制化を代表民主制の補完という見地から正当化しようと試みている。

27）A・マッグルー編（松下冽監訳）『変容する民主主義』（日本経済評論社、2003年）参照。

28）D・ゴールドブラット「リベラル・デモクラシーと環境リスクのグローバリゼーション」マッグルー・前掲注(27)135頁。

29）吉良貴之「世代間正義と将来世代の権利論」愛敬浩二編『人権の主体』53頁以下（法律文化社、2010年）、宇佐美誠「将来世代をめぐる政策と自我」鈴村興太郎ほか編『世代間関係から考える公共性』69頁以下（東京大学出版会、2006年）参照。

30）西條辰義編著『フューチャー・デザイン』（勁草書房、2015年）は、まさしくそのような民主主義を構想しているのかもしれない。

環境規制における基本原則の機能

桑原　勇進

1　環境法における基本原則

環境法の基本原則として挙げられるものは、国・地域や人によりさまざまである。ドイツでは事前配慮原則・原因者原則・協働原則が通常挙げられる。事前配慮原則は厳密には予防原則と同じではないが、予防原則を含んだ内容のものではある。予防原則は、科学的な解明度にかかるどの段階で対策を執るべきかというリスク管理の在り方に関する原則であるといえる。原因者原則は、環境保全対策にかかる責任を誰が負うべきかに関する原則である。これにかかわって、公共負担原則という概念が用いられることがあるが、原因者原則とは相反する。公共が負担すべき場合もある、という程度のことであって、「原則」とは言えないであろう。また、協働原則は、きわめて多義的であるが、環境に関わる意思決定にあたって誰がステークホルダーとなるべきかに関する考え方を示すものといいうる。ドイツ環境政策上は確固とした位置づけを与えられているようであるが、反対する見解も多く、協働原則を「原則」として位置づけることが環境法学説上一般に承認されているわけではない。

ドイツではこの他にも、補償原則（Kompensationsprinzip）や持続性原則（Nachhaltikeitsprinzip）が語られることがある。EU では、さらに、根源是正優先原則、統合原則等の諸原則が環境法の原則とされているようである[1)]。ある紹介によれば、代替原則というものもある[2)]。

これらすべてが基本原則と呼べるわけではない。例えば、補償原則は、自然保護法における原則ではあるが、環境法全般における原則ではない（根源是正優先原則も、特定領域における対策間の優先劣後関係を示すに過ぎないものあろう)。また、原則ではなく目的として理解するほうがしっくりするようなものもある(持続可能性等)。そもそも、ある論点について複数の異なる考え方があり、そのうち自らの選好に適うものに「原則」という語を充てれば、実にさまざまな「原則」を語ることができる。事後対策より事前対策が優先されると考えるときは未然防止原則[3)]、経済的手法等の他の手法よりも規制的手法を優先的に選択すべきだと考えれば「規制優先原則」――このようなものが「原則」として主張されることは管見の限りではないが――を語ることができるといった具合である[4)]。しかし、原則というからには、少なくとも傾向的には、他の選択肢よりも何らかの意味で優れているあるいは好ましいと一般的に評価されるようなものでなければならない（あるいはそのような評価が公定されていなければならない)。そうでなければ、「そのような考え方が望ましいのだ」という主張でしかなく、「主義」ではあっても法の世界において原則と呼ぶには値しないであろう（将来「原則」に昇格することはありうる)。それを原則と呼ぶことは人の自由であるが、その場合「～原則違反である」と言ってもその者の考えとは異なるという意味でしかない。したがって、環境法領域において「原則」という語をつけて呼ばれるものがすべて「基本原則」なのではなく、環境問題の特質に応じて、環境問題に取り組む際に特に重視されるべき考え方で、その考え方が他の競合する考え方よりも好ましいと一般的に考えられるようなもの（または何らかの形で公定されているもの）を、環境法における基本原則と捉えるべきであろう。

日本の環境法教科書にも、いろいろなものが原則として挙げられているが、一定していない。しかし、これらを通覧すると、最も普遍性があり、かつ、重要なものと思われるものとして、予防原則と汚染者負担原則（原因者負担原則)[5)]が浮かんでくる。この二つに言及しない環境法教科書は（「原則」の名で呼んでいるかどうかを措くとすれば）おそらく存在しない。また、予防原則は、環境管理のあり方として、少なくとも環境保全上の支障の防止という観点からは望ましいし、原因者負担原則は、責任配分のあり方として、負担の公平性という観点から――そして通常は実効性の観点からも――望ましいと考えられる[6)7)]。そしてこの二つは、日本の環境法体系においても基本的な考え方として位置づけられている（予防原則については環境基本法4条、生物多様性基本法3条3項、原因者負担原則については環境基本法8条1項、37条等)。これら両原則の考え方は望ましいものであると日本の法秩序は評価しているわけである。そこで、本稿では、この二つの原則を基本原則として念頭に置くこととする。

上記の諸原則は環境法のそれであるが、環境法に限らず行政法一般や法一般に通用する法原則もある。比例原則や平等原則、信義則等がそれである。これらも環境規制において基本原則として妥当する。本稿においてはこれらを主たる考察対象とはしないが、必要に応じて言及することとする。

2　原則の意義と諸機能

(1)　原則と規則

一言で原則といっても、それはさまざまな意味合いで用いられる。よく原則（principle, Prinzip）の説明として言及されるのが、Dworkin や Alexy 流の、規則（rule, Regel）と対比した場合のそれである[8)]。すなわち、要件が充足されればそれに結びついた効果が受容されなければならないような、適用されるかされないかのどちらかでしかない規範である規則に対し、要件が充足された場合でも特定の決定を要求しないような規範としての原則である[9)]。Alexy の場合には、完全な実現ではなく法的・事実的に可能な限りの実現を要求する最適化要請として定義される。

(2)　法原則の条件

Alexy のいう最適化要請としての原則は、最適な事柄を実施すべしとする点で法的拘束力を有し、Dworkin の場合も、法の中に埋め込まれている原則が法の解釈・適用を支える根拠としての機能を有すると同時に、法の解釈・適用の際に考慮されなければならないものであり、法秩序の一部を構成する。これに対して、「原則」と呼ばれるものの中には、法秩序を構成する要素には数えられない政治的（指導）原則というものもある。法ではないため、既存の法に変更を加えたり（法が許容しない限り）利益衡量に上ったりすることもない。政策判断に一定の指針を提供するのみである。たんなる「物の考え方」といった程度のことでしかないこともある。自己の選好する考え方に「原則」と名付けるものの多くは、これに属するであろう。日本の環境法の教科書では「環境法の諸原則」といった項目が通常は設けられているが、設けていないものもある。これは、「原則」などではなくたんなる「考え方」といった程度の位置づけしかできない、という趣旨であると思われる[10)]。

そこで、予防原則や原因者原則がたんなる政治的指導原則なのか法秩序の一部をなすのか、法原則として認められるための条件とは何か、ということが問われることとなる。法として認められるための条件としてよく知られているのが、H.L.A. Hart による承認のルールである。

周知のとおり、H.L.A. Hart によれば、法は第一次的法規範と第二次的法規範からなる。前者は社会の成員に権利を与えまたはこれに義務を課すような法規範であり、後者は第一次的法規範を形成し、承認し、変更し、廃棄するための規則を定める法規範である。後者が承認のルールであり、通常、立法手続規定や立法授権規定を指す[11)]。裁判所の立法機能が仮に承認されるとすればこれも承認のルールに属するであろうし、慣習法の成立要件を定める法規範も承認のルールを構成することになる。

先述のように、予防原則や原因者責任原則は、環境基本法や生物多様性基本法において定められていることから、承認のルールに従えば、日本の法秩序の一部をなすといえ、その意味で法原則であるといいうる[12)]。

(3) 原則の種類と法的拘束力

このように、予防原則や原因者原則は法原則であるといいうるが、立法者により公定されたというだけでは法的拘束力を有するとはいえない。H.L.A. Hart は法を規則（rule, Regel）として捉えていたため[13)]、彼のいう承認のルールを満たせば直ちに法的拘束力を認めることができたのかもしれないが、原則については同じ道理がそのままでは通用しない（努力義務規定なども同様であろう）。承認のルールを満たしていて、法秩序の一部をなすとしても、厳密な意味で、つまり、それに反すれば違法と評価されるという意味で、法的拘束力があるとはいえない原則がありうるからである。別言すれば、社会の成員に権利を与えまたはこれに義務を課すのではないような法原則というものがありうる。H.L.A. Hart 流には、法的に拘束するものとして承認されていない、ともいえるかもしれない。どのような意味で、法原則がこれに当たるであろうか。

Di Fabio によれば、前述の最適化要請としての原則の他に、次のような種類の法原則がある[14)]。すなわち、啓発的原則（das Informative Prinzip）、法規原則（das rechtssatzförmige Prinzip）、構造原則（das StrukturPrinzip）、一般的法原則（das allgemeine Rechtsprinzip）である。

啓発的原則は、機能的には政治的指導理念に等しく、厳密にいえば法的性質を有しないものとされる[15)]。法律に明記された原則であっても、たんなる啓発的・啓蒙的な意味しか持たない場合はありうるであろう。

法規原則とは、個別法により（fachgesetzlich）直接適用できる基準へと濃縮され、それにより規範的機能と直接的規範内容を有するような法原則である[16)]。イミッシオン施設の許可要件として事前配慮義務を定めるドイツのイミッシオン防除法5条1項2号がその例である。つまり、同法同条項は、事前配慮原則の法規原則化したものである。もっとも、法規原則は純粋な規則（Regel）であってもはや Dworkin らのいうような原則ではない[17)]。なお、行政裁量が認められるような規定であっても、要件効果規定である限り、法規原則としての性質に変わりはない（効果裁量が認められる場合、行政の決定に関しては要件充足に特定の決定が結びつくいう意味で all or nothing ではないが、規則（rule, Regel）ではある）。

構造原則とは、特定の規定の根底にあってこれを正当化し、しかしそれを越えて直接適用はできない、一般的性質を有する指導思想のことをいうとされる[18)]。事前配慮原則はドイツ・イミッシオン防除法5条1項2号の基底にある構造原則である、という言い方もできる。「この規定は『～原則』を具体化したものである」とか「この規定の基底（背景）にあるのは『～原則である』」といった言い方がされることがあるが、これは、法原則の語が構造原則の意味で使用されている例である。

一般的法原則は、法律規定の直接の適用領域を越えて一般化され、法適用や法形成を一般的に統制するような原則をさす[19]。平等原則や比例原則などは、これに反する法適用や立法の効力が否定され、その意味で法適用や法形成を一般的に制御する機能を有する。法原則という言葉に対する一般のイメージに最も近いのはこの一般的法原則ではないかと思われる。

啓発的原則や構造原則は、それに反する行為が違法と評価されるような機能を有するものではなく、承認のルールを満たしていても法的拘束力を有しない法原則である。最適化要請としての原則は、前述したが、法的拘束力を有する。但し、直ちに国民に権利を与えたり国民に義務を課したりするようなものではなく、通常は立法による具体化が必要となるとされる（但し、後述するところを参照）。ある特定の原則が法的拘束力を有する最適化要請としての原則や一般的法原則として認められるための条件については、別途検討を要する。

3　環境法における基本原則と環境規制におけるその機能

⑴　環境法における基本原則の諸機能

上記のような原則の意義のさまざまに応じて、環境法における基本原則の機能にもさまざまなものがありうる。一つの原則に一つの機能が対応しているというわけではなく、同じ原則がいろいろな意味を持つこともある。予防原則の考え方は、環境基本法４条や生物多様性基本法３条３項に取り入れられているが、環境保全や生物多様性の保全及び持続可能な利用にあたる主体に対しての啓発的機能を有し、その意味で啓発的原則として位置づけることができる。しかし、法律に規定があることにより、たんなる政治的指導原則とは異なり、法の解釈・適用を嚮導する機能をも有しうるのであり、法的に無意味なわけではない。すなわち、環境基本法の傘下にある環境法令の解釈・適用は予防原則の趣旨に可能な限り適合的であるべきであり、従って例えば、証明責任の所在の決定に当たり、環境を汚染ないし破壊する側に不利になるように解することが要請される、と解することもできる[20]。ドイツにおける原因者原則に関しても、複数責任者間の選択裁量を統制し影響を及ぼす旨の指摘がされているところである[21]（例えば、ドイツ土壌保護法における浄化等の責任を負う可能性のある者のうち、汚染原因者ではない土地所有者ではなく汚染原因者を優先的に浄化等命令の名宛人とすべきこと等が考えられる）。この点と関わるが、予防原則や原因者原則に適合しない取扱いをする場合に、それを正当化するための根拠付けが必要とされる、ということもあろう。目的論的解釈の基礎となることもありうる[22]。

法原則には、法規の例外を正当化する機能もあるとされる。Dworkin は、その例として、遺言により相続人として指定された孫が、その祖父を殺害した場合にも相続できるかどうかが問題となった1889年の Riggs vs. Palmer のケースを挙げている。当時、遺言による相続人は相続の権利を有する旨の規定はあるものの、被相続人を故意に殺害した者には相続権を与えないとする法律規定はなかったのであるが、判決では、「誰も自己の不法な行為によって利益を得てはならない」という原則に依拠することにより相続権が否定された。日本でも、信頼保護により租税法規の適用が否定される可能性を認めた最高裁判決（最判昭 62・10・30 判時1262号91頁）があり、これは、租税法規の例外を信頼保護原則により正当化する余地を認めたものとして位置づけることができる。予防原則、原因者負担原則にそのような規範の例外正当化機能が認められるかどうかは問題であるが、一般的にはそこまで強い効力を持つものとは理解されていないと思われる。但し、もしこれらの原則に憲法的位置づけを与えることができれば（後述）、適用違憲を回避するために例外が正当化されることも考えられる。

次に、予防原則も原因者負担原則も、構造原則としての機能を持ちうるし現に有している。例えば、外来生物法の未判定外来生物に関する諸規定や希少種保存法の緊急指定種に関する諸規定等には予防原則の考え方がその基底にあり、外来生物法16条の原因者に対する費用負担規定や土対法８条の求償規定等の基底には原因者負担原則があると考えられ、予防原則、原因者負担原則はこれら諸規定の構造原則をなしている。

予防原則、原因者負担原則が一般的法原則としての機能を有するか否かについては、おそらく例外正当化機能に対する以上に懐疑的な見解が強いように思われる。約20年前の段階で、Di Fabio は、ドイツの事前配慮原則について、「一般的法原則としてはなお輪郭が貧弱である。事前配慮原則に規範的な尺度を付与する判例も、内容が空疎にすぎる。」と評したが[23]、基本的には現在も同様であろう。日本においても、現状認識としては、予防原則や原因者負担原則には一般的法原則としての位置づけは与えられていないと言わざるを得ない。

以上に見たところからすると、環境法の基本原則には、今のところ、何らかの正当化機能は認められるものの、予防的に行動しなければ違法であるとか、原因者に責任を配分しない措置は違法であるといったような、行為の義務付け機能は有していない[24]。

(2)　一般的法原則の条件――法的義務付け機能へ向けて

環境法の基本原則は、上記のように決して法的に無意味なわけではないが、行為の義務付けや行為の違法性評価基準としての機能を有しないとすると、やはり物足りなさを感ずるのを禁じ得ない。

かつて Di Fabio は、「『法』原則は、通りは飾られているがしかし実体はないポチョムキン村として登場した。我々は、政治綱領をオウム返しに繰り返すことを越えていない。」と述べたことがある[25]。前述したように、日本でも「環境法の原則」という語を使わない教科書があるが、これも Di Fabio と類似の感覚を共有しているのかもしれない。そこで、基本原則に沿った行為をしなければならず、そうでなければ違憲・違法であると評価される、そういう機能を有するための条件を考察する必要がある。

この点に関して Di Fabio は、事前配慮原則について、「しばしば際限がない（uferlos）と感じられている事前配慮原則の広がりに鑑みると、法的意味内容は限定づけることを通じてのみ獲得できる。」とし、事前配慮原則の前提や限界――具体的には、アクセス可能なすべての知識源泉の利用の要請、よりよい知識獲得の際の改善義務、リスク比較義務等の内的限界、比例原則、経済的基本権等の外的限界――をさまざまに設定することによりその適用条件を画定しようとする戦略を採用している。確かに、損害発生の危惧がありさえすれば予防や事前配慮の対象となりうるし、損害発生回避のための手段も予防原則・事前配慮原則自体からくる制約も何らないので、現実の使用に耐えうるためには一定の限定を設けることが必要であろう。しかし、これは、予防・事前配慮原則を現実に使用可能なものとするための条件でしかなく、行為の義務付け機能という意味での法的拘束力が認められるための条件ではない。

法的拘束力あるものとして機能するためには、適用のためのある程度の基準や尺度が存しなければならない。「～のような場合には、……原則に違反する」といえるような基準・尺度である。適用事例の集積を待って一般性・抽象性を持った基準が定立されることもあるので、最初から明確な基準・尺度が存しなければならないわけではない。原則違反の有無を判断するための手掛かりとなるような何かがあれば、行為の義務付けとしての法的通用性を肯定することは可能である。法治国家の原則などは、適用の基準どころかその内容さえ明確とはいえないが、法的拘束力を有する原則であることに異論はなかろう。平等原則も適用の基準が明確であるとはいえないが、「等しきを等しく、不等なものを不等に」というぐらいの定式でも、「等しさ」や「不等」の判断にとって重要な事柄が何かを個別に検討することを通じて、具体の事案における適用は可能である。予防原則も同様である。例えば、ドイツのイミッシオン防除法の事前配慮規定はイミッシオンによる有害な環境影響に対する技術水準に応じた事前配慮を要請するもので、予防原則の考え方を含むものであるが、内容は明確ではないけれども法的拘束力があり、事前配慮義務違反は違法と評価される（イミッシオン防除法５条１項２号は事前配慮原則を法規原則化したものであることは前述した)。「イミッシオンによる有害な環境影響」に適用範囲をしぼった上で、であるが、「技術水準に応じた」という限定を加えるだけで、直ちに個別ケースに適用可能となるのである[26)]。技術水準に応じた事前配慮をすることが許可要件になっているので、要件・効果を定める規定になっているという点が重要である。但し、誰が行為を義務付けられるのかが明確でないと、当該規範によって適法違法の判断の対象となる行為が何なのか不明であり、したがって、名宛人が絞られているという点も欠かすことができないと考えられる。憲法原則である平等原則の名宛人は国家、イミッシオン防除法５条１項２号のそれはイミッシオン施設の設置・稼働者に特定されている。

このように見てくると、権利ないし義務の主体が特定されており、要件効果を定める体裁に置き直すことができさえすれば、規範内容が明確ではなくとも、行為の義務付け機能を認めることは可能であるといえそうである。既に示唆したように、それに反したら違法と評価されるような原則の代表例である平等原則も、実は要件・効果を定める規範であるといいうる。「等しきものを等しく、等しからざるものを等しからず扱う」ことが立法や行政処分等の国家行為の適法要件になっているということである。比例原則の場合も同じで、目的達成に資すること、他の手段よりも侵害の程度が小さいこと、目的と手段との間に均衡がとれていることが国家行為の適法要件で、この要件を満たさなければ国家行為の効力は発生しない。法治国家原則を要件効果規定に解消するのは困難なようにも思われるが、仔細に見れば同じように理解することが可能ではないか。すなわち、法治国家原則を構成する部分原則は要件・効果規定の体をなしているといえる（信頼保護原則等[27]）。Alexy らによっても最適化要請としての原則（Prinzip）であると解される基本権ないし人権は、これに反する国家行為を違憲違法とする効果を有するが、前提として、その判断のための基準を設定することができるし、実際さまざまな基準が判例学説上設定されている。その基準の内容は学説により異なるが——明白かつ現在の危険、より制限的でない他の選びうる手段といったアメリカ流のものであれ、比例原則といったドイツ流のものであれ——その基準を満たしていることが国家行為の適法要件となるわけである。法的拘束力を有する原則は最適なことを命ずるので実は規則（rule, Regel）なのではないかといわれることがあるが、上記のような意味で最適化要請としての原則は規則だということができることになる。

(3)　一般的法原則としての予防原則

さて、予防原則それ自体は誰かの行為の適法違法を判断できる基準ではない。どのような損害の発生が予期され、その損害発生に関する科学的不確実性がどの程度の場合に、そして損害発生にかかる費用がどれほどであれば、誰が、どのような損害発生のための措置をとるべきなのか、予防原則自体は何の指示もしない、つまり、名宛人も要件も効果も全く不明だからである。これでは適用のしようがない。しかし、（防御権としての）基本権それ自体もそれだけでは違憲判断の基準を提供しないが、比例原則等の判断基準を介して国家行為の適法違法を決定する効果を有することに着目すれば、基本権保護義務――防御権としての基本権の機能的対応物――を、しかも最適化要請として、措定し、比例原則等に類似した判断基準を定立することにより、予防原則に行為の義務付け機能を付与するのと同様の帰結を導くことができるのではないかという発想が生じうる（基本権保護義務は不確実な状況下においても国家に基本権的利益の保護を義務付けている[28]）。そのような発想から Calliess は、予防原則・基本権保護義務に対応した比例原則的なものを提唱した（本稿筆者はこれを過少禁止的比例原則――防御権としての基本権に反するかどうかの判断基準である比例原則を過剰禁止的比例原則と呼ぶのに対応して――と呼んでいる）。これにより、国家が予防的に行動しない場合の違憲審査の基準が得られ、これを介して予防原則がそれに反したら違法との評価を下すことのできる、一般的法原則たる性質を有する法原則として機能することが可能になる。Calliess の議論は既に紹介したことがある[29]が、簡単に再度ここで紹介しておくと以下のようである。すなわち、①保護構想（保護のための対策）の存在、②適合性＝保護構想が保護に資すること、③保護の最大生＝第三者の利益や公益をより強く害することのないより効果的な保護構想が存しないこと、④相当性＝保護は保護構想によって害される法益と均衡がとれていなければならないこと、以上の四点である。これに反する場合、国家の保護は過少なものとして違憲と評価されることになる。なお、基本権保護義務は国家の義務なので名宛人は国家に特定されている。

基本権保護義務等から見れば、国の規制＝環境保全のための国の措置は多ければ多いほど、強ければ強いほどよいが、環境規制が基本権に対する侵害となる場合、比例原則からする制約があり、比例原則は国の作為を抑制する機能を持つ（過剰規制の禁止）。逆に、経済的自由等の側から見れば、環境保全のための国の措置はないほうがよいが、これだけだと今度は環境保全がないがしろにされてしまう。そこで、環境規制のための国の行動を促進するための機能を有するものとして過少禁止的比例原則が作用するわけである。例えば、化学物質Ａと化学物質Ｂはどちらも利用目的や効用、入手しやすさや価格もすべて条件は同じであるが、環境中に漏出等した場合の基本権的利益に対するリスクについてはＡよりもＢのほうが大きいと仮定した場合、Ｂの製造や利用を容認することは、基本権的利益を不必要に大きなリスクに曝すことになり、前述の③保護の最大性の要請を満たさないので、予防原則違反＝基本権保護義務違反であり、違憲と評価される。国家はBの製造・使用等を禁止するという規制措置をとらなければならない。

このように、予防原則も、それに反したら違法と評価されるような法規範としての性質を有するものとして理解し構成することが可能である。それは、基本権保護義務を認めるか否か、しかもそれを最適化要請としての原則として認めるかどうかにかかっている。

生物多様性といった基本権の保護利益に含まれないものが問題となる環境保全の場合には、以上のような議論が通用しない。これについては別の論理が必要であるが、もし自然保護を最適化要請としての性質を持つものとして憲法上規範化できれば、基本権的利益の場合と同様の論法により、自然保護に関しても予防原則を行為の義務付け機能を持つものとして構想することが可能である。

もっとも、憲法下位の環境法律において、要件効果規定としての体裁を持つ規範が定立されれば、それで直ちに法的拘束力を有する法原則として機能しうる。「環境に負荷を与える活動をする者は、技術的に可能な限り、環境負荷を低減するようにしなければならない」といった規定でも、行政処分の要件や刑罰の要件、あるいは民事責任の要件となっていさえすれば、それで法的義務付け機能を有することになる。比例原則や罪刑法定主義等の制約は別途ありうるであろうけれども。

(4)　一般的法原則としての原因者負担原則

原因者負担原則は、環境規制をする場合に、誰を規制対象とするか、誰に費用を負担させるか、という点についての指示機能を有するのみで、環境規制を義務付けるような機能を有しないが、予防原則のように際限がないということはなく、過少禁止的比例原則のような他の媒介原則を用いなくとも、環境保全対策をとる場合にそれに要する費用は原因者に負担させなければならない（原因者以外の者に負担させるのは、それを正当化するような特別の事情がない限り、違法である）という具合に、一定の法的拘束力を持たせることが比較的容易である。

しかしドイツには、それ以上に、環境保全に要する費用は必ず原因者に負担させるための立法が義務付けられるとか、引いては、環境に打撃を与える私人の行為は禁止しなければならない（許容してはならない）という強力な法原則として構想する立場もある。すなわち、Murswiek は、ドイツ基本法20 a 条の環境保護規定から原因者負担原則を導出する。Murswiek によると、同規定は、国家が環境へ打撃を加えることを禁止（ないし制約）するが、ここから環境への打撃が国家によって支えられることの禁止も導かれる。例えば、環境に負荷を与える活動に国家が助成金を与えるのがこれに当たる。環境に負荷を加える活動を国家が許容し、かつ、それによって生じた費用を国家が原因者に負わせず公費負担や被害者負担とすることは、国家が環境に負荷を生じさせる行為を金銭的に支えるのと同じである。したがって、20 a 条により原因者負担原則が導かれる、以上のような論法である[30]。国家が環境負荷行為を許容しておきながらそれを支えるのは国家自身により環境に打撃を加えるに等しい、ということであるが、既に指摘されている通り[31]、Murswiek の、私人による基本権的利益に対する侵害の国家帰責の理論を、基本法20 a 条に応用した感を覚えさせる。

Murswiek の議論によるなら、原因者負担原則は法的拘束力を有する憲法上の原則であり、これに反する国家の行為（立法不作為も含む）は違憲と評されることになる。義務の名宛人は国家であり、国家行為の合憲性の要件は、私人が環境に負荷を与えることを禁止することまたはその環境負荷に伴う費用を行為者に負担させることで、この要件が満たされていない場合には、既にある法律が違憲と評されたり、立法不作為が違憲と評されたりする。環境汚染行為による被害者が汚染原因者に対して損害賠償を実効的にできるようにしなければならないし、そうでなければ環境汚染行為を許容しない法秩序を形成しなければならない。生物多様性のような必ずしも基本権の保護対象とはなっていないものについても、必ず原因者に費用を負担させるか打撃を与える行為を禁ずるような立法をするといったことが、国家の憲法的義務とされるわけである。

このように Murswiek がドイツ基本法20 a 条から導く原因者負担原則は、

場合により環境規制をも要求する強い原則である。ただ、Murswiek の主張は、あくまでドイツ基本法20 a 条の解釈論であり、原因者負担原則を憲法原則であると解する手掛かりとなる条文が憲法自体に存している点で、日本とは状況が根本的に異なるという問題がある。また、Murswiek の上記の議論は、ドイツ基本法20 a 条の解釈論としても、ドイツではきわめて少数の説にとどまっている。Murswiek の議論を日本に生かす道があるとすれば、原因者原則を憲法に定めることぐらいであろうか。もっとも、予防原則と同じように、法律レベルで、一般的な要件効果規定として原因者責任（負担）を定めることができれば、Murswiek の主張を採用するのとほぼ同じような機能を与えることができるかもしれない。

4　まとめ

本稿は、環境法の基本原則として予防原則と原因者原則の二つを措定し、これらが環境規制においてどのような機能を果たすことが可能か、法原則一般のさまざまな意義や機能に照らして考察してきた。そして、主たる関心は、これら両原則を、それに反したら違法と評価できるような、両原則に基づいて行為すべき義務付け機能を有するような、そういう法的拘束力を有する原則として構想することが如何にして可能か、ということであった。とりわけ予防原則については、科学的知見が確立する前の段階にあって被害を未然に防ぐための国家行為を正当化することはあっても、そのような国家行為がなされないことを違法とするような機能を果たしていないという現状に、環境保護派からするともどかしさを感じざるを得ず、そのような法理論的現状を改善し、予防原則に実効性を持たせたいという意欲が本稿執筆の動力になっている。

本稿筆者は、自然法論には与しないという意味で自らが法実証主義の立場に立つものと自覚しているが、かといって通説実証主義でもなければ判例実証主義でもない。現行法を前提にしながらも、そこから法的義務付け機能を有するものとして、しかも憲法的要請として、予防原則を理論的に構想することを目指した（原因者原則については憲法論を諦め、憲法規定として導入するか法律レベルで要件効果規定として導入するという方策を示したに止まる)。基本権の保護範囲に属さない生物多様性等については、憲法的規範化ができれば、という仮定に逃げたが、基本権の保護範囲に属し得る利益については、基本権保護義務の理論に依拠して立論した。基本権を保障しない国の憲法の下では、本稿の立論はそもそも成り立たない(法実証主義)が、日本国憲法の下ではどうだったであろうか。

【注】

1) 上田純子「EU 環境法に関する諸原則」庄司克宏編著『EU 環境法』71頁(慶應義塾大学出版会、2009年)。この他さらに、高い水準の保護の原則、地域的差異化原則、廃棄物に関しては発生源原則等があるようである。Calliess, EU-Umweltrecht, in; Hansmann/Sellner (Hrsg.), Grundzüge des Umweltrechts, 4Aufl. 2012, S. 88ff.

2) 小島恵「欧州における化学物質にかかる予防的法制の最新動向」早稲田大学法研論集149号125頁(2014年)。

3) 2015年施行の中国環境保護法には「預防為主(防止を主とする)原則」が明記されている。従となるのは事後対策である。

4) この他、中国環境保護法では、環境保護が他の利益よりも優先するという「保護優先原則」、総合的対策をとるべきであるとする「総合治理原則」などが掲げられている。桑原『中国環境法概説Ⅰ　総論』17頁以下(信山社、2015年)。

5) 以下の論述では、「原因者負担原則」の呼称の他、文脈に応じて「原因者責任原則」、「原因者原則」等と呼ぶことがあるが、概ね同義のものとして扱う。

6) 危険防除のための措置命令の名宛人が、実効的危険防除と責任配分の公平性の観点から選択されるが、最終的には公平性が実現されるべきである旨のドイツの議論の紹介・検討として、桑原「状態責任の根拠と限界(二)」自研87巻1号66頁(76-87頁)(2011年)参照。

7) 但し、「原因者」とは誰かは一義的に明らかとはいえないことに注意しなければならない。この点に関する比較的手ごろな文献として、桑原「原因者の意義」角松生史ほか編著『現代国家と市民社会の構造転換と法』115頁(日本評論社、2016年)、同「判解」INDUST 32巻8号15頁(2017年)参照。本稿では、汚染物質排出者のように、原因者が誰かが明らかに見えるような場合(厳密にはそうとも言い切れないのではあるが)を念頭に置くこととし、原因者とは誰かという問題は考えないこととする。

8) 大塚・Basic 30頁も、原則の意義や機能について、Dworkin による原則と規則の区別の議論に依拠したような説明をしている。

9) ドゥオーキン(木下毅ほか訳)『権利論』14頁以下(木鐸社、1986年)。

10) 北村54頁以下は、「環境法政策の目標と基本的考え方」という章で、内容的には他の教科書にいう環境法の原則に当たる事柄を取り扱っており、「環境法の諸原則」という章立てはない。通常「原則」と呼ばれているものは、「強い指導性を持つガイドライン程度の意味」と理解されている（55頁）。したがって、予防原則という言葉ではなく予防アプローチという語が用いられている（72頁）。但し、同書も汚染者負担や原因者責任については「原則」の語を充てている（57頁）。

11）　H.L.A. ハート（矢崎光圀監訳）『法の概念』90頁、100頁以下（みすず書房、1976年）。

12）　H.L.A. Hart は、原則を法に取り入れることは承認のルールと整合的であるだけでなく、むしろその理論の受容を要請する、と述べる。H.L.A. ハート（長谷部恭男訳）『法の概念〔第３版〕』402-406頁（筑摩書房、2014年）。Dworkin によれば、法原則の存在と承認のルールは両立しないのであるが、Dworkin と H.L.A. Hart との論争に対する判定者としての資格も能力もない本稿筆者としては、本文のような記述をすることは躊躇われるところではある。ただ、法原則自体も承認のルールに服するという H.L.A. Hart の議論により強い説得力を感じている。

13）　H.L.A. Hart は、Dworkin による批判との関係で、自らの著書『法の概念』で「原則に対してあまりに僅かなことしか述べていない」旨を述べ、法原則に思いが至っていなかったことを認めている。ハート・前掲注(12)396頁。

14）　Di Fabio 及び Rehbinder の原則の種類に関する所説についてはかつて紹介したことがある（桑原・基礎理論268頁以下）が、行論の都合上再説する。

15）　Di Fabio, Vorraussetzungen und Grenzen des umweltrechtlichen Vorsorgeprinzips, FS für W. Ritter (1997) 815頁。

16）　Di Fabio・前掲注(15)815頁。

17）　Di Fabio・前掲注(15)819頁。

18）　Di Fabio・前掲注(15)815頁。構造原則はもともと Rehbinder の使用した語であるが、Di Fabio は、そのような政治の領域に由来し啓蒙の領域に帰属するような、つまり将来の立法的形成任務に方向性を与えるような原則を、構造原則の語に代えて指導原則と呼ぶ。「構造」という言葉は画定した範型の保持に向けられ動態的な形成的性質をよく捉えられない、というのがその理由である。しかし Rehbinder は、既に存するものを説明するだけで、将来的なものを導くのではなく、したがって必ずしも動態的な要素を内在させているわけではないとして、むしろ「指導原則」という言葉に否定的である（Rehbinder, Nachhaltigkeit als Prinzip des Umweltrechts, Gesellschaft für Umweltrecht (Hrsg.), Umweltrecht im Wandel (2001) 723頁註７）。構造原則の理解は、Di Fabio と Rehbinder とで微妙に異なっている。

19）　Di Fabio・前掲注(15)815-816頁。

20）　環境行政訴訟における証明責任につき、桑原「環境行政訴訟における証明責任」宇賀克也・交告尚史編『現代行政法の構造と展開』〔小早川光郎先生古稀記念〕597頁（有斐閣、2016年）。

21）　コッホ編著（岡田正則監訳）『ドイツ環境法』98頁（成文堂、2012年）。

22）　Monien, Prinzipien als Wegbereiter eines globalen Umweltrechts?, 2014 61頁。

23）　Di Fabio・前掲注(15)820頁。

24) de Sadeleer, Environmental Principles, 2002 は、289頁以下で EU 裁判所の判断において環境法原則が法的に重要な役割を果たしていることをさまざまなケースを例に示しているが、そこで示されているのは、それに反したら違法というような意味での法的役割ではない。

25) Di Fabio・前掲注(15)808-809頁。

26) 基準等の形で事前配慮義務を具体化する法規命令や行政規則は存するけれども、その具体化規定にある要求とは別個の事前配慮措置が要請されうること、つまり基準値等で具体化されていなくとも事前配慮規定が直接適用可能であることについて、戸部真澄『不確実性の法的制御』51-52頁（信山社、2009年）参照。

27) 大橋洋一「行政法の一般原則」宇賀克也・交告尚史編『現代行政法の構造と展開』〔小早川光郎先生古稀記念〕42頁に紹介されているシュミット・アスマンの議論によれば、一般原則には条文と同様に把握できるもの、条文の形式が欠けていても実務で詳細に基準が提供されているものがある。

28) Monien・前掲注(22)301頁。

29) 桑原・基礎理論273頁以下。

30) Murswiek, Staatsziel Umweltschutz (Art.20a GG), NVwZ 1996 225頁。邦語による紹介として、桑原・基礎理論156頁以下の他、岡田俊幸「『環境保護の国家目標規定（基本法二〇 a 条）』の解釈論の一断面」樋口陽一他編『日独憲法学の創造力下巻』〔栗城壽夫先生古稀記念〕464頁以下（信山社、2003年）がある。

31) 岡田・前掲注(30)82頁註33。

環境規制と参加

大久保規子

1　環境法政策における参加の意義

(1)　参加の必要性

「環境と開発に関するリオ宣言」(1992年) 第10原則が述べているように、環境問題の解決には、あらゆる主体の参加が不可欠である。第10原則は参加原則とも呼ばれ、リオ宣言以降さまざまな条約、ガイドライン・宣言、各国の国内法や判例を通じて、その内容が具体化されてきた。

幅広い市民の参加が不可欠な理由については、日本でも、多角的な観点から議論・分類されてきた[1)]。環境規制という観点から見ると、第1に、地域住民、NGO、専門家等の情報・警鐘を契機として、新たな環境問題を早期に発見し、予防・対策することができる。

第2に、何が健全で望ましい環境であるかについては多様な価値観が存在するため、参加・熟議を通じて政策の民主的正統性を強化する必要がある。とくに、規制緩和の時代にあっては、仮に規制の根拠となるエビデンスが揃っていたとしても、手続の公正性・透明性を確保することなく、必要かつ適切な規制を導入したり、それを円滑に実施したりすることは困難である。

第3に、環境破壊や健康被害は不可逆的なものであることが多いから、事後的な司法救済だけでは不十分である。持続可能な発展を実現するためには、環境に負荷を与える行為の許認可等にあたり、直接影響を受ける者はもちろん、自然や将来世代の利益を代弁する NGO 等の意見を適切に反映することのできる仕組みが必要である。

第４に、被規制者の自己点検と行政の監督のみにより、環境法規違反をすべて発見・是正することは、人員・予算の制約等により困難であるから、環境法の執行の欠缺を防止・改善するためには、訴訟の提起も含め、ウォッチドックとしての市民の活動が欠かせない。

第５に、気候変動、廃棄物問題等、環境問題のなかには不特定多数の人為活動に起因するものが少なくないため、基準を設定し、これを遵守させるという古典的な規制的手法のみでは限界があり、ライフスタイルの変革も含め、あらゆる主体の自主的取組みが求められる。

このように、規制の導入・適用・実効性確保というあらゆる側面で市民参加は重要な役割を担っており、これらの理由は相互に密接な関係を有している。

⑵ 環境法政策における参加の位置づけ

1990年代から、参加の促進は、日本の環境法政策の重要な柱とされてきた。リオ宣言直後の1993年に制定された環境基本法は、すべての者の公平な役割分担の下に持続的発展が可能な社会を構築すべきこと（４条）を環境保全の基本理念として掲げている。また、1994年の第１次環境基本計画では、公平な役割分担の下でのあらゆる主体の参加の実現が長期目標の１つに位置づけられた。現在の第５次環境基本計画においても、パートナーシップの充実・強化が重点戦略設定の基本とされている（第２部第１章２）。

参加の重要性は、環境分野に限られたものではない。①阪神淡路大震災や東日本大震災により、市民活動の重要性が社会的に認知されたこと、②地方分権、地域再生の観点から住民自治のあり方が改めて問われるようになり、自治基本条例や市民参加・協働条例の制定が進んだこと、③行政手続法（以下「行手法」という）の制定等、公正で透明な行政の確保をめざす一連の行政改革がなされたこと等を通じ、福祉、防災、まちづくり等、さまざまな行政分野において、市民・NGO との連携が模索されるようになった。

⑶ 権利に基づくアプローチとボランタリーアプローチ

参加の法的位置づけについては、市民の権利として捉える考え方（権利に基づくアプローチ（rights-based approach））と、行政が情報を収集し、市民の自主的取組みを推進するための政策手段と捉える考え方（ボランタリーアプローチ）がある[2)]。前者の考え方には、参加権を環境権の手続的側面と捉えるもの（手続的環境権・参加環境権）、参加民主主義の考え方に立って、参政権の一種と捉えるもの等がある[3)]。

日本の判例では、処分（許認可等）の名宛人（被規制者等）については、憲法31条の適正手続の保障が及ぶ場合があるとされている（最大判平4・7・1民集46巻5号437頁）。また、行手法においては、拒否処分・不利益処分の理由の提示（8条・14条）、不利益処分の場合の聴聞・弁明の機会の付与（13条）等が義務づけられている。環境の分野では、これらの規定は、通常、環境に負荷を与える開発行為等を行う所有者・事業者等の権利防御機能を有している。

本来、環境規制の場合には、住民等、処分の名宛人以外の第三者（規制の受益者）の権利利益や環境影響の適正な考慮のための参加も重要となるが、行手法では、第三者の利害の考慮が申請に対する処分の要件とされている場合に、当該第三者の意見聴取をする努力義務が定められるにとどまっている（10条）。個別の環境法のなかには、環境影響評価法、廃棄物処理法のように処分の名宛人以外の者の参加規定を設けるものがあり、また、協議会、協定制度のように市民の自主的取組みを促進するための仕組みも整備されてきたが、国の制度の多くは主としてボランタリーアプローチを基礎にしている。

これに対し、自治体においては、自治基本条例や参加・協働条例に参加権規定を設け、権利に基づくアプローチとボランタリーアプローチを併用するところも少なくない。例えば、初期の自治基本条例である大和市自治基本条例（2004年）は、快適な環境において安全で安心な生活を営む権利とともに、政策の形成・執行・評価等の過程に参加する市民の権利を明記している（9条）。

⑷　参加と協働

参加との異同がしばしば問題になるのが、「協働」概念である。「協働」は極めて多義的な概念であるが、日本の行政実務では、主に根本的に異なる2つの意味で用いられてきた[4)]。第1は、行政、市民、NGO、事業者等、立場の異なる主体が、対等なパートナーとして連携・協力して、さまざまな社会問題・公的課題に取り組むという意味である（多元的協働概念）。第２は、規制緩和や行政の効率化の観点から公的任務（とくに公共サービス）の民間開放を行うことを指す（分担的協働概念）。多元性、自律性・自主性、対等性等を基本的な要素とする多元的協働概念は自治基本条例や参加・協働条例に幅広く用いられている。法律で初めて協働という言葉を用いたのは現在の「環境教育等による環境保全の取組の促進に関する法律」（以下「環境保全取組促進法」という）であり（２条４項)、環境分野では多元的協働概念が採用されている。

多元的協働は、市民やNGOを主体的な公共の担い手として位置づけるという点に特徴があり、公的任務の帰属先という観点から見ると、①国または自治体の事務に多様な主体が参加する場合、②市民、NGO等の民間非営利活動を国・自治体が支援する場合、③国または自治体が、公的任務を他の主体との協働事務・事業として実施する場合（狭義の協働）が含まれる。参加についてもさまざまな定義が存在するが、共通しているのは、行政過程に市民の意見を反映させるという点である[5)]。その意味で、協働は参加よりも広い概念であるといえる。

なお、ドイツでは、環境法政策の基本原則として、参加原則ではなく、「協働原則」（Kooperationsprinzip）が掲げられることがある[6)]。1990年代から2000年代の初頭にかけて、協働原則は参加原則とほぼ同義に用いられる一方で、とくに環境規制との関係で、行政・事業者との協定や自主規制が規制的措置よりも優先されるべきである（規範代替型の協働）という意味で用いられる場合もあり、協働原則の内容が盛んに議論された[7)]。しかし、後述のように、参加権の保障がEU法上の義務となったこと、自主的取組みの限界が指摘されるようになってきたことなどから、参加をめぐるドイツの主要な議論は、協働原則の内容よりも、EU法に係る参加規定の国内法化の方法に移行している。

2　参加原則の国際的展開とアクセス権

(1)　参加原則の国際的展開

国際的に見ると、リオ宣言第10原則は、環境法政策の基本原則の１つとして認識されるようになり、権利に基づくアプローチにより、その内容の具体化と仕組みの整備が図られてきた。

まず、1998年には、環境分野の市民参加条約ともいうべきオーフス条約が採択された（2001年10月発効）。同条約は、情報アクセス、行政決定への参加および司法アクセスという３つの手続的権利（アクセス権）の保障を柱としている。2019年３月現在、オーフス条約の加盟国は国連欧州経済委員会の46の国と EU にとどまっている。しかし、とくに EU 構成国では、関連する EU 指令（市民参加指令［2003/35/EC］等）、欧州司法裁判所およびオーフス条約遵守委員会のケースロー等に基づいて、アクセス権の基準の具体化が進んでいる。

また、オーフス条約加盟国以外の国における参加原則の促進を図るために、UNEP は、2010年に「環境事項に関する情報アクセス、市民参加及び司法アクセスに係る国内立法の発展に関するガイドライン」（バリガイドライン）を採択した。バリガイドラインは、参加原則の最低基準を示し、キャパシティビルディングに関する項目を充実させて、とくに途上国における立法の整備を狙ったものである。

地球サミットから20年の節目となる2012年のリオ＋20では、成果文書として「我々が望む未来」が採択され、参加に関する独立の節が設けられ（ⅡC：42-55項）、アクセス権の促進が簡潔・明快に盛り込まれ（99項）、参加と民主主義が持続可能な発展（SD）に不可欠の要素であること（10項、13項）が明確化されている。

さらに、ラテンアメリカ・カリブの国々は、リオ＋20において、「ラテンアメリカ・カリブ地域における環境と開発に関するリオ宣言第10原則の適用に関する宣言」（第10原則適用宣言）を採択した。そして、2018年３月に「ラテンアメリカ・カリブ地域における環境事項に係る情報、参加及び司法アクセスに関する地域協定」（エスカズ（Escazú）協定）が成立した[8)]。オーフス条約はすべての国に開かれた条約であるのに対し、同協定は、第10原則に関する初めての地域条約である。エスカズ協定は、同地域においてアクセス権の完全かつ実効的な実現を保障し、関係者のキャパシティと協働を強化し、現在・将来世代のすべての人の環境権の保護に貢献することを目的としている（１条）。オーフス条約と比較すると、環境分野の人権擁護者の保護に関する独立した規定が設けられたこと（9条）、公務員、市民等のキャパシティビルディングに関する詳細規定が置かれたこと（10条）が、大きな特徴である。

2015年に国連で採択された持続可能な開発目標（SDGs）は、目標16において、すべての人々への司法アクセスの提供を掲げ、①法の支配の促進と平等な司法アクセスの保障（16.3）、②すべてのレベルでの参加型の意思決定の保障（16.7）、③情報アクセスの保障（16.10）を盛り込んでいる。目標16は、リオ宣言以降の国際的文脈において、参加を含むガバナンスに関する目標として理解されるべきものである。

(2) 参加原則の3つの柱

参加原則の柱であるアクセス権の内容を最も具体的に定めているのはオーフス条約である[9)]。オーフス条約にいう「市民」（public）とは、自然人、法人、法人格のないグループを含む幅広い概念である（2条4項）。オーフス条約では、市民と関係市民（public concerned）が区別されており、関係市民とは、NGOを含め決定により影響を受ける可能性等のある市民をいう（2条5項）。関係市民は市民よりも狭い概念ではあるが、このなかには、事実上の利益を含め、幅広い利害・関心を有する者が含まれる[10)]。

オーフス条約の第1の柱は、情報アクセス権の保障であり、開示請求権の保障（4条）と環境情報の収集・普及（5条）に関する規定から成る。情報公開については、国、自治体に加え、一定の要件を充たす公益事業者も、情報公開の実施機関となる。国防情報、個人情報等の不開示は認められているが、企業の排出情報を営業の秘密を理由に不開示とすることは許されない。また、情報の積極的収集・普及には、事故時の情報伝達から、PRTR制度の構築、事業者による自主的な情報開示の推進等、多様な内容が含まれているが、5条の規定は4条に比して抽象的であり、加盟国により広い裁量が認められている。

第2の柱は、行政決定への参加権の保障である。具体的には、個別の許認可等（6条）、計画・政策（7条）、行政立法（8条）という3つの段階で、参加制度を構築することが必要とされている。とくに許認可等については、①適切・

適時・実効的な方法による、事業計画、参加手続等の市民への通知、②合理的で十分な参加期間の確保、③さまざまな選択肢が残されている早期の段階での市民の参加、④関係市民を特定し討議することを含め、適切に意見が述べられるようにすること、⑤関連情報を無料かつ速やかに提供すること、⑥参加結果の適切な考慮、⑦決定の内容、理由、考慮結果を示すこと等、詳細な規定が置かれている。これに対し、7条と8条の規定は比較的抽象的で、加盟国により広い裁量が認められている。

第3の柱は、司法アクセスの保障であり、環境法違反の行為について、裁判所または独立かつ公平な機関による審査の確保を加盟国に義務づけている（9条)。オーフス条約は、①環境情報の不開示決定（1項)、②同条約により参加の実施が義務づけられている各種許認可等（2項)、③環境法に違反するその他の私人または公的機関の作為・不作為（3項）に分けて原告適格等について規定している。とくに許認可等については、原則として十分な利益を有する関係市民が手続的および実体的違法を争えるようにすることが求められており、環境団体訴訟の導入が不可欠とされている。

また、仮の救済を含め適切かつ実効的な救済を提供し、訴訟費用が不当に高額とならないようにし（4項)、情報提供や資金援助等、訴訟援助のための仕組みを検討するように義務づけており（5項)、原告適格の拡大だけではなく、司法アクセス権に関する包括的な規定となっている。

このように、国際的に見ると、参加原則は、情報アクセス権、司法アクセス権を含め、アクセス権を一体的に保障する包括的な内容となっている。しかし、以下では、紙数の関係上、行政決定への参加に焦点を当て、日本の特徴と課題を検討する[11)]。

3　日本の環境規制における参加の特徴

(1)　行政立法と参加手続

環境規制の基準の具体化は政省令等に委ねられていることも多い。政省令等の法規命令、行政処分の審査基準・処分基準、行政指導指針を定める場合には、行手法に基づいてパブリックコメントが義務づけられている（38条以下）。規制対象となる事業者の意見は、通常、審議会を通じても考慮されるが、パブリックコメントは、潜在的にその影響を受ける可能性のある幅広い市民が意見をいえる仕組みとして重要である。

個別法においては、パブリックコメントとは別に、事業者等について、より手厚い意見聴取手続が設けられていることがある（容器包装リサイクル44条）。環境影響を受ける可能性のある者に関する特別の規定は限られているが、ダイオキシン法は、総量規制対象地域に係る政令の立案に関する住民の申出を認めている（10条6項）。パブリックコメントは、行政の案が示された時点での意見提出であって、基準の改正そのものを求める仕組みは行手法にはない。申出制度は、行政に規制権限の行使を促す手段として、ユニークなものであるといえる。

さらに、最近では、希少種保存法の国内希少野生動植物種について提案募集の仕組みが導入された（6条）。日本では、絶滅危惧種が3500以上に達しているにもかかわらず、従来なかなか国内希少野生動植物種の新規指定が進まなかった。提案制度の活用により、その状況が打破できるのかどうか注目される。

⑵　政策・計画

政策・計画段階の参加については、行手法に一般的な参加規定はない。諸外国の例を見ると、環境分野で普及しているのは戦略的環境アセスメントであるが、日本では導入されていない。そのため、政策形成段階での参加は個別法に委ねられているが、法定例は少ない。しかし、問題をどのようにフレーミングして政策課題にするかという観点から、アジェンダの設定そのものに参加することのできる仕組みは重要である。

環境法のなかでは、生物多様性基本法（21条2項）が、多様な主体の意見を求め、これを十分考慮したうえで政策形成を行う仕組みの活用等を明記している。環境保全取組促進法は、政策形成に係る提案制度を設け（21条の2第2項）、「環境保全活動等に関する政策提案ガイドライン」にその詳細を定めているが、2018年末段階で活用例はない。

計画段階での参加手法として一般的なのはパブリックコメントであるが、必要な場合に公聴会等を行う旨が定められている場合もある（河川16条の２第４項等）。環境基本計画に関しては、実務上、意見交換会等が行われているが、環境基本法に参加規定はない。これに対し、生物多様性国家戦略（生物多様性基本11条４項）等、より新しい法定計画等には、国民の意見の反映に関する明文規定が置かれることが多い。環境に関わりの深いインフラ整備・都市計画の分野でも、全国国土形成計画（国土形成計画６条）等の上位計画に環境配慮と参加規定が設けられ、河川法、海岸法等、いくつかのインフラ関連法にも参加規定が導入されている。もっとも、環境に影響を与える計画であっても、例えば、エネルギー基本計画については参加の規定だけではなく、環境事項すら明文化されておらず、個別法の対応は一様ではない。

さらに、近年は、計画に関する提案制度（都市計画21条の２等）、計画の立案から実施に至るまで合意形成を重視する協議会制度（自然再生推進８条等）等、多様な仕組みが設けられている[12)]。しかし、政策提案制度と同様に、活用例が限られていたり、実態が形骸化している場合も少なくない。

(3) 規制的措置と参加

各国の法制度においては、事業活動等に関する許認可等と並び、環境アセスメント（以下「アセス」という）が、参加の中核を成す仕組みとなっている。

オーフス条約では、許認可等に係る参加の対象が別表に列挙されており、公共事業、工場の設置等、環境に影響を与える可能性のある多種多様な活動が掲げられている。当該活動の可否について許認可等の行政決定が存在することが、その前提である。

しかし、日本では、そもそも許認可等の対象となる行為が限られており、許認可制等がとられていても参加規定が設けられていない場合が多い。また、参加規定が設けられていても意見提出のみで、公聴会のような直接的なコミュニケーションの機会が極めて少ないという特徴がある。

日本でも、例えば、市町村が自ら設置する一般廃棄物処理施設以外の廃棄物処理施設の設置については許可制が採用され、参加の仕組みも設けられている

（廃棄物処理8条、15条）。しかし、大防法、水濁法等の公害対策関連法においては、公害規制の対象となる施設の設置について届出制がとられており、許認可等は存在しない。公害対策関連法の仕組みも単なる届出制ではなく、一定期間内に計画の変更命令を出すことが可能とされているから実質的に許可制に近いとはいえ、事業計画情報の公告・縦覧や参加の機会がないという点はオーフス条約加盟国との大きな違いである。届出制であっても、事業計画情報の公示を義務づけたり、一定の場合に近隣住民等が変更命令の発動を求める手続を設けたりすること等も考えられるが、処分等の求めに関する行手法の規定（36条の3）を除き、そのような規定は存在しない。

また、インフラ整備についても、自治体の道路や林道の設置をはじめ、何らの処分も介在しない場合が少なくない。特殊法人、独立行政法人等の事業について許認可等の規定が置かれている場合であっても（道路整備特別措置3条1項等）、行政機関相互の行為として処分性があるかどうか疑問のあるものもある。しかも、参加規定が設けられているのは、公有水面埋立免許（公有水面埋立3条）等、ごく少数である。

自然保護分野等の土地利用規制に関しては、規制の必要性に応じ、各種行為の禁止、許可、届出等、規制の強弱によるゾーニングがなされている。地域指定に当たっては、意見書の提出、異議が出た場合の公聴会の開催等が定められている場合もあるが（自然環境保全22条5項・6項、希少種保存36条6項・7項等）、希少種保存法においても、生息地等保護区の指定については、規制対象種の新規指定の場合のような提案制度は実現していない。

この点、保安林の指定・解除のプロセスでは、自治体の申請に加え、「直接の利害関係人」の申請主義がとられ、意見書の提出や公開での意見聴取が定められている（森林27条、32条）。直接の利害関係人の範囲は、保安林の目的に応じて異なり、土地所有者、居住者のほか、例えば魚つき保安林であれば漁業権者が含まれる。受益者が指定・解除を求めることができる点は注目されるが、市民のレクリエーション等を目的とする保健保安林については、受益者が広範であり、直接の利害関係人はいないと解釈されている（平成3年6月20日林野庁治山課長通知）。

このように、日本では事業活動の許認可等について参加の機会が限定されているため、大規模公共事業については、アセス法が、網羅的に参加の機会を提供する法律として重要な役割を果たしている。同法においては、スコーピング段階と準備書段階で２回の説明会と意見提出機会の付与が義務づけられているほか（７条の２・８条・17条・18条）、配慮書段階においても、一般の意見聴取に努めることとされている（３条の７）。また、インターネット上への関係書類の掲載が義務づけられ（７条等）、意見提出期間も６週間確保され（８条等）、意見への配意に関する規定が設けられている（10条３項等）こと等、個別法の参加手続のなかでは、比較的丁寧な規定となっている。

しかし、アセス法においても、①公聴会が義務づけられていない、②インターネットに掲載した関連書類のダウンロードや印刷を可能にすることまでは義務づけられていない、③提出意見は知事意見において配意されるにとどまる、④アセスの結果が許認可等においてどのように反映されたのかを含め、許認可等の公表義務がない、⑤そもそもアセスの対象事業について許認可等が存在しない場合もある（林道設置等）などの点で、実効的な参加の仕組みとしては、なお課題も少なくない。

4　今後の展望

日本の参加制度には、国際的な参加原則と比較して、さまざまな特徴と課題が認められる。

とくに重要と考えられる点は、第１に、具体的な許認可等の段階で参加の機会が少なく、しかも、対話型の参加規定がほとんど存在しないことである。諸外国の例を見ると、例えばドイツのバーデン＝ビュルテンベルク州では、環境分野において、2017年に1200件以上の参加手続が実施されている[13]。これに対し、日本の環境影響評価法に基づくアセスの実施件数は、法の施行から2018年末までの累計で、手続実施中のものを含めても、447件にとどまっている[14]。

また、個別の許認可等の段階で公聴会が義務づけられているのは、土地収用の事業認定（土地収用23条）のように所有権等に重要な影響を与えるものに限られている。しかも、日本の公聴会は、通常、あらかじめ選定された公述人が意見を述べるのみで、実質的な議論は行われない。

さらに、オーフス条約は、許認可等の申請前に、事業者が関係市民を特定し、討議するプロアクティブな参加を重視している（6条5項)。アセスの実施段階や許認可等の申請時では、実行可能な選択肢が限られてしまうため、その前に誰が関係市民であるのかを分析し、個別に通知を行い、参加できる環境を整え、参加しない人にも環境影響を伝達することが国際的に奨励されている[15)]。

これに対し、日本では、直近の住民、自治会長等に事前のコンタクトをすることはあっても、事案に応じて関係市民を分析し、直接的で開かれたコミュニケーションを重視するという発想に乏しい。アセスの関係書類をダウンロードできない形でインターネットに掲載する例に見られるように、実質的に意見を聴くつもりがあるのかどうか疑念を生じさせる場合も珍しくない。

最近のアジア7か国（インド、インドネシア、タイ、台湾、中国、日本、フィリピン）におけるアセスの参加制度の比較調査結果によれば、日本以外の6カ国で、公聴会等により双方向の質疑応答を行うことが義務づけられており[16)]、欧米だけではなく、アジアにおいても、対話型の手法が重視されている。日本でも、多くの都道府県のアセス条例により公聴会の開催が規定されているものの、すべての都道府県で義務づけられているわけではなく、地域格差がある。地方分権改革により、手続規定について自治体の裁量を広く認める傾向が強まったが、参加の最低水準の確保は国家の役割であるという認識に立って、法律により、より広く対話型の参加手法の活用を図るべきである。

その際に考慮すべきは、参加に関する多様な仕組みの相互関係である。例えば、環境分野では、事業者に環境負荷の低減義務を課すのではなく、PRTR のように、排出量の届出を義務づけ、届出情報を開示する仕組みを採用し、情報的手法と枠組規制的手法を組み合わせている場合がある。運用上、個別事業所ごとのデータをデジタル地図上で無料で入手できるようにしたり、データの間違いを通報したりできるような工夫もなされているが、リスクコミュニケーションでの活用は必ずしも期待通りに進んでいない。しかし、そもそも事業所の設置段階で何らの情報開示も参加も行われないのに、PRTR のみでリスクコミュニケーションを促進するということには無理がある。また、公害対策法には、汚染が著しい緊急時の措置として、行政の周知義務（大防23条等）が定められている場合があり（光化学オキシダントの注意報等）、事業者に対しては、事故時の行政への通報義務（大防17条）が課されているが、事故情報の公表義務は規定されていない。情報アクセスも含め一貫した考え方に立った制度設計が望まれる。

第２に、意見書であれ、公聴会であれ、許認可等の段階で参加が実施された場合であっても、行政が許認可等の可否、意見の考慮結果、その理由を公示すべき旨を定めた規定はほとんどない。行手法は、パブリックコメントについて提出意見を十分考慮し、行政立法等の公布と同時期に提出意見、考慮結果・理由を公示することなどを義務づけ（42条・43条）、申請に対する拒否処分と不利益処分については、処分の名宛人に対する理由の提示を求めているが（８条・14条）、申請内容に応じた処分を行う場合には、理由は提示されない。

参加権を保障し、手続の公正性と参加の実効性を確保するためには、参加の対象となる行政決定について、意見の考慮結果と理由を含めて公示することが検討されるべきである[17)]。日本の行政手続について発想の転換が求められることになるが、日本においても、土地収用の事業認定については理由を含めた公示が義務づけられており（土地収用26条）、例がないわけではない。

第３に、日本では、地球環境基金の創設、環境パートナーシップオフィスの設置、環境保全取組促進法の制定等により、市民・NGO 活動の基盤が整備されてきた。また、各種協議会、協定等の特徴的な仕組みも設けられてきたが、実際にこれを活用できるようにするための環境整備が十分ではない。例えば、欧州の環境 NGO 助成では、プロジェクト助成のほかに、NGO の政策参加機能を担保するために、NGO の意見調整を行う組織に対し、制度的助成と呼ばれる運営費の助成（オフィスの賃料、スタッフの人件費、政策を議論するための会議旅費を含む）が行われている。また、ドイツでは、①最長２年にわたり宿泊・食事の無償提供、小遣いの支給を受けてボランティア活動に参加することのできる制度が設けられ、②各州の環境財団により宝くじの収入等の安定的な財源を用いて NGO 助成が実施され、③連邦・州による制度的助成も行われている。このように、意識啓発を具体的な行動につなげていくための施策を、明確かつ一貫した政策ビジョンに基づいて確保することが重要である。

第４に、参加の実効性を担保するためには、参加手続の瑕疵を訴訟により是正できるようにすることが不可欠であるが、現状では、司法審査の可能性が隙間なく確保されているとは言いがたい。例えば、アセス法の参加について、立法者は、より良い決定のための情報収集が目的であるという立場であり（情報収集参加）、従来の判例によれば、仮にその参加手続に瑕疵があったとしても、参加権侵害を理由に司法アクセスが認められるわけではない（福岡高那覇支判平26・5・27 裁判所 HP）。

この点については、法治主義の貫徹という観点からも、環境団体訴訟等の公益訴訟の導入が必要である[18]。しかし、現行法においても、例えば、環境影響評価法は、関係地域という概念を使用し、同地域における説明会の開催等について定めており、関係地域内の住民に対し、より手厚い規定を設けている。アジアの国のなかにも、インドのように、幅広い市民の参加と直接影響を受ける者の参加形態を区別している国があり、少なくとも関係地域内の住民については単なる情報収集参加と解するべきではない[19]。環境公益訴訟を導入していない韓国でも同様の考え方に立って、関係地域内の住民には、自然保護を目的とするアセス訴訟の原告適格も認められている。

日本では、従来、参加についてボランタリーアプローチが重視されてきたが、以上のような視点から、権利に基づくアプローチと組み合わせた環境法政策が求められる。

【注】

1）　例えば、角松生史「手続過程の公開と参加」磯部力ほか編『行政法の新構想Ⅱ』289頁以下（有斐閣、2008年）、大田直史「まちづくりと住民参加」芝池義一ほか編著『まちづくり・環境行政の法的課題』157頁以下（日本評論社、2007年）、山村恒年「新公共管理法と住民参加・協働論」同編著『新公共管理システムと行政法』91頁以下（信山社、2004年）、北村喜宣「環境政策・施策形成と実施への市民参画」環境法政策６号31頁以下（2003年）、牛嶋仁「環境行政過程における市民参加」福岡47巻３＝４号367頁以下（2003年）、阿部泰隆「環境行政と住民参加」『環境問題の行方』ジュリ増刊76頁以下（1999年）、大久保規子「市民参加と環境法」阿部＝淡路還暦93頁以下参照。

2）　大久保規子「参加原則と日本・アジア」行政法研究18号１頁以下（2017年）参照。

3）　例えば、礒野弥生「法制度に見る環境民主主義の展開と課題」現代法学33号25頁以下（2017年）、同「環境権と環境配慮義務」大系77頁以下、松本和彦「憲法学から見た環境

権」環境法研究31号29頁以下（2006年)、大塚直「環境法の理念・原則と環境権」環境法政策17号19頁以下（2014年)、同「環境権（１)」法教293号95頁（2005年)、畠山武道「環境権、環境と情報・参加」法教269号15頁以下（2003年)、淡路剛久『環境権の法理と裁判』38頁以下（有斐閣、1980年）参照。

4)　大久保規子「協働の進展と行政法学の課題」磯部力ほか編『行政法の新構想Ⅰ』233頁以下（有斐閣、2011年）参照。

5)　例えば、山下竜一「市民参画」高橋ほか編・法と理論181頁以下、田村悦一『住民参加の法的課題』２頁以下（有斐閣、2006年）参照。

6)　大久保規子「ドイツ環境法における協働原則―環境 NGO の政策関与形式」群馬大学社会情報学部研究論集３巻89頁以下（1997年）参照。

7)　大久保規子「環境パートナーシップの展開と法的課題―ドイツにおける事業者と行政の協働関係」群馬大学社会情報学部研究論集４巻215頁以下（1997年）参照。

8)　Regional Agreement on Access to Information, Public Participation and Justice in Environmental Matters in Latin America and the Caribbean, 2018.

9)　オーフス条約については、例えば、高村ゆかり「情報公開と市民参加による欧州の環境保護―環境に関する、情報へのアクセス、政策決定への市民参加、及び、司法へのアクセスに関する条約（オーフス条約）とその発展」静岡大学法政研究８巻１号178頁以下（2003年）参照。

10)　UNECE, The Aarhus Convention: An Implementation Guide (second edition), 2014, p. 57.

11)　情報アクセス権、司法アクセス権を含め、オーフス条約の基準からみた日本の課題については、大久保規子「オーフス条約からみた日本法の課題」環境管理42巻７号59頁以下（2006年）参照。

12)　協議会については、大久保・前掲注(4)235頁以下参照。

13)　LNV, LNV 2017: Der Jahresbericht, S. 10.

14)　環境影響評価情状支援ネットワーク・環境アセスメント事例統計情報（http://assess.env.go.jp/2_jirei/2-4_toukei/index.html)（2019年３月10日閲覧）参照。

15)　アジアの動向も含め、大久保規子「環境アセスメントに関する参加指標の可能性―国際的参加ガイドラインからの示唆」環境管理53巻４号62頁以下（2017年）参照。

16)　大久保規子ほか「アジアの環境アセスメント制度と訴訟―参加指標による７カ国比較」行政法研究29号85頁以下（2019年）参照。

17)　行政立法に関しても具体的な参加権を提唱するものとして、常岡孝好『パブリック・コメントと参加権』147頁以下（弘文堂、2006年）参照。

18)　環境団体訴訟の論拠については、例えば、島村健「環境団体訴訟の正統性について」阿部古稀503頁以下参照。

19)　山田健吾「環境行政領域法における参加手続の適正化について」法政論集277号159頁以下（2018年）参照。

不確実性下における行政決定の根拠からの「憶測」の排除に関する覚書
——アメリカ種の保存法に係る裁判例を手がかりとして

赤渕　芳宏

1　はじめに

わが国の環境法学においては、予防原則の消極的要件として〈対象とされる環境リスクが「純粋に仮定的な」ものであること〉が説かれる[1]。そこでは、高周波電磁波の非熱作用（に関するドイツ連邦憲法裁判所の決定）が具体例として挙げられるが[2]、それ以上の詳細は説明されていないようである。この点、〈純粋に仮定的（仮説的。hypothetical）なリスク〉を、「科学的に証明されていない単なる憶測に基づいた」リスクとする説示がある[3]。もっとも、こうした敷衍によっても、その輪郭は依然として不明瞭なままである。

予防原則をめぐっては、それが〈「憶測」に基づく規制を正当化する〉ことへの懸念が、有力な論者によって示される[4]。わが国（および欧州、加えてアメリカの一部の論者[5]）における予防原則の理解に従えば、予防原則の下にあっても「憶測」が規制を正当化することはない、ということになりそうである。とはいえ、このように説いたとしても、そこで謂われる「憶測」とは何かが明らかにされないかぎり、彼らは警戒を緩めないであろう[6]。

予防原則の適用が許されない「（単なる）憶測」とは何か。「憶測」をキーワードにアメリカ環境法を眺めると、同原則をめぐる上記のような議論とは別に、次のことが注目される。すなわち、そこでは、科学的不確実性を伴うリスクの行政機関による管理が問題となる事例において、行政決定の根拠から「憶測[7]」が排除されるべきことが説かれており、さらに加えて、実際に、行政決定の根拠が「憶測的」であることを理由に、かかる決定の法的効力を否定する裁判例が少なからず存在することである。

本稿では、わが国の環境法学においてさほど論じられずにいる予防原則の消極的要件について考察するにあたり、そのきっかけを得ることをねらいとして、科学的不確実性の下でリスク管理を行うことを目的とする行政決定の根拠から「憶測」を排除するアメリカの裁判例を検討することとしたい。ここでは、「絶滅の危機にある種に関する法律」（Endangered Species Act（ESA））に関する連邦第9巡回区控訴裁判所の Arizona Cattle Growers' Association v. U.S. Fish & Wildlife Service 判決[8]（以下「ACGA 判決」ともいう）を取り上げ、同判決において「憶測」とは科学的知見のいかなる状態を指すものと解されているか、またかかる〈「憶測」の排除〉はいかなる根拠に基づき行われているのか、につき分析することとする。

2　Arizona Cattle Growers' Association 判決における「憶測」の排除

(1)　はじめに――付随的捕獲の規制に関する ESA の法的仕組み

ESA 9条(a)(1)は、「合衆国の管轄権の対象となる何人も、本法4条に従い絶滅危惧種（endangered species）に指定された（listed）魚類または野生生物に対し、以下のことをすることは違法である」として、国内、領海および公海における「捕獲」（take）をはじめとする行為を禁止する。また同条(g)は、こうした禁止行為を生ぜしめる行為もあわせて禁止する。

ESA は、捕獲の語をきわめて広く定義しており、射撃や殺害といった行為のほかに、野生生物に対する迷惑行為（harass）や危害行為（harm）をも含めている（3条(19)）。このうち「危害」は、連邦規則において、「野生生物を現実に（actually）殺害しまたは損傷させる行為」であり、また、こうした現実の殺害・損傷を生ぜしめるような「生息地の著しい改変（modification）または悪化（degradation）」をも含むものと定義されている（50 C.F.R. § 17.3）[9]。かかる禁止義務は、私人のみならず、公務員や連邦政府の機関、州や地方自治体（およびそれらの機関）に対しても課せられる（ESA 3条(13)参照）。

連邦行政機関（federal agency）に対しては、このほか、ESA 7条がいくつかの義務を課している。そのうちのひとつが、「当該の行政機関の認可（authorized）もしくは資金の提供を受けて行われる行為、または当該の行政機関によって行われる行為（以下本条において「行政機関の行為」（agency action）とする[10]）が、絶滅危惧種もしくは希少種（threatened species）の継続的な存在を脅かさず（jeopardize）、またはこれらの種の重要生息地（critical habitat）の破壊もしくは悪化（adverse modification）をもたらさない」ようにする義務である（7条(a)(2)）。

この7条(a)(2)は、さらに、上記のような実体的義務の履行が確保されることを目的として、「行政機関の行為」を行おうとする連邦行政機関（以下「事業所管機関」ということがある）に対し、あらかじめ、内務省魚類・野生生物局（Fish and Wildlife Service（FWS[11]））との間で「協議」（consultation）を行うといった手続的義務を同時に課している[12]。この事前協議手続において、FWSは、当該の「行政機関の行為」が上記の実体的義務に違背しないかを検討し、その結果を「生物学的意見」（biological opinion）として公表する。Rohlfの整理によれば[13]、もしFWSが①「行政機関の行為」によって指定種の捕獲が付随的に（incidental）生じる見込み（likely）があるものの、②それがかかる種の〈継続的な存在を脅かさず、またはその重要生息地の破壊もしくは悪化をもたらさない〉と解する場合には、FWSは、生物学的意見の中で、「付随的捕獲に係る意見」（incidental take statement. 以下「付随的捕獲意見」とする）を発出する。

付随的捕獲意見においては、①付随的に生じることが予測される捕獲の量または程度（可能であれば定量的表現によることが望ましいとされる[14]）、②付随的捕獲を最小化するための「合理的かつ賢明な措置」（reasonable and prudent measures）、③②の措置の実施に係る「条件」（terms and conditions. モニタリングの実施義務、報告義務など）が示される（以上につき、ESA 7条(b)(4)、50 C.F.R. § 402.14(i)(1)）。上記②の措置が講じられ、かつ上記③の条件が遵守された上で、ある指定種の捕獲が付随的捕獲に該当する（すなわち、上記①の量または程度を超えない）限りにおいて、かかる捕獲はESA 9条違反とはならないとされる（7条(o)(2)）。このことから、付随的捕獲意見は一種の（捕獲の）許可と同様の機能を有すると説明されることがある[15]。

なお、ESAおよび連邦規則によれば、生物学的意見は「利用可能な最善の科学的および商業的データ」（best scientific and commercial data available）に基づかなければならないとされているが（50 C.F.R. § 402.14(g)(8). また ESA 7 条(a)(2)を参照）、付随的捕獲意見についてはこのような定めはない[16]。

(2) Arizona Cattle Growers' Association 判決

(i) **事案の概要**　FWS は、1997年 9 月に、アリゾナ州南東部の内務省土地管理局（Bureau of Land Management）の管理地における、同局の家畜放牧プログラムに関して（これが問題となった事案を以下「①事件」とする）、また1999年 2 月に、農務省林野部（Forest Service）による同州内の国有林での家畜放牧（継続）の許可に関して（同じく以下「②事件」とする）、土地管理局および林野部とそれぞれ事前協議を行い、生物学的意見を策定した。これらの生物学的意見は、放牧区画での家畜（ウシ）の放牧によって生じうる指定種（①事件では20種類、②事件では10種類の動植物）への影響を、①事件ではプログラム全体を通して指定種ごとに、②事件では放牧区画ごとに、それぞれ検討した。そして、①事件ではプログラム全体につき、また②事件では22区画のうち 1 区画を除いて、問題となった行為案（家畜放牧プログラムおよび家畜放牧許可）は、指定種の継続的な存在を脅かすおそれはなく、また、重要生息地（候補地を含む）の破壊または悪化をもたらさない（要するに、7 条(a)(2)の実体的義務に違反しない）と結論した。

一方で、各々の生物学的意見に盛り込まれた付随的捕獲意見では、いずれにおいても、放牧活動によって捕獲が生ずることが予測されるとされ、「合理的かつ賢明な措置」として、①放牧による生息地への直接的な影響を排除しまたは大幅に削減するための措置を講ずること（①事件の一部の指定魚種）、②区画内の一定範囲の生物学的状態を改善するための措置を講ずること（②事件の一部の区画）、③付随的捕獲を生ぜしめる放牧活動につきモニタリングを行い FWS に報告すること（①②事件）などが定められた。また、9 条違反の回避のために遵守されるべき「条件」としては、一定の区域において家畜の放牧がされないための措置（柵の設置、監視など）を講ずること（①事件の一部の指定魚種）、指定種のモニタリングを実施すること、条件において定められた事項の前年度の実施状況の報告を行うこと（ともに②事件の一部の区画）などが定められた。

同州内の牧場所有者によって構成される非営利団体である Arizona Cattle Growers' Association（①事件はこのほか個人所有者1名を含む）は、付随的捕獲意見が、（それ自体は事業所管機関に対して法的拘束力をもたないものの[17]）事実上は、土地管理局および林野部による公有地での放牧の許可の条件に反映される——付随的捕獲意見が事業者に対し「実質的な制限を課するものであり、強制的な影響を与える[18]」——とした上で、FWS が、本件付随的捕獲意見を策定するにあたり、家畜の放牧活動が付随的捕獲を現実に生ぜしめることについての十分な証拠を示していないことなどから、本件付随的捕獲意見の発出が違法であるとして提訴した。

第一審では、いずれの事件においても、捕獲に係る証拠が不十分であることから、FWS の行為（②事件ではその一部）は専断的かつ恣意的である（arbitrary and capricious. 行政手続法（Administrative Procedure Act（APA））706条(2)(A)）とされた[19]。このため FWS が控訴した。

(ii) **裁判所の判断**　連邦第9巡回区控訴裁判所は、両訴訟を併合して審理を行い、両判決における一審原告の勝訴部分につき第一審の結論を支持するとともに、同敗訴部分を破棄した（以下、かっこ内の数字は本判決を掲載する判例集（273 F.3d）の該当頁を指す）。

裁判所はまず、先例を引用しつつ、ESA に基づく行政決定の司法審査には APA706条が適用され、同条(2)(A)に基づき、行政決定が専断的・恣意的であるか否かが判定される[20]、また、行政機関の事実認定に関しては、専断的・恣意的基準に基づき、行政機関が認定した事実と行った選択との間に「合理的な関連性」（rational connection）があるかが審査される、といった一般論を確認した（1235-36）。ついで、裁判所は、〈その目的の相違に照らし、保護的目的をもつ7条における捕獲概念は、制裁的目的をもつ9条の捕獲概念よりも広く、将来における危害の発生の可能性ないし見込みをも射程におくものと解釈されるべきである〉といった FWS の主張につき、これを「議会の明白な意思」（いわゆる Chevron 判決の第1段階[21]）に反するなどとして退けた（1239-40）。

その上で、裁判所は、個々の付随的捕獲意見をいずれも専断的・恣意的であって違法であると結論づけた。このうち、FWS が採用した根拠を「憶測」だと明言した判示は、次のようなものであった（亀甲かっこ内は筆者による補足である）。

(a)　①事件のレイザーバックサッカー（razorback sucker. サッカー科の魚）に係る付随的捕獲意見に関して　「FWS は、1991年以来、当該地域において当該種が目撃されたとの報告はないこと、および「家畜放牧プログラムが魚の個体または個体群に与える影響はまれにしか生じないであろう」ことを認めた」。にもかかわらず、FWS は「当該地域での放牧による直接的な影響の結果として捕獲が生ずると予測し、当該魚種に係る付随的捕獲意見を発出した」(1243)。「FWS は、問題となる区画において当該魚種が存在するといった証拠がないにもかかわらず、予測的な危害（prospective harm）に基づき、付随的捕獲意見を発出することができるはずである、と主張する」(1244)。「FWS が自らの決定を正当化するために提示した唯一の追加的な証拠は、1981年から1987年まで行われた、〔当該魚種を〕当該地域に再生息させる（repopulate. 持続的な個体群を形成する）試み（これは成功しなかった）において、「少数の幼魚が生き延びた可能性がある」というものである。この憶測的な証拠は、それのみでは、法律によって課された基準〔「利用可能な最善の科学的および商業的データ」の利用義務に関する 50 C.F.R. § 402.14(g)(8) が参照される〕に適合するには、はなはだ（woefully）不十分である」(1244)。「記録の注意深い審査に基づき、われわれは、当該土地に当該種が存在するとの FWS の憶測が記録によって裏付けられていない場合において、なお当該魚種につき付随的捕獲意見を発出することは、専断的かつ恣意的であると判断する」(1244)。

(b)　②事件の Montana 区画に係る付随的捕獲意見に関して　「FWS は、〔Montana 区画についての〕比較的簡潔な生物学的意見において、ソノラチャブ（Sonora chub. コイ科）が同区画に存在すると判定した。だが、当該魚種の存在は、そもそも、家畜が侵入することのできない〔同区画内にある〕California 小渓谷に限定されているとも判定した。それにもかかわらず、FWS は、当該魚種の捕獲は「Montana 区画における現行の放牧活動によって生ずることが考えられる」と認めた」(1246)。「本件の生物学的意見は、「家畜は、現在、〔上記の California 小渓谷に存在する〕禁牧区域（exclosure）[22] のすぐ上流の河道に直接に侵入する（access）ことができ……生息地への影響を介して、当該魚種の生息を維持する生息地の適切性（suitability）を改変するといった被害が生ずる」と述べるが、当該囲い地（enclosure）[23] がどれほど上流にあるかについての情報はなく、また、当該囲い地における放牧と堆積作用（sedimentation）との関連を示すサイト固有のデータも存在しない」(1246)。「本件生物学的意見は、付随的捕獲の発生が予測されるという結論に係る事実的証拠をほとんど提示していないことから、われわれは、Montana 区画における当該魚種に係る付随的捕獲意見の発出は、かかる魚類が上流域に移動することのきわめて憶測的な「可能性」（"potential"）、および放牧による下流域への影響の「可能性」のみに基づくものだとする、地方裁判所の判断に同意する。われわれは、地方裁判所がした「被害の単なる可能性（mere potential）では不十分である」との判断を支持する。家畜の放牧の結果として捕獲が生じるであろうことについての証拠がなければ、付随的捕獲意見の発出は恣意的・専断的となる」(1246)。

(c) ②事件の Sears-Club/Chalk Mountain 区画に係る付随的捕獲意見に関して　「FWS は、ヒーラタップミノー（Gila topminnow. カダヤシ科の魚）が、Sears-Club/Chalk Mountain 区画内の Dutchman Grave 水源部の上流部〔ここで放牧活動が行われる〕に存在することを証明していない。当該水源部の上流部と〔隣接する区画内にある〕下流部〔当該魚種の生息地〕とは、1000フィートの乾燥河床、および上流部への移動を妨げる部分的な柵によって分断されているが、FWS は、魚類の上流部への移動が何らかの流れの間に（during some flows）生じうると結論した。同様に、FWS は、放牧活動が当該魚種の継続的な存在を脅かすおそれはないと認識したが、水源部上流部における放牧は、将来行われるかもしれない当該魚種の再導入、あるいは水源部下流部から〔上流部へ〕の再定着（recolonization）の適性に影響を与えうるとした」(1246-47)。「われわれは、……付随的捕獲意見が、当該魚種に対する被害の単なる可能性に基づくものであり、生ずるであろう何らかの被害に基づくものではない、と判示する。FWS は、2インチあまりの魚が、どのようにして、1000フィートの乾燥河床を越え、（高さ３フィートに及ぶ）滝を越えて移動し、当該区画内の地域に再定着するかに関する、憶測的な証拠のみしか示さなかった。かかる憶測は、司法審査に耐えうる、十分な合理的な関連性とはいえない。したがって、われわれは、Sears-Club/Chalk Mountain 区画における当該魚種に関する付随的捕獲意見を発出するとの FWS の決定は、恣意的・専断的であるとした地方裁判所の判断に同意する」（1247）。

3　若干の分析

(1)　本判決において、裁判所は、土地管理局ないし林野部による「行政機関の行為」（に基づき私人によって行われる家畜の放牧活動。捕獲の原因として実際に問題とされたのは放牧活動であるため、以下では便宜上「放牧活動」とする）によって指定種の捕獲が付随的に生ずることを証明するために、FWS が上記の(a)から(c)までの３つの付随的捕獲意見において提示した証拠を、「憶測」であると評価した。以下ではまず、こうした評価がいかなる法規範に基づきなされたのかを、いますこし探っていくこととしよう。

(2)　裁判所は、先例を引用しつつ、専断的・恣意的基準の下では、一方で、〈紛争解決が主に事実問題に関するものである場合には、裁判所は、行政機関の専門的知見に敬譲的である〉こと、さらには〈行政機関がその特別の専門領域において、科学の最先端（frontier of science）において予測的な判断を行う場合には、かかる敬譲はとりわけ重要となる〉ことを確認しながらも（1236）、他方で、同基準の下では、行政機関には、認定事実と行為との間の「合理的な関連性」が存在することを明確に説明すること、および明白な判断の過誤を犯していないことが要求されるとした（1236、1243）。上に引用した判決文では１か所（(c)）でしか明示されていないが、判決文の構造からは、それ以外の２つの付随的捕獲意見が専断的・恣意的とされたのも、同じく FWS の認定事実と付随的捕獲意見との間に「合理的な関連性」がないことが理由とされたものと考えられる。

(3)　この点、②事件の第一審判決は、（本判決と同様に）ESA ７条(b)(4)と９

条とで捕獲の語義は同一であるとした上で、９条違反に対する差止めが争われた市民訴訟（11条(g)(1)(A)）の判決において採用された「合理的な確実性」（reasonable certainty）の基準がここでも妥当するとし、捕獲が生ずることの「合理的な確実性」がない場合に付随的捕獲意見を発出することは専断的・恣意的である、とした[24)]。控訴審において FWS は、先述したように捕獲に係る７条９条峻別論を唱え、その中でこの「合理的な確実性」基準は「不適当かつ高い証明責任を課する」と主張していた（1240）。

付随的捕獲意見は、捕獲が生ずることについて、どの程度の〈確からしさ〉が認められれば発出することができるか。ESA の法文上は明確でないが、連邦規則は、事前協議手続における FWS の義務（responsibilities）として「付随的捕獲が生じるおそれがある（may occur）場合には、かかる捕獲に関する意見を作成する」としていたのであり（当時の 50 C.F.R. § 402.14(g)(7)）、上記の〈確からしさ〉は、この〈may occur〉の解釈において問題となるものとも解される。しかしながら、本判決はそのような構成を採らなかった。

本判決がこの「合理的な確実性」基準を採用したかは、実際には定かでない。本判決が同基準に好意的な口吻を示したこともあり（1243）、②事件第一審判決に続きこれを採用したと解する立場もみられる[25)]。だが本判決は、それに続けて、「しかしながら、この点〔②事件第一審判決における専断的・恣意的基準の適用のあり方〕を最終的に解決する必要はない」と述べた上で、本件では、連邦最高裁判所判決が示した従来の定式[26)]に従い、専断的・恣意的基準の下で、付随的捕獲意見が「合理的な関連性」に基づくものであるかを判定することとしており（1243）、「合理的な確実性」基準を採用することを明言しなかった。FWS も本判決につきほぼ同様の理解を示していた[27)]。本判決で問題となった付随的捕獲意見の１つ（②事件の Cow Flat 区画）では、かかる意見を発出すること自体は専断的・恣意的ではないとされた（ただし別の理由で違法とされた）が、そこでも、「合理的な関連性」が認められることが確認された一方で、「合理的な確実性」への言及はなかった（1249）[28)]。

(4) 上記の(a)では、FWS が示した証拠が「憶測的」であり、それは「利用可能な最善の科学的および商業的データ」という「法律によって課された基準」に適合するにははなはだ不十分だとされた（1244）。そこで参照されたのは、生物学的意見につきかかるデータの利用を要求する連邦規則（前述）であるが、本判決では、（生物学的意見の一部とされる）付随的捕獲意見についても、かかるデータに拠るべきものと解されていたようである。

ところで、ESA の〈利用可能な最善のデータ〉に係る規定に関しては、7条(a)(2)が各行政機関に対しこうしたデータの利用義務を課した「明らかな目的」を、同法が「やみくもに（haphazardly）、憶測（speculation）や推量（surmise）に基づいて実施されないことを確保する」ことだと説明する、連邦最高裁判所の Bennett v. Spear 判決（1997年[29]）が重要である。同判決の説示に従えば、かかる利用義務の下でなされる行政決定において、「憶測」はその根拠からただちに排除されることになりそうである。しかしながら、本判決は、Bennett 判決の上記判示部分を一切参照しておらず、また〈利用可能な最善のデータ〉の利用につき定める連邦規則（ないし ESA 7条(a)(2)）に付随的捕獲意見が違反するがゆえに違法である、とも述べていない[30]。〈利用可能な最善のデータ〉に基づかない FWS の決定を専断的・恣意的であり違法だとする裁判例[31]もある中で、本判決における〈利用可能な最善のデータ〉規定の位置づけは、その全体を通して明確でない。

なお付言しておくと、〈利用可能な最善のデータ〉は、データの〈確からしさ〉とは分けて考えられており、確実性を有しないものであってもかかるデータに該当しうるものと解されている。すなわち、ある判決がいうように、「FWS は、それが決定時において利用可能な最善の情報であれば、決定的でない、不確実なものであっても依拠しなければならない[32]」のであり、利用可能なものの中で最善の知見である必要がある一方、そうした知見であれば〈確からしさ〉はさほど問題とならないとされる[33]。

(5)　以上でみたところによれば、行政決定の根拠からの「憶測」（的な証拠）の排除は、根拠となる科学的知見の一定の〈確からしさ〉の要求（②事件第一審判決にいう「合理的な確実性」基準）、あるいは ESA の「利用可能な最善の科学的および商業的データ」規定からも説明が可能なようにも解されるのであるが、本判決においては、より直截には、APA706条(2)(A)の専断的・恣意的基準から導き出される、認定事実と行政決定との間の「合理的な関連性」の要求に基づいて行われたものとみられる。

(6) こうした判示に関連することとして、次の2点を確認しておきたい。

第1に、ESA の下で行われる行政決定は不可避的な不確実性の下で行われることが広く認識されており[34]、加えて、かかる行政決定は「疑わしきは種の利益に」(give the benefit of the doubt to the species) なるよう行われるべきことを、FWS 自ら[35]、およびいくつかの裁判例[36]が謳っていることである。もっとも、この「疑わしきは種の利益に」の文句は、事業所管機関と FWS との事前協議手続を導入することを目的とした ESA の1979年改正に係る、両院協議会の報告書で用いられたものであるところ[37]、その理解をめぐっては、そもそも当該報告書全体におけるその意味は必ずしも明確ではない、あるいは立法資料の通常の参照方法を超えて用いられている、などといった指摘がみられる[38]。裁判所による評価も未だ定まっていないようである[39]。

第2に、本判決でも確認されたように、行政機関の事実認定に対しては、行政機関が自らの専門領域において、「科学の最先端」で予測的判断を行うような場合には、専断的・恣意的基準の下で広い裁量が認められることである。本判決では、こうした前提の下にありながら、本件行政決定に対し司法の敬譲は示されなかったのであった。

(7) ところで、本判決が、本件において行政決定の根拠を「憶測」と断じた主たる要因としては、問題となりうる地理的範囲内に指定種が存在することを示す知見の不存在が挙げられよう。

この点、本稿では詳しく触れられなかったが、付随的捕獲意見の発出自体は違法でないとされた②事件の Cow Flat 区画に関する判示によれば、①指定種が当該区画に存在すること、および②家畜が指定種の生息地に立ち入ることができること、につき FWS の具体的なデータによる証明があれば、「危害と放牧活動との間の合理的な関連性」があるとされていた (1248-49)。これに照らしても、当該区画内に存在しない (存在することを示す証拠が存在しない) ことが、「合理的な関連性」がない、ひいては「憶測」に基づく行政決定であると判断された決定的な要因と考えられよう。

直接的捕獲（direct take. 直接的な加害行為）についていえば、そこに指定種が存在しなければ、そこでの作為による当該種の捕獲は起こりえないともいえそうである。その限りでは、本判決の結論は首肯されることとなろう。もっとも、仮にそのように考える場合であっても、こうした「合理的な関連性」の不存在、ないし「憶測」の判断には、次の2つの前提が横たわっていることには注意が必要であろう。

第1に、「合理的な関連性」の判断の出発点として、〈指定種が存在すること〉が措定されていたことである。これについては、かかる出発点として〈指定種が存在する可能性があること〉を選択することも考えられるのであり、現に FWS は本件においてかような趣旨の主張を行っていたのであった（「予測的な危害」。1240-41）。これは、直接には付随的捕獲意見の発出要件、具体的には（捕獲の一内容である）危害とは何かを定める連邦規則（先述）の文言およびその解釈の問題である。そこでは、本判決でも確認されていたように（1237）、指定種の「現実の損傷または死亡」が要求されていた。かかる「現実」性をより厳格に――すなわち、「現実の損傷」が生ずるには、指定種が現に〈存在する〉ことが必要である、と――解釈するならば、〈指定種が存在する可能性〉に止まるときにはかかる要件を満たさないものと評されることになろう[40]。

第2に、第1点と重複するが、本判決での〈指定種が存在しないこと〉の認定が、一定の時間的範囲の下で行われていたことである。(a)においては、1991年に当該魚種の存在が最後に確認された（付随的捕獲意見が出されたのは1997年）。これは(c)でも同様であったようである[41]。6年前まで存在していたことは現在において〈存在しないこと〉を保証するだろうか。これは、畠山武道教授の指摘する「内在的不確実性」（生態系システムに内在する不確実性[42]）に関わる問題であると解されようが、「合理的な関連性」の有無の判断は、実際には、かかる不確実性に対する評価を含んだ複雑なものであろう。FWS は、「野生生物に係る専門行政機関」（expert wildlife agency[43]）としてこれを否定的に（すなわち現在でも〈存在する〉と）解したのであったが、他方で本判決は肯定的に解した。FWS の判断は、上記した広範な裁量の下であっても、裁判所による支持を得られなかったのであった。

4　むすびにかえて

本稿における ACGA 判決の分析によれば、第1に、行政決定の根拠から排除されるべき「憶測」とは、ESA の下で「捕獲」を成立させる前提条件である〈指定種の存在〉を示す科学的知見が存在しないことを主にいい、また第2に、こうした「憶測」の排除は、裁量統制基準である専断的・恣意的基準から導出される「合理的な関連性」の要求に基づいて行われていた。

これらは、いずれもありきたりな結論であろう。第1点は、「純粋に仮定的なリスク」を敷衍する EU の裁判例（注3を参照）と大きな違いは見出しにくい。また第2点も、専断的・恣意的基準が法の支配に由来するものと解すれば[44]、法治国家原理から行政決定の科学性の要求を説くドイツ法の議論[45]との懸隔はさほど大きくないように思われる。

強いていうならば、第1点は、不確実性の下での〈指定種の不存在〉に係る行政機関の事実認定によって、また第2点は、〈指定種の存在の可能性〉を受け付けない根拠規範およびその解釈によって、それぞれ規定されていることが示唆されたことを指摘することができよう。また第2点に関しては、予防原則における「純粋に仮定的なリスク」の排除を、同原則それ自体に内在する要請（ないし限界）と捉える理解とは、一見する限りでは相違があるように思われる。

本稿でみたような〈「憶測」の排除〉に関する裁判例は、他にも確認することができる[46]。この中には、〈気候変動と種の保存〉といった近時関心の高いテーマ[47]に関連して、気候変動の影響による50年後以降の環境予測を「憶測」と解したものもみられる[48]。そこでの「憶測」の判断過程は、本判決とは異なるものと推測されるが、これらの裁判例、および本稿では十分に参照することのできなかった学説の検討は、今後の課題としたい。

〔付記〕

大塚直先生には、学習院大学法学部2年次の特設演習に参加を許されて以来、20年以上にわたりご指導いただいている。多大なる学恩に報いるには甚だ不十分な一文しか草することができず、忸怩たる思いを禁じえない。還暦のお祝いにこのような拙文を捧げる非礼を何卒ご海容くだされば幸甚である。先生の益々のご健勝をお祈りし、今後とも引き続きわたくしども後進をご指導くださることをお願いして、筆を擱く。

【注】

1)　大塚直「未然防止原則、予防原則・予防的アプローチ(5)」法教289号106頁（109頁）(2004年)。また下山憲治『リスク行政の法的構造』91-92頁（敬文堂、2007年）も参照。なお本稿では注を最小限に止めた。

2)　大塚・前掲注(1)109頁。

3)　Pfizer Animal Health SA v. Council, Case T-13/99, [2002] ECR II-3305, para. 143.　拙稿「予防原則における科学性の要請」植田和弘・大塚直監修『環境リスクと予防原則』181頁（190頁）（有斐閣、2010年）を参照。

4)　Cass R. Sunstein, Laws of Fear 24 (2005).

5)　See, e.g., Noah M. Sachs, Rescuing the Strong Precautionary Principle from Its Critics, 2011 U. Ill. L. Rev. 1285, 1298.

6)　See Sunstein, supra note 4, at 23（「未だ解かれていない真の問いは、規制を正当化するためには、そもそも何が証明されなければならないか、ということである」).

7)　注３の判決では conjecture の語が用いられ、本稿が検討対象とする判決では speculation の語が用いられる。やや精確さに欠けようが、本稿ではさしあたりいずれも「憶測」と訳することとする。

8)　273 F.3d 1229 (9th Cir. 2001).

9)　畠山武道『アメリカの環境保護法』364-365頁（北海道大学図書刊行会、1992年）を参照。

10)　「連邦機関の行為」の詳細につき、see Daniel J. Rohlf, The Endangered Species Act 117 (1989).

11)　法文上は内務長官または商務長官である（７条(a)(2)、３条(15)）が、ESA の施行の権限はそれぞれ FWS および商務省海洋大気庁（NOAA）内の海洋漁業局（National Maritime and Fisheries Service）に委任されている（50 C.F.R. § 402.01(b)）。以下では、本件で登場する FWS に代表させる。

12)　詳細につき、畠山・前掲注(9)362-364頁を参照。

13)　Rohlf, supra note 10, at 78.

14)　Id. at 79; U. S. Fish & Wildlife Service & National Marine Fisheries Service, Consultation Handbook, at 4-50 (1998) [hereinafter Sec. 7 Handbook].

15)　Bennett v. Spear, 520 U.S. 154, 170 (1997).

16)　See 50 C.F.R. § 402.14(i).　もっとも本文に引用した 50 C.F.R. § 402.14(g)(8)は、このほか「合理的かつ賢明な措置」についても〈利用可能な最善のデータ〉を用いることとしており、この点で付随的捕獲意見にも関わる。裁判例の中には、この規定を、付随的捕獲意見そのものが〈利用可能な最善のデータ〉に基づくことを要求するものと解するものもある。Pub. Emps. for Envtl. Responsibility v. Hopper, 827 F.3d 1077, 1088 (D.C. Cir. 2016).

17) Lawrence R. Liebesman & Rafe Petersen, Endangered Species Deskbook 54 (2d ed. 2010). See also Tribal Vill. of Akutan v. Hodel, 869 F.2d 1185, 1193 (9th Cir. 1988).

18) ACGA II, infra note 19, at *32.

19) ①事件につき、Ariz. Cattle Growers' Ass'n v. U.S. Fish & Wildlife Serv., 63 F. Supp. 2d 1034 (D. Ariz. 1998). ②事件につき、Ariz. Cattle Growers' Ass'n v. U.S. Fish & Wildlife Serv., No. 99-0673, 1999 U.S. Dist. LEXIS 23236 (D. Ariz. Dec. 14, 1999) [hereinafter ACGA II].

20) 畠山武道『アメリカの環境訴訟』37頁（北海道大学出版会、2008年）も参照。

21) 黒川哲志『環境行政の法理と手法』243頁（成文堂、2004年）を参照。

22) 判決文では *en*closure（囲い地）となっているが（1246）、本件生物学的意見には同語は用いられていない一方で、禁牧区域（*ex*closure）の語は頻出する。本稿では当該意見に従い、判決文の記述を修正して理解することとする。

23) ここを「禁牧区域」に修正すると文意が不明確となるため、さしあたり判決文に忠実に「囲い地」とした（次出の「囲い地」も同様である）が、それが何かは注(22)で述べたとおり不明である。

24) ACGA II, supra note 19, at *37 (citing Marbled Murrelet v. Babbitt, 83 F.3d 1060, 1066 (9th Cir. 1996)).

25) Liebesman & Petersen, supra note 17, at 71; Gregory T. Broderick, Towards Common Sense in ESA Enforcement: Federal Courts and the Limits on Administrative Authority and Discretion under the Endangered Species Act, 44 Nat. Res. J. 77, 93 (2004). しかし、各々が引用する箇所（前者は1232頁、後者は1243頁）にはそうした記述は見当たらず、いずれの引用も不正確であるように思われる。

26) See Motor Vehicle Mfrs. Ass'n of U.S., Inc. v. State Farm Mut. Auto. Ins. Co., 463 U.S. 29, 43 (1983).

27) Interagency Cooperation—Endangered Species Act of 1973, as Amended; Incidental Take Statements, 80 Fed. Reg. 26,832, 26,836 (May 11, 2015).

28) なお、本文で引用した 50 C.F.R. § 402.14(g)(7)は、2015年に改正され、本件の影響を直截に受けるかたちで、「付随的捕獲が生じることの合理的な確実性（reasonably certain）がある場合」と改められた。

29) 520 U.S. 154, 176 (1997).

30) Holly Doremus, The Purposes, Effects, and Future of the Endangered Species Act's Best Available Science Mandate, 34 Envtl. L. 397, 423 (2004) は、ESA に基づき課された制限であって、保全という同法の目的に資しないことが明らかなものは、〈利用可能な最善のデータ〉の利用義務の有無にかかわらず専断的・恣意的とされるであろう、とし、その例として本判決を挙げる。

31） Ctr. for Biological Diversity v. Zinke, 900 F.3d 1053 (9th Cir. 2018).

32） Sw. Ctr. for Biological Diversity v. Norton, No. 98-934, 2002 WL 1733618, at *9 (D.D.C. Jul. 29, 2002).

33） 畠山武道「アメリカ合衆国・種の保存法の38年」水野武夫先生古稀記念論文集刊行委員会編『行政と国民の権利』〔水野武夫先生古稀記念論文集〕287頁（293頁）（法律文化社、2011年）も参照。

34） See, e.g., National Research Council, Science and the Endangered Species Act 14 (1995).

35） See Sec. 7 Handbook, supra note 14, at 1-7; Ariz. Cattle Growers' Ass'n v. Salazar, 606 F.3d 1160, 1164 (9th Cir. 2010).

36） 4条に基づく種の指定に関して、Ctr. for Biological Diversity v. Lohn, 296 F.Supp.2d 1223, 1239 (W.D. Wash. 2003). 7条の生物学的意見に関して、Conner v. Burford, 848 F. 2d 1441, 1452 (9th Cir. 1988).

37） H.R. Rep. No. 96-697, at 12 (1979) (Conf. Rep.). 畠山・前掲注(33)293頁も参照。

38） J.B. Ruhl, The Battle over Endangered Species Act Methodology, 34 Envtl. L. 555, 593-595 (2004).

39） 例えば、Miccosukee Tribe of Indians of Fla. v. U.S., 566 F.3d 1257, 1268 (11th Cir. 2009) は、その法規範性を明確に否定する。

40） Alan M. Glen & Craig M. Douglas, Taking Species: Difficult Questions of Proximity and Degree, 16 Nat. Res. & Env't 65, 65 (2001) は、捕獲の生物学的な把握と法的な把握との乖離を示唆する。本稿では捕獲概念につき立ち入ることができず、畠山・前掲注(20)308頁以下の参照を乞う。

41） U.S. Fish and Wildlife Service, Region 2, Biological Opinion for Southwest Region, U.S. Forest Service, Ongoing Livestock Grazing Activities on Allotments 295 (Feb. 2, 1999).

42） 畠山武道「生物多様性保護と法理論」環境法政策12号1頁（12頁）（2009年）。

43） Rohlf, supra note 10, at 129.

44） See, e.g., Kevin M. Stack, An Administrative Jurisprudence: The Rule of Law in the Administrative State, 115 Colum. L. Rev. 1985, 1992, 2009-2010 (2015).

45） 下山・前掲注(1)151-154頁。

46） 著名な判決として、Ethyl Corp. v. EPA, 5 Envtl. L. Rep. 20,096, 20,097 (D.C. Cir. 1975), reversed on reh'g en banc, 541 F.2d 1 (D.C. Cir. 1976) (en banc). 畠山武道『環境リスクと予防原則 I』103頁（信山社、2016年）。

47） さしあたり、Liebesman & Petersen, supra note 17, ch. XII; Donald C. Baur & Wm. Robert Irvin, Endangered Species Act ch. 18 (2d. ed. 2009).

48） Ala. Oil & Gas Ass'n v. Pritzker, 2014 WL 3726121 (D. Ala. Jul. 25, 2014).

環境規制と持続可能な発展

高村ゆかり

1　はじめに

1980年代半ばに、環境保護と経済発展の密接な連関をふまえて、人類が将来豊かに発展し続けるために国際社会が達成すべき政策目標・指導原則として搭乗したのが「持続可能な発展（sustainable development）[1]」という概念であった。その後、この「持続可能な発展」という概念は、国際社会の政策目標として定着し、周知のように、2015年９月に開催された国連持続可能な開発サミットで採択された「我々の世界を変革する：持続可能な開発のための2030 アジェンダ[2]」には、2001年に策定されたミレニアム開発目標（MDGs）の後継として、「持続可能な開発目標（SDGs）」が盛りこまれ、2030年をめどに国際社会が実現をめざす共通の目標・ビジョンを象徴的に表す概念となっている。

他方、この「持続可能な発展」という概念は、1990年代以降採択された多く国際条約、特に環境条約の中に規定され[3]、条約を介して国内法に持ち込まれている[4]。同時に、「持続可能な発展」は、国際裁判において援用・適用されることで、その含意を明確にしながら、国際法の解釈において一定の機能を果たしてきた。

本稿では、まず、「持続可能な発展」概念の歴史的展開からその含意を明らかにした上で、国際的な政策目標としての持続可能な発展の実現を支える国際法、とりわけ環境分野の国際法の展開について紹介する。また、国際裁判において「持続可能な発展」概念を援用・適用した先例を検討することで、国際法の適用・解釈における「持続可能な発展」概念の機能について論じる。なお、前述のように、「持続可能な発展」概念は国内法政策にも取り込まれ、それが果たす役割は小さくないと考えるが、筆者の能力と紙幅の制約から、本稿では国際的な環境規制の側面に焦点をおいて論じることとしたい。

2　「持続可能な発展」という概念――その登場と展開

世界的に広く普及した文書で、初めて「持続可能な発展」という概念を用いたのは、「世界自然保全戦略（World Conservation Strategy）[5)]」である。「戦略」は、「持続可能な発展」を定義していないが、生物資源の保護を通じて達成されるべき目標として位置づけていた。さらに、「発展」も「保全」も「地球の改変が真に全ての人民の生存と福祉を保障することを確保する」ために不可欠であり、この二つの概念を統合することがこの「戦略」の目標であるとされた。その後、この文書を基礎に作成された環境と開発に関する世界委員会（WCED）の報告書「Our Common Future[6)]」により、環境と発展の問題について国際社会が達成すべき目標として、「持続可能な発展」が世界的に定着するに至った。

WCED の報告書は、「持続可能な発展」を、「将来の世代が自らのニーズを満たす能力を損なうことなく、現在の世代のニーズを満たすような発展（development that meets the needs of the present without compromising the ability of future generations to meet their own needs）」と定義し、２つの鍵概念からなるとする。その一つは、「環境の能力の限界」であり、もう一つは「ニーズ」の概念、「とりわけ、何にもまして優先されるべき世界の貧しい人々にとって不可欠なニーズ」の概念である。

前者は、「生物圏が人間活動の影響を吸収する能力」の有限性を確認し、それゆえ、人間の活動が、かかる環境の限界を超えないことを要請する概念である。こうした資源利用の「持続可能性（sustainability）」の問題はすでに19世紀後半から20世紀初頭にかけて表出した。当時の「MSY（Maximum Sustainable Yield）（最大維持可能漁獲量）」理論において、「持続可能性」は、魚類などの特定の再生可能な生物資源を涸渇させないために、当該資源の再生能力から定められる一定の量的限界を超えない範囲内でのみ資源を利用できることを意味した。国際捕鯨取締条約など第二次世界大戦後の漁業関連条約には、この考え方を反映したものが見られる。

第二の鍵概念は、「世界の全ての人々の基本的ニーズを満たし、また世界の全ての人々のよい生活をおくりたいという願望を満たす機会を拡大する」必要性を示すものである。ここで、発展の主要な目標は、世界の人々が生きていく上で必要不可欠な、食糧、住居、仕事、衛生、水供給などの基本的ニーズと願望を満たすことである。この鍵概念は、人権と発展の不可分の関係を前提とする、国際社会における「発展」概念の展開を基礎としている[7]。1969年に国連総会が採択した「社会進歩と発展に関する宣言」では、人間が発展の中心に位置づけられ、社会進歩と発展の目的は、「人権と基本的自由を尊重かつ遵守して、社会の全ての構成員の物質的、精神的生活水準を継続的に向上させること」（第二部前文）であるとされた。その後、1986年に国連総会が採択した「発展の権利に関する宣言」では、人間が発展の中心的課題であり、「発展」とは「経済的、社会的、文化的、かつ政治的な包括的プロセスであり、その目的は、全ての個人の積極的で、自由かつ意味ある発展への参加と、発展から得られる利益の公平な配分に基づく、住民全体及び全ての個人の福祉の恒常的改善」（前文）と定義された。その意味で、この鍵概念は、人権の観点から「発展」を構成しなおし、発展の不均衡の是正のために、発展から得られる利益の配分のあり方について規定した概念である。

したがって、「持続可能な発展」概念は、環境の有限性の認識に基づいて、環境利用の「持続可能性」を要請しつつ、人権の観点から発展から得られる利益が衡平に配分されることを要請する、環境保護と発展の二つ（人権を含めると三つ）の統合を意図した概念である。

「持続可能な発展」の意味するところについて、こうした大まかな合意はありつつも、その具体的な内容については、見解が分かれる[8]。WCED 環境法専門家グループが採択した法原則[9]は、環境保護に関する原則に偏っているという批判がある一方で、WCED 報告における「持続可能な発展」の定義は、「貧困と公平の問題を更に強調し」「『持続可能性』の視点が、……国際的な公平性の確保の視点に飲み込まれてしまった」との批判もある。WCED の報告書以後の「持続可能な発展」概念を巡る混乱を受けて、1991年に IUCN・UNEP・WWF は、二つの鍵概念をより明確にした定義――「人々の生活の質的改善を、その生活支持基盤となっている各生態系の許容能力限度内で生活し、達成すること」――を発表した[10)]。

リオ宣言原則27が述べるように、持続可能な発展を実現するための国際法規の発展と体系化が求められている。かかる国際法規則の確認とその体系化の試みに国連[11)]や後述する国際法協会（ILA）[12)]が取り組んできた。持続可能な発展が含意する環境の能力の有限性と、人権の観点からの発展から得られる利益の衡平な配分という観点から、これまでの国際法規則が再検討されなければならないだろう。それは科学的知見、技術の発展、社会経済条件の変化に応じて、持続可能な発展に関わる国際法規を不断に見直していくことが必要であるということを意味する。

3　持続可能な発展の実現を支える国際法規の発展と体系化の構想

1992年以降、諸国の国際法の研究者、実務家からなる ILA によって、持続可能な発展という国際的な政策目標を達成するための国際法規の発展と体系化が試みられてきた。2002年には、ILA の持続可能な発展の法的側面に関する委員会が持続可能な発展に関する国際法原則のニューデリー宣言（ニューデリー原則）をとりまとめて発表した[13)]。これはオランダ政府から提出され、2002年の持続可能な開発に関する世界サミットの成果に含まれている。

このニューデリー原則は、とりわけ持続可能な発展に関する原則として次の７つの原則を確認している[14)]。

第一の原則は、天然資源の持続可能な利用を確保する国家の義務である。この原則は、国家が、自国の天然資源および環境に対する主権的権利を有するとともに、「自国の管轄または管理の下における活動が他国の環境または国の管轄の外の区域の環境に損害を及ぼさないように確保することについて責任を有する」と越境環境損害防止義務を定める人間環境宣言原則21やリオ宣言原則２

に反映されている。この越境環境損害防止義務は、現在では慣習法上の義務であると認定されている。1996年の核兵器使用の合法性事件勧告的意見において、ICJ は、国家の「管轄権や管理の下にある活動が他国の環境または国家の管理の及ばない地域の環境を尊重するよう確保する国家の一般的義務」が存在すると判断した[15)]。

第二の原則は、衡平と貧困の撲滅の原則である。前述のように、WCED が提起した「持続可能な発展」概念に内在する鍵概念を反映したものである。ニューデリー原則は、その実現のための協力義務もこの原則には含まれるとしている。

第三の原則は、よく知られた「共通に有しているが差異のある責任(common but differentiated responsibilities)」である。この原則は、リオ宣言原則7に定められ、また、気候変動枠組条約などの条約に規定され、1990年代以降の国際環境法の展開に大きな影響を与えている。地球環境保全のための対処に国家は共通の責任を有するが、原因への寄与度や問題解決能力に応じて程度の異なる責任を負うことを意味し、一般に、歴史的に地球環境問題の原因により大きな寄与をし、また、問題解決能力も相対的に高い先進国が途上国よりも重い責任を負うことを含意する。地球環境問題に対処する措置の費用負担配分の指針を示しているが、この原則だけで負担配分に一律の規則を導き出すようなものではなく、環境問題への対処についてどの国がいかなる義務を負うかは、それぞれの条約における国家間の合意に基づくことになる。先進国と途上国の双方にオゾン層破壊物質の段階的削減を義務づけたうえで途上国に義務履行の猶予を認める例（モントリオール議定書5条)、先進国のみに数値目標を伴った温室効果ガスの削減義務を課す例（京都議定書3条)、排出削減目標を作成する義務を先進国、途上国の区別なくすべての国に課しつつ、各国がその国情に照らして自主的に義務の水準を差異化する例（パリ協定4条）など多様な義務の差異化が見られる[16)]。

第四の原則は、人の健康、天然資源及び生態系への予防的アプローチの原則である。科学的不確実性を伴うリスクに対処する国家の行動の指針として、リオ宣言原則15は、「深刻なまたは回復不可能な損害のおそれがある場合には、科学的な確実性が十分にないことをもって、環境の悪化を未然に防止するための費用対効果の高い措置を延期する理由としてはならない」とする。条約における定式化と実定法化の程度は様々だが80年代末以降採択された環境条約で広く規定されている。将来生じる可能性のある環境損害を防止するために未然に措置をとること、科学的不確実性の存在を理由にとるべき措置を延期しないことがその含意である。

第五の原則は、公衆の参加、情報へのアクセス及び司法へのアクセスの原則、第六の原則は、よい統治（グッド・ガバナンス）の原則である。先に引いたWCED 報告は、「『持続可能性』という概念によって、決定の影響に対するより広範な責任の執行が要求される。このことは、共通利益を執行する法的、制度的枠組みの変更を要求している。……法だけでは、共通利益を実現することができず、コミュニティの知識と支持が必要であり、このことにより環境に影響を与える決定に市民がより参加できるようになる。……こうした市民参加が確保されるためには、市民のイニシアティヴの促進、市民団体のエンパワーメント、コミュニティの民主主義の強化が必要である[17]」としている。そして、ILA の持続可能な発展の法的局面に関する国際委員会の第一報告書（1994年）は、『「SD」の一要素としての「良いガバナンス（Good Governance）」』の項目において、「良いガバナンスの具体的な意味は、社会的・経済的、政治的条件によって変化するが、それは、常に、発展過程及び資源管理における人々の参加を通じて市民による監督が強化されることによって政府の権力を制約することを意味している[18]」（傍点は筆者）としている。環境の破壊がしばしば私人の活動に起因し、また、環境保護施策を効果的に実施するには、私人の認識と態度の変化が不可欠であるために、公衆を統治過程に参加させる必要性の増大と、環境条約に基づく、私人に対する国家の規制権限の拡大という二つの条件の下で、国家権力の行使を公衆の参加を通じてコントロールすることをその目的とするものと理解しうる。

第七の原則は、とりわけ人権並びに社会、経済、環境上の目的に関する統合及び相互関係の原則である。

これらの原則は、慣習法たる地位を有するか否か、それぞれの法的地位の評価は分かれるにしても、環境分野の国際法の中核的な原則になっている。見方を変えれば、持続可能な発展という包括的で上位の政策目標が、環境分野の国際法の原則の形成・展開を牽引してきたと見ることができるかもしれない。

4　国際裁判を通じた国際法における「持続可能な発展」概念の展開

前述のように、持続可能な発展という政策目標の実現という目的から国際法が発展し、その国際法は、持続可能な発展を現実のものとするために貢献する役割を果たすことが期待される。他方で、「持続可能な発展」という概念は、国際裁判を通じて法規範そのものとして一定の役割を果たすようになっている。ここでは、国際裁判所において「持続可能な発展」の概念が援用・適用された先例、特に「持続可能な発展」概念について詳細に判断を行ったライン鉄道事件に焦点を置いて紹介する。

⑴　ガブチコボ・ナジマロシュ事件国際司法裁判所判決（ハンガリー／スロバキア）（1997年）

ハンガリーとチェコスロバキア（当時）は、1977年にダニューブ河に発電、洪水対策などを目的とするダムを建設・運用することを約した条約を締結したが、その後ハンガリーが事業の環境影響を理由に作業を中断し、スロバキアは作業を継続し、独自にヴァリアントCを建設した。ハンガリーは、1977年条約を終了させ事業を中止する権利を有するか、スロバキアはヴァリアントCを運用する権利を有するかが争点となった。ICJ は、ハンガリーは作業を中断する権利を持たず、スロバキアもまたヴァリアントCを建設する権利を持たなかったとし、発電所稼働の環境影響を再考し、満足のいく解決のために交渉することを紛争当事国に求めた。

この事件では、「持続可能な発展」は、経済発展と環境保護との調和の必要性を示す概念として、過去に開始され継続している活動についても、新たな科学的知見や、現在及び将来世代の人類への危険が意識されるにつれ発展した新たな規範や基準が適切に考慮されなければならず、ガブチコボ発電所稼働による環境への影響をあらためて考慮する必要性を根拠づけるものとして援用されている[19]。

(2) ウルグアイ川パルプ工場事件本案判決（アルゼンチン／ウルグアイ）(2010年）

ウルグアイがウルグアイ川河畔に２つのパルプ工場を建設・操業させおよびその建設・操業を認可したことが、ウルグアイ川の水質や流域に影響を与え、ウルグアイとアルゼンチン間の1975年条約の義務に違反するかどうかが争われた事件である。ICJ はウルグアイの手続的義務の違反を認めたが、ウルグアイ川とその流域に、要求される注意義務違反となるような悪影響が生じている証拠はないとし、実体的義務の違反はないと判断した。本案判決において、紛争当事国間の協定の解釈において、持続可能な発展という目的と合致するよう水の利用と河川の保護の間の均衡をとる必要性を示唆し、持続可能な発展の本質である経済発展と環境保護との間の均衡を協定が体現していると判示した[20]。

(3) ライン鉄道事件仲裁裁判所判決（ベルギー／オランダ）(2005年）

(i) 事　実　　ライン鉄道事件は、オランダの領域を通行して、ベルギー・アントワープとドイツのライン川流域を結ぶ鉄のライン（The Iron Rhine）鉄道の再活性化の費用の配分をめぐるベルギー＝オランダ間の仲裁裁判である。オランダからのベルギーの独立を承認した1839年条約は、12条で、アントワープとドイツを結ぶ道路または運河が設けられる場合、ベルギーは、その費用負担でドイツ国境まで道路又は運河の延長を提案でき、オランダはその提案を拒否できないと定めている。1990年代に、オランダは、この鉄道が通行する地域で自然保護区域を指定する措置をとり、1998年６月より、鉄道の再活性化に関する公式の政府間協議が開始され、2000年３月、鉄道利用の段階的復活計画を定める覚書が二国間で締結された。しかし、鉄道の暫定使用に付される条件とベルギーが要求した長期的利用に鉄道を適合させる費用の配分について両国間で合意が得られず、計画は実施されなかった。それゆえ、両国は、2003年に仲裁協定を締結し、国際法に基づいて仲裁裁判によって紛争を解決するに合意した。

(ii) **持続可能な発展に関わる判旨**[21]　(a) オランダは、ベルギーに付与された条約上の権利又は一般国際法上ベルギーが保有する権利と抵触しない限りで、鉄のライン鉄道が通行する領域に関して主権的権利を行使できる (para. 56)。条約法条約31条3(c)は「当事者間の関係において適用される国際法の関連規則」に言及しており、本件に関連しうるEC法を検討し、当事国間の関係に適用される一般国際法上の規定が、1839年条約12条及び1897年の鉄道条約4条を解釈の際に考慮されるべきである。さらに、国際環境法が当事国間の関係に関係する (para. 58)。「今日、国際法もEC法も経済開発活動の計画及び実施において適切な環境保全措置の統合を要請する」が、「持続可能な開発を達成するため、環境保護は、発展過程の不可分の一部を構成し、それから分離しては考えられないものである」と定める1992年の環境及び開発に関するリオ宣言原則4はこの傾向を反映する。重要なのは、今では、こうした生成しつつある原則が、開発過程に環境保護を統合していることである。環境法と発展法は、二者択一のものではなく、相互に補強し合う統合的概念であり、「発展が環境に重大な損害を生じさせうる場合、かかる損害を防止または少なくとも緩和する義務があることを要求する」。裁判所は、この義務は今では一般国際法上の原則となっているという見解である。この原則は、国家の自発的活動だけではなく、当事国間の特別の条約の実施において行われる活動にも適用される。裁判所は、「経済発展と環境保護を調和させる必要性は、持続可能な開発という概念に適切に表現されている」とするガブチコボ・ナジマロシュ事件におけるICJの見解を想起する。さらに、この文脈で、ICJは、「国家が新たに活動を計画する場合だけではなく、過去において開始された活動を継続する場合にも、新たな規範が考慮されなければならず……新たな基準に適当な重要性が付与されなければならない」ということを明らかにした。裁判所の見解では、この判断が鉄のライン鉄道事件にも同様に適用される (para. 59)。

(b) ベルギーの通行権の行使とオランダの環境に関する懸念は、できる限り調和されるべきである。ベルギーが要求する路線の修復及び更新が、1839年条約12条を参照して分析されるのは、条約の趣旨及び目的が、1839年条約12条で達成されている均衡の範囲内で、その運用及び能力に関する新たなニーズ及び展開を含める解釈を示唆しているからである。58項で裁判所が判示したように、経済発展は、環境保護と調和されなければならず、その際に、過去に開始された活動が拡大及び更新される場合を含め、新たな規範が考慮されなければならない（para. 221）。

（c）今日、国際環境法では、未然防止の義務（duty of prevention）に一層の重点が置かれている。ICJ は、「その管轄権及び管理の下にある活動が他国の又は国家の管理の及ばない地域の環境を尊重するよう確保する国家の一般的義務の存在は、環境に関する国際法規則の一部である」（核兵器使用の合法性事件勧告的意見）という見解を表明した（para. 222）。国際環境法の原則の適用にあたり、裁判所は、本件において、一国の領域内の経済活動が他国の領域に国境を越える影響を及ぼすという状況ではなく、他国の領域内において一国が条約で保証された権利を行使する影響に直面していると考える。裁判所は、国家が、他国の領域内において国際法の下での権利を行使する場合にも、類推により、環境保護の考慮が適用されると考える。したがって、ベルギーの通行権の行使は、オランダによる環境保護措置を必要とし、ベルギーはその要求の統合的要素としてそれに貢献しなければならない。鉄道の再活性化を、予定された路線利用により必要となる環境保護措置と切り離して考えることはできない。これらの措置は、当該事業及びその費用に十分に統合されなければならない（para. 223）。

5　国際法上の「持続可能な発展」概念の機能

これらの先例をふまえると、「持続可能な発展」概念は、裁判所による法の適用と解釈において一定の役割、機能を果たしている[22]。

(1)　持続可能な発展に由来する統合原則

鉄のライン鉄道仲裁判決（ベルギー／オランダ）（2005年）は、リオ宣言原則4及び「経済発展と環境保護を調和させる必要性は、持続可能な開発という概念に適切に表現されている」とするガブチコボ・ナジマロシュ事件における ICJ

の見解を参照しつつ、「国際法も EC 法も、経済開発活動の計画及び実施において適切な環境保全措置の統合を要求する」と判じた。そして、「発展が環境に重大な損害を生じさせうる場合、かかる損害を防止または少なくとも緩和する義務」は一般国際法上の原則であると認めた。持続可能な発展から由来するこの統合原則は、上記のように、ウルグアイ川パルプ工場事件暫定措置命令（アルゼンチン／ウルグアイ）（2006年）、同事件本案判決（2010年）でも確認されている。ただし、統合原則は、環境の絶対的保護の権利を導き出すものではない。紛争当事国間の競合する権利の均衡に、環境への考慮を統合することによって、環境保護が適切に考慮された形で当事国間の権利の均衡線を引き直すものである。

⑵　持続可能な発展の時際法的機能

鉄のライン鉄道事件仲裁判決は、統合原則が、条約に体現された紛争当事国の権利・義務を、条約締結時ではなく、最新の環境保護の規範、基準に照らして評価し、解釈することを要請すると判じる。ICJ は、ガブチコボ・ナジマロシュ事件判決で、「……過去において開始された活動を継続する場合にも、新たな規範が考慮されなければならず……新たな基準に適当な重要性が付与され」る必要性を根拠づけるものとして援用した。本判決は、この ICJ 判決を引用したうえで、この判示は本件にも同様に適用されるとした。

WTO 協定適合性が争われた米国エビ輸入制限事件（エビ・カメ事件）WTO 上級委員会報告（1998年）[23] でも同様の判断がなされている。持続可能な開発という目標にしたがって世界の資源の最適な利用を考慮しつつ環境の保護及び保全を追求するという WTO 協定前文から、上級委員会は、GATT20条(g)の「有限天然資源」の解釈にあたり、用語の定義は進化するとして、枯渇する鉱物、非生物資源のみに限定されずカメのような生物資源も有限天然資源の中に含まれるという解釈をとった。さらに、20条柱書との適合性について、WTO 協定前文は、時速可能な発展という目標にしたがって世界の資源の最適な利用を考慮しながら、環境の保護及び保全を追求すると述べており、「この前文の文言が WTO 協定の交渉者の意思を反映しているので、WTO 協定、この場合では1994年の GATT の附属する協定の我々の解釈に色、きめおよび濃淡を加えるはずである」と述べて、米国の措置が20条のもとで正当化されるかを決定するために、柱書の文脈及びねらいと目的に照らして通常の意味を検討し、柱書の文言を解釈するが、その際に、柱書の文脈の一部として、WTO 協定前文の文言を考慮することが適切であるとした。エビ・カメ事件の場合、解釈の対象となる WTO 協定そのものが前文に「持続可能な開発」を目的の一つとして明記しており、「文脈」としてそれを解釈基準とした点は、鉄のライン鉄道事件判決と異なるが、持続可能な発展が、時間の経過で展開した新たな規範に照らした条約の解釈を正当化する根拠として援用されている点は共通する。

国際環境法の規範は、科学的知見の深化などに伴って、しばしば、時間の経過とともに展開・発展するため、新たな規範が適切に考慮され、条約上の権利・義務の解釈においてその考慮が統合されることは、環境保護という目的からは望ましい。しかし、裁判所のこうした動的解釈又は発展的解釈は、程度の多少はあれ、裁判条約締結時に国家が同意した権利義務を裁判所が「読み直し」を行うこととなる。こうした解釈の根拠と限界について、本仲裁判決は、「条約の趣旨及び目的が、[1839年条約12条で] 達成されている均衡の範囲内で、……新たなニーズ及び展開を含める解釈を示唆している」と判示し、解釈の根拠は「条約の趣旨及び目的」であるとしつつ、その限界は、解釈の対象となる条約規定に体現されている当事国間の権利義務の均衡の範囲内であることを示している。

(3) 他国の領域内における国家の権利行使と統合原則

鉄のライン鉄道判決は、ICJ の核兵器使用の合法性事件勧告的意見を引用し、国境を越える文脈で未然防止義務（duty of prevention）を規定した越境環境損害防止義務が一般国際法上の義務であることを再確認した。そして、国家が他国の領域内で条約上の権利を行使する場合にも、類推により、統合原則と環境保護の考慮が適用されると判示した。その上で、ベルギーの通行権行使についてオランダの環境規制権限を認め、同時に、通行権行使の統合的要素として必要な環境保護措置の費用はベルギーによって支払われるべきであると判断した。

この判示は、現実の国際関係において少なからぬ影響を持つように思われる。条約に基づいてある国が他国領域内で権利を行使する事例として、条約に基づく外国軍隊による駐留と軍事活動がある。別の合意がなく、この判示が適用されるならば、条約で保証されたかかる権利行使にも同様に環境保護の考慮が統合されなければならず、その権利行使に必要な環境保護措置の費用を条約上の権利を行使する国が負担することにもなりうる。

(4) 「持続可能な発展」概念の国際法上の機能

これらの先例において、「持続可能な発展」概念は、解釈の対象となる国際法規には登場していない場合においても、紛争の対象となっている国際法規の解釈において、環境保護目的で行われる国家の行為や主張に相応な重要性を与える必要性を正当化し、経済発展と環境保護の調和を実現する方向で解決が図られる方向で解釈されるよう国際裁判所に援用されている。したがって、「持続可能な発展」概念は、条約の根拠なく国際裁判所が援用しうるという意味において、一般的に確立した法概念たる地位を有し、定立された国際法規の解釈を補助する機能を果たしていると言える。

6　むすびにかえて

以上見てきたように、「持続可能な発展」概念は、上位の政策目標として関連する国際法、特に環境分野の国際法の形成、発展を促すとともに、国際裁判において国際法の解釈において環境への考慮を統合する機能を果たす。特に留意すべきは、この統合原則が、条約に体現された紛争当事国の権利・義務を、条約締結時ではなく、最新の環境保護の規範、基準に照らして評価し、解釈することを要請するという点である。このことは、科学的知見・技術の進展、社会・経済条件の変化などを伴う環境分野においては、環境の保全というその目的の実現にとって重要な機能を持続可能な発展概念が果たすことを意味する。他方、条約法上の解釈の規律は存在するものの、そこには「持続可能な発展」

概念に依拠して環境上の考慮を読み込む際に裁判所が大きな裁量を持つことにもなる。裁判所による一種の法定立をどこまで認めるのか、というきわめて根本的な問いを生じさせるとともに、国家にとってはその合意の予見可能性を損なうことにもなりかねず、環境分野の国家間合意の水準を抑制的なものにしてする誘因ともなりかねない。進化・深化する環境保全の要請をいかに既存の国際法に組み込んでいくのか、そこでの裁判所の役割は何かをあらためて考える必要がある。

【注】

1）「sustainable development」の日本政府の公定訳は「持続可能な開発」である。ただし、経済・社会が持続的に発展し続けることができるのかという批判的立場から「維持可能な発展」という訳語も用いられる。本稿では、公定訳の引用箇所を除き、後述するように、国際法における「development」概念の展開をふまえて、「持続可能な発展」の訳語を用いている。

2） UNGA, Transforming our world: the 2030 Agenda for Sustainable Development, A/70/L.1, 18 September 2015.

3） 例えば、気候変動枠組条約3条4、生物多様性条約8条(e)、砂漠化対処条約前文、2条（目的）など。

4） 例えば、海洋基本法（平成19年法律第33号）第1条（目的）、同第28条など。

5）「持続可能な発展」概念の登場と展開についての詳細は、拙稿「『Sustainable Development』と環境の利益」大谷良雄編著『共通利益概念と国際法』373-377頁（国際書院、1993年）。

6） WCED, *Our Common Future* (Oxford University Press, 1987).

7） 持続可能な発展との関連での「発展」概念の展開については、Yoshiro MATSUI, "The road to sustainable development: evolution of the concept of development in the UN", in K. Ginther et al. eds., *Sustainable Development and Good Governance* 53-71 (Martinus Nijhoff Publishers, 1995).

8） 例えば、森田恒幸・川島康子「『持続可能な発展論』の現状と課題」『三田学会雑誌』85巻4号4-33頁（1993年）。

9） 1986年に WCED の環境法専門家グループは「環境保護と SD のための法原則」を採択した。Experts Group on Environmental Law of the WCED, *Environmental Protection and Sustainable Development*（Graham & Trotman/Martinus Nijhoff Publishers, 1987）参照。

10） IUCN, UNEP and WWF, *Caring the Earth: A Strategy for Sustainable Living*, p. 10 (1991).

11) WCED 環境法専門家グループ採択の「法原則」の他に、国連事務局政策調整・SD 部は、「SD のための国際法原則の確認に関する専門家グループ会合」を開催し、SD のための国際法原則に関する報告書を作成し、CSD の第四回会合に提出した。Department for Policy Coordination and SD, Report of the Expert Group Meeting on Identification of Principles of International Law for SD, Background Paper #3.
12) ILA については http://www.ila-hq.org（2019年３月31日参照）。
13) "ILA New Delhi Declaration of Principles of International Law Relating to Sustainable Development" in International Environmental Agreements: Politics, Law and Economics, 2, 2 2002, 209-16.
14) これらの原則の詳細については、前掲註12及び Marie-Claire Cordonier Segger, "Commitments to sustainable development through international law and policy", in Marie-Claire Cordonier Segger et al. eds., *Sustainable Development Principles in the Decisions of International Courts and Tribunals 1992-2012*, p. 29 以下 (Routledge, 2017).
15) Legality of Threat or Use of Nuclear Weapons [1996] ICJ Report, p. 242, para. 29.
16) 環境条約における義務の差異化については、拙稿「パリ協定における義務の差異化──共通に有しているが差異のある責任原則の動的適用への転換」松井芳郎ほか編『21世紀の国際法と海洋法の課題』228-248頁（東信堂, 2016年）。
17) 前掲注(9) p. 63.
18) International Law Association, International Committee on Legal Aspects of SD, First Report 17-18 (1994).
19) Case concerning the Gabcikovo-Nagymaros Project [1997] ICJ Report, p. 78, para. 140.
20) Case Concerning Pulp Mills on the River Uruguay [2010] ICJ Report.
21) The Arbitration regarding the Iron Rhine ("Ijzeren Rijn") Railway between the Kingdom of Belgium and the Kingdom of the Netherlands, RIAA, Vol. XXVII, p. 35.
22) この分析については、拙稿「ライン鉄道事件」小寺彰・森川幸一・西村弓編『国際法判例百選〔第２版〕（別冊ジュリスト204号）』（有斐閣、2011年）を基にしている。
23) US-Import Prohibition of Certain Shrimp and Shrimp Product, Report of the Appellate Body, WT/DS58/AB/R, para. 186 (1998).

「共通であるが差異ある責任（CBDR）原則」再考
——個別的でかつ動態的な差異化の意義と課題の検討を中心として

遠井　朗子

1　はじめに

政治哲学において、平等は中心的概念であり、あらゆる政治理論はみな、平等という価値を支持しているという意味で「平等主義の台座（egalitarian plateau）」の上にあるという R. ドゥオーキンの言に倣うならば、国際環境法の理論と実践もまた、「平等主義の台座」の上にある。但し、逆説的な意味において、ではあるが。

国際環境法においては、共通であるが差異ある責任（CBDR）原則が高い関心を集め、差異化の論拠及びその法的含意は争われてきた。しかし、このことは、学説及び外交実務において、平等という価値が否定されているわけではなく、何のために、また、どのように平等を達成すべきか、という点こそが、論争の的であったことを示している。

CBDR 原則とは、全ての国家は地球環境問題に対処する共通の責任を負うが、その責任は同等ではなく、先進諸国はより重い責任を負うという規範的命題である。同原則は1992年、環境と開発に関する国連会議で採択されたリオ宣言の原則７、気候変動枠組条約及び生物多様性条約に初めて規定され、90年代には、モントリオール議定書の規制の進展に寄与すると共に、京都議定書の採択に至る初期の気候変動レジームの形成に影響を及ぼした。同原則は砂漠化対処条約、POPs 条約、水俣条約、パリ協定等にも反映されており、今日では、多数国間環境条約の普遍的規制の基礎として、及び持続可能な開発に関する国際法原則の一つとしても、広く認められている。

しかし、気候変動レジームにおいては、京都議定書後の新たな国際制度の交渉過程において、先進国と途上国の二分論に基づく差異化の妥当性に疑義が提起され、その論拠であったCBDR原則は、次第に交渉の桎梏と捉えられるようになった。この間に原則の再解釈が行われ、2015年に採択されたパリ協定は、「それぞれの事情を踏まえた」という条件を付してCBDR-RC原則を規定し、差異化は個別的で、かつ動態的な概念として再定義されたと評価されている[1)]。

このような差異化の再定義はどのように行われ、関係諸国に受け入れられたのか。また、これにより、合意が促進される一方で、「先進国のより重い責任」と「途上国に有利な取り扱い」というCBDR原則の核心ともいうべき概念が相対化されるとすれば、原則の存在意義が弱められることとはならないか。

本稿は、このような問題認識に基づいて、パリ協定における差異化の再定義を、国際環境法の生成、発展の過程に位置づけて、その意義と課題を評価することを目的とする。検討にあたっては、差異化の意味・内容の変遷は、原則が援用され、言及される具体的文脈の変化によってもたらされているという視座にたち、文脈依存的で相対的な指針原則が多元的な交渉過程で果たす機能に着目する。第2節では、国際環境法におけるCBDR原則の生成・発展について、その論拠及び具体的制度に焦点をあてて検討を行い、第3節では、気候変動レジームにおける差異化の解釈の変遷をあとづける。第4節では、個別的で、かつ動態的な差異化の意義を評価し、残された課題を検討する。

2　CBDR原則の生成・発展

CBDR原則の基本的な構想はリオ会議の準備過程で採択された一連の国連総会決議に遡り[2)]、この間の議論を反映して、1992年に採択されたリオ宣言の原則7は、地球環境悪化への寄与及び対応能力の相違に基づいて、先進国のより重い責任を規定する。同原則は途上国の主張を色濃く反映したaspirationalな文言として定められ、その意義及び法的地位は当初より争われていたが、原則の構成要素である「共通の責任」と「責任の差異化」は、いずれも国際法に基礎を置き、様々な立場の諸国が、地球環境問題に共に対処するための交渉に指針を与え、合意を促進するための規範的概念として定式化されている。

⑴　共通の責任

「共通の責任」は、国際社会の共通利益というメタ認識に基づいている。規律対象について利益の共同性が認められることにより、国家は国際共同体の一員として、国際協力義務を負うと認められるからである。絶対的主権に対置される主権の制限論は、歴史的には国際河川の「合理的利用」及び「利益共同体」の概念と関連して生成し、1970年代までに成立した初期の環境保護及び資源管理条約においては、「人類全体の利益」及び将来世代へ継承すべき遺産的価値の認識に基づいて、国際協力が求められている。さらに、国連海洋法条約は深海底及びその資源を「人類の共同財産」と位置づけて（第136条）、その活動は「人類全体の利益のために」行うものとされ（第140条）、気候変動枠組条約及び生物多様性条約はその前文で「人類の共通関心事」に言及し、「現在及び将来世代のために」保護・保全に取り組むことが言明されている。いずれの概念も個別国家の国益を超える一般利益の存在を示唆し、全ての国家の協力を要請する点において、「共通の責任」の理念的基礎となることが指摘されている。

一方、「共通の責任」は、「持続可能な開発」という言説がもたらした環境と開発に関する国際協力の深化の所産でもある。例えば、1972年のストックホルム人間環境宣言においては、政治的、経済的自決の主張を背景として、環境損害防止の責任は自国の資源に対する主権的権利と並置され（原則21）、環境の保護・改善に関する国際問題は「平等の立場」で扱われ、協力は「すべての国の主権と利益に十分な考慮を払って」行われるものと規定されていた（原則24）。しかし、1992年のリオ宣言においては、「持続可能な開発」原則の下、環境と開発に関する「協力」は先進国と途上国の相互利益と位置づけられて、原則７の第１文は、「地球的規模のパートナーシップ」という機能的な協働関係を示唆する概念に言及し、主権の尊重という含意は後退している。このように、「共通の責任」は、共通利益の認識と共に、「持続可能な開発」という言説の下、先進国と途上国が「協力」を約束することにより、いわば南北間の協約として、成立したと見ることができる。

⑵ 責任の差異化

主権平等は国際法の基本原則の一つであるが、国家の具体的状況を考慮して、異なる取扱いを認めることは平等に反するものではなく、むしろ各国家を平等な配慮と尊重をもって取り扱うこととなる。このような衡平の概念は国際法に内在し、CBDR における差異化の規範的基礎となることが認められている。さらに、1970年代には、新国際経済秩序（NIEO）樹立の要求を背景として開発の国際法が提唱され、国家の能力及び経済的発展段階の考慮に基づいて、途上国に有利な取扱いが求められるようになった[3)]。NIEO のイデオロギー的影響力は1980年代には低下し、下火となったが、国際法理論の「抽象性の殻を破り」、それと対峙する社会経済的現実の考慮を要請する点において、差異化は NIEO の主張の延長線上にあると捉えられている。

(i) 差異化の論拠　責任の差異化は過去の汚染又は地球環境悪化への寄与と対応能力に応じた負担という二つの論拠に基づくものとされ、途上国の特別事情及びニーズを独立した論拠とみる場合もある。リオ宣言は原則７及び原則６において３つの論拠に言及し、とりわけ、寄与に基づく歴史的責任の観点から、先進国の責任を重視する。しかし、先進諸国はこのような原則の解釈を受け入れず[4)]、気候変動枠組条約はその前文に寄与に基づく責任を示唆する文言を含めているが、第３条は「それぞれ共通に有しているが差異のある責任及び各国の能力に従い（CBDR-RC）」と規定し、CBDR は対応能力に重心を置いた原則として定められている。さらに、京都議定書は同条に言及するものの、リオ会議以後に採択されたその他の諸条約は、いずれも責任の論拠について明言を回避しているため、寄与に基づく責任は一貫した実行とはみなせない、との見解も示されている[5)]。

(ii) 差異化の具体化　対応能力に基づいて先進国と途上国を二分し、途上国に有利な取り扱いを定める実行は、多数国間環境条約においては広く認められている。第一に、主要な義務が結果の義務として定められ、国内実施において広範な裁量が認められている場合には、差異化は黙示的に許容されると解される。[6] 第二に、主要な義務の実施において、移行期間、基準年等、途上国に有利な要件が明示的に認められる場合がある。[7] 第三に、先進国に技術移転及び資金供与の義務を課し、途上国の能力構築と履行援助を要請する制度は広く認められている。[8] 援助の水準及び具体的方法は政治的交渉に委ねられているが、先進国の義務の履行を促すために、途上国の履行は先進国の援助に依存すると規定される場合もある。[9]

モントリオール議定書を除き、多くの条約は先進国途上国の区別の基準を明示していないが、気候変動枠組条約及び京都議定書は、附属書掲載に従って締約国を二分し、かかる区分に基づく差異化を実体的義務、手続的義務及び履行援助について、横断的に定めている。いずれも途上国に排出削減・抑制の義務を課さず、京都議定書は遵守手続における取り扱いを明示的に区別する点においても、特異である。このような二分論に基づく差異化は、地球環境悪化に対する危機感を背景として、途上国の強い影響力の下で成立したものであるが、附属書Ｉ掲載国は1992年時点の OECD 加盟国に固定され、対応能力の実態と乖離するようになったことに加え、中国、インド等の新興国の発展に伴う排出量の増大によって、次第に批判に曝されるようになった。

3　CBDR 原則の変遷

(1)　ポスト京都議定書交渉における CBDR

2005年に開始されたポスト2012/2020年の国際交渉において、先進国は、二分論に基づいて、先進国のみに削減義務を課す規制方式は柔軟性及び実効性を欠くとして、グローバルな規制を要請し、[10] 客観的指標に基づく途上国の分類や「卒業」の提案が試みられた。[11] しかし、途上国は、差異化の希釈につながる提案を受け入れず、途上国の分断を招きかねない新たな分類にも反対したため、交渉は停滞し、CBDR 原則は先進国と途上国を隔てる「壁」に例えられるようになった。

気候変動交渉への国際的関心の増大と、逆説的ではあるが、その焦点となるべき CBDR 原則の規範的影響力の凋落を背景として、2009年のコペンハーゲン合意は非拘束的な政治的文書として採択され、2010年のカンクン合意も同様のアプローチを踏襲した。コペンハーゲン/カンクンの枠組みは、京都議定書の反省に基づき、自国の国内政策への国際規制の介入に消極的な先進国と、先進国の率先した努力を求める途上国が対立する中で、普遍的規制を確保するための新たなアプローチとして編み出され[12]、全ての締約国に誓約と情報提供を求めるボトムアップ方式の合意である。但し、先進国と途上国の区別は一定程度、維持されていたが[13]、翌年、合意されたダーバン・プラットフォームは CBDR 原則には言及せず、新たな協定は「全ての国家に適用される」ものとされ、「南北関係」を基軸とした従来の構図とは根本的に異なる交渉枠組みが示された。もっとも、新たな協定は「条約の下で」交渉されると明記され、条約第3条に規定された CBDR-RC 原則の適用は黙示的に認められるとも解される。この状況の下、2014年11月の米中共同声明は、CBDR-RC 原則に「それぞれの国家の状況を考慮して」(in the light of different circumstances) という表現を追加して、従来の論拠に縛られない「柔軟な」解釈の可能性を提示した。同年12月に採択されたリマ行動計画はこれを導入し、先進国と途上国の差異化から、個別的な差異化へと CBDR 原則を再定義することで、膠着状態にあった交渉の妥結が図られた。かかる提案は、国家の再分類を巡る交渉を回避し、新興諸国にも受け入れられたが、先進諸国の努力を求める途上国の声も根強く残されていたため、メキシコが提案した同心円的差異化の概念は、垂直的な差異化と水平的な差異化を架橋する概念として広範な賛同を得た[14]。

(2) パリ協定における差異化

パリ協定は、主要な義務、義務の実施、透明性・遵守、履行支援について、差異化を横断的に規定するが、差異化の程度は相違し、カテゴリカルな二分法から、よりニュアンスに富んだ差異化へと転換されたと評価されている[15]。

緩和に関する義務は、気候変動に関する世界全体での対応に向けて自国が決定する貢献 (Nationally Determined Contribution : NDC) において、野心的な努力に取り組み、情報提供を行うという手続的義務である (第4条、第13条)。かかる義務は全ての締約国に適用されるが、このような努力を「時間と共に増大させる」途上国の義務の実施には先進国の支援が必要であり（第3条、第4条5項）、長期目標を達成するため、世界全体の排出量をできる限り速やかにピークに達するよう努め、その後は迅速な削減に取り組む義務は「衡平に基づき」、途上国については「排出量がピークに達するまでにより長い期間を要すること」が認められている（第4条1項）。さらに、NDC は可能な限り高い野心を反映するものとされているが、「各国の異なる事情に照らした CBDR-RC を考慮する」ことが認められている（第4条3項）。先進国は経済全体での絶対的な排出削減において率先した責任を果たすべきであるとされ、途上国は「各国の異なる事情に照らして」このような削減へ向けて「時間と共に移行していくことが奨励される」（第4条4項）。このように、NDC については自己決定に基づく差異化が許容され、衡平及び CBDR-RC の考慮に基づいて、全ての締約国がセクター横断的で絶対的な削減目標へ向かうことが求められているが（第4条2、6、8、9、13項）、後発開発途上国及び小島嶼諸国の「特別の事情」については配慮が認められている（第4条6項）。

適応については、差異化の側面は幾分後退し、普遍的な約束として定められている（第7条1項）。但し、「気候変動の悪影響を受けやすい開発途上国の特別のニーズ」の考慮が求められ（第7条2項、6項）、定期的報告（情報提供）において、途上国に追加的な負担を生じさせないこと（第7条10項）、及び途上国の義務の実施に必要な継続的かつ強化された国際的な支援の提供が求められている（第7条13項）。

透明性については、締約国会合が決定する共通指針に基づいて、NDC を計算するものとされ（第4条13項）、二分論はとられていない。但し、透明性の枠組みは、「締約国の異なる能力を考慮し」、「内在的な柔軟性」を備えるものとされ（第13条1項）、途上国が「自らの能力に照らして」当該規定の実施について、「柔軟性を必要とするときは」、当該柔軟性が与えられ（同条2項）、さらに、「後発開発途上国及び島嶼国の特別の事情」に基づく促進的な措置の強化が求められ、「締約国に過度の負担を生じさせることを回避する」とされている（同条3項）。

締約国が自国の行動及び支援に関し、提供する情報については、技術専門家の検討が予定されているが、途上国については、「自国の能力に照らして必要とする場合には」、能力開発のニーズを特定するための支援を含めることができる（同条11項）。また、技術専門家の検討は、開発途上国の能力及び事情に特別の考慮を払うものとされ（同条12項）、途上国の義務の実施又は能力開発を行うための支援が提供される（同条14-15項）。尚、世界全体の実施状況（global stocktake）の検討は、「衡平に照らして」行われ（第14条1項）、今後、設立される遵守委員会は「各締約国の能力及び事情に特別の考慮を払う」ものとされている（第15条2項）。

資金供与、技術援助、能力構築等、履行支援の義務については、二分法に基づく差異化が維持されている（第4条5項、第9条、第10条、第11条）。先進国は、「緩和及び適用に関し、開発途上締約国を支援するため、資金を供与」し（第9条1項）、「世界全体の努力の一環として」「資金動員に引き続き率先して取り組むべき」ことが認められた（同条3項）。「他の締約国」は、任意に資金供与を行うことが奨励され、中国等の新興国がドナーとなることが認められたが、資金供与は任意的であり、情報提供においても、先進国と同等の条件は「奨励」に留められている（第9条7項）。

4　個別的でかつ動態的な差異化

⑴　パリ協定における差異化の再定義

パリ協定における差異化は締約国の自己決定に基づく実施と「それぞれの事情」の考慮を許容する点において、「個別的な」差異化であり、先進国の率先した努力を求めつつ、長期的には共通基準への収斂が目指されている点において、「動態的な」差異化である。このような柔軟性はパリ協定の貴重な資産であると評価され[16)]、これにより、野心的目標へ向けた取組みが促進され、「最底辺への競争」が回避されるならば、長期目標へ向けた取組みを媒介、促進する国際法の現代的機能に即した良き実践としても評価することができよう。

しかし、「個別的な」差異化とは、途上国の多様化に伴う交渉ポジションの拡散と、先進国が国内経済・開発政策への国際規制の介入を嫌い、自国の裁量が十分確保される範囲内で規制を受け入れたという消極的な合意の反映と見ることもできる[17]。妥協が困難な交渉を回避し、義務の具体的内容を締約国の主観的評価に委ねる国際合意は、パリ協定に特異ではないが、必ずしも自発的遵守を保証するものではない。例えば、REDD+ 及び IMO の経験は、個別的な差異化という耳障りの良い解決策の下で、先進国の援助意欲が低下し、協力が停滞するという危惧が、あながち杞憂に過ぎないとは言い切れないことを示唆している[18]。したがって、実施状況の評価、検討のためのアカウンタビリティ・メカニズムの確立は不可欠であり[19]、パリ協定においては、透明性、世界全体の実施状況、遵守手続等の手続の設計と運用が重要となる[20]。

一方、個別的でかつ動態的な差異化は、寄与に基づく差異化を後退させて、対応能力に焦点を絞り、その変動を取り込むことで、二分論を与件としていた従来の差異化を根本的に変容させたと指摘されている[21]。しかし、パリ協定の条文には、途上国及び脆弱な諸国への配慮が様々な形で織り込まれ、カテゴリカルな区分が完全に排除されたとまでは言い難い。とりわけ、これら諸国の排出抑制の義務の履行に一定の柔軟性を認めている点は、国家間の衡平を超えて、個人の福利の保障という観点から、差異化を許容する解釈の可能性を予兆させ[22]、この点は持続可能な開発目標との関連性も含めて、さらなる検討を要するところである。

以上を踏まえれば、個別的でかつ動態的な差異化とは、主権国家システムの限界を見定めたプラグマティックな合意の所産であり、「南北間の」構造的な不平等の是正手段としては限界があるが[23]、衡平の考慮を後退させて、対応能力の差異を平準化するとまでは言えず、変化する国際環境の下で、新たな規範認識が醸成されるまでの当座の正義を反映すると捉えることが妥当であるように思われる。したがって、「途上国」の多様な実態が差異化に反映されるべきであるとしても、それにより、「先進国の責任」が軽減されるわけではない[24]。一方、個別的な義務の履行において、対応能力の相違を考慮する方法は未だ明確ではない。この点は今後、NDC の実施指針の検討に委ねられる必要があるが、以下では、防止原則と CBDR 原則の関係という観点から、義務の履行における能力の考慮と差異化の限界について、検討を試みる。

(2) 防止原則と差異化の関係

防止原則の気候変動への適用可能性は、論争的な主題である。2014年にILA が採択した法原則宣言は CBDR 原則及び防止原則の気候変動への適用を認めているが[25)]、Zahar は、損害防止義務は、越境環境損害のような媒介的な（mediated）損害には妥当するが、気候変動のような累積的な（cumulative）損害には適用されず、また、損害防止義務は国家の社会経済的事情の考慮を認めていないが、気候変動の法においては「差異化」が全てであり、防止原則はいかなる役割も果たせそうにないと主張する[26)]。これに対して Mayer は、CBDR 原則は当初から戦略的な曖昧さを有しているが、個別的な義務の実施は野心的目標と乖離しかねないため、予測可能性を確保し、相互の信頼を保証するために、防止原則の適用は不可欠であると述べ、両原則は矛盾せず、相互補完的であると主張する[27)]。Leslie-Anne Duvic-Paoli も同様の観点から、差異化と防止の関係はポジティブで、差異化は防止原則の遵守を促進すると主張する[28)]。このように、防止原則と CBDR 原則は矛盾せず、条約目的の実現に相乗的に貢献するという見解は、国際環境法原則の促進的機能に関する綱領としては首肯できるが、Zahar は慣習法上の義務について指摘しているため、両者の議論はかみ合っていない。

一方、防止原則は予防原則とは異なって、利益衡量を許容していないため、個別事情の考慮には限界があるが、Zahar の主張とは異なり、絶対的義務を導くわけではない。損害防止義務は相当の注意義務であり、相当の注意の解釈においては、領域管理の実効性、資源の利用可能性、行為の性質等、多様な要因の考慮が認められ[29)]、国家の経済的発展段階も考慮に含めることができる[30)]。

もっとも、経済的要因の考慮は、損害防止義務の不履行を正当化する切り札とはみなされていない。国連海洋法裁判所海底紛争裁判部は2011年の勧告的意見において、保証国の義務は相当の注意義務であり、注意義務の水準は科学的・技術的知見の発展、活動に関連するリスク及び鉱物資源の種類等によって相違し、時の経過と共に変化すると指摘しつつ[31)]、保証国の責任及び賠償責任に関する一般規定は全ての保証国に平等に適用されると述べている。[32)]

一方、裁判所は深海底活動への途上国の効果的な参加を図るため、「途上国は、訓練を含む必要な援助を受け取るべきである」と指摘し[33)]、対応能力に基づく差異化は援助義務として具体化されるとの見解を示している。[34)] 最後に、裁判所は「具体的状況で重要なのは、科学的知識及び技術的能力の水準である」と述べて[35)]、気候変動レジームにおける差異化の再定義と足並みをそろえている。

このように、相当の注意義務の解釈においても、プラグマティックな考慮に基づく柔軟性が認められるとすれば、締約国が野心的目標の達成へ向けた取組みを、時間的猶予を制度的合意に委ねつつ、相当の注意義務の枠組みで捉え、差異化の限界を注意義務違反と捉えることは、理論的には可能であるように思われる。このように捉えれば、防止原則と CBDR 原則は相互補完的であり、個別的な義務の履行は相当の注意の基準に服すると捉えられる一方で、二分論を与件とする CBDR 原則は変質したという指摘も支持されるであろう。[36)] しかし、尚、カテゴリカルな二分法に基づく衡平の考慮は排除されていない。裁判所は途上国の能力構築と援助に関する「先進国の」義務に言及し、この点についてはいかなる留保も付されていないからである。

5　おわりに

1970年代以降、環境分野では多くの国際立法が行われ、環境の保護、保全及び管理に関する国際環境法は、対象領域の拡大及び協力の深化により、発展を遂げてきた。とりわけ、1990年代以降、地球環境問題は重要な政策課題とみなされて、先進国と途上国が激しい論争を繰り広げるようになった。2000年代に入り、新たな条約が採択されるペースは減速しているが、交渉が膠着状態に陥った後も、条文に工夫を凝らし、慎重に合意が図られることで、重要な条約が成立している。とりわけ、2015年にパリ協定が採択されて、翌年、発効したことは記憶に新しい。対立が先鋭化し、妥協を積み重ねて成立した環境条約の義務は時に曖昧かつ脆弱であるが、多数国間環境条約が共通の課題解決へ向けた協力の枠組みとして機能するとの認識は、この半世紀の間、国際社会で広く共有されてきたとみることはできるだろう。

しかし、地球規模の危機への対処において、多数国間環境条約は十分に「強い」制度ではない。すなわち、条約目的実現のため、集権的な権力機構又は立憲的秩序によって、所与の選択を「強制」することは予定されていない。しかし、多様な価値・利害が対立する中で、国家がより良い選択を行うための根拠を与え、目的実現へ向けた合意を促すことは可能である。このような役割を果たす国際環境法原則の一つが CBDR 原則である。CBDR 原則は先進国と途上国の同床異夢の上に成立し、にもかかわらず、多数国間交渉のフォーカル・ポイントとして、環境条約の定立及び普遍的参加の促進に寄与してきた。途上国の実施に一定の柔軟性を認め、その能力構築と援助を先進国に要請し、自発的遵守を促進する規制モデルは今日、環境条約における一貫した慣行であり、各条約においては、多様な経路を通して実施に困難を抱える国家の支援が図られている。

一方、パリ協定における差異化の再定義は、変化する国際環境の下で、負担配分の基準を巡る政治的論争を回避して、プラグマティックな妥協の下で成立し、国際環境法においてはむしろ特異であった京都議定書モデルの終焉と、通常の差異化への回帰を示唆するものと評価されている。しかし、このことは、差異化が単なる政治的方便であることを帰結しない。CBDR における「責任」は地球環境の有限性を背景とした「世代間/世代内衡平」という倫理的コンテクストへの参照を指示し、責任の「差異化」は「国家間の衡平」という規範的コンテクストへの参照を指示する。この限りで CBDR 原則にはある種の価値が付随し、このことが一定の保障機能を果たすことにより、合意が可能となるとすれば、CBDR 原則は価値志向的であると同時に道具主義的であり、このようなメタ言語的機能により、コミュニケーション過程に作用する点において、原理的な秩序変革が志向されていた NIEO の主張とは相違する。

しかし、理念なき妥協が重ねられて、衡平の考慮が後退し、原則の存在意義が失われることとなれば、これに依拠する条約レジームの正当性も損なわれる[37)]。差異化の再定義が新興国の責任を強調するあまり、先進国の過去の汚染・排出に対する責任を希釈し、将来へ向けた責任へと、差異化の論拠の重心を移行させるとすれば、未だ経済的発展の果実を得ていない多くの途上国には不公正と捉えられるであろう。この点と関連し、国家間の衡平から、個人の福利に着目した衡平の議論が生じている点は一考に価する。例えば、十分性説を参照し、二つの閾値に基づいて、新興国と先進国を区別し、両者の援助を根拠づける新たな分配原理の検討も可能ではないだろうか。さらに、義務の実施を広範な国家裁量に委ねる規制については、実施の進捗を監督する国際的な検証制度の確立が不可欠であるが、多元化する国際社会の現実を踏まえれば、アカウンタビリティ・メカニズムの透明性を高め、非国家主体の積極的関与を促進することは、規制レジームの客観性と実効性に資すると共に、新たな差異化の正当性の根拠としても、望ましいであろう。

【注】

1）高村ゆかり「パリ協定における義務の差異化」松井芳郎ほか編『21世紀の国際法と海洋法の課題』244-247頁（東信堂、2016年）。

2）A/RES/43/196, 20 December 1988, preamble, paras. 6, 9-12; A/RES/44/228, 22 December 1989, preamble, paras. 9-15.

3）開発の国際法においては、主権平等原則は事実上の不平等を隠蔽し、むしろこれを拡大するものとみなされて、補償的不平等観念及び「二重の規範論」が主張された。西海真樹「開発の国際法における「規範の多重性」論」世界法年報12号3-7頁（1992年）。

4）*Statement of the United States Principle 7 of the Rio Declaration on Environment and Development, in U.S. interpretive statement on World Summit on Sustainable Development Declaration, 2002,* https://www.state.gov/s/l/38717.htm, last visited at 15 Feb. 2019.

5）POPs条約前文13文、水俣条約前文第４文はリオ宣言及びCBDRを再確認するが、個別の論拠には言及していない。砂漠化対処条約は前文及び第３条(d)の文言から、対応能力及び途上国の特別のニーズの考慮は認められていると解される。パリ協定は前文及び実体規定でCBDR-RC原則に言及するが、寄与に基づく責任は含められていない。See Patrícia Galvão Ferreira, "Differentiation in International Environmental Law: Has Pragmatism Displaced Considerations of Justice?", in Niel Craik, Cameron S.G. Jefferies, Sara L. Seck and Tim Stephens eds., *Global Environmental Change and Innovation in International Law,* 2018, pp. 31-34.

6）生物多様性条約第６-８条。世界遺産条約第４-５条、ボン条約第２条、オゾン層保護条約第２条２項、国連海洋法条約第194条等。

7）モントリオール議定書第５条１項、気候変動枠組条約第12条５項。

8) 資金供与の受給資格（eligibility）は各条約の COP が決定するが、「途上国」が明確に定義されず、途上国以外の諸国に援助が認められる場合もある。GEF/C.27/Inf.8/Rev.1, October 17, 2005, *The GEF Resources Allocation Framework*, Annex 6, Eligible Countries, paras. 1-2.

9) 生物多様性条約第20条４項、気候変動枠組条約第４条７項、モントリオール議定書第10条。

10) Thomas Deleuil and Tuula Honkonen, "Vertical, Horizontal, Concentric: The Mechanics of Differential Treatment in the Climate Regime", *Climate Law*, Vol. 5, Issue 1, 2015, pp. 84-87.

11) Lavanya Rajamani, "The Changing Fortunes of differential treatment in the evolution of international environmental law", *International Affairs*, Vol. 88, Issue 3, 2012, p. 616.

12) Daniel Bodansky, "The Paris Climate Change Agreement: A New Hope?", *AJIL*, Vol. 110, Issue 2, 2016, pp. 292-293.

13) 先進国には定量的削減目標、途上国には緩和に関する適切な国家行動の誓約が求められ、透明性システムについても、先進国には「国際的な評価」が、途上国には「国際的な協議と分析」が適用され、区別されていた。但し、緩和の誓約は自己申告であるため、区別は実際には曖昧との指摘については、Rajamani, *op.cit.*, p. 617.

14) Thomas Deleuil and Tuula Honkonen, *op cit.*, pp. 90-91.

15) Sandrine Maljean-Dubois, "The Paris agreement: A new step in the gradual evolution of differential treatment in the climate regime?", *Review of European, Comparative and International Environmental Law*, Vol. 25, Issue 2, 2016, pp. 156-159.

16) Sandrine Maljean-Dubois, *op.cit.*, pp. 158-159.

17) Rajamani, *op.cit.*, p. 619; Bodansky, *op.cit.*, p. 289.

18) Sébastien Jodoin and Sarah Mason-Case, "What Difference Does CBDR Make? A Socio-Legal Analysis of the Role of Differentiation in the Transnational Legal Process for REDD+", *Transnational Environmental Law*, Vol. 5, Issue 2, 2016, pp. 255-284; Anna Huggins and Md Saiful Karim, "Shifting Traction: Differential Treatment and Substantive and Procedural Regard in the International Climate Change Regime", *Transnational Environmental Law*, Vol. 5, Issue 2, 2016, pp. 443-448.

19) Huggins and Md Saiful, *op.cit.*, pp. 428-429, 430-431.

20) *Ibid.*, 448. 高村・前掲注(1)247頁。

21) Bodansky, *op.cit.*, p. 292.

22) Philippe Cullet, "Differential Treatment in Environmental Law: Addressing Critiques and Conceptualizing the Next Steps", *Transnational Environmental Law*, Vol. 5, Issue 2, 2016, pp. 326-327.

23) Patrícia Galvão Ferreira, *op.cit.*, pp. 40-41.

24) Patrícia Galvão Ferreira, "'Common but Differentiated Responsibilities' in the National Courts: Lessons from Urgenda v. The Netherlands", *Transnational Environmental law*,

Vol. 5, Issue 2, 2016, pp. 329–351; Lavanya Rajamani, Jutta Brunnée, "The legality of downgrading nationally determined contributions under the Paris agreement: Lessons from the US disengagement", *J. Envtl L.*, Vol. 29, Issue 3, 2017, pp. 537–551.

25) *ILA Legal Principles Relating to Climate Change*, 2014.

26) A. Zahar, "Methodological Issues in Climate Law", *Climate Law*, Vol. 5, Issue 1, 2015, p. 33.

27) Bonoit Mayer, "The Applicability of the Principle of Prevention to Climate Change: A Response to Zahar", *Climate Law*, Vol. 5, Issue 1, 2015, pp. 22–24.

28) Leslie-Anne Duvic-Paoli, *The Prevention Principle in International Law*, 2018, p. 287.

29) Alabama Claims Arbitration (1872), 1 *International Arbitration*, 485; Case Concerning Diplomatic and Consular Staff in Tehran, ICJ Rep. (1980), 29–33; Corfu Channel Case, *ICJ Reports* 1949, 89, Judge ad hoc Ecer.

30) ILC, "The Third Report of the Special Rapporteur, Mr. Pemmaraju Sreenivasa Rao, on the Prevention of Transboundary Harm from Hazardous Activities', (2000), UN Doc. A/CN.4/510, para. 23; ILC, 'Draft Articles on Prevention of Transboundary Harm from Hazardous Activities with commentaries', 2001, commentary to Article 3, para.17, p. 155.

31) *Responsibilities and Obligations of States Sponsoring Persons and Entities with Respect to Activities in the Area*, ITLOS No. 17, Advisory Opinion (1 February 2011), para. 117, p. 36.

32) 便宜保証国を防止するためであると指摘されている。*Responsibilities and Obligations of States Sponsoring Persons and Entities with Respect to Activities in the Area*, paras. 158–159, p. 48. See also ILC, "Draft Articles on Prevention of Transboundary Harm", Commentary to Article 3, para. 13, p. 155.

33) *Responsibilities and Obligations of States Sponsoring Persons and Entities with Respect to Activities in the Area*, para. 163, p. 49.

34) Leslie-Anne Duvic-Paoli, *op.cit.*, p. 291.

35) *Responsibilities and Obligations of States Sponsoring Persons and Entities with Respect to Activities in the Area*, para. 163.

36) Christina Voigt and Felipe Ferreira., "'Dynamic Differentiation': The Principles of CBDR-RC, Progression and Highest Possible Ambition in the Paris Agreement", *Transnational Environmental Law*, Vol. 5, Issue 2, 2016, p. 302.

37) Rajamani, *op.cit.*, p. 623.

国際漁業管理における予防的アプローチ
――マグロ類漁業条約における展開

堀口　健夫

1　序

今日の国際社会が直面している課題の1つは、広く国際法制度に環境への配慮を浸透させることにあるが、近年このような問題意識が比較的な顕著な問題分野の1つとして国際漁業管理を挙げることができる。元来同分野では、海洋生物資源の最大利用と漁業の維持・発展等を目的とした条約が数多く締結されてきたが、遅くとも1990年代頃より、元々は環境保護を目的とする国際法制度の下で発展した規制理念や規範等が採用されつつある。「予防的アプローチ(precautionary approach)」(以下 PA)は、その代表的なものだといえよう。

PA を定式化した国際文書としてよく引用される環境と開発に関するリオ宣言(1992年)第15原則によれば、「深刻な又は回復し難い損害のおそれが存在する場合には、完全な科学的確実性の欠如を、環境悪化を防止する上で費用対効果の大きい措置を延期する理由として用いてはならない」とされる。その後、国際漁業分野においても、資源の枯渇や生態系の破壊といった漁獲に伴う不確実なリスクの制御が課題とされるようになり、FAO 責任ある漁業行動規範(1995年)等の国際文書において、PA を採用すべきことが明文化されるようになった。特に、海域を越えて回遊或いは分布する、高度回遊性魚類資源並びにストラドリング魚類資源については、国連海洋法条約が定める協力義務の明確化を目的とした条約である国連公海漁業実施協定(1995年)(以下 UNFSA)において、PA の採用が義務的に規定されている(5条c項)。

もっとも、特に国際漁業管理の文脈では、予防(precaution)なる新たな概念の潜在的な厳格性が強く問題視され、上述の UNFSA の交渉時においても、我が国も含めその採用に慎重な立場の国がみられた[1]。端的に言えば、禁漁等のラディカルな措置の根拠とされることが危惧されたのである。これに対して UNFSA では、かかる懸念に対する一定の対応がなされている。第1に、PA の実施に関する規則を比較的詳しく定め、その厳格性の緩和の確保を図っている。学説においても、それらの規則をふまえ、漁業分野で広く求められる PA は、その適用に伴う経済的・社会的影響の考慮を明示的に認める点に特徴があることが指摘されてきた。すなわち、事前の無害証明を伴いうる厳格な「予防原則（precautionary principle）」（以下 PP）は、漁業管理の特性に鑑みると適当ではなく、より柔軟な「アプローチ」が採用されていることが強調されてきたのである[2]。このような主張を、本稿では PP/PA 対比論と呼ぶこととする。

また第2に、UNFSA は、実際の漁業資源管理における PA の受容とその実施については、基本的には関連する各地域漁業管理機関（以下 RFMO）に委ねている。つまり、UNFSA の規則に沿った予防的な資源管理は、主に各 RFMO 下での関係国間の交渉を通じて、さらに具体的に実現されることが予定されている。

たしかに今日では、漁業管理も含んだ海洋環境保護の文脈では、PA の採用義務の一般国際法化（国際慣習法化）に肯定的な見解も有力である。しかし、UNFSA が対象とする高度回遊性魚類資源等に限ってみても、PA に基づく資源管理の進展については慎重な検討を要する。同協定採択後の RFMO 下での具体的実践を検討した文献等をみると、PA の実施は一般に不十分だとの評価がむしろ従来は支配的であったからである[3]。つまり、UNFSA 等で PA の採用が明文化されているとしても、それがどこまで資源管理の実践に反映しているかはやはり別途検討が必要である。だが、PA の一般国際法化に肯定的な見解において、こうした実践の状況が十分に認識されているかは疑問も残る[4]。しかもそうした見解では、分野横断的な PA の解明が志向される中で、上述の PP/PA 対比論の背景にあった、漁業管理の特性に対する問題意識もやや希薄化している。PA が文脈依存的な規範であることに鑑みても、このような議論の傾向は PA の法的意義の解明に資するところは乏しいだろう。むしろ求められているのは、具体的な実践もふまえた PP/PA 対比論の再検討とその精緻化ではないだろうか。

そこで本稿では、国際漁業分野におけるPAの法的意義を問い直す基礎的作業の一環として、マグロ類（カツオも含む）の国際資源管理におけるPAの具体的展開を検討する。マグロ類は、上述のUNFSAの規制対象である高度回遊性魚類資源に該当し、海域或いは魚種別に設立された複数のRFMOの下で資源管理が行われている。それらのRFMOでの実践の検討により、UNFSAが定めるPAの諸規則の受容と実施の現状をまずは明らかにし、そのうえでマグロ類の管理におけるPAの特質に若干の考察を加えることとしたい。なお、本稿では紙幅の都合上、漁獲対象種たるマグロ類の保存管理に焦点を当てるものとし、その関連種や依存種等の保存管理の検討はさしあたり対象外とする[5)]。

2　マグロ類の国際的管理におけるPAの発展

(1)　UNFSAにおけるPAに関する諸規則

はじめに、前述のPP/PA対比論の実定法上の主たる根拠とされたUNFSAの関連規則を確認しておく。そもそも同協定は、国連海洋法条約上の協力義務等の実施を通じて、EEZと公海に跨って分布するストラドリング魚類資源（国連海洋法条約63条２項の対象資源）と、高度回遊魚類資源（同64条の対象資源）の長期的な保存と持続可能な利用を確保することを目的とする。その規則は上記資源の公海上での保存管理に適用があるが、PAの実施に関する６条を含む一部の規定は、EEZもその適用範囲とする（協定３条１項）。

同協定５条は、沿岸国と公海漁業国が協力義務を履行する際の一般原則の１つとして、同６条の規定に従いPAを適用することを求める（５条c）。６条は、上述の資源の保存、管理、開発に対するPAの適用を定めたうえで（１項)、「いずれの国も、情報が不確実、不正確又は不十分である場合には、一層の注意を払うものとする。十分な科学的情報がないことをもって、保存管理措置をとることを延期する理由とし、又はとらないこととする理由としてはならない」との中核的な指針を定式化する（２項）。そのうえで、同条の３項以下並びに附属書Ⅱで、さらにPAの実施に関わる規則を定めるという構造となっている。[6]

資源管理の基礎となる科学的情報の欠如・不足等が通常想定される漁業としては、新規の又は探査中の漁業を挙げることができるが、UNFSA 6条は、それらの漁業についてはできるだけ速やかに注意深い措置をとったうえで、情報の蓄積に応じて活動を漸進的に発展させることを特に定めている（6項）[7]。だが同条は、そうした新規の漁業に限定することなく、PAの実施に関して比較的詳しい規定を置く。すなわち、リスクや不確実性に適切に対処するための意思決定の改善を求め（3項a）、より具体的な手法として、資源単位（系群(stock)）毎に設定される「基準値（reference points）」を軸とした資源管理を要求している点に特徴がある（3項b）。この基準値の適用の指針を定めるUNFSA附属書Ⅱによれば、基準値とは、「合意された科学的方法により得られる推定値であって、資源の状態及び漁業の状況に対応し、かつ、漁業の管理のための指針として利用することができるもの」と定義され（附属書Ⅱパラ1）、当該資源の漁獲死亡率（fishing mortality rate）[8]の観点から設定されるものと、その資源量（biomass）の観点から設定されるものがありうる。

同附属書では、限界基準値（limit reference points）と目標基準値（target reference points）と呼ばれる2つの類型の基準値の利用が予定されている（同パラ2）。前者は、「最大持続生産量（以下MSY）を産出しうる安全な生物学的限界に漁獲を制限するための境界」を設定し、これを超過するリスクは非常に低く抑えねばならない（同パラ2、5）。つまり、原則として越えてはならない漁獲死亡率或いは資源量を意味する。これに対して後者は、管理の目標を実現するもので、平均して超過しないよう確保しなければならない（同パラ2、5）。つまり、資源管理において目指すべき漁獲死亡率或いは資源量を意味する。いずれの基準値も、入手しうる最良の科学的情報に基づいて設定し（6条3項b）、設定のための情報が不十分或いは存在しない場合には、類似の資源の管理を参考にする等して、暫定的な基準値を設定する（附属書Ⅱパラ6）。

こうした基準値を利用した資源管理がPAの実施と位置づけられているのは、さらに以下の3点を主な理由とする。第1に、乱獲のリスクに備えて、一種のセーフティーマージンの導入を要求している。従来の国際資源管理では、

MSY をもたらす漁獲死亡率が、上述の類型でいえば目標基準値として扱われることが多かったが、そのような管理では資源状態が悪化するリスクがしばしば指摘されていた[9]。これに対して UNFSA では、MSY をもたらす漁獲死亡率は、むしろ限界基準値の最低基準とされるべきだと定める（附属書Ⅱパラ7）。つまり、漁獲死亡率はそうした水準を原則として超過してはならない。そのことを確保するため、平均的に達成すべき目標基準値は、科学的不確実性の程度等を考慮して、より安全を加味した水準に設定されることが期待されている[10]。

第2に、上述の基準値を超過した場合或いはそれに接近している場合にとる行動或いは措置も、その都度事後に検討するのではなく、予め事前に決定しておくことが求められる（3条b、附属書Ⅱパラ4）。情報が不確実である等の場合でも、迅速に管理措置を発動することに狙いがある[11]。特に、「一の資源の資源量が限界を下回る場合又は下回る危険がある場合には、資源の回復を促進するために保存及び管理のための措置が開始されるべきである」とされる（同パラ5）。このように、設定される基準値は、予め決定されている措置を自動的に発動する条件としての役割も果たす（同パラ4）。他方、決定しておくべき行動・措置の内容については具体的な定めはなく、特に禁漁等の厳格な措置への言及はない。自然現象（エルニーニョ現象等）や漁獲活動によって資源が深刻な脅威にさらされている場合でも、「緊急の（一時的な）保存管理措置」をとることを求めるにとどまり、禁漁等の自動的な採用とその継続を含意するような規定を置くことは慎重に避けられている（6条7項[12]）。

第3に、こうして不確実な状況下で決定されうる基準値や保存管理措置は、新たな情報に照らした再検討に服する。前述のように、基準値の設定のための情報が不十分である場合、或いは存在しない場合には、暫定的な基準値を設定するものとされているが、当該漁業は新たな情報に照らした基準値改定のためのモニタリングに服する（附属書Ⅱパラ6）。また、対象種等の資源状態に懸念がある場合には、保存管理措置の効果等をレビューするためのモニタリングを行い、新たな情報に照らして定期的に措置を改定するものとされている（6条5項）。一種の順応的管理の要請だといえよう。

以上の実施規則は、開発が進んだ既存の漁業についても、乱獲の不確実なリスクが存在することを前提に、そうしたリスクを継続的に制御するための手法だと解される。それらの規則は、資源管理における意思決定の内容（例えば基準値の水準や、保存管理措置の内容）自体に関しては、６条２項や附属書Ⅱパラ５が定めるような一定の指針を含むにとどまり、関係国に比較的広い裁量を与えている。序論で言及したPP/PA対比論が強調してきたように、PAの実施にあたっては関連漁業の社会的・経済的状況も考慮されうる[13)]。だがその一方で、基準値の設定のほか、保存管理措置の事前の決定、それらの継続的な改定など、意思決定の形式やプロセスについては比較的具体的に規律しようとしている。UNFSAは、「管理のための戦略（management strategy）」の策定を通じて、そうした意思決定の実現を求めている（附属書Ⅱパラ４、５）。

前述のようにUNFSAは、PAに基づく意思決定による具体的な資源管理は、主にRFMOを通じて実現することを想定する。次の⑵では、マグロ類に関する主要なRFMO、特に日本とも関わりの深いミナミマグロ保存委員会（以下CCSBT）と中西部太平洋マグロ類委員会（以下WCPFC）の実践に焦点を当て、同協定が定めるPAに関する規則が、具体的な資源管理においてどこまで受容・実施されているのか、その現状に検討を加える。

⑵　マグロ類RFMOの下でのPAの展開

（i）CCSBT（ミナミマグロ保存委員会）　CCSBTを設立したミナミマグロ保存条約（1993年）（以下CCSBT条約）は、ミナミマグロの保存管理と最適利用の確保を目的とする。2018年12月１日現在、日本、オーストラリア、インドネシア、ニュージーランド、南アフリカ、韓国の６か国が条約当事国であり、さらに台湾やEUも拡大委員会のメンバーとなっている。条約の適用水域は、特定の地理的範囲が指定されているわけではなく、ミナミマグロの生息域が広く対象とされている。

CCSBT条約の下では、総漁獲可能量（以下TAC）とその国別割当量の決定を通じた保存管理がなされているが（同条約８条３項a）、同条約はUNFSAよりも前に採択されていることもあり、PAの採用を明文化していない。日本の調査漁獲の合法性をオーストラリア・ニュージーランドが争ったミナミマグロ事件では、厳密には国連海洋法条約の規則に関してだが、PA に照らした法解釈の是非が論点の１つとなり、国際海洋法裁判所は PA に明示的に言及することは慎重に回避しつつも、実質的にそれを考慮したと評価しうる暫定措置を命じている（1999年暫定措置命令[14]）。そもそも同紛争は、資源状態等について当事国の科学的評価が対立するなかで、制度が予定する TAC の決定ができないという CCSBT の機能不全を背景としていた。UNFSA の PA に関する実施規則は、まさしくこうした事態の克服を目指すものだといえるが、CCSBT の下では従来それらの規則の受容・実施は不十分であったと言わざるをえない。

かかる状況に大きな変化を生じさせたのは、2011年の「管理方式（management procedure）」の導入である[15]。ここでの管理方式とは、資源量に関わる入手可能な情報（現行では、日本の延縄漁船の「単位努力量当たり漁獲量（CPUE）」並びに豪州の目視調査によるデータ）から TAC 等を決定するために、事前に合意された規則のことをいう。ミナミマグロは既に資源状態が悪かったため、2035年までに親魚資源量を初期水準の20％まで回復するという暫定的な回復目標が設定されていたが、管理方式はその目標を70％以上の確率で実現できるよう調整されている。この暫定回復目標は、その達成後には限界基準値として扱われる見通しであり、さらに長期的な目標基準値も検討される[16]。

この管理方式は、資源状態等に関する情報が不確実である等といった状況で、比較的情報の入手が容易な資源量の指標に基づき、資源が崩壊しない安全な TAC をいわば自動的に算出することを狙いとする。つまり、そのような状況であるがゆえに TAC を決定できない、或いは恣意的な決定がなされる、といった事態の回避が図られている。こうした管理方式に含まれる具体的規則は、資源動態等を再現したシミュレーションを利用し、管理の目標に適合的かどうかのテストを経て採択されている。さらに、そうしたテストで想定していなかった事象が生じる等の例外的状況が発生する可能性にも備え、代替的な TAC が勧告されるプロセス（メタルール・プロセス）についても合意されている[17]。

CCSBT では、2012年漁期より、この管理方式に基づいて実際に TAC が決定されるようになっており、管理方式の内容も適宜改善が予定されている。こうして近年のミナミマグロの TAC による資源管理では、資源回復に向けて暫定的に設定された基準値をふまえつつ、不確実な状況下でもできるだけ安全でかつ迅速な意思決定を確保する仕組みが整備されつつある。その資源管理は、UNFSA が定める PA の諸規則に概ね整合的に発展しつつあると評価できよう[18)]。

(ii) WCPFC（中西部太平洋マグロ類委員会）　WCPFC を設立した中西部太平洋マグロ類条約（以下 WCPFC 条約）（2000年）は、中西部太平洋（大雑把にいえば太平洋の西半分）における高度回遊性魚類資源の保存及び持続可能な利用の確保を目的とする。前述の CCSBT と比較すると、まず当事国の数がより多く、2018年12月1日現在、日本、米国、中国、韓国など24か国と EU、台湾が参加している。また、太平洋クロマグロのほか、メバチ、キハダ、ビンナガ、カツオ等、様々な漁獲対象種が規制の射程に含まれる。

CCSBT 条約との重要な違いとして、WCPFC 条約は UNFSA よりも後に採択されていることもあって、PA の適用を明文で当事国に要求しているほか（5条c）、前述した UNFSA の実施規則についてもほぼそのまま採用している（6条）。このように WCPFC 条約では、UNFSA の定める規則に沿って PA を実施すべき点については、条文上明確である。

条約発効後の実践に目を向けると、例えばマカジキに関する保存管理措置2006－04等のように、WCPFC の科学委員会が「予防的措置（precautionary measure）」として一定の措置を勧告した事実に言及するものがみられるが、PA の実施規則との関係がより明確なのは、漁獲戦略（harvest strategy）の枠組を定めた保存管理措置2014－06である。同措置は、前文で基準値の利用を求める UNFSA 6条3項や WCPFC 条約の規定に言及したうえで、主要な漁業並びに系群について WCPFC が漁獲戦略を策定・実施することに合意したとし、そうした戦略がふくむべき要素等を明らかにする。ここでいう漁獲戦略とは、「特定の魚種の漁業について予め決定された、……目的の達成に必要な管理行動を示す枠組」を意味し（パラ2）、それは「事前対応的で順応的であり、資源或いは漁業に関する最良の入手可能な情報を取得し、また漁獲水準の設定のために証拠とリスクに基づいたアプローチを適用するための枠組を提供する」（パラ4）。より具体的には、管理の目的、限界及び目標基準値、限界基準値を超過するリスクの水準、モニタリング戦略、目標基準値の達成と限界基準値の回避のための決定規則（漁獲管理規則（harvest control rule）以下 HCR）、提案された HCR のパフォーマンスの評価（管理戦略評価（management strategy evaluation）。以下 MSE）といった基本要素から構成される。このうち HCR は、資源状態等に応じた管理方策を予め定めた規則である。また MSE は、UNFSA では明文化されていないが、前述の CCSBT の管理方式についても実施されたように、シミュレーションを利用して候補となる HCR の内容自体の適切性を評価するものである。

かかる漁獲戦略の枠組が、前述の UNFSA の実施規則を基本的にふまえたものであることは明白である。もっとも、具体的な漁獲戦略は作業計画に沿ってさらに策定される予定で、その進捗状況は魚種或いは系群により異なる。例えば、メバチ、キハダ、カツオ、ビンナガについては、限界基準値につき合意があり（いずれも初期資源量（漁業がないと仮定した場合の推定資源量）の20%）、カツオとビンナガ（太平洋南部の系群）についてはさらに暫定的な目標基準値も設定されているが（それぞれ初期資源量の50%、56%）、HCR 等の策定は途上である。また、資源状況がより深刻な太平洋クロマグロについては、初期回復目標（2024年までに、少なくとも60%の確率で、親魚資源量を歴史的中間値まで回復）並びに次期回復目標（初期回復目標達成後10年以内に少なくとも60%の確率で、初期資源量の20%まで回復）が合意され、回復期間中の HCR 等も策定されているが、資源回復後の基準値や HCR の決定等は今後の交渉の課題である[19]。

(iii) **その他のマグロ類 RFMO**　以上、CCSBT 並びに WCPFC では、特に2010年代以降 PA の受容・実施に少なからぬ進展があり、国際平面における意思決定の改善が図られつつある。この点につき、これらの RFMO の下での PA の実施が不十分だとしてきた従来の評価の多くは、それよりも前の時期に示されたものであった（例えば本稿注 3 の文献）。また、紙幅の関係上簡単な言及にとどめるが、他のマグロ類 RFMO でも、近年同様に資源管理での意思決定の改善の動きが強まりつつある。例えば、大西洋マグロ類保存委員会（以下 ICCAT）は、設立条約に PA の採用は明文化されていないが（PA の明文化も含め現在条約改正の交渉が進められている）、2015年に PA の利用に関する勧告 15-12 と、HCR と MSE の策定に関する勧告 15-07 を採択し、UNFSA の実施規則を具体化する枠組を整備した。他方、全米熱帯マグロ類委員会（以下 IATTC。大まかには太平洋の東半分を管轄）やインド洋マグロ類委員会（以下 IOTC）は、それぞれの設立条約自体で PA の採用を明文化し、さらに ITOC は2012年に PA の実施に関する決議も採択している。これらの RFMO 下では、まだ一部の魚種に限られるが、暫定的な基準値と HCR が既に採択されている。[20)]

もっとも、大半のマグロ類の国際管理では、UNFSA の PA の実施規則に沿った意思決定の具体的実現は、なお途上にあることは事実である。そもそも、個々の基準値や HCR 等の決定には、MSE の実施等も含めて時間やコストもかかる。だが、RFMO の近年の実践からは、UNFSA の規則に沿った意思決定の改善がなされるべきだとの規範意識の定着を少なくとも確認することができる。[21)] 次の 3 では、以上のような実践もふまえたうえで、こうしたマグロ類の資源管理における PA の特質に若干の考察を加えたい。

3　マグロ類の資源管理における PA の特質

序節で言及した PP/PA 対比論が、漁業資源管理における PA の特質として強調したのは、保存管理措置に伴う社会的・経済的影響の考慮が許容される点であった。[22)] だがそうした意味での「柔軟性」であれば、例えば汚染防止分野でも一般に排除されているとは考えにくく、今日ではむしろ分野横断的な予防概念の定式化に不可欠の内容であるとすらいえる。[23)] ここでは、一般に予防という概念の基本要素とされる、①受容しがたい損害のおそれ、②当該損害に関する科学的不確実性、③当該損害に事前に対処する防止行動の 3 点から、マグロ類の資源管理における PA の特質を改めて問い直すこととしよう。

本稿で検討した予防的な基準値による資源管理の導入については、少なくとも以下の点を指摘できる。第1に、マグロ類 RFMO では、PA の採用により、防止行動の内容に対する具体的な規律よりも、防止行動の決定プロセスに対する規律が進展しつつある。すなわち、安全を加味して基準値を設定し、それに照らした資源状態等の評価に対応する形で、予め合意された防止行動をとるとともに、新たな科学的情報に応じてそうした基準値・防止行動を継続的に再検討する、といった資源管理プロセスの導入が求められている。とるべき防止行動を予め定めた規則は、今日 HCR と呼ばれることが増えているが、発動されるべき防止行動がそのように事前に決定されていることが、管理の機能不全の回避に重要だと認識されるようになっている[24)]。また近年 RFMO では、HCR の検討に際して MSE の必要性が一般に認識され、不確実な状況下でも乱獲に陥ることがないよう、より「頑健な（robust）」意思決定が求められつつある。RFMO では、こうした一連の資源管理のプロセスの枠組は「漁獲戦略（harvest strategy）」（或いは「管理方式」）と呼ばれる傾向にあるが、これは UNFSA の実施規則にいう「管理のための戦略」に当たるものだといえる。RFMO での実践を通じて、その基本要素がさらに明確になりつつある。

第２に、上述の意思決定プロセスでは、基準値の決定におけるセーフティーマージンの設定や、MSE の要求からも伺えるように、漁獲による資源への影響に関しては、一定の不確実性が不可避であることを前提に防止行動の検討が求められる。一般に漁業資源は、漁獲による影響のみならず、必ずしも人間活動に起因しない環境変化にも大きな影響を受ける[25)]。関連する生態系の複雑さ等に鑑みれば、科学的調査や研究によっても解消しがたい不確実性をも伴うと考えるべきであろう[26)]。上述した「頑健な」意思決定の要求に典型的であるように、今日のマグロ類 RFMO では、不確実な状況下にあって資源崩壊のリスクを安全な範囲に制御することが基本的な課題となっている。

第３に、こうした意思決定プロセスの導入自体は、リオ宣言第15原則で定めるような「深刻な又は回復し難い損害のおそれ」の存在を条件とせず、実際に中西部太平洋のカツオのように、比較的資源状態が悪くないとされる魚種についても、漁獲戦略の策定作業が進められている。また、そうしたプロセスの下での防止行動の発動に関しても、そのような損害基準に明示的に言及する条文や RFMO の決議は、管見の限り見当たらない。PP/PA 対比論を展開する論者が当初から指摘してきたように、例えば化学物質による海洋汚染の場合とは異なり、漁業の場合は自然の回復力（魚の再生産力）が存在することは疑いない。UNFSA も、限界基準値を超過した場合の回復措置を想定しているように（附属書Ⅱパラ５）、少なくとも「回復し難い損害のおそれ」を防止行動発動の条件としているとは考えにくい。また、法による事後救済を無意味化するほど深刻な程度の損害のおそれがあることが、防止行動発動の条件とされているかも疑問である。[27] マグロ類の資源管理において、不確実性が残る状況での早期の管理措置が正当化される実質的理由は、前述のように不確実性の解消が困難であることに加え、資源状態の悪化が進めばより厳格な漁獲制限が必要となり、ゆえに保存管理措置の策定・実施が一層困難となりうる点に見出しうる。[28]

なお、これらの RFMO で導入されつつある PA の実施規則は、防止行動の「内容」の規律に無関係ではないことを最後に念のため指摘しておきたい。特に、限界基準値を超過する可能性が非常に低くなるように防止行動の策定を要求している点が重要である。この点につき、あるべき限界基準値やその超過のリスクの具体的水準については、近年の実践から一定の傾向を見出すことが可能かもしれない。[29] その一方、資源量等が限界基準値を下回る状況では、事前の無害証明を解除の条件とする禁漁が直ちに要求されるとする学説もみられるが、[30] これまでの実践をみる限り妥当な解釈かは疑問が残る。[31] 禁漁のような厳格な措置を予定するか否かは、基本的には各 RFMO の判断に委ねられているとみるべきであろう。PP／PA 対比論が強調してきた「柔軟性」はまさしくこの点に関わるが、漁業分野の PA の特質は、むしろこの 3 で指摘してきた上述の諸点をふまえて、さらに検討されるべきである。

4　結びに代えて

本稿は、国際漁業分野における PA の展開の一端に検討を加えたものにすぎないが、[32] マグロ類 RFMO においては、漁獲戦略等の策定を通じて、国際平面での意思決定の改善が求められつつあることを、少なくとも明らかにしてきた。こうした基準値等に基づく資源管理は、マグロ類に限らず、また国際・国内平面を問わず、漁業資源の持続的利用の実現に有効たりうる取組の 1 つとして、今日の国際社会で広く支持されつつある。この点につき、日本の国内に目を転じると、2018年末に漁業法が改正され、我が国でも限界・目標基準値を活用した資源管理が新たに導入されることとなった。従来日本の国内漁業法制ではPAの受容・実施は不十分だったと言わざるをえず、近年日本が国際漁業交渉で主導的役割を果たすことを難しくしてきたとの指摘もある[33]。ただ単に基準値を導入しただけでは、PAの実施としては不十分であることも、マグロ類RFMOの実践が教えるところであり、そういった観点から日本国内の今後の漁業資源管理にも注目していく必要がある。そして、漁業分野の特性をふまえたPAの制度化・理論化に、環境法学者がどのように貢献しうるかが問われていることも十分認識されねばならないだろう。

【注】

1) この点については、例えば M. Hayashi, "United Nations conference on straddling fish stocks and highly migratory fish stocks: An analysis of the 1993 sessions", Ocean Yearbook, vol. 11 (1994) p. 37 を見よ。

2) こうした対比論を展開した初期の代表的な論者である Garcia は、漁業による影響については同化容量（人間活動の影響を受容する環境の能力）が疑いなく存在し、またそれなりの正確性をもってそれを決定することが可能である点、並びに、その影響は大抵の場合回復可能で、結果、管理の誤りがもたらしうる結果が劇的であることは稀だと考えられる点を挙げ、漁業管理では PP より柔軟な PA なる概念が導入されつつあると述べる。S. M. Garcia, "The precautionary approach to fisheries and its implications for fishery research, technology and management" in *Precautionary Approach to Fisheries Part 2: Scientific Papers, FAO Fisheries Technical Paper 350/2* (1996).

　こうした基本理解は、特に国際漁業法の学説ではその後広く支持された。例えば、F. O. Vicuna, *The Changing Law of High Seas Fisheries* (1999) p. 157. を見よ。また国際海洋法裁判所みなみまぐろ事件暫定措置命令（1999年）の個別意見においても、同様の理解が示されている。Separate Opinion of Judge Shearer, p. 5; Separate Opinion of Judge Laing, para. 19.

3) 例えば、RFMO の下での PA の実施状況に詳細な検討を加えた Russel and VanderZwaag は、国内・地域・国際いずれの平面においても、PA の実施はあまり進んでいないとの評価を示している。D. A. Russell and D. L. VanderZwaag, "Ecosystem and precautionary approaches to international fisheries governance; Beacons of hope, seas of confusion and illusion" in Russel and VanzerZwaag (eds.) *Recasting Transboundary Fisheries Management Arrangements* (2010) p. 61f.

4) 例えば、国際海洋法裁判所海底裁判部・深海底における保証国の義務等に関する勧告的意見（2011年）も、多くの国際文書で明文化されているという事実のみを指摘して、PA の採用が国際慣習法化しつつあることに肯定的な理解を示している。Responsibilities and Obligations of States Sponsoring Persons and Entities with respect to Activities in

the Area, Advisory Opinion, ITLOS, Case No. 17 (2011) para. 135.

5）関連種や依存種等の保存管理は、近年 PA と併せて提唱されている「生態系アプローチ（ecosystem approach）」の実施にも関わる問題であり、別途詳細な検討を要する。

6）なお UNFSA の附属書Ⅱは、後述する基準値の適用に関する「指針」を定めるが、UNFSA 6 条 3 項 b は同指針の適用を当事国に義務づけている。本稿では、それらの指針も含めて PA の「実施規則」と呼ぶこととする。

7）新規漁業・探査漁業の予防的規制は、国際法平面では南極生物資源保存委員会（CCAMLR）の下で登場し、上述の 6 条 6 項の規則の制定にも影響を与えた。この点については、R. Caddell, “Precautionary management and the development of future fishing opportunities: The international regulation of new and exploratory fisheries”, the International Journal of Marine and Coastal Law, vol. 33 (2018) pp. 1-62 を見よ。

8）「漁獲死亡率」は当該資源に対する漁獲の強度を示す。なお、我が国の UNFSA の公定訳では、fishing mortality rate は「漁獲量」と訳されている。

9）この点については、例えば甲斐幹彦「管理基準値と中西部太平洋域のまぐろ資源の管理」ななつの海から 5 号 9 頁（2013年）を見よ。

10）UNFSA の 6 条 2 項と併せて読めば、リスクや不確実性の程度が大きいほど慎重な基準値設定が求められるというべきであろう。ほぼ同様の見解として、例えば T. Henriksen et al. *Law and Politics in Ocean Governance* (2006) p. 27.

11）この点を指摘するものとして、例えば S.M. Kaye, *International Fisheries Management* (2001) p. 235f.

12）例えばHenriksenらは、6 条 7 項はモラトリアム等の導入に対する懸念におそらく対応した規定であると評する。Henriksen et al. *supra* (n. 10) p. 24f.

13）UNFSA 6 条 3 項 c は、PA の実施に際して考慮要素の 1 つとして「社会経済の状況」に言及する。ただし、少なくとも限界基準値の設定に関しては、本文で引用したその定義に鑑みても、そうした要素の考慮が認められるかは疑問も残る。

14）例えば、堀口健夫「国際海洋法裁判所の暫定措置命令における予防概念の意義（1）」北法61巻 2 号1-35頁（2010年）を見よ。

15）この管理方式は既に2005年に CCSBT で採択されていたが、その後日本の大規模な未報告漁獲が明らかとなり、その影響の調査のため運用は先延ばしとなっていた。

16）CCSBT の第 5 回戦略・漁業管理作業部会（2018年）では、資源量が2035年以降に上記暫定回復目標の水準を下回らない可能性が非常に高くあるべき点につき合意がなされている。CCSBT, Report of the Fifth Meeting of the Strategy and Fisheries Management Working Group (2018) para. 10.

17）その内容については、CCSBT, Report of the Fifteenth Meeting of the Scientific Committee (2010) Attachment 10 を見よ。

18）CCSBT について定期的に実施されている独立レビューも、近年ではそのように評価する。S. M. Garcia and H. R. Koehle, *Performance of the CCSBT 2009-2013 Independent Review* (2014) p. 7.

19）漁獲戦略の策定状況や WCPFC の関連文書等については、WCPFC の漁獲戦略のサイトに整理されている。https://www.wcpfc.int/harvest-strategy（2019年 1 月 1 日確認）
20）例えば、ICCAT におけるビンナガ、IATTC におけるメバチ、キハダ、カツオ、IOTC におけるカツオの資源管理が挙げられる。
21）なお、UNFSA が定める新規漁業等に関する規則（6 条 6 項）については、マグロ類 RFMO の下では実施が進んでいない。この規則の実施状況を検討した Caddell も、WCPFC について同様の評価を示している。Caddell, *supra* (n. 7) p. 45.
22）例えば、Garcia, *supra* (n. 2) を見よ。
23）例えば、近年国際環境法の基本原則の法典化を目指して起草された、世界環境憲章のフランス草案においても、一般に予防は「均衡のとれた措置」を求めると定式化されている。Preliminary Draft: Global Pact for the Environment (2018) Art. 6.
24）阪口が指摘するように、HCR を予め策定しておかないと、資源状態の悪化が進んでからでは漁業者の反対で漁獲を制限することが困難となることが予想される。阪口功「地域漁業管理機関における資源管理の現状」月刊海洋50巻10号461頁（2018年）。
25）この点は、自然現象による悪影響を想定した UNFSA 6 条 7 項の規定からも窺える。
26）同様の指摘として、例えば W. Howarth, "The interpretation of 'Precaution' in the European Community common fisheries policy", *J. Envtl L.*, vol. 20/2 (2008) p. 221.
27）例えば ICJ ガブチコボ・ナジュマロスダム事件判決（1997年）は、環境に対する損害がしばしば回復不可能な性質を有し、賠償の制度が機能しえない点を、早期の行動が求められる実質的理由として示唆する（パラ140）。なお従前の学説においても、漁業分野では損害の基準が緩和されているとの指摘はみられた。例えば S. Marr, *The Precautionary Principle in the Law of the Sea* (2003) pp. 176f.
28）この点を示唆するものとして、阪口・前掲注(24)461頁。左記の論文で阪口は、HCR を予め合意しておくべき理由を指摘しているが、HCR に基づく防止行動の早期の発動も同様の理由から正当化されうる。
29）本論で示した通り、マグロ類の限界基準値については初期資源量の20％に設定される例が少なくない。また、限界基準値の超過のリスクについては、例えば WCPFC では、超過の可能性が20％を超えることは UNFSA の規定と整合的ではないとされている。Summary Report of WCPFC13 (2016) para. 296 を見よ。
30）M. Markowski, *The International Law of Exclusive Economic Zone Fisheries* (2010) p. 46.
31）例えば IATTC によるキハダ等に関する HCR の決議をみても、そのような内容は必ずしも見出せない。IATTC, Res. C-16-02.
32）例えば、マグロ類の RFMO では海鳥や海亀等の混獲規制も進められつつあるが、そうした規制における PA の受容・実施については検討の射程外としてきた。
33）阪口・前掲注(24)466頁。

日本における国際環境条約の実施
——条約をふまえた国内法整備とその意義に焦点をあてて

鶴田　　順

1　はじめに

伝統的に国際法が規律してきたのは平等な主権国家間の権利義務関係である。国際社会は平等で絶対的な主権を有する国家の行動自由の場であり、国際法は「合意は拘束する」という原理を根本規範とする、主権国家が自らの活動の自己抑制を相互に約束し合うことによって成立する脆弱で現状肯定的な規範にすぎないとされた。条約は主権国家間の利益調整の結果が権利義務関係として明文規定にまとめられたものにすぎないとされた。

しかし、今日では、国境を超える人・企業・業界団体・メディア・国際組織・非政府組織の活動やモノ・資金・情報の移動の量の増大と質の変化により、とりわけ環境、人権、労働、犯罪などの分野において、国際法が、それぞれが対象としている問題状況の防止・改善・克服という目的実現のために、国家間関係を規律するのみでなく、各国国内における統治のあり方、国家とその管轄下にいる私人の関係をより一層規律するようになり、そのような規範内容を有する国際法の目的実現の一つの場面・過程である各国国内における実施を[1)]、国家間で相互に、また多数国間条約では締約国会議（COP)、締約国会合(MOP)、遵守委員会や履行委員会などの条約機関によって、国際的に管理・監督していくにいたっている。

とりわけ、地球環境保護という共通利益の増進を目的とする多数国間環境条約においては、条約上の義務が対世化・客観化し[2)]、すべての締約国が他の締約国の義務の履行に関心を有し、その履行確保のための様々な手続・制度が用意されている。[3] 多数国間環境条約が設定した規範に逸脱した行為への対応は、伝統的国際法における権利義務の国家間性を基礎にして発展してきた国家責任法や紛争解決手続による事後的な対応では限界があるからである。[4] 二国間や少数国間の短距離越境汚染については、損害の発生を受けての国家責任法による事後救済の可能性がある。他方で、地球環境保護については、環境の悪化や損害が発生したとしても、原因行為の多様性や非特定性（原因行為と損害発生をつなぐ科学的知見・証拠が不十分であることなど）、原因行為国（加害国）と被害国の複数性や重複性（たとえば、気候変動の原因となる温室効果ガスの人為的排出やオゾン層破壊の原因となるクロロフルオロカーボン（CFC）などの化学物質の大気への放出はすべての国が日常的に・不可避に行うことなど）という性質を有することから、伝統的国際法に基づく加害国の責任追及や被害国の救済は困難である。[5]

また、多数国間環境条約では、条約規範を漸進的に発展・強化させていく過程において、締約国の義務違反により生じる責任を追及することよりも、義務の不履行の原因の解消、すなわち、技術的支援や財政的支援を通じて、締約国による条約規範の履行能力の構築・向上を図ることに重きを置く必要がある。多数国間環境条約では、締約国の共通利益を承認したうえで、共通利益を実現するための目的や基本原則が設定され、さらに、当該目的を達成するために、また当該基本原則をふまえて、個別・具体的な規則を徐々に設定していく。条約規範は条約採択時に設定された内容のままで止まるのではなく、条約目的の実現に向けて、また環境にまつわる問題状況の変化や科学的知見・対応技術の進展をふまえて、定期的に見直しがなされ、漸進的な発展・強化が図られていく。

本稿は、国際環境条約が設定した目的等の実現に向けた動態過程（条約目的実現過程）を整理したうえで、[6] 条約目的実現の一つの場面・過程を担う各締約国における条約の実施（国内実施）を条約規範をふまえた国内法整備とその意義に焦点をあてて整理・検討する。

なお、本稿において「条約規範」とは、条約、条約の議定書や附属書、議定書の附属書、COP、MOP、遵守委員会や履行委員会などで採択された決定や勧告などを包含する様々な規範であり、条約目的実現過程の動態を認識・分析するための概念として用いる。

2　国際環境条約の目的実現過程

(1)　国際環境法における条約の位置づけ

一般的に、国際法の存在形式としての法源は、主に、条約、国際慣習法と「法の一般原則」の三つである。国際環境法の分野においては「条約」がとりわけ重要な法源である。特定の損害の防止のための目標や具体的な基準を設定したり、特定の物質の排出基準や輸出入規制を設定するためには、条約による明文の規定が必要不可欠である。油や廃棄物の投棄による海洋汚染の防止、オゾン層の破壊や気候変動の原因となる物質の排出の規制、有害廃棄物や有害化学物質の越境移動の規制、絶滅のおそれのある種や生物多様性の保護・保全などのための規範の設定においては、個々の問題に対応した個別・具体的かつ迅速な規範の設定が必要である。また、そうした規範が科学的知見や対応技術の進展や問題状況の変化に柔軟に対応することも必要である。

海や河川などの特定の領域の環境保全を目的とする条約は1972年の人間環境宣言採択以前にも存在したが、地球環境保護に関する条約の定立が開始されたのは人間環境宣言の採択以降、とりわけ1980年代に入ってからである。1980年代から1990年代にかけて多くの多数国間・二国間環境条約が定立された。とりわけ、海洋汚染、酸性雨、オゾン層の破壊、地球温暖化などの地球規模の広がりを有する環境問題で、問題状況の防止・改善・克服のために多くの国の参加と協力を必要とする分野については、多数国間環境条約が問題対処のための国際法の中心となっている。

多数国間環境条約には、地球温暖化の防止やオゾン層の保護など大気に関する条約、海洋汚染の防止に関する条約、有害廃棄物や有害化学物質の国際取引の規制に関する条約、自然・生態系・生物多様性の保護・保全に関する条約、南極地域の環境保全に関する条約などがあり、それぞれが対象とする国際的な環境問題の内容は多様である。また、条約の締約国の数や対象とする地理的な広がりも多様である。隣接する二国間で締結された協定もあれば、特定の国際河川や特定の地域の越境大気汚染を対象とする条約もあるし、地球温暖化の防止、オゾン層の保護や生物多様性の保全など、地球規模の広がりを有する問題を対象とする条約もある。

したがって、国際的な環境問題を対象とする条約によって設定された締約国の権利・義務やその実施のあり方は様々ではあるが、国際環境条約の目的実現過程にはいくつかの共通した特徴がみられる。

(2) 条約規範の現実適合性確保の要請と規範としての自律性確保の要請

条約という法形式においては、ある特定の時期にある特定の国際法規範を成文化するため、変化し続ける現実との関係で、現実適合性を確保する必要が生じる。とりわけ国際環境条約においては、環境にまつわる問題状況の変化や科学的知見・対応技術の進展との調整を、継続的に、また迅速かつ柔軟に行うことが、条約の存続とその目的実現にとって必須の課題となる。ここでは、条約が時間の制御の可能性を高めること、すなわち、条約外事実の不確定性や予測不能性を所与のものとして、時の経過とともに生じる変化への感度を高め、条約規範のそれへの柔軟な対応可能性を高めることが課題となる。しかし、ここでの対応は、あくまでも規範としての自律性を失わない限りでの対応である必要がある。国際環境条約は条約規範の現実適合性確保と規範としての自律性確保という二つの異なる要請にいかなる方法で応えるかという課題を課せられているといえる。

(3) 条約の普遍性確保の要請

地球規模の広がりを有する環境問題に対処するためには、まずは個々の環境問題に対応した条約にできるだけ多くの国が参加し協力することが重要である。たとえば、条約が厳しい環境基準を設定し、一部の国のみが当該条約に参加することとなった場合、それらの国の製造業の国際競争力の低下を招く可能性がある[7)]。多くの国が条約に参加することにより、多くの国が同じ環境基準に服し、国際的に協力して問題状況の防止・改善・克服にあたることが可能となる。条約の普遍性を確保するためには、「共通だが差異ある責任」を採用するなどして、各国の発展段階の違い、問題対処能力の違いや環境という価値の受け止め方の違いなどを超えて、ひろく合意できる規範内容とする必要がある。

(4) 枠組条約方式の採用とその意義

国際的な環境問題を対象とする条約には、多くの国の参加を確保し、また条約外の変化や進展に迅速かつ柔軟に対応できるように、「枠組条約方式」を採用しているものがある。枠組条約方式とは、条約本体（枠組条約）では、条約のもとで設置される事務局等の組織構成、条約の改正手続き、附属書や議定書の採択・改正手続きなどについて規定するとともに、締約国の環境保全に向けた協力のあり方については一般的・抽象的な規範内容の基本原則、権利や義務を規定するにとどめ、多くの国が参加しやすい規範内容とし（条約の普遍性確保の要請への対応）、当該規範を具体化するための詳細な基準や要件は、条約の定立・発効後に定期的に開催される COP や MOP で採択・改正される議定書、附属書、指針や決議などによって定めようとする条約方式である[8]。COP では、環境にまつわる問題状況の変化や科学的知見・対応技術の進展に迅速かつ柔軟に対応するために、条約採択後の過程で COP における討議等を通じて条約規範の調整が図られ、その結果は、附属書や議定書の新たな採択や改正の成否、決議や勧告の採択の成否というかたちで条約規範に継続的かつ柔軟に反映される。このような条約過程を通じて、条約規範は再認・強化され、さらに再認・強化された条約規範がその後の条約実践の根拠となる。このような条約過程において、枠組条約が設定した基本原則をはじめとする一般的・抽象的な規範は、条約過程内においては条約規範の定立過程と実施過程を連結・循環させる役割を担い、また、条約規範と条約外事実との関係においては、条約外事実を条約規範で継続的に受け止めるための通路的制度としての役割を担う。枠組条約方式を採用した国際環境条約では、条約規範の定立過程と実施過程を意識的に連結・循環させることで、また、条約外事実を基本原則をはじめとする枠組条約が設定した一般的・抽象的な条約規範で継続的に受け止めることによって、条約規範の現実適合性確保と規範としての自律性確保の双方の要請の充足が企図されている。

(5) 条約規範の漸進的な発展・強化

枠組条約方式は、今日、地球規模の広がりを有する環境問題を対象とする多くの普遍的な多数国間条約において、また地域的な環境問題を対象とする条約においても採用されている。枠組条約と議定書の組み合わせは多くの多数国間条約が採用している。オゾン層保護については、1985年に採択されたウィーン条約と1987年に採択されたモントリオール議定書、地球温暖化については、1992年に採択された国連気候変動枠組条約と1997年に採択された京都議定書という組み合わせである。

たとえば、オゾン層の保護について、1985年に採択されたウィーン条約は、オゾン層の組織的観測・研究・情報交換に関する協力義務、オゾン層に悪影響を与える活動を規制・制限・縮小・規制する立法・行政措置をとる義務、議定書や附属書の採択を目的として条約の実施のために合意された措置・手続・基準を定めることに協力する義務などの締約国の一般的な義務（条約２条１項)、COP や事務局に関する制度的事項（条約６条・７条）を規定するにとどめている。また、議定書の採択、条約・議定書の改正、附属書の採択・改正に関する細かい手続規定を設け、締約国会議の多数決でこれらを行えるようにしている（条約８条・９条)。その後、1987年にモントリオール議定書が採択され、冷蔵庫やエアコンの冷媒、断熱材、電子部品の洗浄剤等として使われていた CFC や消火剤として使われていたハロンが規制対象物質となり、それぞれの物質について、消費量と生産量を削減する義務が詳細な基準と削減スケジュール付きで設定された。さらに、議定書の採択後の MOP で改正についての決定が行われ、同様の義務が他の規制物質についても設定されることとなった。具体的には、ハイドロブロモフルオロカーボン（HBFCs)、臭化メチル、CFC 等の代替品（代替フロン）として開発されたがオゾン層破壊物質でもあるハイドロクロロフルオロカーボン（HCFC）などが規制対象となった。モントリオール議定書のもとでの規制の強化には、MOP での決定によって新たな規制物質の追加を行う「改正（amendment)」と既存の規制物質の規制にかかる期限（削減スケジュール）の前倒しを行うなどの「調整（adjustment)」の二つがあり、これまでに７回の改正と調整がなされている。改正については、新たな国際約束の締結であり、各国の批准手続きを必要とする。他方で、調整については、MOPの機関決定、すなわち、コンセンサスのためのあらゆる努力にもかかわらず合意に達しない場合には、MOP に出席し投票する締約国の三分の二以上の多数による議決で採択され、この決定は「すべての締約国を拘束するもの」となり、寄託者から締約国への通告の日から「六箇月を経過したときに効力」を生ずることになり（議定書2条9(d)）、各国の批准手続きは不要である。このような手続きにより、モントリオール議定書ではオゾン層の破壊の進行状況や対応技術の進展をふまえて条約規範の漸進的な発展・強化を図ってきた。

条約の附属書は条約の不可分の一部を構成するが、条約本体の条文では一般的な規則を規定し、他方で附属書では具体的・詳細な規制対象や規制方法について規定するというように、規律密度に応じて両者は使い分けがなされる。条約本体の条文ではなく、条約の附属書を採択・改正することにより、問題状況の変化に伴う規制対象の変化や科学的知見の変化・進展に応じた規範設定を迅速かつ柔軟に行うことが可能となる。

たとえば、ワシントン条約では国際取引の規制対象種を「絶滅のおそれ」ごとに3つに格付けし、附属書Ⅰ、ⅡとⅢにリスト・アップされ、いずれの附属書に掲げられたかによって取引についての規制が異なっている。附属書に掲載される種は、原則として2年に1回開催される COP における決議を経て、附属書への追加、附属書からの削除や附属書間の移行が行われている。

(6) 条約規範の定立過程と実施過程の連結・循環

国際的な環境問題を対象とする多数国間条約の多くでは、条約を目的実現に向けて展開させるための機関として定期的に開催する COP を設置し、締約国に対して COP への定期的な報告（国家報告）を義務付けている。そこでの報告義務の範囲は様々であるが、少なくとも締約国によってとられた条約の国内実施のための措置、たとえば、条約の規定内容を各締約国で実施するための個別の法律（国内担保法）の整備状況については報告するように義務付けている。COP では、締約国による条約の国内実施に関する報告の検討をふまえて、条約本文の改正、附属書や議定書の新たな採択や改正、決定や勧告の新たな採択などがなされることで、締約国による条約の国内実施のあり方を条約の規範内容に継続的に反映することが可能となり、条約規範の維持・強化が図られ、さらに、維持・強化された条約規範がその後の各締約国における条約の実施の基盤となる。COP で採択される決議や勧告の多くは締約国を法的に拘束するものではないが、それゆえに採択に係る締約国の合意が得られやすく、問題状況の変化に伴う規制対象の変化や科学的知見や技術の変化・進展に応じた規範設定を迅速に行うことができるという利点を有し、条約目的の実現のための重要な役割を担っている。

3　国際環境条約の国内実施

(1)　国内実施のあり方の国際法による義務付け

国際法の規範内容の各国の国内法制への編入（国内法化）のあり方は、社会的・経済的・政治的・文化的要因など、様々な要因によって決まるものであるが[9]、本稿では、国際法が各国国内における実施（国内実施）のあり方をどのように義務づけているかに着目して整理・検討を進める[10]。

まず、国際法が、国に対して、国際法が定めた特定の結果が達成されることを義務づけている場合がある。そのような結果を達成するための措置・方法のあり方、たとえば、各国が国際法の国内実施のために何らかの法律（国内担保法）の整備を行うか否か、国内担保法の整備は特段行わずに行政的に対応するかなどは、各国の判断に委ねられている。1987年に採択されたモントリオール議定書は、各締約国が附属書に掲げる規制対象物質の消費量と生産量を規制し、最終的にはその消費量と生産量をゼロとすることを求めているが、そのような結果を達成するための措置・方法については特定せず、各締約国に委ねている[11]。また、1997年に採択された京都議定書は、先進締約国には数値化された温室効果ガスの削減義務を課しているが、数値目標を達成するための措置・方法については各締約国に委ねている[12]。

次に、国際法が、国に対して、国際法が設定した趣旨および目的の実現のために特定の措置・方法をとることを義務づけている場合がある。このような措置・方法には、具体的には、条約の規定内容を各締約国の国内で実施するための法律（国内担保法）の整備を義務付けているものがある。国際環境条約では、条約がある特定の行為を規制対象としたうえで、「締約国は、この条約の規定を実施するため、この条約の規定に違反する行為を防止し及び処罰するための措置を含む適当な法律上の措置、行政上の措置その他の措置をとる」（1989年に採択されたバーゼル条約4条4項）などと規定することで、各締約国に国内担保法の整備などの国内措置を講じる義務を課していることがある。このように、条約が各締約国に対して条約規定に違反する行為の処罰義務を課している場合、そのような処罰義務を国内的に実施するためには、憲法が採用する罪刑法定主義のもとでは、条約が規制する行為を犯罪化し処罰するための国内法が必要となる。

(2) 条約の「積極的な」国内実施

条約によって締約国が講じるように義務づけられた国内措置ではないが、条約の趣旨および目的の実現や条約に基づく規制のより効果的な実施に資するように、締約国の政策的判断によって積極的な措置が講じられることもある[13)]。

日本は1975年にワシントン条約に署名したが、条約の国内実施のために必要な措置の検討や国内で野生動植物を利用している各業界との調整等に時間を要し、1980年に締結（批准）して締約国となった[14)]。日本はワシントン条約の締結に際し、条約に基づく輸出入規制を国内的に実施するために既存法の改正、具体的には、外為法、関税法と漁業法の改正を行った。その後、日本における条約の実施が不十分であり、条約に違反するかたちで規制対象種を大量に輸入し続けているなどの国際的な批判にさらされたことを受けて[15)]、日本に密輸入された後の日本国内における取引（国内取引）も規制するために、1987年に「絶滅のおそれのある野生動植物の譲渡の規制等に関する法律」（希少野生動植物譲渡規制法）を制定した。本法の制定は、厳密には、ワシントン条約が各締約国に課した義務を日本で実施するための法律（国内担保法）の整備ではなく、ワシントン条約による国際取引の規制をより効果的に実施するために講じられた積極的な措置である[16)]。

(3) 条約の国内実施のための国内法整備

条約の国内実施について、条約上の権利や義務を国内的に実施するための法律（国内担保法）の整備のあり方には、①既存法（現行法）で対応、②条約上の権利や義務の実施には不十分あるいは矛盾するような既存法の改正や廃止、③新規立法で対応の三つがある。条約の国内担保法の整備には、条約の国内担保法の所掌・執行を担う行政機関の組織法・作用法の整備も含まれる[17)]。①の場合は、もともとは各国の環境保全を目的に、各国国内の問題状況やそれへの対応の必要性をもとに制定された既存法に、事後的に条約の国内担保法としての性格が与えられることになる。条約の国内実施を必ずしも新規立法で対応する必要はないが、既存法と事後的に登場した条約は、その趣旨および目的や規制の考え方において、完全に一致することは期待しにくい[18)]。

(4) 日本における条約の実施のための国内法整備

（i） **日本の国内法体系における条約の法的効力**　日本の国際法実務では、条約の締結に際し、国内担保法が完全に整備されていることを確保するよう努めているという（いわゆる「完全担保主義」の採用）[19)]。二国間条約でも多数国間条約でも、条約交渉で条文を確定させるときまでには、日本における条約の規範内容の実施のためにいかなる国内措置が必要か、当該措置を講じるためには法律（国内担保法）が必要か、国内担保法は既存法で足りるのか、それとも新規立法が必要かなど、国内措置のあり方について関係省庁間で見解の一致にいたっていることが一般的であるという[20)]。条約交渉がまとまり、条約が採択され、日本も条約締約国となるという方針決定が政府内でなされると、内閣法制局の審査に入ることになるが、当該審査には条約（およびその和文）だけでなく国内担保法案も同時に付される。既存法の改正が必要な場合にはその改正案、また新規立法が必要な場合にはその法律案が、条約と同時に審査に付されることになる。審査を通じて、条約の和文、条約の解釈、国内担保法の文言が整えられていく。内閣法制局の審査が終了すると、国会の承認を得るべき条約（国会承認条約）については、憲法73条３号に基づき、（条約それ自体ではなく）条約の締結、すなわち、日本が条約の締約国となり「条約に拘束されることについての国の同意」（条約法条約11条など）について国会に承認を求めることになるが、多くの場合、これとあわせて国内担保法案も国会に提出され成立を期すことになる。[21] 憲法73条３号は「条約を締結すること」は内閣の権限であることを規定したうえで、「但し、事前に、時宜によつては事後に、国会の承認を経ることを必要とする」と規定している。条約の締結について国会の承認が得られると、条約の締結に係る意思決定が政府内で閣議決定を通じて行われる。その後、二国間条約の場合は批准書の交換など、多数国間条約の場合は批准書の寄託などによって、対外的に条約の締結に係る意思の表明がなされることとなる。国内的には、内閣の助言と承認により、締結に係る意思決定がなされた条約を天皇が公布することにより（同７条１号）、条約は国内法体系において法的効力を有する規範となる。

(ii)　**条約の国内実施のための国内法整備**　　国際環境条約の国内担保法のあり方について、たとえば、1972年に採択された「世界の文化遺産及び自然遺産の保護に関する条約」（世界遺産条約）の日本における実施は、上記の①（既存法で対応）と②（既存法の改正や廃止で対応）の方法によっている。文化遺産については文化財保護法（昭和25年（1950年）法律214号）により、また自然遺産については自然公園法（昭和32年（1957年）法律161号）と自然環境保全法（昭和47年（1972年）法律85号）により、世界遺産条約の国内実施がなされている。

また、バーゼル条約の日本における実施は、上記②（既存法の改正や廃止で対応）と③（新規立法で対応）であり、バーゼル法という法律の新規立法と廃棄物処理法の一部改正がなされた。なお、バーゼル法の規制対象物である「特定有害廃棄物等」は、日本政府がバーゼル条約の規制対象物であると解釈した物と直接に重なることから、条約の規制対象がリスト化された条約附属書が改正された場合にはバーゼル法の規制対象も自動的に変更されることになる。ただし、その変更は、バーゼル法の改正ではなく、バーゼル法の規制対象物をリスト化し明確化するために行政によって策定された「告示」の改正によって行われる。これは、国際環境条約の条約規範の動態的展開に国内法が柔軟かつ迅速に対応していくための国内法整備のあり方といえる。[22]

(iii)　**条約の国内実施のための国内法整備の意義**　　(a)　条約の国内実施の観

点から　　条約を国内的に実施するための国内措置について、日本では、日本国憲法は、（実質的意味の）条約の締結には国会の承認が必要であるとする立場をとり（日本国憲法73条３号）、国会で締結について承認され、締約国となり条約に拘束されることについての意思決定が閣議決定された条約については、内閣の助言と承認により天皇が公布することとし（同７条１号）、さらに、最高法規について規定する章で、「日本国が締結した条約及び確立された国際法規は、これを誠実に遵守することを必要とする」と規定し（同98条２項）、条約および確立された国際法規の遵守義務をうたっているため、条約その他の国際約束（国際約束とは、条約、協定、取極、交換公文などの法的拘束力を有する合意の総称）は公布によって直ちに国内法体系に受容され、特段の措置をとることなく国内法としての効力を有するものとなる（「一般的受容方式」（あるいは「編入方式」）の採用[23]）。仮に条約上の権利や義務を国内的に実施するための法律（国内担保法）の整備がなされなくても、公布された条約は国内法体系においてそのまま国内法としての効力を有する。言い換えると、日本は一般的受容方式を採用しているため、変形方式を採用している国のように、条約その他の国際約束の内容を書き移すような法律を整備する必要はない。

条約の国内実施のために整備された国内担保法の執行について、締約国が管轄下にいる私人の特定の行為を規制する国内担保法の整備がなされていれば、締約国の行政機関は警察権限を行使することができる。当該国内担保法の遵守を確認するために、質問や立入検査といった権限を行使することができ、当該国内担保法に違反する行為がなされた場合には、侵害された法益を回復するために、捜査、逮捕、押収、引致、送致、訴追といった権限を行使することができる。たとえば、条約によってある物質の排出が原則禁止となったことをうけて、条約の締約国となった国の法律によって当該物質の排出を罰則付きで原則禁止とした場合、行政機関は、その管轄下にいる私人や企業が排出規制を遵守しているかどうかを立入検査や報告を求めることで調査し、排出規制違反が明らかとなった場合には、排出者を厳重に注意し、再発防止策の策定を求めるという対応をとる。しかし、それでも排出状況に改善がみられない場合には、行政機関から法執行機関に対して告発がなされ、法執行機関は排出規制違反に係る捜査を行い、違反者を逮捕・送致し、刑事司法プロセスを通じて問題解決を図ることとなる。

したがって、条約を国内的に実施するための国内担保法の整備は、条約の趣旨および目的の国内的実現という観点からは、各締約国の行政機関や司法機関が条約の規定を直接に適用・執行できない、あるいはそれが困難なときに（条約は締約国間相互の権利義務関係や締約国が対外的に有する権利義務について規定することが多く、締約国の管轄下にいる私人の権利義務を直接に規定するものは少ない）、行政機関や司法機関による当該条約の規定内容の国内的な実現を確保するための手段であるか、あるいは、条約の規定を直接に適用・執行できるときであっても、行政機関や司法機関による当該条約の国内実施を補強するための便宜的な手段であるのか（この場合は条約と法律が同一事項について重ねて規律していることになる）、いずれかの意義を有するものといえる。

(b)　日本の国内法の観点から　　条約を国内的に実施するための国内担保法の整備は、日本の国内法の観点からは次のような意義を有する。

まず、日本国憲法は31条で罪刑法定主義を一般的に保障していることから、国民の代表者で構成される国会における議決によって成立した形式的意味での法律の規定なくして、いかなる行為も犯罪とされることはなく、またこれに対していかなる刑罰が科されることもない。罪刑法定主義における「法定」には、日本の国内法体系に位置付けられた条約による規律は含まれない[24)]。また、罪刑法定主義は、いかなる行為がいかなる要件をそなえたときに犯罪となり、それに対していかなる刑罰が科されうるのかをあらかじめ国家の管轄下にいる私人に示すことによって、当該私人の予測可能性と行動の自由を保障することを要請するものであることから、刑罰法規は当該予測可能性を担保する程度の法文の明確性を有する必要がある。このことをふまえて、一般に、条約規定は一般的・抽象的であることから、罪刑法定主義から派生する「明確性の原則」を満たさないという説明がなされることもある[25)]。

さらに、行政法には、憲法における「法治主義」の帰結として「法律による行政の原理」があり、この原理の具体的内容（の一つ）として、行政活動は「法律の留保の原則」、すなわち、行政機関が権限を行使するに際して法律の根拠・授権を必要とするという原則の拘束を受ける。その適用範囲については、侵害留保説、社会留保説、全部留保説等の学説上の対立があるが、これらの説のうち、法律の留保の範囲を最も狭く解する古典的侵害留保説によるとしても、行政機関が私人の自由や財産を侵害し、私人に新たな義務や負担を課す場合には、法律の根拠が必要となる。また、法律の留保の原則の目的の一つが行政活動について国民に予測可能性を与えることにある以上、行政活動の根拠規範は、そのような目的を達成するのに必要な程度の詳細さ（規律密度）を有する規範である必要がある。

したがって、日本における国際環境条約の実施にあたって、行政機関が公権力を用いて管轄下にいる私人に対して命令・強制するような場合には、形式的意味での法律を整備することが必要となる。国際環境条約の国内実施のために国内担保法の整備がなされていない場合には、捜査、逮捕、押収、引致、送致、訴追といった司法的な警察権限を行使することはできず、条約が許容する範囲で、また、日本における条約の実施を担う行政機関の組織法・作用法が許容する範囲で、基本的に相手方の任意による行政的な措置を講じることができるにとどまることになる。

【注】

1） 国際法の実現過程については、大沼保昭「「法の実現過程」という認識枠組み」法社会学58号139頁（2003年）。また、国際環境条約が設定した目的等の実現過程については、鶴田順「国際環境枠組条約における条約実践の動態過程」城山英明ほか編『融ける境 超える法 第5巻 環境と生命』209頁（東京大学出版会、2005年）（鶴田2005年論文ａ）、鶴田順「「国際環境法上の原則」の分析枠組」社會科學研究（東京大学）57巻74頁（2005年）（鶴田2005年論文ｂ）。

2） 多数国間条約の締約国間対世義務（obligation *erga omnes partes*）については、岩沢雄司「国際義務の多様性―対世義務を中心に」中川淳司ほか編『国際法学の地平』144頁（東信堂、2008年）。

3） 国際法の目的実現のための手法の多様化については、森肇志「国際法における法の実現手法」長谷部恭男ほか編『法の実現手法（岩波講座 現代法の動態２）』268頁（岩波書店、2014年）。また、多数国間環境条約で採用されている履行確保手続・制度、とりわけ不遵守手続については、兼原敦子「地球環境保護に関する損害予防の法理」国際93巻３・４号190頁（1994年）、臼杵知史「地球環境保護条約における紛争解決手続きの発展」杉原高嶺編『紛争解決の国際法』170頁（三省堂、1997年）、高村ゆかり「国際環境条約の遵守に対する国際コントロール」一橋論叢119巻1号67頁（1998年）、遠井朗子「多数国間環境条約における不遵守手続」西井編・環境条約408頁、Sandrine Maljean-Dubois（小島恵・鶴田順訳）「環境損害に関する国際訴訟と国家責任」環境法研究8号160頁（2018年）。

4）共通利益を設定した国際法規範に逸脱した行為が発生した場合に、伝統的国際法における国家責任法や紛争解決手続がいかなる役割を果たすことができるかについては、山本草二『国際法〔新版〕』13頁（有斐閣、1994年）、玉田大「国際裁判における客観訴訟論」国際116巻1号1頁（2017年）、萬歳寛之『国際違法行為責任の研究』306頁（成文堂、2015年）。

5）この点については、山本草二『国際法における危険責任主義』307頁（東京大学出版会、1982年）、兼原敦子「国際環境保護と国内法制の整備」法教161号43頁（1994年）、臼杵・前掲注(3)180頁。環境分野における国際裁判を通じた国家責任の追及をめぐる近年の動向を論じるものとして、Maljean-Dubois・前掲注(3)160頁。

6）国際環境条約の動態過程については、鶴田2005年論文a・前掲注(1)209頁、鶴田2005年論文b・前掲注(1)74頁、高村ゆかり「環境条約の国内実施—国際法の観点から」論究ジュリ7号75頁（2013年）、島村健「環境条約の国内実施—国内法の観点から」論究ジュリ7号81頁（2013年）。

7）外部不経済の内部化の観点から、受容可能な状態に環境を維持するための汚染防止費用は、公的当局ではなく、潜在的汚染者が負担すべきであるとする汚染者負担原則は、先進国間の貿易と投資のゆがみの是正等を目的にして、1972年のOECDによって提唱された基本原則であることについて、鶴田順・久保田泉「「汚染者負担原則」の法過程的分析」季刊環境研究138号134頁（2005年）、大塚65頁。

8）枠組条約方式については、山本草二「国際環境協力の法的枠組の特質」ジュリ1015号（1993年）145頁、兼原・前掲注(3)182頁、鶴田2005年論文a・前掲注(1)209頁、鶴田2005年論文b・前掲注(1)73頁。

9）この点については、兼原・前掲注(5)43頁、久保はるか「国際環境条約の国内受容に関する一考察」甲法48巻4号175頁（2008年）、島村健「国際環境条約の国内実施」新世代法政策学研究（北海道大学）9号139頁（2010年）、小森光夫「条約の国内的効力と国内立法」同『一般国際法秩序の変容』97頁（信山社、2015年）。

10）国際法上の義務の分類については、山本・前掲注(4)113頁、兼原・前掲注(5)42頁、高村・前掲注(6)74頁、小森・前掲注(9)97頁。

11）この点については、兼原敦子「国際環境紛争における法益の「国家」性」島田征夫ほか編『国際紛争の多様化と法的処理』338頁（信山社、2006年）。

12）この点については、高村ゆかり・島村健「地球温暖化に関する条約の国内実施」論究ジュリ7号18頁（2013年）。

13）条約の「積極的な」国内実施については、島村・前掲注(6)89頁、久保はるか「環境条約の国内実施—行政学の観点から」論究ジュリ7号91頁（2013年）。

14) 日本政府がワシントン条約の締結に際して行った国内措置の詳細については、菊池英弘「ワシントン条約の締結及び国内実施の政策形成過程に関する考察」長崎大学総合環境研究14巻1号5頁（2011年）。

15) この点については、上河原献二「条約実施を通じた国内・国際双方の変化—ワシントン条約制度実施を例として」新世代法政策学研究（北海道大学）12号201頁（2011年）、菊池・前掲注(14) 8頁。

16) 日本におけるワシントン条約の実施のために条約締結後に講じられた「積極的な措置」については、菊池・前掲注(14) 8頁、上河原・前掲注(15) 204頁、久保・前掲注(13)97頁。

17) 成田頼明「国際化と行政法の課題」同ほか編『行政法の諸問題　下』〔雄川一郎先生献呈論集〕88頁（有斐閣、1990年）、久保・前掲注(9)176頁、高村・前掲注(6)74頁、児矢野マリ「横断的に用いられる手法への着目」論究ジュリ7号18頁（2013年）、小森・前掲注(9)92頁。

18) 増沢陽子「ストックホルム条約の国内実施」新世代法政策学研究（北海道大学）9号218頁（2010年）、島村・前掲注(6)86頁、久保・前掲注(13)96頁。

19) 松田誠「実務としての条約締結手続」新世代法政策学研究（北海道大学）10号313頁(2011年)。

20) 松田・前掲注(19)324頁。

21) 谷内正太郎「国際法規の国内的実施」広部和也ほか編『国際法と国内法』117頁（勁草書房、1991年）。

22) 他方で、国際条約による規制対象の変更が国会での審議を経ることなく国内法制に直接に導入されることの問題点については、成田・前掲注(17)88頁、高村・前掲注(6)73頁、島村・前掲注(9)147頁、島村・前掲注(6)85頁。

23) この点については、高野雄一『憲法と条約』156頁（東京大学出版会、1960年）、関道雄「わが国の国内法としての条約」自研44巻7号37頁（1968年）、村上謙「わが国における条約および慣習国際法の国内的効力」時法688号18頁（1969年）、加藤英俊「憲法第98条第2項」菅野喜八郎・藤田宙靖編『憲法と行政法』〔小嶋和司博士東北大学退職記念〕169頁（日本評論社、1987年）、芦部信喜『憲法学Ⅰ　憲法総論』89頁（有斐閣、1992年）、山本・前掲注(5)103頁。

24) 田畑茂二郎『国際法講義上〔新版〕』52頁（有信堂高文社、1982年）、内野正幸「条約・法律・行政立法」高見勝利ほか編『日本国憲法解釈の再検討』438頁（有斐閣、2004年）。

25) 浅田正彦「条約の国内実施と憲法上の制約」国際100巻5号12頁（2001年）。

II
環境規制の総体的把握

環境規制における国と自治体の関係
――提案募集方式にみる争点

北村　喜宣

1　未完の法令改革と改革の方向性

(1)　自治体レベルでの決定の実現

第1次分権改革によって、自治体代表である公選の長を大臣の下級行政機関と位置づける機関委任事務の全廃が実現した。しかし、同改革のエンジンとなった地方分権推進委員会が自認するように、法定自治体事務を規定する既存法令は、基本的に、外形・内容ともに、改革前の状態にある。「未完の分権改革」と称される今般の改革の「未完性」のひとつの側面は、法令改革がされていない点にある[1)]。現在においても、「法令等に規定されている様々な義務づけ及び枠づけを大幅に緩和するという課題が残されている[2)]」。「規律密度の緩和[3)]」の実現は、逃げることのできない国の責務である。

国の事務である機関委任事務のもとでは、全国どこにおいても、等質の行政サービスが求められた。そのため、それを実現する根拠となる法令には、全国画一性、規定詳細性、決定独占性という特徴があった。これが、強度の枠付け・義務付けにつながっている。実現されるべきは、関与の縮減、規律密度の緩和、決定権限の移譲を通じた国と自治体の適正な役割分担関係である。さらに、法律にもとづいて国が権限を保持している直営的事務について、それが地域住民に大きく関わる場合には、住民に身近な自治体において決定が行われるように移譲する必要がある。事務配分の見直しである[4)]。

⑵ 具体化された「地方自治の本旨」

1999年制定の「地方分権の推進を図るための関係法律の整備等に関する法律」（地方分権一括法）により改正された地方自治法は、憲法92条に規定される「地方自治の本旨」を確認的に具体化すべく、いくつかの条項を新設した。それによれば、自治体は、地域における行政を自主的かつ総合的に実施する役割を広く担い（1条の2第1項）、国は、国が本来果たすべき役割（国際社会における国家としての存立に関わる事務、全国的に統一して定めることが望ましい国民の諸活動や地方自治に関する準則に関する事務、全国的規模・全国的視点に立ってなされるべき施策および事業の実施等）を重点的に担う（同条2項）のである。

さらに、自治体に関する法令の規定およびその解釈運用は、国と自治体の適切な役割分担を踏まえたものでなければならないことも明記された（2条11〜12項）。法律に規定される自治体事務（法定自治体事務）に関して、地域特性適合的対応を可能にする配慮を国に義務づけている（2条13項）。

⑶ 「義務付け・枠付けの見直し作業」と「提案募集方式」

国の行政現場にも自治体の行政現場にも、「物体に外部から力が加わらないかぎり、動いている物体は、そのまま等速度運動を続ける」という「慣性の法則」が作用する。分権改革がされたといえども、活動の根拠となっている法令が変わらないかぎり、従来と同じような認識で事務事業が実施される。認識を変えるほどのインパクトを持つ改革が求められている。

決定に至る手続には違いがあるが、国による現実の法改革内容は、「地域の自主性及び自立性を高めるための改革の推進を図るための関係法律の整備に関する法律」という同一名称の数次の一括法に反映されている。第1次一括法および第2次一括法による環境法（環境省が専管ないし共管のもの）への対応（法律改正）については、別稿で検討した。[5)]

本稿では、現在進められている「義務付け・枠付けの見直し作業」の中心であるいわゆる「提案募集方式」に注目し、そこにおいて展開されている提案団体と環境省のやりとりを概観する。自治体側はどのような理由で何を求め、環境省はどのような理由でどう応接したのだろうか。その整理を通じて、環境法における「国・自治体関係」のあり方のいくつかの視点を整理してみたい。

分析対象とする資料は、内閣府ウェブサイトで公開されている『内閣府と関係府省との間で調整を行う提案についての最終的な調整結果について』平成26～29年版の環境省個票部分である。提案区分は、「Ａ権限移譲」「Ｂ地方に対する規制緩和」に分けられている。件数は、平成26年58件（A＝32、B＝26）、平成27年17件（A＝12、B＝5）、平成28年15件（A＝2、B=13）、平成29年９件（A＝2、B＝7）となっている。以下では、99件すべてではなく、ＡとＢのいくつか特徴的なものについて検討する（補助金・交付金関係を除く）。

2　提案募集方式

(1)　対象選択権の移譲

「義務付け・枠付けの見直し」について、第１次一括法から第４次一括法までは、内閣府に設置された地方分権改革推進委員会の勧告を踏まえて対応がされてきた。第５次一括法以降は、国が対象を選択するのではなく、ひとつの方式として、自治体に改革内容を提案してもらう「提案募集法式」が導入されている[6)]。対象選択権の移譲である。法令改正を要する課題については、自治体だけでは実現しないため、国と自治体との協力関係にもとづき自治体にイニシアティブを与える改革の手続である[7)]。

提案の対象は、次の４種類である。（１）全国的な制度改正に係る提案、（２）委員会勧告では対象としていない事項に係る提案、（３）現行制度の見直しにとどまらず、制度の改廃を含めた抜本的な見直しに係る提案、（４）地方公共団体への事務・権限の移譲及び地方に対する規制緩和に関連する提案。

提出された提案を踏まえ、内閣府が関係府省と交渉をする。とくに重要なのは、内閣府特命担当大臣（地方分権改革）の下で開催する地方分権改革有識者会議又は有識者会議専門部会において調査審議を行い、実現に向けた検討を進める。合意事項は、おおむね毎年末までに、有識者会議の調査審議を経て地方分権改革推進本部決定と閣議決定を行う。法律改正により措置すべき事項については、法律案を国会に提出する。このプロセスは公表される。

討対象とするのは、この方針にもとづいて公表された資料である。

(2) 個票の構成

提案ごとに、個票が作成されている。主要な項目は、①「求める措置の具体的内容」、②「具体的な支障事例、地域の実情を踏まえた必要性等」、③「各府省からの第1次回答」、④「各府省からの第１次回答を踏まえた提案団体からの意見」、⑤「各府省からの第2次回答」である。提案団体も環境省も、「より良い状態」をつくることについては、おそらく同床にある。②〜⑤の整理を通じて、それぞれの発想がどのように異なっているのかを明らかにしたい。本稿で注目するのは、結果ではなくやりとりの内容である。

しかし、移譲が必要と考える市町村は、鳥獣保護法にも規定されている事務処理特例制度を通じて個別に権限移譲を受ければよいだけある。事務のニーズもなく、体制の整備されていない市町村にまで事務を押しつける意味はない。

環境省の回答は、「D現行規定により対応可能」であった。提案自治体は、事務処理特例制度に伴う自らの財政負担（地方財政法28条1項）を軽減したいのかもしれないが、一律主義は合理性を欠く。不見識な提案である。

(ii)　**環境影響評価法のもとでの市町村長意見**　環境影響評価法のもとでは、方法書および準備書の段階で、複数市町村にまたがる大規模事業については、都道府県知事が関係市町村長意見をとりまとめて事業者に意見を述べるようになっている（10条、20条）。これは、広域的環境空間管理者としての役割と市町村の連絡調整をする役割（地方自治2条5項）を踏まえた制度化であろう。同法制定時からの仕組みである。

この点に関して、市町村長から直接事業者に意見を申し出ることができることにせよという趣旨の法改正提案がされた。「C対応不可」という結果になったが、あげられている環境省の理由が興味深い。そのようになった場合、「個々の意見を同時に達成することが困難となるおそれが想定される」、「関係地方公共団体の総意としての意見のとりまとめを知事が行うことが環境影響評価法の円滑な運用に資する」というのである。

しかし、いわゆる横断条項は別にして、アセスメントは、多様な意見を事業者に考えさせる手続的仕組みなのであり、すべての意見を同時達成するような曲芸を事業者に強いるものではない[8)]。方法書に対しては、「環境の保全の見地から意見を有する者」の意見提出が制度化されているが、これは、情報提供参加である。自治体に求められるのも、同様の観点のものである。また、「関係地方公共団体の総意」という整理も、いかにも強引である。そのようなものの存在を同法が前提としているとすれば、幻想の上に構築された法制度といわざるをえない。法律所管官庁としての認識に疑問が呈される回答である。「円滑な運用」というのは、要するに、業者に対してこれ以上の負担はかけないという法律制定時の「関係省庁の総意」に反することはしないという趣旨ではないだろうか。

「よりよい環境配慮の実現」が、環境影響評価法の目的である。そうであるとすれば、地域環境管理者としての市町村およびその政策を踏まえた意見を直接事業者に届ける仕組みは、法改正内容として検討に値する。重要な問題提起がされたとみるべきであろう。

(2) 地方に対する規制緩和

(i) 狩猟免許の有効期間　鳥獣保護法のもとで、狩猟免許の有効期間は、基本的に3年である（44条）。この点に関して、これを地域の判断で延長できるようにすべきという提案がされた。その背景には、狩猟従事者の数が減少して有害鳥獣駆除事業の人材確保に支障が生じているという現場事情がある。更新が面倒であるために許可が失効し、減少に拍車がかかるというのだろう。

しかし、許可制度の趣旨に鑑みれば、質の確保が大前提なのであり、（高齢化が進む）許可取得者の数を減らしたくないから許可制度を緩くするというのは、いかにもスジの悪い提案である。有効期間については、たとえば、廃棄物処理法の産業廃棄物処理業許可のように、優良な者について期間を延長する（通常5年を7年）のが合理的である（14条2項）。提案募集検討専門委員会からは、免許制度の運用について具体的な提案もされている。環境省としては「C対応不可」としたが、閣議決定によって、あり方の検討の開始が決定されたのは適切であった。提案募集方式には、規制改革の側面がある。

(ii) 瀬戸内海環境保全特別措置法のもとでの許可手続き見直し　瀬戸内法は、議員提案として1973年に成立した瀬戸内海環境保全臨時措置法を、1978年に閣法として名称変更を含む一部改正したものである[9)]。これらの法律が制定された当時は、海水の富栄養化により深刻な赤潮被害が頻発していた。このため、水質保全の一般法である水質汚濁防止法に比べて、相当に踏み込んだ規制が制度化された。事業活動からの環境負荷物質の排出を許可制にするという発想は閣法にはなかったが、議員提案ということもあり、厳しい規制基準による特定施設設置許可制が規定されている（5～8条）。日量排水最大量50㎥以上の特定施設の設置許可申請あたっては、環境影響評価が求められている点が特徴的である（5条3項）。

提案団体によって求められているのは、許可を受けている特定施設の構造等の変更や同等施設への更新に際しての許可手続の規制緩和である。瀬戸内法施行規則７条および７条の２は、それぞれ適用除外される場合を規定する。提案の趣旨は、その範囲の拡大であるようにみえるが、環境省は、「Ｃ対応不可」であった。この点、閣議決定においては、適用除外対象になるかどうかの環境省への照会手続を速やかに検討するとされた。照会に応じて個別対応するのではなく、基本的には、施行規則を改正して適用除外範囲を明確にすべきものであろう。これ以外にも、現行法で対応可能であるけれどもその趣旨を明確にするために「通知」をするという措置が多い[10]。

なお、瀬戸内法については、平成27年においても特定施設許可手続の緩和提案が出される。同法は平成27年に改正されるが、改正法附則３項で、改正法施行後５年以内に規制のあり方を見直して必要な措置を講ずることが命じられている。見直しは「当初予定通り」行われる[11]。

(iii)　**水質汚濁防止法の総量削減計画策定にあたっての環境大臣の同意の廃止**
水濁法にもとづき、指定地域の都道府県知事は、総量削減計画を策定しなければならないが、その際には、環境大臣との同意を要する協議が義務づけられている（４条の３）。これを「意見聴取にとどめる」などの提案が、複数の提案団体からなされた。実質的に、国と事前協議をしているという理由である。

環境省の回答は「Ｃ対応不可」であった。この項目に関しては、平成27年にも同様の提案が出される。大気汚染防止法に関する同様の仕組みについては、第１次一括法による1999年改正によってすでに同意廃止が実現されていたこともあり、結局、第６次一括法による水質汚濁防止法改正によって環境大臣同意の廃止が措置された[12]。

4　平成27年の実績

(1)　権限移譲

(i)　**国立公園の管理に係る地方環境事務所長権限の移譲**　　自然公園法のもとで、国立公園内の行為規制（許可・届出）（20～24条）、報告徴収・立入検査

(30条、35条)、監督処分(34条)に関する権限は、その一部が地方環境事務所長に委任されている。これを都道府県等に移譲すべきという継続提案である。

環境省の最終回答は、前年と同じである。「IUCN が定めた国立公園の定義においても、「保護のための施策を講じるのが国内で最高の権能を有する行政機関である地域」とされていることから、国立公園の管理を移管することは、国際標準からの逸脱につながってしまう。」という理由が付されている。最高権能機関が独占せよとはいっていないようにもみえるが、より実質的には、「開発推進の役割や権限を持っている地方自治体ではなく、地域の開発利益から離れて、自然の価値を科学的・客観的に判断できる国の環境行政機関が保護を担い、開発を保護のチェック＆バランスを確保するシステムが必要である。」という点に理由があろう。環境省の自然保護行政にそうした実績があるのかは不明であるが、「自治体にやらせれば開発に走るのは自明」という根本的認識が透けて見え、興味深い。国定公園における権限は法定受託事務であるが、環境大臣の是正指示権限(地方自治245条の7)にもかかわらず、結果的に不適切な実績が多くあるのだろうか。[13)]

(ii) **国定公園に関する公園計画の決定等権限の移譲**　自然公園法のもとでは、国定公園計画は、「環境大臣が、関係都道府県の申出により、審議会の意見を聴いて決定する。」(7条2項)とされている。この決定等権限の都道府県等への移譲が提案された。

この提案理由は、原理的な点をついている。すなわち、「国が決定した計画に基づき府県が管理しており、国と地方の上下関係が未だに残っていると考えざるを得ず、府県の自主性・主体性が尊重されていない」というのである。これに対しては、一方的に押しつけているのではなく、申出を受けているから主体性は尊重されているという意味不明の回答がされている。法定受託事務ゆえのことだろうか。この件は、これ以上の展開を見せていない。

(2) 地方に対する規制緩和

(i) **最終処分場の立地規制基準の設定及び地域の裁量規定の導入**　廃棄物処理法は、一般廃棄物処理施設および産業廃棄物処理施設の許可基準を法定している（8条の2、15条の2）。拘束力を有するこの基準は、きわめて規律密度が高い。この点に関して、提案団体は、廃棄物処理法15条の2第2項の「適正な配慮」の具体例として、最終処分場が過度に集中する地域における総量基準や距離制限を明文化するとともに、要件が充たされていれば許可しない裁量はないと解されている現行規定について、都道府県知事が効果裁量を持てるような法改正を求めていたようにみえる。平成26年にも立地基準に関する提案がされていたが、このときは、それを条例で規定できるような法改正が求められていた。立法権の部分的移譲提案である[14)]。

環境省の最終回答は、法律改正を要する問題ではなく、許可に生活環境保全上必要な条件を付することで対応可能というものである。前年の提案に対する回答と同じである。廃棄物処理法は、個別処分場ごとに許可や付条件を検討することを求めているのであり、焼却施設の集中立地によるダイオキシン類の集積効果への対応（15条の2第2項）は例外的という理解である。いわば「マンツーマンディフェンス」である。これに対して、立地規制は、「ゾーンディフェンス」である。はたして、これを法律リンク型の条例で規定することはできるだろうか。環境政策法務の重要論点である。

すでに相当の立地があるからこれ以上は不要というのは、土地利用方針の問題である。廃棄物処理法はそれには中立的であるから、同法の枠内での対応は困難なように思われる。提案団体は、「適正な配慮」の内容を具体化する法改正を求めていたが、それを条例ですることは可能である[15)]。もっとも、あくまで個別施設についての判断においてである。ゾーンディフェンスを正当化する立法事実としては、飲用水源としての地下水の水質保全がある[16)]。廃棄物処理法とは別に、市町村が水道水源保護条例を制定しているのは周知の通りである。

(ii)　**鉄砲所持許可を有する者における狩猟免許試験の一部免除**　鳥獣保護法のもとでの狩猟免許制度の規制緩和を求める提案が、前年に続いて出された。同法のもとでは、狩猟免許試験において評価する項目のひとつとして「狩猟についての必要な技能」（48条2号）があり、具体的内容は、施行規則において、①適性試験（52条）、②技能試験（53条）、③知識試験（54条）とされている。このうち、鉄砲所持許可者については、技能試験の一部を免除して「負担を軽減する」というのが提案である。

この提案も拒否されている。鉄砲刀剣類所持等取締法（銃刀法）のもとでの鉄砲と鳥獣保護法のもとでの猟銃とでは、その適正な使用にあたって異なる技術が要求されるのは当然である。いわば「大は小を兼ねる」かのような理由は、およそ合理的とはいえない。

なお、この提案に関しては、第１次回答で否定された点について再度記述するなど、提案団体の側にも相当に問題のあるやりとりになっている。こうした応酬をみていると、この制度の意味は何なのかと考えてしまう。

5　平成28年の実績

(1)　権限移譲

(i)　フロン排出抑制対策に係る事務の都道府県知事から政令指定都市・中核市の長への移譲　　都道府県知事に権限を与える多くの環境法においては、その権限をさらに政令指定都市および中核市の長に与える措置が講じられるのが通例である（例：大防31条）。「フロン類の使用の合理化及び管理の適正化に関する法律」（フロン法）にはそうした規定がないところ、提案団体から、同様の措置を講じるよう提案がされた。

この点については、同法の平成25年改正法附則11条で、施行後５年見直し条項が規定されているため、その際に対応する旨の閣議決定で決着した。横並びで考えれば、ほかの環境法のように権限移譲が規定されてよかったのであるが、敢えてそうしなかったのには積極的な理由があったはずである。それは何だろうか。

提案団体は、具体的条文を示しつつ、「第１種特定製品の管理者」に対する指導・助言（17条）、勧告・命令（18条）、報告徴収（91条）、立入検査（92条）に関する権限の移譲を求めている。これに対して、回答する環境省は、それには第１種フロン類充塡回収業者の情報が必要であり、その登録は都道府県の事務とされているので知事において一体的にされるべきと主張した。一体的というのであれば、登録権限を移譲して一体化するべきであろう。もっとも、広域的に事業展開する充塡回収業者について、多くの行政庁で登録をさせるコストを負わせる合理性はない。産業廃棄物処理業許可の取得に関する廃棄物処理法2010年改正が参考にされてよい。

(ii)　**自然公園特別地域内における基準特例策定権限の都道府県への移譲**

自然公園法のもとでは、「環境大臣は国立公園について、都道府県知事は国定公園について」というフレーズが12か所で用いられている。国立公園内の指定区域について知事申出を受けて都道府県の処理する事務とする制度（同法施行令附則３項）のように、限定的ながらも権限移譲をする仕組みはあるが、そうでないかぎりは、公園の種類ごとに権限が明確に分けられており、この方針は、同法施行規則においても一貫している。

国立公園内の特別地域や特別保護地区等における行為許可基準は、具体的には、同法施行規則11条各項が規定している。これは一律的なものであるため、自然的・社会経済的条件から判断してこれを適用するのが適当でないと判断される場合には、同条36項にもとづき、特例基準の策定が可能となっている。都道府県知事ができるのは、国定公園に関するものだけである。

この点に関して、国立公園の第２種特別地域および第３種特別地域に限定して、この特定基準の策定権限を都道府県知事に移譲するとともに同基準にもとづく許可権限も移譲せよという提案がなされた。地域の実情を踏まえた国立公園管理を実現するためという理由である。

提案を拒否した環境省の基本的姿勢は、平成27年と同様である。もっとも、都道府県との調整を一切排除した超然的な管理がされるというわけではない。環境大臣（実質的には、地方環境事務所）は、国立公園ごとに自治体の意見を踏まえて特例基準を策定できるのであり、この程度の協働的管理運営が適切であろう。閣議決定は、その方向での運用を進める方針のようである。

(2)　地方に対する規制緩和

(i)　**動物取扱責任者研修の見直し**　　「動物の愛護及び管理に関する法律」（動愛法）のもとでは、第１種動物取扱責任者に対して、動物取扱責任者研修の受講が義務づけられている（22条３項）。この一般的義務づけのかぎりにおいては、自治体は関係しない。しかし、同法施行規則10条によって、当該研修は都道府県知事が開催するものであることが規定されているために、実質的には、法律本則ではなく施行規則によって、事務実施の義務づけがされている。研修内容も、同条により、年１回（毎回３時間以上）以上と規定されている。

提案団体からは、画一化によるマンネリ化が指摘され、「自治体がそれぞれの地域の実情を踏まえ、自らの判断により研修の実施回数や講義内容を設定可能とする。」提案がされた。この点に対しては、閣議決定により、基本的な研修資料を国が作成することのほか、研修内容のあり方について検討して対応をすると約された。

都道府県が研修する実施することの法的位置づけが不明確なままの議論が展開されている。法令改正がされるとすれば、この点が明らかにされるべきである。また、施行規則10条の内容は、全国画一的なものと受け止める必要はない。提案によって共通テキストという「戦利品」が獲得できたのは意味があるが、本来は、都道府県が法律実施条例および施行規則のなかでカスタマイズできるようなものである。

(ii)　**国定公園内の一定工作物建築に係る環境大臣との協議廃止**　　それが国定公園であれば、管理権限は都道府県知事にあるのが原則であるが、なお環境大臣が関与する場合がある。自然公園法20条５項により、同法施行規則11条の３が規定する行為に関しては、環境大臣への協議が義務づけられているのである。対象については不明であるが、提案団体からは、迅速な対応の必要性から、少なくとも一定規模以下の行為について、協議制度の廃止が提案された。

この提案に対する環境省の回答は、基本的に前向きであった。その趣旨は、施行規則で規定されている規模は過剰包摂となっているため、精査したうえで、真に協議が必要なものに限定するというのである。協議制度それ自体は、環境大臣が国定公園を指定して公園計画を立案していることから、存続させるようである。

この提案は、施行規則の改正につながった。従来の11条の３第１項および第２項について、抜本的な対象の見直しが行われている。国定公園一般についてではなく、そのなかでの指定湿地や指定世界遺産区域に限定し、対象行為規模も絞ったうえで協議制は維持された。従前の制度のもとでの協議の運用は形骸化していたようであるが、義務付けの緩和の一例である。

6　平成29年の実績

(1)　権限移譲

国定公園の公園計画変更に係る事務権限移譲　自然公園法のもとでは、国定公園の公園計画の変更権限は、その策定権限を有する環境大臣にある（8条）。提案団体から、軽微な変更の場合における変更権限の知事への移譲が提案された。

この点に関しては、権限移譲ではなく、一定の変更の場合には「公園計画の変更」とはみなさないという整理がされ、閣議決定によって、措置が約されている。国定公園の公園計画に関する環境大臣の独占的判断権を損なわないためには、軽微変更を自然公園法にいう「変更」とはみないということなのだろう。同法には、規制の適用除外をする軽微変更を施行規則で明示的に指定するという規定方式がある（10条6項、39条6項）。今回は通知ですませるとしても、次回法改正時には対応できるよう、準備しておかなければならない。

(2)　地方に対する規制緩和

(i)　土壌汚染のおそれがない土地改変についての土対法届出義務廃止　土対法のもとでは、3000㎡以上の土地区画形質変更をしようとする者は、着手の30日前までに、所定事項を都道府県知事に届ける義務がある（4条1項）。この義務は、当該土地に関する事情を問わずに課されている。適用除外も規定されているが、たとえば区画形質変更部分が50cm未満というように（施行規則25条）、個々の土地の事情を捨象したカテゴリカルな把握がされている。

提案団体からは、通常人が踏み入らない保安林やアセス法のもとでの調査で土壌汚染が確認されなかった土地など、汚染のおそれがないと客観的に判断できるものについては適用除外することが提案された。従来の適用除外に、別次元のスクリーンをかけることで、不要な義務づけを回避しようというのである。

この点に関しては、環境省中央環境審議会「今後の土壌汚染対策の在り方について（第一次答申）」（2016年12月12日）において、有害物質使用特定施設等が過去に存在した可能性が著しく低いと考えられる土地を規制対象とするのは過剰包摂であり是正すべきという趣旨の見解が出されていたこともあり、そうした方向で措置されることになった。形式的には規定事項の密度は高くなるが、実質的に規制緩和が実現する。

(ii) **大気汚染防止法による情報提供要求権限拡大**　大気汚染防止法のもとで、環境大臣が自治体の長に求めることができる資料の範囲には制約はないが、都道府県知事の場合は、対象が限定列挙されている（28条）。特定粉じん対策のために「建築工事に係る資材の再資源化等に関する法律」（建設リサイクル法）のもとでの対象建設工事届出情報の提供を求めても、要求対象となる資料として明示されていないため、個人情報保護を理由に提供が拒否される実務があることから、規定ぶりを環境大臣と同じにすべしという法改正提案が出された。

これに対し、環境省は、大防法28条1項の規定からそれが含まれると読めるとしつつ、その旨を通知するとした。それが、閣議決定されている。

しかし、通知はあくまで環境省の解釈にすぎず、提案団体から要求を受けた行政庁が異なる解釈をして拒否する可能性はある。また、そもそも要求に対して答える法的義務はない。情報のやり取りに関しては、関係条項を改正し、より大きな枠組みで確実な取得を可能にするような仕組みを考えるべきであろう。

7　いくつかの共通的論点

(1)　法令の自主的解釈権

第1次分権改革の際に強調されたのは、機関委任事務の廃止と自治体の事務化により、事務を担当する自治体が、独立した法令解釈が可能になったことであった。[17] いわば、中央省庁を介さずに、法令に直接アクセスできるようになったのである。

それをすれば提案募集方式によらずとも実現できた事例もある。たとえば、平成26年に出された「漁民から持ち込まれたFRP漁船の造船所や漁協における簡単な解体を産業廃棄物処理業（中間処理）の許可不要にする提案」については、そもそも同法の収集運搬事業の範囲に含まれているから許可は不要と回答された。法解釈の明確化である。従来からの行政照会によることもできた案件である。

提案団体にとってみれば、「国のお墨付き」を得れば、「安心して」対応できる。廃棄物処理法上、無許可営業は直罰制度のもとにあるから（14条1項、25条1項1号）、自主解釈のみで進めるのは、たしかに不安であろう[18]。最終的責任は自治体にあるものの、分権時代にあっても、求められた際に自らの解釈を示すことは、国の役割として重要である。こうした対応は、平成28年の「廃棄物処理法2条1項にある「放射性物質及びこれによって汚染された物質」の範囲の解釈」についてもなされている。

(2)　二重行政・二重規制への対応

環境法の展開過程におけるひとつの減少として、「自治体の先行と国の後追い」があった。法律規制が十分でないがゆえに発生する公害に苦しむ自治体が、公害防止条例の制定により一定の対応をしたあとで、国が法律を整備したのである[19]。その影響は、現在の環境法制にも残っている。

平成26年には、特別区長会が、大防法のばい煙発生施設届出事務（6条）、水濁法の特定施設届出事務（5条）、土壌汚染防止法の調査関係事務（3条）などの東京都の事務を直接に特別区の事務として移譲すべきと提案した。東京都は、東京都環境確保条例を制定している。この条例は、東京都公害防止条例が前身である。法律に先行して公害防止条例を制定した歴史を持っている自治体においては、その後制定された法律も適用されるため、二重行政になっていることが多い。精査すれば、事業者にとっては無用の二重規制であるものもある。規制改革の観点からは、合理化すべき法状態となっているのは明白である。

なお、東京都においては、事務処理特例条例を通じた権限移譲により、特別区が事務を担当するものもあるようで、それを徹底すれば、同内容の事務が特別区に集約されることにはなる。しかし、形式的に二重規制状態は解消されないため、より抜本的な見直しが求められる領域である。環境省の最終回答は「C対応不可」となっているが、閣議決定によって、東京都と特別区の協議結果にもとづいて必要な措置を講ずることが約束されている。東京都環境確保条例と関係環境法の整理がどうなるのかは、ほかの自治体の公害防止条例のあり方にも影響を与える。

8　環境法における国と自治体の適切な役割分担関係

環境法について、提案募集方式を通して展開されている「義務付け・枠付けの見直し」作業の状況整理をしてきた。開店休業状態を懸念する内閣府が相当に強力な提案提出工作をしたといわれるから、出す側にとっては、無理筋のものを捻出した面もあるだろう。また、交渉ごとでもあるから、いきおい「強めの要求」になってしまう[20)]。しかし、内容に偶然性はあるものの、国と自治体の役割分担を踏まえた環境法の制度設計のあり方という観点からは、いくつかの興味深い知見を確認することができた。

ところで、本稿でみてきた提案募集方式の運用は、個別事務に関するものが多い。「義務付け・枠付けの見直し」としては、個別法についても、その全体の観点からの改革が必要になる。制度の抜本的見直しについての提案も可能ではあるが、環境法に関するかぎり、そうしたものは少ない。そして、そうした状態が固定化しつつある[21)]。提案募集方式の存在意義の保持のためではないかと疑われるような件数主義が感じられる。解釈の通知をもって「成果」と数えるのは、その最たるものである。内閣府は、交渉相手である各省から「足元を見透かされている」のではないだろうか。

自治体の事務を規定する個別法の未来像としては、「法律の大綱化・大枠化」を通じた「立法権の移譲」である[22)]。この方向性は、環境法分野についてもあてはまる。ところが、運用をみるかぎりでは、そうした腰だめの作業はされていない。このような状況が継続すると、「分権改革＝運用の改善」というような認識が一般化しかねない。実例を検討するにつけ、この想いを強く抱いた。権限移譲は別にして、自治体に関して規定されている法令規定については、条例決定を通じて、地域特性に適合する措置を積極的に講じる必要性を痛感する。

【注】

1）地方分権推進委員会『分権型社会の創造―その道筋』［地方分権推進委員会最終報告］（2001年６月14日）参照。

2）西尾勝『自治・分権再考―地方自治を志す人たちへ』80頁（ぎょうせい、2013年）。

3）西尾勝『地方分権改革』114頁（東京大学出版会、2007年）参照。

4）西尾・前掲注(2)80頁参照。

5）北村喜宣「地方分権推進と環境法」同『分権政策法務の実践』230頁以下（有斐閣、2018年）参照。「〔ワークショップ〕地方分権と環境行政」環境研究142号141頁以下（2006年）、大久保規子「地方分権と環境行政の課題」季刊行政管理研究91号39頁以下（2000年）、同「環境法における国と自治体の役割分担」高橋ほか編・法と理論103頁以下、筑紫圭一「義務付け・枠付けの見直しに伴う条例の制定と規則委任の可否」北村喜宣編著『第２次分権改革の検証―義務付け・枠付けの見直しを中心に』88頁以下（敬文堂、2016年）も参照。

6）地方分権改革推進本部決定「地方分権改革に関する提案募集の実施方針」（平成26年４月30日）参照。提案募集方式については、岩﨑忠「地方分権改革と提案募集方式―地方分権改革有識者会議での審議過程を中心にして」北村編著・前掲注(5)45頁以下、上林陽治「地域の自立性及び自主性を高めるための改革の推進を図るための関係法律の整備に関する法律―第５次一括法（平成27年６月26日法律50号）」自治総研444号（2015年）45頁以下・46～50頁、大田圭・田林信哉「地域の自立性及び自主性を高めるための改革の推進を図るための関係法律の整備に関する法律（第五次地方分権一括法）について」地方自治813号（2015年）17頁以下参照。

7）西尾・前掲注(3)219-220頁は、2007年当時において、こうした仕組みを提案していた。

8）大塚272頁、北村302頁参照。

9）改正の経緯などについては、二瓶博『瀬戸内海後継法成立までの顛末記―ある行政官の手記』（瀬戸内海環境保全協会、1984年）に詳しい。

10）上林陽治「地域の自立性及び自主性を高めるための改革の推進を図るための関係法律の整備に関する法律―第７次一括法（平成29年４月26日法律25号）」自治総研470号23頁以下・54-56頁（2017年）は、具体的作業にあたった地方分権改革有識者会議委員のコメントを引用している。そこでは、交渉相手方の省庁において、現状をなるべく変えないで成果を出したようにみせる姿勢が批判されている。

11）法改正が必要である事項であっても、それひとつだけで一部改正法を提案できるわけではない。いくつかの「タマ」がまとったときに対応したいということそれ自体は、理解できるところである。

12) 第6次一括法については、上林陽治「地域の自立性及び自主性を高めるための改革の推進を図るための関係法律の整備に関する法律—第6次一括法（平成28年5月20日法律47号）」自治総研457号65頁以下（2016年）、関口龍海「地域の自立性及び自主性を高めるための改革の推進を図るための関係法律の整備に関する法律（第六次一括法）について」地方自治825号33頁以下（2016年）参照。

13) 大塚・前掲注(8)750-751頁は、「環境問題に関しては、開発志向の強い自治体に対して国がナショナル・ミニマムとしての環境の保全を図る必要がある」と指摘する。「ナショナル・ミニマムとしての自然環境」とは何かは、興味深い論点である。ナショナル・ミニマムの考え方については、西尾・前掲注(3)261頁参照。

14) 枠付け緩和の観点からは、条例余地の拡大の提案が多くなってもよさそうであるが、全体的にみればきわめて少ない。あるいは、自治体において、議会の関与を回避し、要綱にもとづく行政指導で対応されているのかもしれない。それはそれで、法治主義の観点からは問題である。

15) 具体例として、鳥取県の「廃棄物処理施設の設置に係る手続の適正化及び紛争の予防、調整等に関する条例」がある。北村・前掲注(8)506頁参照。

16) 田中孝男『条例づくりのきほん—ケースで学ぶ立法事実』28-36頁（第一法規、2018年）参照。

17) 西尾・前掲注(2)73-75頁、同・前掲注(3)67-68頁参照。

18) 西尾・前掲注(3)69頁は、こうした姿勢を「法令解釈権をみずから放棄し、各省庁からお墨付きをもらって初めて安心する自治体の姿はまことに情けない。」と厳しく批判する。しかし、刑事事件となる場合、検察は中央省庁の法解釈にもとづくことから、自治体の自主的法解釈といっても、そのかぎりでは限界がある。緒方由紀子「環境事犯における捜査上の留意点」警論70巻5号125頁以下・129頁（2017年）参照。

19) 北村・自治体1-3頁参照。

20) 西尾・前掲注(2)4頁。提案募集方式の評価は難しい。自治体にイニシアティブを与えているかぎりは「分権的」とされる。提案数は少なくなっているが、それは使わない自治体側に責任があるのであり、各省庁としては協力しているといえる。交渉のフォーラムをつくって進めているかぎりで内閣府地方分権推進室の存在意義もある。内容はさておき、成果はそれなりに示せる。とりわけ権限移譲を伴う法改正を要する事項については関係省庁の同意が不可欠であるが、きわめて消極的である。強い政治的サポートがあって初めて機能する仕組みであるが、風は吹いていない。

21) 提案募集方式に対する評価は、あまり芳しくない。第1次分権改革の中心人物であった西尾勝は、「決して止まっているわけではなく、ちょこちょこと進んでいるのですけれども、だんだんとチマチマしてきた感じがあります。」と述べる。同「〔インタビュー〕自治・分権・憲法〔後篇〕」都市問題108巻6号47頁以下・51頁（2017年）。また、松本英昭は、「ミクロをいくら積み上げてもマクロの改革にはならない」「提案募集方式では、……中央集権の岩盤に係るような改革や、自治の地平を広げるような提案は出てこない」「提案募集方式は持続可能性があるのだろうか」と述べる。同「地方分権推進法の20年と地方分権の今後の展望（上）」自治実務セミナー2016年５月号26頁以下・27頁、「地方推進法の20年と地方分権の今後の展望（下）」同６月号32頁以下・33頁。内閣府が強調する「成果」については、「水増し」という批判もある。上林・前掲注(12)87頁。また、「このまま続けていくとだんだん種が尽きてしまう」という懸念も示されている。松本・前掲（下）論文33頁。筆者も同感である。内閣府関係者による総括的評価については、大村慎一「提案募集方式の成果と今後の課題」地方財務2018年３月号２頁以下参照。

22)　西尾・前掲注(3)260頁、264頁参照。

環境規制への政治学的アプローチ

岡村　りら

1　はじめに

環境問題や環境政策への学問的アプローチには自然科学、人文科学、そして社会学的などいくつかの方法があり本章は政治学からのアプローチである。

環境問題は常に変化し、かつ多岐にわたる問題である。現代の環境問題の原因は社会・産業システムの仕組みによるところも大きく、問題の深刻化、複雑化にともない複数の政策手法を適切に組み合わせるポリシー・ミックスの必要性も指摘されている。

いずれにせよ現在直面している様々な環境問題に対応するには、直接的あるいは間接的に、社会的アクターの行動に規制をかけて政治的目標を達成する必要がある。問題解決には政策に実効性を持たせる必要があり、適切な環境規制の選択が重要となる。では実際の環境政策において「政策決定者は環境問題を解決するために最も適切な手法を選択する」という前提はなりたつのか。

本章では環境規制を政策実施の手法と捉え、政策手法の転換に注目することで、この問いに一定の答えを導き出すことを試みる。ドイツにおいては環境政策の継続が見られながら明確な政策手法の変換ポイントが存在している。まず政治過程論、政策実施のための手法に関して簡単に整理した後に、ドイツにおける環境政策の変遷を概観し、政策手法の転換に注目しながら考察する。

2　環境政策の実施と手法

(1)　政策決定過程における政策実施段階

実際の政策決定過程は非常に複雑である。その複雑な事象を分析するために、政策過程を可能な限り簡素化しつつリアリティを維持することを試みて、様々な理論モデルが提示されてきた。政策過程論の伝統的なモデルとされているのはポリシー・サークル（段階モデル）[1)]である。政策過程を段階として捉え①問題の認識　②議題設定　③政策形成　④政策実施　⑤政策評価　⑥政策終了/政策継続　⑦政策学習、それぞれの段階でどのような要素が影響を与えたのかについて分析を行う。

環境政策の実現には、まず環境問題が①、②のステージにのるかが重要となる。環境問題は必ず存在しているが、まずそれが認識されるか①、環境問題が認識されたとしても、それを「政治的問題」として認められる、認めさせる必要がある②。課題が誰（政治家、産業界、官庁、利害関係グループ、マスメディア、NGO、市民など）から、どのように認識されるかも重要である。利害関係グループ、あるいは市民から支持されると、それが圧力となり政治的課題として取り上げられる可能性が高くなる。いざ政治的課題として認識されても、立法や政策措置などの政策形成③がされなければ問題解決には至らない。政策形成の過程では、様々な政策の選択肢、代替案が提示される。どのアクターがどのような選択肢を提示し、どの選択肢を、なぜ選ぶのかによって、政策目標も大きく異なる。しかし法案が可決されるだけでは環境問題の解決にはならず、実際にその政策が実施される段階になって、どの手法を用いれば効果的、かつ実効性のある政策を実施できるか、政策手法の選択が重要となる④。

このように政策決定過程の中でも、実際に環境政策を実施するための手法の選択は、実効性のある環境政策にとって極めて重要と言える。

(2)　環境政策を実施するための手法

政治目標を達成するには政策が不可欠であり、様々な政策手法によって社会的アクターの行動に影響を与えて政治的目標を達成していく。政策手法は政治的問題を解決するために効果的な国家の「ツール」であり、特に環境政策においては産業・社会構造を変える必要もあるため政策手法の議論は重要である。環境政策手法の分類方法は単一ではないが、協力のメカニズムに基づいた手法を採用するかによって規制的、経済的、手続き的、合意的および情報的手法の5つの主要な手法として類型することが出来る。また環境政策の手法は以下の基準によって評価することが可能である[2)]。

有効性：選ばれた手法が、エコロジー的観点からどの程度効果的であるかが重要となる。実際に環境目標が達成されたか、または目標が達成された場合、その手法がどの程度貢献したかということが評価の指標となる。

効率性：目標達成のためには効率性も重要なポイントである。環境が改善されても、時間やコストがかかりすぎる手法は回避されるべきである。特に環境経済学の分野においては最も経済的効率性の高い政策手法は何か、という点が重要となる。

政治的実行可能性：政策決定過程で「数多く存在する代替案の中からなぜ特定の手法が選ばれたのか」という問いが重要となる。特定の手法が強力な利害関係者による反対のために、政治的に実行困難かという点に注目することにより、ある政策手法を「政治的に容易に実行可能であると」いう理由から、他の手法より効果的ではない、非効率的であるにも関わらず選択することを説明することが可能となる。

実効性のある環境政策を行うには、有効性、効率性を考慮した手法を選択する、あるいは環境政治の停滞を招かぬよう、政治的実行可能性の高い手法を選択することが望ましい。次の章では、実際このような評価に基づいて政策手法が選ばれていたか、ドイツの環境政策の変遷を概観しながら考察する。

3　ドイツ環境政策の変遷

(1)　社会リベラル政権（1969～1982年）

ドイツの環境政策は上からのイニシアティブによって始まった。1969年に戦後初めて社会民主党 SPD からの首相が誕生する。当時は高度成長の中で生じた様々な歪に対する学生運動、反戦運動などが盛んであった。ブラント首相は政策の転換を訴え、環境政策を取り入れたことも改革の一つであった。この時期はまだ環境省は設立されておらず政府主導の環境政策が行われる。内務省が環境保護の担当官庁となり、SPD と連立政権を担った自由民主党 FDP も環境政策は党のイメージ革新に重要な役割を果たすと考えており、1970年代後半まで環境政策に強い影響を持ち続けていた[3]。

1971年に連邦初の環境計画が策定され、現在の環境政策にも引き継がれている３つの基本原則、予防原則、汚染者負担原則、協働原則も記された。1972年には環境問題専門審議会が招集、1974年には連邦環境庁が設立され、この時期、数多くの環境関連法が成立した[4]。

1973年からのオイルショックにより、ドイツ経済は停滞し環境政策も減速した。1974年に首相を引き継いだシュミットは、経済発展を妨げない限りで環境政策を進める方針をとった。この時期、経済成長とエネルギー供給の安定化を確実にするために原子力発電が推進された。しかし原子力の利用が増加するのと並行し、反原発への動きも強まりをみせる。市民による反原発運動は各地に広がりを見せ、原子力発電をめぐる裁判の方向性にも民意が影響を与えるようになっていく。

(2)　保守・リベラル政権（1982～1998年）

(i)　保守・リベラル政権前半（80年代）　80年代に入ると酸性雨によりドイツ人にとって大切な「森」が目に見えた被害を受け、再び環境への意識が高まっていく。70年代から脱原発運動を支えたグループが、その他の市民活動や反体制運動と緩やかな繋がりを持ち、後に緑の党を形成する流れが生まれる。1983年に緑の党が連邦議会で議席をとったことにより、「環境」が政党政治の中で、既存の政党も無視できない重要な政策課題となっていった。1982年から連立政権を握ったキリスト教民主・社会同盟 CDU・CSU/FDP は改革を主張していたが、環境政策に関しては継続が見られた[5]。また80年代には深刻な環境破壊を誘発した大事故が相次ぎ、特にチェルノブイリ原発事故がドイツの環境政策に与えた影響は大きい。当時の政権は原発を推進していたが、この事故を受けてコール首相は、連邦環境省を設置し、安全対策、環境政策を重視する姿勢を国民に示した。

80年代は、環境関連法案の成立数が明らかに上昇した時期でもある。産業界からの強い反対にも拘らず、森林破壊に対する世論の高まりに押され大気汚染対策関連の政策決定、法整備が行われた。

保守リベラル政権の環境政策で環境大臣テプファー（1987〜1994年）の果たした役割は大きい。テプファーは積極的かつ先進的な環境政策をとり入れ、フロンガスの廃止や鉛入りのガソリンを禁止、また再生可能エネルギー電力取引制度（1991年）、包装容器令（1991年）、循環経済廃棄物法（1994年）など新しい法律を作り成果をあげた。ドイツの成功を受けてこれらの法律は他の国も追随するようになり、名実ともにドイツを環境先進国へと押し上げていった。1994年にはドイツ基本法20条ａに自然的な生活基盤についての項目が設けられ、国は将来世代に対する責任からも、今の自然的生活基盤を保護し、引き継ぐ義務があることが憲法的秩序の枠組みの中で明記された。

(ii)　**保守・リベラル政権前半（90年代）**　ドイツは89年のベルリンの壁崩壊、そして90年の再統一と大きな変化を経験する。当時、東ドイツ地域の環境汚染は深刻な状態であったが、統一後10年間で大気や水質など様々な分野で大幅な環境改善が達成された。冷戦の終結に伴いグローバル化の波が押し寄せ、環境問題もオゾン層の破壊や気候変動問題など、被害が地球規模におよぶ環境問題が深刻化した。統一ドイツとして国際的に存在感を示すため、グローバルな環境問題、気候変動問題などに対して積極的に取り組むようになる。ドイツが国際舞台でリーダーシップをとることが政治的論争になることは少なく、アジェンダ設定がしやすいこと、また気候保護はドイツの環境産業にとってもプラスになるという視点から、90年代以降気候変動問題はドイツの環境政策の中心的な位置を占めていく[6)]。

しかし国内の問題となると、ドイツ統一による経済的負担、グローバル化に伴うドイツ産業の立地問題が影響し、投資阻害要因とならぬよう環境政策の規制緩和が行われた。自主規制などの協力的手法が伝統的なドイツ環境政策の手法である規制的手法を補完する役割を果たす。1994年の連立協定において環境政策の目標を達成するための自主的義務付けの重要性が明記され、政府と経済団体間で協定が結ばれる。それまで協力的手法に関しては目的を絞って行われていたが、1994年以降は協力的手法の数が明らかに増え、化学物質や廃棄物、気候変動政策など様々な分野で選択された[7)]。

(3) SPDと緑の党の連立政権（赤緑政権）の誕生（1998～2005年）

赤緑政権の時代、高失業という経済的にはマイナスな時期であったにもかかわらず、環境政策において新たな展開があった点が注目に値する[8)]。赤緑連立政権は「エコロジー的近代化」を明確に打ち出し、経済と環境の協調、環境の改善と経済の発展を結びつける議論が活発となる。具体的な成果としてはエコロジー的税制改革、再生可能エネルギーの拡大、脱原子力の決定などがあげられる。気候変動政策は引き続きドイツの環境政策において主要な位置を占め、京都議定書の発効もありドイツは高い目標を掲げ、気候変動問題においてリーダーシップを担っていく。気候変動政策は、手法の面でも排出権取引等、環境税の導入により環境政策に影響を与えている。情報的手法であるBioマーク（有機製品の国家認定証）の普及、それに伴う有機食品ブームも赤緑政権の成果の一つとしてあげられる。

赤緑政権で注目すべきことは協調的手法からの転換である。前政権で多用された自主協定は緑の党トリッティン大臣のもとでは年平均ほぼ1件だけにとどまった[9)]。協力的手法には過剰規制を防ぐ、また産業界の情報を入手出来る等の利点はある。しかしトリッティンは、自主協定の遵守が産業界からも厳しくモニタリングされている限り協調的手法を行う意義があると強調していた[10)]。政府と産業界による協力的手法から、強制的な制度に移行した事例として、2003年から実施されたワンウェイ容器への強制デポジットがあげられる。

(4) CDU主導の政権へ（2005年～）

2005年には赤緑政権からCDU・CSU/SPDの大連立となったが、赤緑政権の環境政策の成果（再生可能エネルギーの推進、脱原発、エコロジー的税制改革等）

は引き継がれた[11]。2008年には世界的な金融危機、経済停滞が生じ、ドイツ環境政策の減速が懸念されたが、少なくとも短期的にはそのような兆候はみられなかった。

2009年からCDU/CSUとFDPの連立政権となるが、ここでは環境政策は最重要課題とはならなかった。エネルギー政策においては大きな転換があり2010年9月に原子力発電所の稼働期間の延長を決断し、最長で2030年代の半ばまで原子力を使用することとなった。しかしその決定の半年後に福島の事故が起きる。事故直後の3月15日に半年前に決定した原発稼働期間の延長を3か月間凍結し、古い型の原子力発電所を、すでに停止していたものと合わせて8基停止させた。メルケル首相は「原子炉安全委員会」と「安全なエネルギー供給に関する倫理委員会」に今後のドイツのエネルギー政策に関する助言を求めた。最終的にメルケル首相は「技術、安全性」による判断よりも社会的な総合判断を優先し、倫理委員会の提案に従う形でエネルギー政策を決定する。そしてドイツ連邦議会は稼働年数延長を撤廃し2022年12月31日までに全ての原子力発電所を廃止することを明記した原子力法の改正案を可決した。

4　政策および政策手法の転換に関する考察

70年代から環境政策が政治課題となり、オイルショックによる停滞はあったものの、80年代の緑の党の誕生以来、既成政党にとっても環境問題は重要課題の一つとなり、政権交代があっても環境政策の継続性が見られる。

規制的手法は他の手法によって補完されることがあっても一貫してドイツの環境政策の根幹的部分であった。特に1970年代のドイツの環境政策の成功は、規制的手法によるところが大きい[12]。70年代に顕著であった環境汚染は、発生源が限定的かつ短期間で発生、被害も局地的であった。また汚染者（被規制主体）を明確に定めることが比較的容易であったため、規制的手法により迅速に対応することで効果を得やすかった。規制的手法は国家と被規制主体との対立により、時に政治的実行可能性が弱まる場合がある。しかし70年代は政府主導で環境政策を行っていたこと、80年代前半には森林枯渇による国民の高い環境意識が厳しい規制を導入する後押しとなった。

90年代は環境問題もグローバル化し、ドイツは気候変動政策においてイニシアティブを握るようになる。被害や原因も多岐に渡り、アクターも広がりを見せる中で、排出権取引や環境税など経済的手法が注目される。国内においては、ドイツ統一および産業立地等の経済問題により、協調的手法が大きな役割を果たすようになる。赤緑政権になると、高い失業率など経済的なマイナス要素が多かったにも拘わらず、規制的手法と経済的手法のミックスへと転換し、ドイツ環境政策の新しい道筋を作っていった。

ドイツの環境政策の変遷から、政策手法の転換には大きく分けて以下の３つの要因があることが見て取れる。

①環境問題の変化による政策手法の変化

②社会・経済状況の変化による政策手法の変化

③政権交代による政策手法の変化

①、②に関しては、環境問題や社会構造の変化とともに手法の転換が行われことは、実効性のある政策を担保するには極めて当然のことであり、このような転換が行われている点では、有効性、効率性、政治的実行性を考慮した手法の選択が行われていたと言える。

③に関しては、まず政策の転換と政策手法の転換を区別して考察する。３でも述べたように、初期の社会リベラル政権から保守リベラル政権の転換においても環境政策の継続性が確認されていた。赤緑政権になって環境政策への比重は増したが、気候変動政策へのイニシアティブや、再生可能エネルギーの普及などは、保守リベラルからの継続である。その後大連立になっても脱原発やエネルギー政策など主要テーマに関して赤緑政権の政策からの継続性が見られる。政権交代による政策転換の明確な例は2009年からの保守リベラル政権によるエネルギー政策である。

このように環境政策の内容に関しては、政権が交代しても転換より継続という傾向が見られるが、その中で政権交代による政策手法の転換が見て取れる。

例えば保守・リベラル政権であったコール政権では、それまで環境政策の王道であった規制的手法より自主的義務付けや自主協定による協調的手法が明らかに多く選ばれている。しかしコール政権から赤緑政権への交代に伴い、自主的義務付けから規制的手法と経済的手法のミックスへの転換が見られる。政権が交代しても環境問題は継続しており、政権交代によって環境問題の質が変化するわけではない。

政権交代により政策手法の転換が起こるということは「政党、政党のイデオロギーの違いが、環境政策の手法選択に影響を与えるか」という問いにつながる。この仮定に関しての詳細な研究はまだ少ないが、左派政党はどちらかといえば直接規制を好み、右派政党は間接規制を優先させる傾向にあることが仮定としていくつかの文献で指摘されている[13]。

自主協定を選択することに関しては、ドイツにおいて政党のイデオロギーが一定の影響力を持っていることが示されている。緑の党は環境協定に批判的であり、SPD はどちらかと言うと批判的、CDU はどちらかと言えば積極的、そして自由主義である FDP は非常に積極的である[14]。以下の表は、CDU の環境大臣と緑の党の環境大臣による政策手法を表した表である。

表１　環境大臣と政策手法（1990～2005年）

環境大臣			自主協定（年平均）	法律の成立数（年平均）
テプファー	CDU	(1987-1994)	4.4	9.5 (1990-1994)
メルケル	CDU	(1994-1998)	6.8	7.75
トリッティン	緑の党	(1998-2005)	1.7	9.4

筆者作成[15]

自主協定に着目すると、この表から CDU と緑の党では政策手法の選択に違いが出ることが見て取れる。緑の党は明らかに自主協定に対して消極的である。メルケルが環境大臣だった時には年平均6.8であった自主協定が、緑の党が環境大臣になると、その数は年平均1.7にまで下がる。自主協定と法律の割合に関しても違いが明確である。自主規定と法律の成立数がほぼ同数であったメルケルと比べ、緑の党になると法律の成立数はトリッティンの１期目年間8.5、２期目は10.3であり、明らかに自主協定より規制的手法を重視していることが見て取れる。

また同じ政権内であっても環境大臣の違いにより政策手法の選択に一定の違いを見ることが出来る。まだ環境政策が内務省の管轄であった頃（1984～1986年）、年平均6.6件の自主規定が締結されていたが、自主協定に批判的であったテプファーが環境大臣になると、年平均4.4に減少し、メルケルになると再び自主規定の数は上昇する。

確かに90年代半ば以降、メルケルがテプファーから環境大臣を引き継いだ頃は統一とグローバル化の影響で、国内経済が停滞していた時期であり、自主協定に積極的であったと言える。しかし赤緑政権に交代した時期も、高い失業率に悩まされ、経済的には引き続き厳しい時期であった。経済的なことが要因で自主協定が有効な手法だとすれば、赤緑政権でもそのままこの手法は継続されていたはずである。赤緑政権は「エコロジー的近代化」をかかげ、経済と環境の調和を目指し市場原理を活かす政策手法を選択した。

自主協定の前提として、自主協定による目標が達成される限りは継続されるが、達成されていない、あるいは失敗した場合には自主協定を終了する、重複的あるいは代替的な規制的手法により国家が介入する必要がある。しかし保守リベラルで結ばれた環境協定はこの前提からは外れ、政策が失敗しているにも関わらず自主協定が政府の介入なしに継続していた（例えば包装容器令）との指摘もある[16)]。

ここで本章の問い「実際の政策決定過程で、問題解決に適した合理的な手法選択がなされているのか。」に戻って検証すると、環境政策の決定過程で必ずしも有効性、効率性、政治的実行性を優先した手法が選択されているとは限らないことが分かる。そこには様々な要因があるが、その一つとして政党、そして政党のイデオロギーも影響することがドイツの事例から見て取れる。環境問題の解決には社会構造の変革が必要であり、政党によって目指す社会のイメージは異なる。政治行動の中には、国家はどうあるべきで、国家は何をどうすべきか、というイデオロギーが内在している。それゆえ政党間で、環境保護という関心とならんで、自分たちのイデオロギーを反映する環境政策手法の好み（法による介入を強める、協定、あるいは市場原理を利用する）が分かれる[17)]。また政策手法が問題解決のための単なるツールではなく、国家と社会がどのように行動すべきかを規範に反映させるイデオロギー的側面を持つ[18)]との指摘もある。

5　おわりに

本章ではドイツ環境政策の変遷を概観し、政策手法の転換に注目しながら考察した。ドイツの政策について述べるのであれば、連邦制のしくみ、EU との関係に関しても触れるべきであるが紙幅の都合上最小限の情報にとどめた。

ドイツにおいて規制的手法は他の手法によって補完されることがあっても一貫して環境政策の中心的役割を果たしている。手法の選択に関しては、実際の政策決定過程においては様々な要素が影響しているが、本章では政策手法の転換理由を３つの要因に絞って示した。その中で、政権交代によって政策には継続性があるにも拘らず、政策手法の転換が見て取れるところは興味深い。これにより手法の選択には政党、あるいは政党のイデオロギーが影響する可能性が指摘できる。この仮定に関しての詳細な研究はまだ少なく、本章でも特に自主規制に焦点をあてた事例を中心に取り上げるにとどめたが、政治学的なアプローチとしては今後も注目すべき点であろう。

現在の環境問題を解決するには環境規制によって社会・経済構造をも変革していく必要がある。政党によって国や社会のあり方についてのイデオロギーは異なるものであり、政党のイデオロギーが政策手法の決定に影響を与える可能性があることを踏まえておくのは一定の意義があると考えられる。

【注】

1）　このモデルは政策過程を簡素化しているため、問題点を指摘されることも多いが、環境政策の実現に存在する重要な段階をこのモデルを用いて指摘出来る。

2）　Böchner, Michael/ Töller, Annette Elisabeth (2012) Umweltpolitik in Deutschland. Eine politikfeldanalytische EInführung Wiesbaden: Springer VS Böchner/ Töller S. 75.

3）　シュラーズ・A シュラーズ（長尾伸一・長岡延孝監訳）『地球環境問題の比較政治学』50頁（岩波書店、2002年）。

4）　1971年航空機騒音防止法、有鉛ガソリン法、1972年廃棄物処理法、DDT 禁止法、1974年連邦イミッシオン保護法、1976年自然保護法。

5）　Weidner, Helmut (1989) Die Umweltpolitik der konservativ-liberalen Regierung: eine vorläufige Bilanz, in *Aus Politik und Zeitgeschichte*: Beilage zu "Das Parlament" 16-28. Bonn: Bundeszentale für Politische Bildung S. 27.

6) Böchner/ Töller, a.a.O., S. 40.

7) Pehle, Heinrich (2006) Energie- und Umweltpolitik: Vorprogrammierte Konflikt? In *Wege aus der Krise? Die Agenda der zweiten großen Koalition*, Hrsg. Roland Sturm/ Heinrich Pehle, 169-186. Opladen: Leske& Budrich S. 170-173.

8) 坪郷實『環境政策の政治学―ドイツと日本』74頁（早稲田大学出版部、2009年）。

9) Böchner/ Töller, a.a.O., S. 119.

10) Böchner/ Töller, a.a.O., S. 35.

11) Jänicke, Martin (2010) Die Umweltpolitik der großen Koalition. In *Die zweite Große Koalition: Eine Bilanz der Regierung Merkel 2005-2009*, Hrsg. Christoph Egle und Reimut Zohlnhöfer, 487-502 Wiesbaden: VS Verlag für Sozialwissenschaften S. 487.

12) Böchner/ Töller, a.a.O., S. 77.

13) Peters,B.Guy (2002) The Politics of Tool Choice. In *The Tools of Government. A Guide to the New Governance* Editor. Lester M. Salamon, Oxford University Press S. 560.

14) Töller, Annette Elisabeth: 2012. Warum kooperiert der Staat? Kooperative Umweltpolitik im Schatten der Hierarchie (Reihe Staatslehre und politische Verwaltung Band 15). Baden-Baden: Nomos. S. 297ff.

15) Töller, a.a.O., S. 312 を基に筆者作成。

16) Töller, a.a.O., S. 354ff.

17) Böchner/ Töller, a.a.O., S. 187.

18) Böchner/ Töller, a.a.O., S. 119.

環境規制の行政学的アプローチ
——環境省の政策手法と行政資源

久保はるか

1　本稿の狙い

環境政策において、「行政機関が基準の遵守を行為者に求め、その遵守を強制する」規制的手法[1)]には、環境庁／省所管の公害規制法では排出規制、事業所管省所管の環境政策では製造工程や開発行為に対する規制という大まかな役割分担（これを「手法の縦割り」と呼ぶこととする）が存在するようである[2)]。本稿では、手法の縦割りの背景にある議論を整理し、それが環境庁／省の行政資源の発展にどのような影響を与えたのかについて検討する（第2節）。そして、その後の環境問題の多様化と行政改革等外的要因によって、その構造にどのような変化がもたらされたのかについて検討する（第3節）。

2　規制的手法の縦割りと環境庁／省の行政資源

ある問題に対処のために政策を立案する過程は、目的を達成するための複数の手段の中から一つを選びとるプロセスだといえる。行政組織の政策立案において、官僚は、相互に排他的な府省共同体[3)]を単位として業界団体と密接なネットワークを構築し、他省との政策をめぐる競争の中で立案を競ってきた[4)]。このような構造において、政策手段の選択はネットワーク内の主体間関係の影響を受けるが、逆に選択された手段が主体間関係を規定するという双方向の相互作用が働いているものと考えられる。例えば、許認可権や補助金事業は行政組織と対象者との間で情報交換を行う頻度を高め、密な関係性の構築を促し、行政組織にとって重要な情報調達・伝達経路を確保する方向に作用する。このように、行政手法の選択は対象者との主体間関係に影響を及ぼし、延いては行政組織の情報調達経路、予算といった行政資源の確保にも直結する。とりわけ許認可や補助金といった緊密な主体間関係を構築する手段は、事業所管官庁によって用いられ、事業者とのネットワークの構築に作用してきた。

この観点から環境庁／省について見てみるとどうだろうか。環境庁設立時（1971年）の議論では、他省との役割分担について、「公害規制は環境庁に一元化するが、その他は各省庁で分担し、環境庁は総合調整を行う[5)]」こととされた。ここから二つの組織的性格を取り出すことができる。第一に、関係行政機関の環境の保全に関する事務の総合調整を行なう調整官庁として設置されたことであり、第二に、事業を所管しない規制官庁として設置されたことである。この二つの組織的性格について順に見ていく。

(1)　調整官庁としての環境庁の行政資源

総合調整とは「調整の調整」であると捉える場合、タテの関係において各省間の水平的な調整の一段上の立場から調整することが想定されている[6)]。総理府に設置された環境庁に対しては、そのような意味での総合調整と水平的な省庁間調整の双方の機能が想定されていたといえる。「総合調整」に関しては、環境庁設置法において、内閣総理大臣の指揮監督権の行使を具申することができると規定された（旧環境庁設置法６条）ことが大きな意味を持った。この点について、中央省庁再編（2001年）では、総理府の「総合調整官庁」制度を廃止して「総合調整」は内閣官房及び内閣府が行うものに限定し、それ以外は「省間の相互調整」に整理するという方針がとられた[7)]。これを受けて、環境省設置直後の設置法（1999年）では、調整の手段として、関係行政機関の環境保全経費の見積りの方針の調整を行うこと（４条３号）、環境大臣による関係大臣への勧告（５条）の規定は引き継がれたが、一段上からの総合調整の手段であった内閣総理大臣の指揮監督権行使の具申については削除された。なお、総合調整に関して、近年の「内閣官房及び内閣府の業務の見直し」（2015年１月27日閣議決定）において、内閣官房及び内閣府に集中しすぎた政策課題を各省に分散させるとともに、「特定の内閣の重要政策に関して行政各部の施策の統一を図るため」「内閣の方針に基づいて」各省が総合調整をなしうるよう、各省設置法において「当該重要政策に関する総合調整事務を追加する」こととなった。環境省設置法においても第4条2項が追加された（2015年9月改正）。

環境保全経費の見積の方針の調整については[8]、環境庁設立直後の5年間は環境保全経費に+5%のシーリングが設定されたため、その増分について、環境庁が大蔵省とともに査定に加わることができ、そこで「見積の方針」を反映させることが可能であったようであるが、その後、見積の方針による総合調整は形骸化している[9]。

政府内で環境政策の統一を図るために省庁横断的に調整を行う仕組みは、各国で講じられている。例えば、アメリカ連邦政府において、EPA（Environmental Protection Agency：1970年設立）は実施庁として設立され、他の省庁にして調整を行うといった優越的な権限は付与されなかったが、国家政策として環境に取り組むために制定されたNEPA（National Environmental Policy Act）によって、「連邦政府のトップ・レベルに位置し、特別なミッションに囚われずに広い視野から代替措置を調査する組織」として大統領府にCEQ（Council on Environmental Quality）が設置され[10]、環境アセスメント制度が創設された。環境アセスメント制度は、CEQとともに、NEPAの理念を実現するために設けられた制度メカニズムであるとされる[11]。日本においては、（対象が土地の開発建設事業に限られるにしても）そのような総合的な調整機能を有する環境アセスメントの法制化に対する他省の抵抗が強く[12]、閣議了解「各種公共事業に係る環境保全対策」（1972年6月）から始まった法制化の試みが実現したのは、閣議アセス（1984年8月）を経て、97年のことであった[13]。総じて、環境政策に関する総合調整は、（企画立案機能を有する前の）内閣官房による（省間調整を受けての）受動的な調整に限定されていたといえる。

このように、環境庁／省は、実態として、調整官庁としての役割を果たし得ず、水平的な省庁間調整に拠ってきた。環境庁が主体的に政策立案する場合であっても、行政組織の分担管理原則に基づきあらゆる事業について事業所管省が定められているため、事業所管省との連携が欠かせず、環境庁が執りうる政策手法は、所管をめぐる他省との調整の結果決定されることとなる。政策立案では環境庁単独で行えることが少なく関係省との調整が必須であったこと[14]は、次に述べるように、事業所管官庁ではないという組織的性格もあいまって、採りうる手法が限定されることにつながった。

⑵　事業を所管しない規制官庁であることの帰結としての手法の縦割り

環境庁がとりわけ「調整官庁」であるとか「実施官庁」でないと表されたときは、事業所管官庁と区別して、事業を所管していないことを含意していた（自然保護を除く）。環境庁は「現場を持たない」規制官庁かつ調整官庁として設置されたため、民間との直接的な情報交換ルートを確保することや、公共事業や補助金等高度成長期に伸び率の高かった予算枠を確保することができず、行政資源の面で貧弱であった。地方の現場の環境情報の収集についても、環境庁は自然保護事務所以外に地方出先機関を有していなかったため、1974年から管区行政監察局（行政管理庁の地方出先機関）に環境調査官に配置して、地方の状況調査や情報収集を行えるようにした[15]ものの、環境測定や事業所への立ち入り検査など現場での対応を地方自治体に委任するほかなく[16]、機関委任事務を多用するなどして地方の現場の情報を得ていた（改革後の変化について後述）。

事業を所管しない環境庁が政策立案をする場合、現場の情報を得るためには、事業所管等関係省の環境窓口課に協議を申し込まなければならない。環境窓口課は原局原課に問い合わせをし、関係省内でも折衝が執り行われるため、環境省には原局原課及び事業者の意見や情報が直接入らないことになる[17]。現場の充分な情報を得られないとすれば、利害関係者のニーズを的確に把握したり政策のアイディアを得ることは困難であるうえ[18]、利害関係者に対する説得や合意調達の機会も限定される。このように双方向の情報交換ルートが構築されない中で、事業者は「環境法規より、後見的、指導的な事業監督、事業所管省の法規の方がましだといって抵抗」[19]し、事業所管省はその立場を代表して、環境庁が所掌する公害防止政策で製造工程に対する規制的手法を用いることに強い反対を示してきた。例えば、環境庁が湖沼法（1984年７月）を取りまとめる検討の過程で、中央公害対策審議会の答申「湖沼環境保全のための制度のあり方について」(1981年) に基づいて、また瀬戸内法を前例として企業立地の許可制を提言した際には、当時の規制緩和の潮流などを理由として通産省が反対を貫き調整が難航したため、法の制定が遅れた例がある。[20)]

このように、環境庁の所掌領域であっても採り得る手段を限定しようとする動きが、環境政策の範囲と重ねられて、環境政策の発展に対する桎梏となった面がある。[21)] さらには、排出規制方式を基本とする公害防止法制の範囲を超えて、(PCB 問題で明らかになったように) 製品に使用される化学物質が有するリスクへの対処において物質そのものを規制する必要が生じたときに、今度は、事業所管官庁の所掌領域と環境庁の所掌との間で一定の線引きが必要となった。そこでも公害規制法で確立した排出規制方式が環境庁の採りうる手法のメルクマールとなり、出口規制と入口規制とを区分した上で、排出以前の工程には環境庁の手を伸ばさせないというすみ分けが作られた。手法の選択において行政の縦割りが反映され、手法の縦割りを生むこととなったといえる。

その背景となる議論を、環境庁設立前後の通産省における議論に見ることができる。通産省にとって1970年は、在来型の産業政策が行き詰まりに直面した時期でもあった。在来型の産業政策は、「いわゆる追い付き型の成長を目標とするもので、政策手段としては各原局とそれに対応する業界との間に特殊な規制＝保護関係—官主導型カルテル関係 (筆者注：具体的には「許認可を核として、各種助成措置・人脈・行政指導のネットワークを支配することによって構成されている」こと) ——を形成する方式が常用されていた。[22)]」のに対して、企業の成長や産業成長の結果としての公害問題等の深刻化、国際的な圧力の高まりによって、業界による自主規制などの「ルール型の行政」が強く求められるに至ったという。[23)] 伊藤によれば、このような方式の転換は、公害対策の主務官庁である環境庁をけん制することによって産業界に「恩を売る」ことになっただけでなく、「これら新しく発生した課題に呼応——あるいは便乗——して、通産省としても独自の立法措置を講ずることにより、産業ないし企業に対する影響力を拡大・強大する途が開かれたこと」を意味したという。[24)]

通産省は73年に組織改革を行っているが、そのアイディアの基となった『70年代の通商産業政策』(1971年 5 月) は、通産省が環境問題にどのように対応していくべきかという問題意識に対する提言も含むものであった。[25] 通産省が環境問題として主体的に取り組んだ課題が化学物質管理であり、化審法（1973年9月）制定の過程でなされた議論によって、通産省の環境政策の枠組みの基礎が造られた。それが、出口規制と入口規制とを分けて、前者を環境庁、後者を通産省が担当すると区分けする手法の縦割りにつながったと考えられるのである。[26] 従って、中央省庁再編に伴い、化審法が環境省の共管事務となり、2003年法改正により生態系への影響を加味した審査制度が導入されたことは、手法の縦割りの是正において、大きな意味を持った。[27]

3　行政資源の拡充と手法の縦割りの変化

前節では、規制的手法において観察される手法の縦割りが環境庁における行政資源の発展を阻んできたことを指摘した。このような構造は、80年代後半以降、組織の行政資源が拡大されたときに、どのように変化しただろうか。本節では、外的要因によって、あるいは戦略的に、組織の行政資源が拡充され、手法の縦割りを超える試みがなされたプロセスを検討する。

(1)　行政資源の拡大

環境庁の行政資源の拡大を促した要因を四つに整理して紹介する。第一に、地球環境問題への対処によって、他省の抵抗などにより停滞していた環境庁の政策立案活動が活発化した。環境庁設立直後の昭和50年代には法案作成の機会が少なく、法案作成のノウハウの蓄積が停滞したが、昭和60年代以降になって、国際環境条約を実施するための国内担保法（ワシントン条約国内法（1987年)、オゾン層保護法など（1988年））が制定されるなど、地球環境問題への対応によって法案作成ノウハウを含む行政資源の拡充が可能になった。さらにこの時期には国際交渉のノウハウも蓄積されることとなった。環境庁にとって「積極的な地球環境政策という点で一皮むけた」のはオゾン層保護のための国際交渉であったという。[28] それでもなお、気候変動枠組条約京都会議（1997年）では、産業界からの情報はほとんど通産省へ、国際的な情報は外務省へ行くので、環境庁独自の情報ルートを持ち得ず、国際交渉そのものが経験不足であったというが、その後国際交渉のスキルを蓄積することとなった[29]。

第二に、地球環境問題へ対応は、自然保護の分野において、公共事業化という予算の拡大につながる変化も生起した。ワシントン条約を実施するための国内法制定（1987年）をきっかけとして、1978年鳥獣保護法改正を最後に停まっていた自然保護関連法の制定・改正が活発化し[30]、希少野生動植物の保護という新しい流れを生んで、種の保存法の制定（1993年）に至った。そして、1994年に（それまでも施設整備費が計上されていたが小額であった）自然公園等事業が国民生活に密接した新しいタイプの公共事業に位置付けられることになった（自然公園等事業費（公共）[31]）。かつてより景気対策として大きな予算の伸びが認められやすい費目である狭義の「公共事業費」に位置づけられたことによって、自然公園等事業費は大きく伸びることとなり[32]、「自然再生型公共事業」が政府の方針として推進されるに至った[33]。

第三に、2001年中央省庁再編によって省となった環境省が厚生省からの廃棄物関連部局の移管を受けて、廃棄物事業の事業所管庁となったことである。廃棄物部局の移管は、中央省庁再編において唯一実現した事務単位の移管であった（そのほかは大括りの編成[34]）。中央省庁再編によるもう一つの大きな変化として、環境省の専管事務と共管事務の分類が明確化されたうえ、化審法の審査も環境省の共管事務となったことが大きな意味を持ったことは、前述のとおりである。一方で、合同審議会を活用することが増えると、「合同審議会の開催や共管化によって両省の調整段階が早まったことで、環境省の側で、もっぱら「環境保護」に立脚した議論が展開されにくくなった」といえる[35]。他方で、自動車 NOx・PM 法の制度設計では、縦割り行政とは反対に各省に権限を認める相乗り型の法制度を採用したことで反対を抑え得たなど[36]、立案のための調整スキルが多様化していることが観察される。

第四に、経産省所管の石油及びエネルギー需給構造高度化対策特別会計（石油特会）のうち、エネルギー起源 CO_2 排出抑制対策の一部が経産省と環境省の共管となり（2003年）、環境庁が初めて特定財源を持つことになった。環境省が既存のエネルギー関連税制、特別会計のグリーン化を推進することを掲げていたところ、京都議定書批准を受けてエネルギー起源 CO_2 削減のために脱化石燃料対策の強化が必要となったとして、「石油特会」を見直して、石炭への新たな課税[37]、LNG・LPG の税率引き上げとその税収を温暖化防止対策に回すこと、増収分を経産省・環境省の共管にすることで合意した[38]。その後、石油石炭税に「地球温暖化対策の課税の特例」を設けて CO_2 排出量に応じた税率を上乗せする「租税特別措置法等の一部を改正する法律案」が2012年３月に成立し、同年10月に施行された。

五つ目に、地方の現場における事務の実施体制が整ったことが挙げられる。まず、中央省庁再編時に全国９か所に設置された（2001年10月）地方環境対策調査官事務所の体制は既存の調査事務の延長であったが、地方分権改革の流れの中で、自然保護事務所と再編されて地方環境事務所が設置されたことで（2005年10月）、廃棄物・リサイクル対策や地球温暖化対策等事務を地方レベルで直接実施できるようになった。地方分権改革によって機関委任事務が廃止されると、環境省の機関委任事務の多くは法定受託事務に振替えられた。国の直轄事務については、前述のように地方出先機関に委任し、地方レベルの事務を直接実施することができるようになったが、他方で、三位一体改革により環境モニタリングに関する補助制度が廃止され地方自治体に税源移譲されるなど[39]、分権化の動きによって、地方への行政資源の移行も見られる。

このように、環境省は、外形的には、西尾の言葉を借りれば「フル装備」を備えた普通の省になるに至った[40]。

(2)　手法の多様化と規制的効果

行政資源の拡充と並行して、環境問題の多様化は手法の多様化をもたらした。その中には、直接的な規制でなくても規制的機能を有するものがある[41]。第一に、「総合的手法[42]」に位置づけられる環境影響評価が規制的効果を果たす可能性が指摘される。国の温暖化対策目標を達成するために石炭火力発電所の建設を抑制することが必要であっても建設計画をコントロールする法的根拠がない中で[43]、一時期、環境アセスが石炭火力発電所建設計画に対する抑制効果を有した事例である[44]。これは、2011年アセス法改正により配慮書段階から環境大臣意見を述べられるようになったという手続き上の機会の創出に加えて、国の約束草案（2015年４月）によって国の目標が明確になり、それとの整合性から計画を評価することができるようになったことを背景としたもので、局長級会議申し合わせ（2013年４月）において条件とされた業界全体の取り組み枠組が未整備であることを理由に、「是認しがたい」という環境大臣意見が出されたことが一定程度の抑止効果を有したとされる。

横断条項（33条）は、アセスの結果を国の行政判断につなげることを意図して設けられたもので[45)]、「許認可等に係る個別法の審査基準に環境の保全の視点が含められていない場合であっても、アセスメントの結果に応じて、許認可等を与えないことや条件を付することができることとなった[46)]」とされる。このように、横断条項は、環境配慮に基づく裁量的判断を開発行為の許認可に反映させる機能が期待されるため、事業所管官庁の管轄をまたがる横断的な規制であるとして事業官庁の抵抗を受けたことは前述の通りである。ただし、「環境の保全についての適正な配慮」の内容について、「許認可等権者の裁量の余地が広く、重大な環境保全上の支障が生じることが明らかに見込まれるような例外的な場合にしか違法とならない[47)]」ため、現実にはそのような効果は果たされていないとされる。実際に、神鋼石炭火力発電所事業計画に対するアセスメント手続きにおいても、経産大臣の判断において「環境の保全についての適正な配慮」の幅は狭く捉えられ、法令に定められた基準が守られているか否かという観点からなされた評価が是とされた。

なお、横断条項と類似の効果が期待される手法に、計画がある。開発許可権限を有する自治体においては、法定計画が許可基準として機能しその点において横断条項的な効果を持つ可能性が指摘されている[48)]。環境法において、環境政策と自治体の都市政策・都市計画との連携を意図したものとして、地球温暖化対策推進法（2007年改正）や2007年自動車 NOx・PM 改正法による重点対策地区指定制度がある[49)]。

第二に、「合意的手法[50)]」に位置づけられる地球温暖化対策のための業界団体の自主行動計画等自主的取組の事例である。自主行動計画は、業界が一方的に宣言する目標ではあるものの、行政の「評価・検証」制度に位置付けられて目標の進捗管理がなされるうえ、自らの排出削減努力によって目標未達成の場合にはクレジットを購入しなければならないとなれば、目標を達成することが半ば義務のように受け止められ、事実上の規制的機能を持つといえる[51)]。ただし、そうであれば、目標値は、業界が内部の手続きで決定し一方的に宣言するものではなく、透明な手続きを経た民主的正統性に裏打ちされたものであることが法治主義の観点から望ましいという指摘[52)]がある。

上記のような義務的性格の強い合意的手法が行政指導や事業者との協議や情報交換によって実効性（目的の達成）を担保しようとする手法であることを捉えると、「ネットワーク型の規制」ということができる。ネットワーク型規制の利点は、事業者との情報交換ツールの確立であるといえる。環境省の排出規制に事業者の自主的取組を組み合わせる措置が講じられた揮発性有機化合物（VOC）の排出・飛散の抑制措置（大防17条の3）（平成16年5月法改正）も、その一例である。このように、ネットワーク型規制は情報収集の面で利点がある一方で、規制者が被規制者の利益に取り込まれるという「規制の虜」の弊害が付きまとうことに注意しなければならない。

(3)　おわりに

環境庁／省は、外的要因により拡充した行政資源を活用して、また、ネットワークを構築するなどして戦略的に、手法の縦割りを超える工夫を施してきたといえる。東日本大震災後、環境省は原子力規制委員会という巨大な外局を抱えるとともに、震災がれき処理予算も加わって、さらに行政資源を拡大させた[53)]。拡大した行政資源が定着したときに、さらに環境省の採り得る手法の縦割りを打壊させることができるのか、今後の検証課題としたい。

【注】

1)　大塚・Basic 60頁。
2)　西尾哲茂『この本は環境法の入門書のフリをしています』（信山社、2018年）。
3)　「各府省は、所管している事項はもとより、それに携わる人々を組み入れて共同体を作り、その緊密な人的ネットワークを通して、所管事項を管理し、共通利益の防衛と拡大を実現しようとしてきた」（森田朗『新版・現代の行政』100-101頁（第一法規、2017

年)。

4) マルガリータ・エステベス「政治学から見た官僚制」城山英明ほか編著『中央省庁の政策形成過程』20-22頁(中央大学出版部、1999年)。

5) 西尾・前掲注(2)117頁。

6) 高橋洋「内閣官房の研究」年報行政研究45号119頁(124頁)(2010年)。

7) 今村都南雄『官庁セクショナリズム』172頁(東京大学出版会、2006年)。中央省庁再編では、内閣官房・内閣府が指定することによって省が総合調整を行える「調整省」の仕組みが創設された(「政策調整システムの運用指針」2000年5月閣議決定)が、活用されなかった。

8) 環境保全経費の見積の方針の調整とは、環境省が「予算案の概算要求の段階で、毎年、『環境保全経費の見積りの方針の調整の基本方針』を策定し、環境保全対策として重点的に推進すべき事項を定め、関係府省に通知」する。そして「同基本方針に基づき関係府省の環境保全経費の調整を図るとともに、とりまとめた環境保全経費(要求)を財務省あてに送付し、これに対する配慮を要請」するものである(「平成28年度環境保全経費の見積りの方針の調整の基本方針について(お知らせ)」(平成27年8月21日)における説明:http://www.env.go.jp/press/101362.html)。

9) 久保はるか『環境行政の構造分析―「容器包装リサイクル法」の制定過程を事例に』20頁(東京大学都市行政研究会研究、1999年)。

10) 及川敬貴『アメリカ環境政策の形成過程』316頁(北海道大学図書刊行会、2003年)。

11) 及川・前掲注(10)16頁。

12) 例えば、通産省は法制化への対抗措置として、工場立地法を根拠法に、通産省が実施していた産業総合事前調査を活用して環境アセスメントを実施する構想を提案した(工場立地及び工業用水審議会(1975年5月))(武田晴人『通商産業政策史5:立地・環境・保安政策』353-355頁(財団法人経済産業調査会、2011年))。工業立地法は、工場敷地内に緑地を確保することを主目的とする法として残っている。

13) そのプロセスについて参照、今村・前掲注(7)119-126頁。

14) 「環境庁自らの事務分野についても、各省からのチェックは厳しい」こと、「各省が競って環境保全を所掌事務に取り入れようとする傾向」が指摘される。森本英香ほか「環境庁の政策形成過程」城山英明・細野助博編著『続・中央省庁の政策形成過程』45頁(67頁)(中央大学出版部、2002年)。

15) 地方行政監察局のうち24局に専任の調査官等が48名配置され、これら調査官等の業務については、環境庁長官が行政管理庁の管区局等の長を直接指揮監督した。また、本庁においても長官官房総務課に環境調査官5人を置き、行政管理庁の管区局等との連絡、調整を行えるようにした(『昭和56年度環境白書』第11章第3節:https://www.env.go.jp/policy/hakusyo/s56/index.html(2018年1月閲覧確認))。

16) 森本ほか・前掲注(14)66頁。

17) 西尾・前掲注(2)は、これを「リレー通訳」として説明している(36頁)。

18) 例えば、環境庁における税制改革要望の検討過程においても、他省でなされているような行政外部からのアイディアの調達がなされるのはまれであったという（森本ほか・前掲注(14)64頁）。

19) 西尾・前掲注(2)10頁

20) 武田・前掲注(12)274頁。例外として、瀬戸内法（1973年臨時措置法を経て1978年６月に恒久化）では施設の設置許可制（「環境省令で定めるところにより、府県知事の許可を受けなければならない」（５条））が採用されたが、これが可能だったのは、臨時措置法が当時の三木環境庁長官の提案によって議員立法で制定されたことによるといえる（武田・前掲注(12)264頁)。環境庁は、湖沼法での企業立地許可の提案に対する通産省の反対意見に対して、瀬戸内法での前例を引き合いに反論した（武田・前掲注(12)275頁)。

21) 西尾・前掲注(2)10頁。

22) 伊藤大一「産業行政における変化と連続」年報行政研究24号32頁（34頁）（1990年)。

23) 伊藤・前掲注(22)35-41頁。

24) 伊藤・前掲注(22)36頁。

25) 通産省は国際化の推進や公害問題の解決の先頭にたつべきであることが論じられた。

26) このような議論の生成を化審法制定過程の議論に見るものとして、参照、久保はるか「条約の国内法化プロセスにおける既存の政策領域・組織体制への配置―オゾン層保護の場合」甲法53巻３号135頁（2013年)。

27) 事業所管省が環境規制を所管する場合の法的根拠について、組織法上どのような説明が可能かを検討したものとして、参照、永見靖「共管法の研究」公共政策研究16号73頁（2016年)。

28) 「座談会」環境研究165号（22頁）（2012年)。

29) 例えば、水俣条約の国際交渉においては、環境省の担当官が、外務省の肩書を併任することで全体の取りまとめを担った。

30) 川上毅「概観―環境行政史」環境研究165号50頁（76頁）（2002年)。

31) 瀬田信哉『再生する国立公園』292-293頁（清水弘文堂書房、2009年)。

32) 西尾・前掲注(2)115頁。

33) 2001年７月「21世紀『環の国』づくり会議」において推進が提言された後、2002年３月には、新・生物多様性国家戦略において「自然再生」を今後展開すべき施策の一つと位置付けた。そして、2002年12月議員立法により「自然再生推進法」が成立し、全国22箇所に自然再生協議会が設置された。

34) その背景として人的要因が推察される。従来より、環境庁の環境土木技官と厚生省の衛生土木技官は採用を共有しており、採用後に環境庁と厚生省に割り振られてきた。したがって、省庁再編によって廃棄物行政が環境省に移管されたことは、人材供給の面から自然な流れであり抵抗が少なかったものと考えられる。

35) 久保はるか「地球環境政策」森田朗・金井利之編著『政策変容と制度設計』第５章（162頁）（ミネルヴァ書房、2012年)。

36) 「各省のできることは各省にやってもらう。役に立つ施策を持って来たら、みんな主務大臣」という戦略をとったことで早期の法制化に成功した事例として紹介されている(西尾・前掲注(2)130頁)。

37) 当初、石炭は課税対象として含まれていなかったが、平成15年より、エネルギー起源 CO_2 排出抑制対策の拡充、セキュリティ対策強化等の方針を踏まえて、石油、天然ガス等との「負担の公平」を図る観点から、課税対象として追加された(植田大佑『石油特会の見直し』調査と情報592号6頁(2007年))

38) 「エネルギー政策の見直しと同政策における環境配慮の抜本的強化について」(経済産業省、環境省の連名文書(平成14年11月15日)。

39) 小林光「環境モニタリングの新展開」資源環境対策41巻9号29頁(2005年)。

40) 西尾・前掲注(2)117-118頁。

41) 北村喜宣『現代環境規制法論』155頁以下(上智大学出版、2018年)を参照。

42) 大塚・前掲注(1)61頁。

43) 環境省は(「神戸製鉄所火力発電所(仮称)設置計画環境影響評価準備書」に対する環境大臣意見(2018年3月23日に経済産業大臣に提出))において、石炭火力発電所の建設計画の状況について次のように述べている。「現状では、石炭火力発電所の新設・増設計画が多数存在し、環境省の調べによると、平成30年3月現在、本事業を含め約1850万kW分の計画がある。これらの計画が全て実行され、稼働率70%で稼働し、かつ、老朽石炭火力発電が稼働開始後45年で廃止されるとしても、2030年度における石炭火力発電の設備容量は約5950万kW、二酸化炭素排出量は約2.9億トンと推計され、2030年度の二酸化炭素排出削減目標を約6800万トン超過する可能性がある。」2頁(https://www.env.go.jp/press/files/jp/108721.pdf)。

44) 大塚直「電力に対する温暖化対策と環境影響評価」環境法研究6号1頁(2016年)、島村健「石炭火力発電所の新増設と環境影響評価(1)」自研92巻11号77頁(2016年)

45) 西尾・前掲注(2)34頁。

46) 大塚・前掲注(1)118頁。

47) 大塚・前掲注(1)119頁。

48) 北村・前掲注(42)180頁。

49) 小林光『地球の善い一部になる。』145頁以下(清水弘文堂書房、2016年)。

50) 大塚・前掲注(1)65頁。

51) 島村健「自主的取組・協定」環境法政策13号11頁(26頁)(2010年)。

52) 島村・前掲注(51)28-29頁。

53) 西尾・前掲注(2)117-118頁。

環境規制と協定手法

島村　　健

1　本稿の対象

本稿は、環境規制と協定手法との関係について、環境行政のいわゆる「合意形成手法」のうち、公害防止協定等と、規制代替的な産業界の自主的取組に対象を限定して、法的観点から分析することを目的とする。

筆者は、この問題について分析した前稿[1)]の前半部分において、公害防止協定の法的性格、履行請求の主体並びに法的限界等について、従来からの学説や裁判例を踏まえて検討を行った。以下2においては、前稿との重複をできるだけ避けつつ、平成元年以降の裁判例で争点となった問題を中心に、公害防止協定に関する法的論点について紹介ないし検討することとする。

前稿の後半部分においては、産業界と政府の間で締結される広義の環境協定について、欧州3か国の環境協定及び日本の環境自主行動計画を素材として、その意義及び限界を論じた。本稿においても紙幅の制約があるため、以下3においては、揮発性有機化合物の排出削減に関する自主的取組と、電力事業における温暖化対策のための「自主的枠組み」のみをとりあげる。

2　公害防止協定と規制

(1)　公害防止協定の法的拘束力

住民、住民団体もしくは地方公共団体と、企業等との間で締結される公害防止協定の法的性質については、紳士協定説が有力に主張されたこともあったが、協定が任意の合意によるものであり、強行法規や法の一般原則に反せず、具体的な内容をもった取り決めがなされている場合には、法的拘束力が認められる、というのが今日の学説・判例の立場である[2)]。

(2) 協定対象の同一性――リプレースの場合

名古屋地判平29・10・27裁判所 HP は、被告・中部電力が運転する武豊火力発電所等について、原告・愛知県美浜町漁業協同組合が、①火力発電所の運転による海水温の上昇等の影響により漁獲量が減少し損害が発生している、②発電所のリプレース計画等による海水温の上昇等により漁業に重大な影響を及ぼすことが予想されるなどとして、原告と被告との間で締結された協定に基づき、主位的に、原告と協議をすることを求め、予備的に、被告が原告に対し同協議に応ずる義務を負うことの確認を求めた事案である。同判決は、②の予備的請求の一部のみを認容した。請求②には、協定の対象であったＡ５号機（石油火力）に代えて新たに建設される新Ａ５号機（石炭火力）の操業に伴う影響について協議することも含まれていたが、同判決は、本件協定が締結された当時は新Ａ５号機が建設されることは想定されておらず、リプレース計画はＡ５号機の建設・操業に関する事項とはいえず、協定に基づく協議の対象には当たらないとした。越智教授は、本判決は協定の対象を杓子定規に割り切ったものであり、協議を必要とした根本原因（当該サイトにおける火力発電所の運転による漁業被害の有無・程度）にさかのぼって考えるならば、リプレース計画についても協議義務の対象と解する余地があった、とされる[3)]。

(3) 協定の地理的適用範囲

大阪地判平28・9・2判自429号76頁は、摂津市と JR 東海との間で締結された環境保全協定に基づき、摂津市が、JR 東海の鳥飼基地内の土地において地下水を汲み上げることの差止めを求めた事案について、地下水を取水している地点は茨木市に位置しており、特別の事情がない限り上記協定は適用されないなどとして請求を棄却した。これに対し、控訴審・大阪高判平29・7・12判自429号57頁は、本件協定は JR 東海が任意に締結に応じたものであるから、摂津市の定める条例と適用範囲が同じであると解すべき必然性はないとし、協定当事者の意思解釈を行ったうえで本件協定は茨木市部分にも適用されると判断した。控訴審判決の結論が妥当であると思われるが[4]、さらにいえば、摂津市が、同市の環境を保全するという観点から、同市の地下水資源に影響を及ぼす隣接市域における揚水事業について、条例による規制を行うことも認められると解する余地もあると思われる[5]。

(4) 協定内容に関する限界

公害防止協定の内容は、法令中の公の秩序に関する規定に反してはならない（民法91条）。また、行政が公害防止協定等の一方当事者となる場合には、私人間で締結される場合と異なり、比例原則や平等原則等の行政法上の一般原則の統制を受けると解される[6]。行政主体が、政策目的を達成する手段として規制ではなく契約を選ぶことによって、これらの要請を免れることがあってはならないからである。行政法上の一般原則への適合性は、民法90条あるいは1条3項との適合性の審査という枠組みで検討される[7]。

(i) **法令との適合性**　最判平21・7・10判時2058号53頁は、福岡県（旧）福間町が、産業廃棄物の最終処分業者と同町との間で締結された公害防止協定に定められた施設使用期限の遵守を求める訴訟を提起したという事案において、当該条項は（知事に産業廃棄物処理施設にかかる許可権限・監督権限等を与えている）廃棄物処理法の趣旨に反するものではないと判断した[8]。

(ii) **平等原則**　新潟地判平10・11・27裁判所HPは、原告・新潟県巻町が、被告・産業廃棄物処理業者と締結した協定に基づき、県外廃棄物の処理の差止等を求めた事案について、一般に、公害防止協定の締結にあたり「特定の企業を不当に差別的に取扱うのは、平等原則の趣旨に照らし、公序良俗に反すると解する余地がある」としつつも、巻町と他の事業者との間で上記協定と同種の契約が締結されていなかったとしても、同町が同種の契約を他の事業者と締結するか否かは、「処理施設の業態、取扱い廃棄物の種類、許可年月日等の諸事情を総合考慮して判断すべき事柄」であり、同町の判断が恣意的なものであると認められないかぎり、不当な差別と評価することはできない、として同町の請求を認めた。控訴審・東京高判平11・4・21（LEX/DB25352519）も、これを支持した。

(iii) **比例原則**　前掲・大阪高判平29・7・12は、鳥飼基地における地下水汲上げを禁止した協定の条項について、地下水の汲上げを一律に禁止した規定ではなく、地下水の保全及び地域環境を損ねる具体的な危険性があると認められる場合に限り地下水の汲上げを禁止した規定であると解し、具体的な危険性があると認められないことを理由に摂津市の請求を棄却した。本判決は、環境保全協定の許容性について、比例原則の観点から汲上げ禁止規定の限定解釈を行ったものと理解することができる[9]。もっとも、この事案に関しては、地盤沈下の不可逆的性格や地下水の取水と地盤沈下との間の因果関係の証明の困難性に鑑みると、地下水の汲上げを禁止するのに具体的な危険性の存在を要求することは適切でないと思われる[10]。また、公害防止協定一般に関わる点として、協定は、事業者が任意に締結するものであることから、協定の目的に照らした手段の相当性の審査は、規制の場合よりも緩やかなものであるべきである[11]。また、行政主体が住民ないし住民団体と同様の立場で締結する公害防止協定は、私人間の契約に近いものであるから、そのような場合には尚更比例原則審査は緩和されるべきであろう[12][13]。

(5) 履行請求の主体、履行確保手段

(i) **行政主体による履行請求**　最判平14・7・9民集56巻6号1134頁（宝塚市パチンコ条例事件）が、行政主体が「専ら行政権の主体として国民に対して行政上の義務の履行を求める訴訟」は法律上の争訟にあたらないとしていることとの関係で、地方公共団体が協定の相手方に対し協定上の義務の履行を求めて出訴することが許されるかという問題がある。前掲・最判平21・7・10はそのような訴えが適法であることを前提としているとみられる[14]。

(ii) **住民による履行請求**　地域住民の団体[15]や地方公共団体が当事者となって、企業等との間で公害防止協定を締結した場合、個々の住民が当該協定上の義務の履行を裁判上求めることができるかという問題がある[16]。

東京地八王子支判平8・2・21判タ908号149頁は、第3自治会及び第22自治会

と事業者（一部事務組合たる廃棄物広域処分組合）との間で締結された公害防止協定に基づき、第22自治会に所属する住民が、廃棄物処分場のデータの閲覧・謄写を求めた事案である。同協定には「〔一部事務組合〕は、処分場に関する資料の閲覧等について、周辺住民から要求があったときは、〔日の出町〕を通じて資料の閲覧又は提供を行わなければならない」と定められていた。同判決は、当該協定は、周辺住民を受益者とする第三者のためにする契約であると解し、周辺住民には、日の出町に居住する個々の住民が含まれると判断して、当該住民の請求を認めた[17]。他方、控訴審・東京高判平9・8・6判時1620号84頁は、協定中の「周辺住民」に、少なくとも第22自治会の区域内に居住する住民は含まれるとして、当該住民の閲覧・謄写請求を認めた[18]。

奈良地五條支判平10・10・20判時1701号128頁は、原告らが、地域住民代表と産業廃棄物処理業者である被告との間で締結された公害防止協定に基づき、産業廃棄物埋立処分場に投棄された一定の高さよりも高い位置にある廃棄物の撤去を請求した事案である。同判決は、「一般的に、産業廃棄物最終処分（埋立処分）施設に関する公害防止協定によって保護せんとする住民の生活環境の保全に関する権利は、元来同施設所在地付近の地域住民が個々に有するものであ」り、「地域住民代表として同協定に調印した者は、地域住民個々人の法益のために、同人達に帰属する権利を協定によって設定する立場で、右住民の代表として協定に調印したものであ」るなどと述べ、上記の協定に基づく廃棄物撤去請求権は原告住民にも帰属すると判断して原告の請求を認容した。

住民団体や地方公共団体が公害防止協定等の締結当事者となっている場合であっても、一般論としては、協定の目的が住民の生命、健康、生活環境上の利益といった個別的利益の保護に向けられているかぎり、前掲・奈良地五條支判平10・10・20のように、当該協定は個々の住民を受益者とする第三者のためにする契約と解釈すべきであろう。協定の場合も、公益保護を（も）目的として規制権限を定めている行政法規に関し個々人の行政介入請求権を導出するのと同様に、当該条項が保護しようとしている利益の性質等を考慮のうえ、当該条項が協定の当事者である地方公共団体や住民団体の構成員全体に帰属する公益ないし集団的利益を保護しようとするにとどまらず、その構成員たる住民個々人の個別的利益をも保護する趣旨を含むものと解されるか否かを判定すべきである。

他方、広島地判平27・9・29裁判所HPは、住民である原告らが、ごみ処理等の施設を運営する一部事務組合である被告に対し、新たな一般廃棄物処理施設を建設することは被告の前身である一部事務組合が地域住民団体との間で締結した協定に違反すると主張して、施設の新設差止めを求めた事案において、上記協定が第三者である地域住民らのためにされた契約であるとは解されないとして原告らの請求を棄却した（控訴審・広島高判平28・3・9（LEX/DB25542884）は、控訴棄却）。本件協定の内容は、地区内においてごみ処理施設等を拡張・新設しないこと、一部事務組合の域外のごみの処理をしないことを内容とするものであり、住民の生活環境利益と密接に関係する事項ではあるが、協定に反する行為がとられたとしても直ちに住民の生活環境利益が侵害されるというわけではなく、個々の住民に差止請求権を認めたものとまではいえまい[19]。

(iii) **強制執行**　前掲・最判平14・7・9によれば、規制に基づく義務の実現のために行政主体が民事上の強制執行の制度を用いることはできない。他方、協定上の義務の実現については、（行政主体が当事者である場合も含めて）民事上の強制執行制度によることになる。非代替的な作為義務の民事執行として、間接強制の申立てを認容した例として、東京地決平7・5・8判時1541号101頁、同抗告審・東京高決平7・6・26判時1541号100頁[20]がある。

(iv) **債務不履行責任**　協定上の義務の不履行により損害が生じたとして、損害賠償責任が認められた例として、山口地岩国支判平13・3・8判タ1123号182頁がある。

なお、四日市市が事業者と締結する公害防止協定書のひな形には、事業者が公害を発生させ第三者に損害を与えた場合には、補償その他の措置を講ずべきことを定める規定が置かれている（無過失責任。ただし、適用例はない）。この他、一部の公害防止協定には、事業者が協定に違反した場合、四日市市は、事業者に対し、違約金として10万円を請求することができるという規定も置かれている（これについても、請求した事例はないという[21]）。

3　自主的取組と規制

日本においては、欧州等の環境協定のように環境保全の取組について産業界等と政府が協定を締結するのではなく、産業界等の自主的取組を政府が法律や行政計画等において位置づけ、その取組の達成状況を政府がレビューするという制度が設けられることがある。

以下では、そのような自主的取組のうち、規制と併用されて一定の環境政策目標の達成のための手段とされるもの（以下(1)）、及び、一定の環境政策目標の達成のための手段として位置づけられた自主的取組について取組の実効性を一種の規制によって担保しようとしているもの（以下(2)）を取り上げる。

(1)　規制と併用される自主的取組

(i)　規制と自主的取組の「ベスト・ミックス」　揮発性有機化合物（VOC）は、光化学オキシダント、浮遊粒子状物質（SPM）や微小粒子状物質（PM2.5）の原因物質である。平成16年当時、全国的に光化学オキシダント及び SPM の環境基準の達成状況は悪かったが、シミュレーションによると VOC の排出量を３割削減すれば、自動車 NO_x・PM 法の対策地域における SPM の環境基準達成率は93％に改善し、光化学オキシダントについても注意報発令レベルを超えない測定局数の割合は９割まで上昇すると見込まれたことから、平成22年度の VOC 排出量を平成12年度比で３割程度削減するという目標が設定された。

排出抑制のための手法としては、施設あたりの VOC 排出量が多い一定の施設については、排出削減の効果が確実にもたらされる排出規制を行うこととした。その他の施設については、VOC は物質数が格段に多く、発生源の業種や業態も多様であること、VOC からの光化学オキシダントや SPM の生成については不確実性があることから、事業者の自主的取組による創意工夫を尊重し、事業者がそれぞれの事業所ごとに最適と判断される方法で VOC の排出抑制に努めることにより、費用対効果が高く柔軟な方法で排出削減を行うこととされた。このように、VOC の排出抑制については、自主的取組を尊重しつつ国はその取組状況を評価し、促進することを第一とするという基本的な立場に立ち、法規制は地域における排出量の削減が特に求められる施設に限定して適用するという、「従来の公害対策にない新しい考え方に基づいて法規制と自主的取組を組み合わせることが適当である」とされた（「法規制と自主的取組のベスト・ミックスのパッケージ」[22]）。この方針は、大防法の平成16年改正により、同法17条の3に明記された（その後、大防法第2章の4に基づく水銀排出規制についても、同様の方式が採用された）。上記の規制による削減の効果は平成12年度比で1割、自主的取組による削減分は2割と見込まれた[23]。

なお、改正法の附則には、改正法の施行から5年後に、施行状況を勘案し、必要があると認めるときは、法律の規定について検討を加え、その結果に基づいて必要な措置を講ずるとする定めが置かれている。これは、自主的取組の成果が不十分であった場合に規制を強化・拡大する可能性を示すことにより、産業界に対し実効的な取組を促すものである。

(ii)　**自主的取組にかかる指針等**　　中央環境審議会大気環境部会に設置された揮発性有機化合物排出抑制専門委員会は、自主的取組に基づく削減分が削減目標である3割のうち2割分を占めることなどから、自主的取組のあり方について一定の方向性を示す必要があるとし、取組主体が計画目標・計画期間・取組内容等を記載した計画を策定すること、計画が第三者により把握・評価されるべきこと、同専門委員会及び産業構造審議会により取組状況の評価を行うこと、VOC 排出インベントリの整備・更新を行うことなどを提言した[24]。その後、VOC 排出削減にかかる自主行動計画が策定された業種については、産業構造審議会において毎年、取組状況のフォローアップがなされている。また、平成18年度から「揮発性有機化合物（VOC）排出インベントリ検討会」が設置され、毎年排出インベントリを公表している。

(iii)　**成果と課題**　　平成22年度の VOC 排出量は、平成12年度比45％減となり、当初の目標（3割削減）を大幅に上回る成果をあげた。このことから、規制と自主的取組を組み合わせて排出削減を図るという枠組は維持されることとなった[25]。その後も減少傾向が続き、平成28年度は、平成12年度比で52％減少している[26]。もっとも、業種別の排出量をみると、多くの業種において減少傾向が続いているものの、最近も排出量が大きく増えている発生源があり、また、平成22年度前後から排出量が横ばいの業種もある[27]。また、業種によって、自主行動計画への参加事業者の割合にもばらつきもある[28]。

平成28年度の光化学オキシダントの環境基準達成率は、一般局で0.1％、自排局で０％であり、昼間の日最高１時間値の年平均値も近年ほぼ横ばいで推移している。光化学オキシダントの生成機構や原因物質である VOC との関連性についてはなお未解明な部分も多いが、東京湾周辺など VOC の削減による効果が顕著である地域があることなどに鑑みると[29]、自主行動計画への参加をさらに促進することを含め、VOC 排出削減対策を強化してゆく必要があると思われる。自主的取組促進のための産業構造審議会の指針[30]は、少なくとも平成22年度までの取組内容を継続し、排出状況を悪化させないよう努めること、定量的な目標設定をするか否かは産業界・企業の自主判断とすること、追加投資を強いる内容は求めないことなどを基本的な方針としているが、今後、排出削減の取組の進捗によっては、上記の指針を見直す必要もあると思われる。

⑵　規制に支えられた自主的取組

(i)　地球温暖化対策計画における電力分野の地球温暖化対策　日本の温暖化対策にかかる中期目標（2015年７月に設定）は、温室効果ガスの排出量を、2030年度に2013年度比26％削減することである。温暖化対策法８条に基づく地球温暖化対策計画（2016年５月に策定）は、この削減目標の達成のため、各温室効果ガスの削減目標を設定し、また、そのうちエネルギー起源の二酸化炭素について、部門ごとの排出量の目安を設定した。

地球温暖化対策計画においては、「電力業界の低炭素化の取組」として、2015年７月に策定された電力業界の「自主的枠組み[31]」及び低炭素社会実行計画が位置づけられており、これらにより、国のエネルギーミックス（長期エネルギー需給見通し（2015年７月）が想定する電源構成）及び二酸化炭素の排出削減目標とも整合する排出係数0.37kg-CO_2/kWh 程度を達成することが目標とされている。地球温暖化対策計画においては、2016年２月に電気事業低炭素社会協議会が発足し、個社が削減計画を策定し業界全体で検証を行う仕組みができたことについても言及がされている。政府は、このような自主的枠組みについて、実効性・透明性の向上や目標の達成を促すこととされ、また、国の審議会においても、電力業界の取組状況を検証することとされている。

上記の自主的枠組みについては、その目標の達成を担保するための規制的な措置が、小売段階（以下(ii)）及び発電段階（(iii)）において手当てされている。

(ii) **小売段階**　エネルギー供給構造高度化法（以下、「高度化法」という。）に基づいて定められた小売電気事業者にかかる「非化石エネルギー源の利用に関する電気事業者の判断基準」は、2030年の非化石電源比率を44％以上とすることを小売電気事業者に求め、後述の省エネ法に基づく判断基準に定める電力供給業におけるベンチマーク指標（火力発電効率指標）の目指すべき水準と併せて、結果として、電気事業全体として0.37kg-CO_2/kWhに相当するものとすることを目標とする（複数の事業者による共同達成を妨げない）。経済産業大臣は、非化石エネルギー源の利用の適確な実施を確保するため必要があると認めるときは、前記判断基準を勘案して指導・助言を行い、また、事業者の取組が判断基準に照らして著しく不十分であるときは勧告をすることができ、さらに、正当な理由がなくてその勧告に係る措置をとらなかったときは、総合資源エネルギー調査会の意見を聴いて、当該事業者に対し、その勧告に係る措置をとるべきことを命ずることができる。

(iii) **発電段階**　省エネ法に基づいて定められた「工場等におけるエネルギーの使用の合理化に関する事業者の判断の基準」は、発電事業者に対し、新設の火力発電設備について、発電設備単位で、エネルギーミックスの想定する発電効率の基準を満たすこと（たとえば、石炭火力の場合、42％以上）を求めている。主務大臣は、エネルギーの使用の合理化の適確な実施等のために必要があるときには、指導及び助言をすることができる。また、主務大臣は、事業者の取組が上記判断基準に照らして著しく不十分であるときには、エネルギーの使用の合理化に関する計画を作成しこれを適切に実施するよう指示することができ、指示に従わない場合には、その旨を公表することができる。さらに、指示を受けた特定事業者が、正当な理由がなくてその指示に係る措置をとらなかったときは、審議会等の意見を聴いて、当該事業者に対し、その指示に係る措置をとるべきことを命ずることができる。

また、「エネルギーの使用の合理化の目標及び計画的に取り組むべき措置」（努力目標）として、既設の発電設備も含めて、発電事業者単位で、技術的かつ経済的に可能な範囲内において、中長期的に達成を目指すべき発電効率目標（火力発電効率Ａ指標、火力発電効率Ｂ指標）が定められている[32)]。

(iv)　**規制に支えられた自主的取組**　　電気事業者によって上記の自主的枠組みが設けられた背景には、2015年６月、西沖の山石炭火力発電所建設計画にかかる環境影響評価配慮書について、温暖化対策にかかる国の目標・計画との整合性を確保するための電気事業者全体の「枠組」が未構築であることを理由に、環境大臣が、当該計画は「是認しがたい」とする意見を公表したという事情がある。また、自主的枠組みの公表後に出された４件の環境大臣意見も、上記自主的枠組みには目標達成の実効性という点で課題があると指摘していた。環境省による有識者ヒアリングにおいても、①個々の事業者の役割や、事業者が協力して目標を達成する方法について、公平で実効的なルールが必要である、②自主的枠組みに参加しない事業者（フリーライダー）を出さないために、事業者の参加を促すインセンティヴが必要である、③自主的枠組みの定める目標の達成を担保するための強制力のある制度が必要であるとの意見が出されていた[33)]。

もっとも、自主的枠組みの実効性を確保するために、それを法令の根拠のないままに国の制度に位置づけて進捗を管理するとか、環境影響評価手続の中で枠組みへの参加を事実上強制するということは、自主的なものであるはずの取組を、法律の根拠なく強制することにつながるものであり、法律による行政の原理からすると適切とはいえない。業界団体の自主的取組に法律上の位置づけを与えることも考えられるが、負担の配分やその他の利害調整が行われるような場合には、団体のガバナンスの構造に手を付けることなくそれらの任務を当該団体に委ねることは、やはり正統性を欠く。国の目標と整合性を有する前記の自主的枠組みの実効性を担保するための国の制度としては、業界団体全体ではなく、個社に対して目標を設定し、目標の達成をサンクションあるいは正のインセンティヴを設定することによって促すという方法をとるべきであろう。

高度化法・省エネ法に基づく上記の対応は、基本的にそのようなものであり、電力業界の「自主的枠組み」の達成を担保するために一種の規制が設けられたものと理解することができよう。

(v) **課　題**　高度化法に基づく非化石電源基準、省エネ法に基づく発電効率基準や発電効率指標が達成されれば、エネルギーミックス及び中期目標の想定する電源構成が実現することとなり、二酸化炭素の排出原単位目標も概ね達成されることになるはずである。しかし、高度化法及び省エネ法の判断基準の数値目標は、厳格にその遵守が担保されるような種類の基準値ではない。高度化法に基づく非化石電源基準、省エネ法に基づく発電効率基準は、事業者の取組が「判断基準に照らして著しく不十分」であるときにはじめて勧告がなされ、勧告を経たのちに命令がなされるにとどまる。このようないわゆる判断基準方式の規制において、伝家の宝刀として命令発布権限・罰則規定が用意されていても、実際上、当該規制権限の発動は予定されておらず、前記のような仕組みは、せいぜい行政指導の仕組みを法令に定めたものと理解されてきたのではないかと思われる。また、省エネ法に基づく既設の発電設備にかかる発電事業者単位の発電効率目標は、努力目標にとどまり、指標の未達成を理由として前記の行政上の措置がとられることはない。

このように、判断基準方式による「規制」には、実効性が元々備わっておらず、そのことに起因して次のような問題が生ずるおそれがある。第一に、目標の達成をどの程度まで強いられるかが不透明な場合、楽観的な見通しのもとに排出原単位の悪い電源が過剰に建設される可能性がある。他方、仮に、建設後に非化石電源規制等が厳格に実施された場合には、火力発電所の操業停止や稼働率削減を強いられる可能性がある。規制が曖昧であることによって国民経済的にみて非効率な投資が行われるといった事態は、避けるべきであろう。第二に、電力自由化に伴い、多様なアクターが市場に参入し、競争が激化する中で、高度化法・省エネ法の目標の達成に取り組む事業者がそうでない事業者と比べて競争上不利な立場に立たされることがあってはならない。明確な目標設定と、目標の達成を実効的に担保するための制度を整備することが、自由化された市場における公正な競争の前提条件である。第三に、自主的枠組みの実効性が確保されないと、2030年の温暖化対策目標の達成を危うくすることになる。環境省が、2016年２月以降、（温暖化対策の観点からは本来建設されるべきでない）石炭火力発電所の新増設計画について容認の姿勢に転じたのは、電力業界の自主的枠組みが構築されたことに加えて、高度化法・省エネ法に基づく制度的対応がとられることとされたからであった。しかし、平成29年度のいわゆる「電力レビュー[34)]」は、全国の石炭火力発電所の新増設計画が実現すると、石炭火力発電からの二酸化炭素排出量は、2030年度の削減目標や電源構成と整合する排出量を約6800万トン超過してしまうと試算している。このように、高度化法や省エネ法に基づく上記の規制的措置が、自主的枠組みの実効性を担保する仕組みとして十分に機能しているとはいえない。

【注】

1) 島村健「合意形成手法とその限界」大系307頁以下。
2) 島村・前掲注(1)313頁及びそこに掲げる文献参照。
3) 越智敏裕「判批」新・判例解説 WATCH 22号283頁（286頁）（2018年）。
4) 参照、野田崇「判批」新・判例解説 WATCH 22号43頁以下（2018年）、阿部泰隆「摂津市と JR 東海の間の地下水保全協定の効力（２・完）」自研94巻７号３頁（６頁以下）（2018年）。
5) 島村健「判批」民事判例16号102頁以下（2018年）。
6) 小早川光郎『行政法・上』262頁（弘文堂、1999年）、原田尚彦『環境権と裁判』217頁（弘文堂、1977年）。阿部泰隆「摂津市と JR 東海の間の地下水保全協定の効力（１）」自研94巻６号３頁（15頁以下）（2018年）は、比例原則が適用されるのは、従属法上の契約に限られるとする。
7) 島村・前掲注(1)318頁。海道俊明「いわゆる公害防止協定の法的拘束力」近畿大学法科大学院論集12号57頁（78頁以下）（2016年）は、協定締結の任意性（公序良俗違反）の有無を具体的に検討するための二つのアプローチを提案する。
8) 本判決については多くの評釈があるが、特に、山本隆司『判例から探求する行政法』201頁以下（有斐閣、2012年）、海道・前掲注(7)を参照。筆者の理解については、島村健「判批」自研87巻５号106頁以下（2011年）の参照を乞う。
9) この論点につき、高木光「公害防止協定と比例原則」宇賀克也ほか編『現代行政法の構造と展開』〔小早川光郎先生古稀記念〕653頁以下（有斐閣、2016年）参照。
10) 阿部・前掲注(4)10頁以下、島村・前掲注(5)104頁以下参照。
11) 阿部・前掲注(6)15頁以下は、公害防止協定が規制代替型でない場合には比例原則は適用されないと解すべきであり、規制代替型の協定についても、比例原則審査は緩和されるべきであるとする。

12) 島村・前掲注(8)125頁以下を参照。

13) この事案のほか、前掲・最判平21・7・10の原審・福岡高判平18・5・31判自304号45頁は、当該協定について比例原則違反を指摘したものであるとする理解がある（山本・前掲注(8)208頁、海道・前掲注(7)70頁以下）。

14) この論点につき、島村・前掲注(8)114頁以下参照。

15) 鳥取地判平14・6・25判時1798号128頁、控訴審・広島高松江支判平16・2・27裁判所HPは、地区住民らが構成する自治会が、当時の動力炉・核燃料開発事業団との間で締結されたウラン残土の撤去に関する協定書に基づいてしたウラン残土の撤去請求を認めた。

16) 阿部泰隆「公害防止協定と住民の救済方法」判時988号17頁以下（1981年）、島村・前掲注(1)315頁以下参照。

17) この事件については、資料の閲覧・謄写を命じる仮処分命令が出された（東京地八王子支決平7・3・8判時1541号102頁）。異議審・東京地八王子支決平7・9・4判時1555号85頁は仮処分決定を認可したが、抗告審・東京高決平9・6・23判時1620号81頁は仮処分決定を破棄して、資料の閲覧・謄写を認めなかった。

18) 前掲・東京高決平9・6・23は、協定上の各資料閲覧請求権は、各自治会所属の住民のために獲得されたものであると判示している。

19) 当該事案において、協定当事者たる住民団体は、その後、条件付きではあるが施設の建設の容認に転じた。このような状況下で一部の住民に協定に基づく差止請求権を認めると、社会的には必要であるが嫌忌される公共施設の建設について一部の住民に拒否権を認める結果となる。この種の施設の立地を禁じる旨の取り決めは、請求主体の如何を問わず、そもそも法的拘束力を認め難い場合もあると思われる。

20) 前掲・東京地決平7・3・8に基づく間接強制の申立てを認容したもの。その後も債務者らは義務を履行せず、債権者から間接強制決定変更の申立てがなされた。東京地八王子支決平7・7・3判時1541号104頁は、債務者がその義務の不履行を続けており先の間接強制決定が効を奏していないとして、間接強制の金額を増額した（東京高決平7・9・1判時1541号102頁は抗告を棄却）。

21) 四日市市環境部環境保全課からの聴き取り（2019年3月17日）による。

22) 中央環境審議会大気環境部会「揮発性有機化合物（VOC）の排出抑制のあり方について（意見具申）」（平成16年2月）。参照、「特集・本格化するVOC対策」資源環境対策40巻6号33頁以下（2004年）。規制と自主的取組の役割分担を決めるため、法改正後、政省令の制定段階では、企業の現場での対策を熟知した者を集めて議論したという。西尾哲茂「公害国会から40年、環境法における規制的手法の展望と再評価」環境研究158号154頁（158頁以下）（2010年）参照。

23) 中央環境審議会大気環境部会「揮発性有機化合物（VOC）の排出抑制制度の実施に当たって必要な事項について（答申）」（平成17年4月）。

24) 「揮発性有機化合物の排出抑制に係る自主的取組のあり方について」（平成18年3月）。

25)　中央環境審議会大気環境部会「今後の揮発性有機化合物（VOC）排出抑制対策の在り方について（答申）」(平成24年12月)。
26)　「平成29年度揮発性有機化合物排出インベントリ検討会報告書」(平成30年３月)。
27)　前掲注(26)。
28)　経済産業省産業技術環境局環境指導室「揮発性有機化合物（VOC）排出抑制のための自主的取組の状況」(平成30年３月)。
29)　「光化学オキシダント調査研究会報告書」(平成29年３月）参照。
30)　産業構造審議会産業環境対策小委員会「事業者等による揮発性有機化合物（VOC）排出抑制のための自主的取組促進のための指針」(平成25年11月)。
31)　「自主的枠組み」の策定に至る経緯につき、参照、大塚直「電力に対する温暖化対策と環境影響評価」環境法研究６号１頁以下（2017年)、島村健「石炭火力発電所の新増設と環境影響評価（１）（２・完)」自研92巻11号77頁以下（2016年)、93巻１号40頁以下(2017年)。
32)　詳細については、島村・前掲注(31)自研93巻１号47頁以下。
33)　島村・前掲注(31)自研93巻１号45頁以下参照。
34)　環境省「電気事業分野における地球温暖化対策の進捗状況の評価の結果について」(平成30年３月)。

環境規制における経済的手法の動向と構造分析

黒川　哲志

1　はじめに

本稿は、環境規制で用いられる経済的手法の日本での展開についてフォローし、日本で制度化されてきた経済的手法の構造を法学的に分析する。経済的誘因を利用して誘導する経済的手法は、集積型環境問題である気候変動問題や産業政策と密接に関連する生態系保全の領域にも用いられるようになっている。

経済的手法の構造分析において、費用負担の在り方に着目し、外部性の問題、汚染者負担原則との関係、生態系サービスへの支払いなどの観点がある。経済的手法には、補助金や課徴金のような単純な金銭的誘因タイプのものと、環境を商品（コモディティー）化して市場での取引を認める市場取引タイプのものがあり、後者の代表として温室効果ガスの排出枠取引制度があるが、排出枠取引については、本書別稿で詳述されるので、それに譲る。

環境問題を外部性の問題として見ると、外部性を内部化して市場の失敗を是正することを通じて、市場の機能を回復するという論理が生まれる。汚染行為であっても、現状を出発点とすると、現在より汚染を減少させることは正の外部性を生じさせると評価できるので、これに補助金を給付することは合理的といえる。課徴金にするか補助金にするかは、誰が費用を負担するかという問題であり、権利の設定の問題[1)]として整理される。しかし、環境法学の基本原則である汚染者負担原則は、汚染行為によって生じる費用は汚染行為者に負担させるべきという価値観を表明して住民に良好な環境への権利を設定するので、補助金給付との相性が悪い。現実には、政治的合意の得やすさなどの理由で、課徴金を課すのではなく、補助金を給付する経済的手法が選択されることが多い。課徴金あるいは補助金の金額は、外部性を正確に把握することは困難なので、誘導に必要な金額という観点から決まる[2]。

人の健康や生命に直接危害を及ぼす有害物質による公害の規制には、被害発生を確実に防ぐために、コマンド＆コントロールと呼ばれる権力的な規制が用いられた。しかし、日常的な活動をしている無数の発生源からの汚染物質が地域環境あるいは地球環境に集積して生じる問題の発生を防止するには、権力的規制はコワモテ過ぎて馴染まず、経済的手法による誘導[3]が適合的である。気候変動問題も、CO_2 などの温室効果ガスの地球規模での集積が原因となっているので、経済的手法に相応しい領域である。そこで、本稿は、再生可能エネルギーの推進のための法制度を取り上げ、費用負担の観点から分析する。また、同様な構造を有する廃棄物・リサイクルの分野についても検討する。

自然・生態系保全の分野でも、経済的手法が用いられている。農地や森林などの二次的自然の生態系の重要性が認識されるようになり、農業・林業の継続それ自体が、生態系の保全行為であると理解されるようになり、農業・林業それ自体が公益的な活動として補助金給付の対象となっている。生態系によってもたらされる食糧、水、原材料、大気調整、水量調整、遺伝子資源、レクレーションなどの便益も生態系サービスとして理解されるようになり、生態系サービスへの支払いという論理で農家への直接支払いが正当化されている。また、海外には湿地バンキングあるいは生態系バンキングのような仕組みもある。都市の緑地の保全のために容積率移転制度を利用するのも同様の発想である。

汚染者負担原則実現の手段として、環境汚染リスクのある行為に環境汚染賠償責任保険の購入を義務付けるという規制手法についても検討する。汚染リスクを保険料に転換して行為者に事前に支払わせる経済的手法であり、環境リスク規制における汚染者負担原則の実現の切り札である。

2　集積型環境問題への経済的手法の優位性

(1)　コマンド＆コントロールと集積型公害

水俣病や四日市ぜんそくに代表される激甚な産業公害は、特定の事業所から排出される有害な汚染物質によって人の生命や健康に悲惨な被害を発生させたので、公権力の行使を伴ってでも、これを確実に抑止することが求められた。このために、排出源からの汚染物質の排出量や濃度の許容量である排出基準を設定して、これを行政処分や刑罰の威嚇によって遵守させるコマンド＆コントロールの規制の仕組みが採用された。これにより、日本では激甚な産業公害は、克服された。

激甚な産業公害が見られなくなってからも、工場等の事業所が集積し、自動車交通量の多い道路の沿線では、四日市ぜんそく程の悲惨さはないが、依然として大気汚染が残っていた。また、都市河川や閉鎖性水域も、生活排水や小規模事業所からの排水に含まれる有機物および窒素やリンを含む栄養塩類が原因で汚濁が進み、富栄養化して悪臭が生じていた。これらの都市生活型公害は、面的広がりをもって存在する多数の発生源から排出される汚染物質が、地域環境に集積して、地域の生活環境を悪化させるという特徴を持っている。それゆえ、特定の、あるいは少数の事業所から有害な物質が排出されて人の生命や健康に重篤な被害をもたらす激甚な産業公害を克服したコマンド＆コントロールは、権力的過ぎて、都市生活型公害の規制には適合的でない。大量の規制対象が存在するので、公権力行使を前提とした排出行為の監視は、事実上、不可能である。自動車の運転や炊事・洗濯・入浴などは、日常の生活そのものであり、有害物質の排出のような違法性はない。被害も軽微なものである。したがって、市民が政府の定めた基準に違反したことを理由として、行政処分や刑罰などのサンクションを与えるのは過剰な対応である。また、洗髪は週に二回までなどの基準を設定することは、プライバシーへの過度の干渉である。このような理由から、都市生活型公害には、誘導を主体とした手法が適合的である。

また、気候変動問題も、無数の発生源から排出される CO_2 などの温室効果ガスが地球規模で大気中に集積することによって地球温暖化が発生する環境問題である。地球温暖化への寄与度が大きいとされる CO_2 は、今日の地球大気中の濃度では、人体に直接悪影響を与えるものではない。人が呼吸するだけでも排出され、火を使っても排出されるものであり、エネルギーを使用するほとんどの活動から排出されるものなので、汚染物質と呼ぶことさえ議論のある物質である。したがって、気候変動問題も、都市生活型公害と同様の構造を有する集積型の環境問題であり、コマンド＆コントロールに馴染まず、誘導を主体とする手法が求められる。

⑵　市場を利用した規制手法としての位置づけ

経済的手法は、情報手法とともに市場を利用した規制手法として位置づけることができる。経済的手法は、環境に負荷を与える行為に経済的負担を課したり、環境負荷を低減する行為に経済的利益を付与したりして、経済的に有利な環境に好ましい行動に誘導しようとする規制手法である。情報手法は、事業者、事業活動、製品やサービスなどに関する情報の開示や公表を実現することを通じて、環境に配慮した購買をする消費者（グリーンコンシュマー）や地域住民に環境情報を与えることによって、市場や地域社会からの環境配慮圧力を事業者に及ぼし、環境負荷の低減を実現しようとするものである。

経済的手法も情報手法も、市場の失敗の克服によって市場の機能を回復し、市場を通じて事業者に環境配慮の圧力を与えようとするものと整理できる。市場の失敗の要因として、外部性と情報の非対称性が挙げられるが、経済的手法は環境に価格を設定することによって外部性を内部化しようとする。情報手法は環境にかかわる情報の作成や流通を促し、情報の非対称性を緩和しようとする。都市生活型公害や気候変動問題にはコマンド＆コントロールが上手く機能しないことは、政府の失敗であるので、これを補うために、市場の失敗を克服して機能回復を図り、市場の合理的な資源配分機能が規制の手段として利用されたと説明することもできる。

(3) 外部性、汚染者負担原則および経済的手法の構造

環境法の基本原則である汚染者負担原則[4)]は、汚染物質の排出者が汚染物質排出行為に伴って生じる費用を負担すべきと要求する。汚染者負担原則は、1970年代に、OECD が環境規制に起因する国際通商の歪みの防止のために加盟国に行った勧告[5)]が、ルーツの一つとなっている。この勧告は、政府の規制を遵守するための費用は汚染物質排出者が負担すべきであって、政府が補助金等の形で支払うべきでないとする。OECD の汚染者負担原則は、工場が排出基準を遵守する費用を自ら負担するか、政府の補助金によって賄うかによって、製品の費用ひいては価格に差が生じ、市場競争力に差が生じることを防止するために、汚染者が負担するという形で統一することを目指していた。

激甚な産業公害を体験した日本で公害被害者の救済のために唱えられた原因者負担原則も、汚染者負担原則のルーツの一つとなっている。公害被害者に対して、その原因となった汚染物質の排出者が損害の賠償を行うことを要求する考え方である。この原因者負担原則は、損害賠償責任の成立が、裁判で被害者（＝原告）が原因者（＝被告）に過失があることの立証に成功するか否かという偶然に左右されることなく認められることを要求する。この原因者負担原則は、無過失責任の制度[6)]を支えるものである。

環境負荷に課徴金を課す経済的手法も環境負荷の低減に補助金を与える経済的手法も、環境規制の手法としてはどちらもあり得るが、汚染者負担原則は、公害を発生させないのは事業者・市民として当然の責務であるという社会通念、および公害を発生させてしまったならば被害者に損害賠償すべきという社会通念を表現する。

公害を外部不経済として位置づけると、工場の周辺住民に生じた公害被害が工場の会計に組み入れられないで、周辺住民の負担になることが問題とされる。工場の会計に公害の費用が組み込まれないと、その分、製品の製造費用が少なく計算され、製品価格も下がる。すると、当該製品が、本来あるべき数量より多く製造・販売されるという不合理な資源配分が生じる。この歪みを是正するには、この汚染行為によって生じる周辺住民に生じる費用を、工場の会計に組み込むことが必要である。伝統的には、外部不経済となっている費用を工

場の会計に内部化するのに、不法行為制度が一定の役割を果たしてきた。被害者から加害工場に損害賠償請求をし、加害工場が損害賠償金を支払えば、その金額が工場の会計に計上され、製品価格にも反映し、適正な価格形成と製造販売量が実現される。これを不法行為制度の媒介なしに排出事業者の会計に費用を組み込むのが、排出課徴金である。日本では、公害健康被害補償法によって採用された汚染負荷量賦課金が、初期の排出課徴金制度としてよく知られている。環境汚染行為に対価を支払わせるやり方として、汚染物質の排出にはそれに見合う排出枠を市場等で購入することを義務付けるものがある。これは、政府によって発行される排出枠の数量の管理が、汚染物質排出量の総量規制となる。ただし、排出枠がこれまでの実績に応じて無料で配分されるときには、配分枠を越えての排出に関してのみ、費用負担が要求されることになる。排出量削減して配分枠を余らせると市場で売却できるので、この売却益は補助金的な機能を果たす。

外部性の考え方は、汚染のような外部不経済だけでなく、自然・生態系の保全のようなポジティブな外部経済をもたらす行為への補助金にも適用される。たとえば、環境保全型の農業によって里山環境の維持に貢献する農家に対して、保全される生態系サービスの対価として補助金を給付することは、外部性を内部化する正当なものと評価される。

3　気候変動問題における経済的手法

(1)　CO_2 排出量の管理と経済的手法

地球温暖化への寄与が大きい CO_2 は、地球大気に蓄積されて温室効果を増大させることが問題なので、一つ一つの CO_2 排出行為と、気候変動被害との因果関係は希薄である。また、通常の生活の中で、あるいは通常の事業活動の中で、エネルギー使用とともに排出されるものなので、CO_2 は排出自体が非難されるべきものでない。政府に求められているのは、CO_2 の総排出量の管理であり、一つ一つの主体の排出量のコントロールではない。排出量全体を統計的に管理するには、誘導的な経済的手法が適合的である。

CO_2 排出に価格を設定する経済的手法として、炭素税とも呼ばれる排出課徴金と、排出に排出枠取得を義務付ける排出枠制度がよく知られている。ただし、両者の違いは相対的である。というのも、排出枠価格に上限を設定し、その上限価格を支払うことによって排出枠を取得できるように制度設計すると、価格が上限に達して以降は排出課徴金制度として機能するからである[7)]。

石油石炭税法の石油石炭税は、「地球温暖化対策のための石油石炭税の税率の特例」（租税特別措置90条の３の２）により、炭素税としての位置づけを与えられた。たとえば、石油製品では１キロリットルにつき2800円の賦課となる[8)]。しかし、ガソリン税１リットル当たり53.8円（揮発油税法および地方揮発油税法によるものの合計）に対して、石油石炭税は１リットル当たり2.8円であり、ガソリン消費の抑制のための経済的誘因としては低額すぎることには留意が必要である。それに対して、ガソリン税は財源確保が目的の税であるが、税率が高いので、ガソリンの使用抑制のための経済的手法として機能している。

その他、自動車関連では、燃費のよい自動車の自動車重量税および自動車取得税を軽減するエコカー減税、あるいは電気自動車やハイブリッド車などの燃費のよい自動車の自動車税を軽減するグリーン化特例も経済的手法として導入された。自動車以外に、事業者による CO_2 排出削減をサポートする補助金として、国の二酸化炭素排出抑制対策事業費等補助金プログラムなどがある。家庭向けのものとしては、2009年５月から2011年３月まで実施された家電エコポイント制度が注目された。これは、省エネ性能の優れたエアコン、冷蔵庫、地デジテレビの購入にあたって、クーポンとして機能するエコポイントを付与する一種の補助金制度であった。リーマンショック後の景気後退に対する需要創出の経済政策であったが、エネルギー効率の良い製品への買い替えも促した。

(2) 再生可能エネルギーの拡大のための経済的手法

再生可能エネルギー源を利用して発電される電気（再エネ電気）は、CO_2 の排出なく発電されるので、CO_2 排出量の削減に寄与する。再エネ推進のための制度として FIT（＝feed-in tariff: 固定価格買取制度）が、2011年の再生可能エネルギー買取法によって、本格的[9)]に導入された。この2011年 FIT 法は、太陽光や風力などの再エネを用いて発電した電気について、一般電気事業者がこの電気を一定期間、政府が定めた価格で買い取り、再エネ電気買取に要した追加費用は再エネ発電賦課金という形で電気の消費者が電気使用量に応じて負担する仕組みを構築した。この FIT の仕組みは、再エネ電気があらかじめ政府によって定められた価格で一定期間、一般電気事業者によって購入されることを保証するので、事業者や投資家を再エネ発電事業への参入・投資に呼び込む魅力的な経済的誘因を提供する。FIT では、電気の消費者が明示的に負担する賦課金が、再エネ発電者に支払う上乗せ価格の原資となっており、消費者の負担による補助金という性格を有している。

FIT と並んで、再エネ促進の経済的手法としてよく知られるのは、RPS（= renewable portfolio standard）の仕組みである。日本では、RPS 法（2002年）によって導入されたことがある。電気事業者が販売する電力の一定割合を再エネ（法律上は新エネルギー）電気にすることを求める制度であったが、自ら再エネで発電することを求めるものでなく、再エネ電気を購入してもよく、さらに RPS 相当量として電気と分離された再エネ電気価値のクレジットを購入して義務履行に用いてもよかった。再エネ電気あるいは RPS 相当量に対する需要と市場を創出して、ウインドファームやメガソーラーなどの再エネ発電事業者が利益を取得できる仕組みを作ることを通じて、この分野への参入や投資を促そうとする経済的手法である。この仕組みでは、再エネ電気あるいは RPS 相当量の販売代金が再エネ発電事業者に対する補助金として機能する。再エネ電気という価値を商品化して、その取得を電気事業者に要求するので、排出枠取引と同様な市場型の経済的手法である。再エネ価値は、電気の仕入れ価格の一部となり、消費者によって意識されない形で電気代に含まれて負担される。RPS は暗黙の裡に、FIT は明示してという違いがあるが、双方とも消費者の負担で再エネ発電事業者に補助金を支給する構造を有している。

RPS が日本で成功しなかった理由は、当初５年間の調整後基準利用量（義務量）が0.5％以下というように再エネ電気のポートフォリオが低く設定されてしまい[10]、再エネ電気および RPS 相当量に対する需要が十分に生ぜず、再エネ発電事業者が経営的に困難な立場に置かれてしまったことにある。それゆえ、

FIT の導入に伴い、廃止された。

しかし、その後の電力市場自由化を中心とする電力システム改革の中で、非化石価値市場が創設されたことを通じて、再エネ電気について RPS 的な仕組みが復活してきている。エネルギー供給構造高度化法の下で、一定規模以上の小売電力事業者等は2030年までに供給する電力のうちの44%を非化石電源とすることを求められ、そこに至る期間においても、非化石電源比率の目標達成計画に応じた非化石電源による電力の供給が求められている。この非化石電源比率目標の達成は、再エネ電気そのものを供給、あるいは再エネ電気から分離された非化石価値を購入することによって実現される[11)]。この制度は、RPS に類似する構造を有しており、RPS が復活したとも評価することができる。ただし、原子力発電電気からも、非化石価値が生み出されることに留意が必要である。

福島第一原発の過酷事故後の強化された安全規制への適合費用や使用済み核燃料の再処理・最終処分の費用を反映すると、原子力発電電気は割高な電気となる可能性が高い。電力システム改革後の発送電分離された自由な競争市場での原子力発電の生き残りは、容易でない。原子力発電を守るために、原子力発電電気を RPS や FIT の対象にすることは政策的な選択肢となりうる。

4　廃棄物・リサイクル法制における経済的手法

廃棄物・リサイクルの領域では、伝統的に預託金払い戻し制度（デポジット・リファンドシステム）が、経済的手法として用いられてきた。瓶入り飲料の購入時に、飲料の価格とは別に瓶代として10円あるいは30円を販売店に支払い、空き瓶を販売店に返却すると支払っていた瓶代の返却を受けるシステムである。これによって、使用済み飲料容器のポイ捨てによる散乱を防止し、使用済み飲料容器を回収して再利用あるいはリサイクルすることが容易になった。ただし、今日では、このタイプのデポジットを見ることはまれになっている。

廃棄物・リサイクルの領域では、循環基本法（11条）に示されているように、拡大生産者責任[12)]という考え方が支持されている。拡大生産者責任は、製品の使用済み段階でのリサイクル等の実施を製品生産者の責任とする。しかし、生産者自らリサイクル作業をすることまでを要求しておらず、実際には、生産者が専門のリサイクル業者にリサイクルを委託してその費用を支払うのが一般的である[13]。リサイクル費用を事業者が負担する構造なので、汚染者負担原則の派生原理として理解される。リサイクル費用は、生産者に対して経済的負担として機能するので、リサイクルすべき使用済み製品の量が減るように、あるいはリサイクルが容易でリサイクル費用が低くなるデザインや素材を採用する誘因となる。また、容器包装リサイクル法のように、生産者にリサイクル責任を負わすことは、家庭からの一般廃棄物として市町村の費用で処理されていたものが、生産者の費用でリサイクルされることになる。このことは、住民として負担していた処理費用を、消費者として負担することを意味し、その費用が価格に上乗せされるので、消費行動に影響を与える経済的な誘因となる。

廃棄物の最終処分場を巡っても、経済的手法が用いられる。注目されたのは、条例によって廃棄物処分場への産業廃棄物の搬入に対して課される産業廃棄物税である。産業廃棄物税は、廃棄物・リサイクル行政のための財源確保とともに、処分場に搬入される廃棄物の削減の誘因となることが意図されている。受け入れ料金が相対的に低廉であることを理由に廃棄物か域外から搬入されるのを減らす可能性もあるかもしれないが、産業廃棄物の広域処理体制をとる廃掃法と抵触するので、このことを目的とすることは許されない。

5　自然・生態系保護の経済的手法

(1)　農業直接支払い制度

日本の自然・生態系の多くは、農業や林業等による自然への働きかけと自然の遷移とのバランスの上に成り立っている二次的な自然である。今日、農林業は、産業構造の変化の中で、後継者不足が深刻であり、農林業従事者の減少と高齢化が進んでいる。そのような中で、耕作放棄地が増えたり、牧草地の火入れがなされなかったり、森林の間伐がされなかったりすると、人為的な自然の撹乱が失われ、二次的自然も姿を変えてしまう。日本の自然・生態系の保全にとって、農林業の継続を確保することが課題である。ここでは、農業の保護に用いられている農業直接支払い制度を経済的手法として検討する。本格的な農業直接支払い制度は、2000年から中山間地域等直接支払い制度として始まった。これは、農業生産条件が不利な状況にある中山間地域における農業生産の維持を図って、自然環境の保全を含む農業の多面的機能を確保することを目指す制度である[14)]。棚田や段々畑などの急傾斜地その他の条件不利地で農業を行う農家に、耕作面積に応じて補助金を支給する制度である。2007年には、慣行農業よりも農薬・化学肥料の使用を減らした農家に対して、耕作面積に応じて補助金を支給する先進的営農活動支援交付金が開始された。この制度は、2011年に、減農薬・減化学肥料に加えて、被覆植物栽培、有機農業あるいは冬季湛水などの環境保全に配慮している農業を行っている者に対する環境保全型農業直接支払制度となった[15)]。

農業直接支払いは、耕作されている農地の持つ多面的機能に着目して、これを公益と認定することによって補助金を支給するものである。この多面的機能の多くは、生態系サービスという概念で表現されるものであり、農業直接支払いは、農地が提供する生態系サービスの対価の支払いとして位置づけられる。

かつては、農地の持つ多面的機能への支払いは、輸入農産物に高い関税を設定して国内の農産物価格を高値に維持することにより、農家が多くの収入を得ることができるという形で行われていた。しかし、このような高関税の設定が貿易の自由化に向けての国際的な流れの中で維持できなくなり、それに代わるものとして、農業直接支払い制度の導入が進められた。関税による農家の所得維持は、消費者の負担によって農家の所得を維持する仕組みであるが、農業直接支払い制度は政府の補助金による農家の所得維持政策である。

(2) 生物多様性バンキングおよび取引可能な開発権

開発行為によって生態系が失われるとき、その生態系サービスも失われる。開発者に、この失われた生態系サービスの対価の支払いを求める仕組みを導入している国もある。生態系サービスの損失が、購入された湿地クレジットによって相殺される仕組みである。これは、生態系サービスを商品化して市場で取引可能にするやり方で、生物多様性バンキング、あるいはミティゲーション・バンキングと呼ばれるものである。代表的なものは、米国で湿地の no net loss policy に基づいて行われている湿地バンキングである[16)]。これは、開発によって湿地が失われることの緩和措置として、そのダメージに応じて、政府の認証を受けた湿地バンクから湿地クレジットを購入することが許容される仕組みである。湿地バンク側には、市場で販売可能なクレジットを与えることによって、湿地の創出と保全に向けての経済的誘因を与え、開発行為者には、湿地の喪失に対してクレジット購入にともなう支出という経済的負担を課している。

同様な仕組みとして、TDR（transferable development right: 取引可能な開発権）がある。緑地や歴史的建造物を守るために、当該土地が有している開発可能性を近隣の土地に移転する仕組みである。日本では、未利用の建築可能な床面積を近隣の土地に移転する容積率移転の制度として導入されている。都市計画法に規定されるものとして、特例容積率適用地区、特定街区、あるいは容積移転型地区計画などがあり、建築基準法では、連担建築物設計などがある。建築可能な床面積についての法令上の権利が実質的に売買されるので、保全すべき土地の所有者には売却代金が支払われ、当該土地の開発をしないで緑地あるいは歴史的建造物を保存する経済的な誘因となる。

(3) 自然資源への損害の賠償

2004年に採択された EU 環境責任指令[17)]に触発されて、日本でも、環境にダメージを与えた場合の損害賠償についての議論が活発になってきている。環境損害は、特定の個人に損害を与えるものでないので、伝統的な不法行為法ではとらえることが困難な損害である。日本では、公害による環境被害の原状回復費用の回収という観点から、負担法（1970年）が制定された。この法律によって、汚泥の浚渫事業や汚染土壌の客土などが公益上必要となって行政がこれらの公害防止事業を行ったときに、この公害防止事業の原因者にその事業の費用を負担させる仕組みが制度化された。生態系を含む自然資源に与えられた損失を評価することには困難が伴うが、その一部でも原因者に請求することは、環境に負荷を与える行為を抑制する経済的誘因になる。

6　環境汚染賠償責任保険の義務付け

有害な汚染物質の排出等による環境汚染によって周辺住民に被害が生じることに対しては、コマンド&コントロールの権力的な規制によって確実に汚染を防止することが要請される。この権力的規制とリンクして環境汚染賠償責任保険の購入を行為者に義務付けることがある。化学工場や廃棄物処理施設の設置の許可の要件に、汚染発生時の損害賠償と原状回復費用をカバーする損害保険を購入することを組み込むことが、その例である。環境汚染賠償責任保険の購入を義務付けると、汚染リスクが期待損失として把握されて保険料として費用化される。そして、汚染リスクのある行為がなされる前に、それが支払われる。環境汚染リスクが高ければ、それに応じて保険料も高くなるので、行為者が環境汚染リスクを低減する経済的誘因となる。汚染リスクのある行為に環境汚染賠償責任保険の購入を義務付けることは、汚染者負担原則を実現する手段として今後の幅広い導入が期待される仕組みである[18)]。

7　おわりに

環境規制における経済的手法の動向と構造分析というテーマで、金銭的な誘因を用いて環境負荷の低減あるいは環境保全に貢献する行為へと誘導する仕組みの今日の状況を検討してきた。人の生命や健康に被害をもたらす公害の規制については、今日でもコマンド&コントロールの権力的な規制手法が中心的な役割を果たしているが、被害が間接的で集積的な環境問題では、個々の発生源からの汚染物質の排出量のコントロールではなく、総体としての汚染物質の排出量の管理が重要なので、誘導を主体とする経済的手法が本領を発揮することを確認した。また、自然・生態系保全の領域についても検討を広げ、生態系サービスのような外部経済をもたらす行為に、その便益に応じた支払いをするという論理が、農業直接支払いなどの形で制度化されるようになってきたことを示し、逆に、生態系にダメージを与える行為には、それによって失われる生

Horitsubunka-sha Books Catalogue 2019

態系サービスの対価を支払わせる制度として、生物多様性バンキングや自然資源損害賠償制度に言及した。

かつての経済的手法は課徴金や補助金が主流であったが、今日では、環境を商品化して市場での取引を可能にするタイプのものが増えてきた。排出枠取引制度、取引可能な開発権制度、あるいは湿地バンキングなどである。このやり方は、たとえば排出枠取引が総量規制に基盤を置くように、政府の権力的な規制の延長線上に存在するものであることに留意が必要である。権力的規制との結びつきは、汚染リスクのある行為に環境汚染賠償責任保険の購入を義務付ける仕組みでもみられる。

経済的手法の理解において、誰が費用を負担するかという観点が重要である。FIT のように、補助が消費者の負担によってなされる仕組みもある。容器包装リサイクル法は、納税者としての住民から、消費者にリサイクル費用負担者を変更した。

公健法が制定され、汚染負荷量賦課金の制度が導入された当時、日本は経済的手法の先進国として、海外の環境法の教科書で言及されることもあったが、今日では、CO_2 の排出枠取引制度も導入できずに、後れを取った感がある。それぞれの環境問題の構造を吟味の上、効果的と考えられるものは積極的に導入し、外部性を内部化していく努力をすべきであろう。

【注】

1）取引費用がゼロであれば権利の所在とパレート最適な資源配分とは無関係であるというのがコースの定理の主張するところである。See R. H. Coase, *The Problem of Social Cost*, 3 J. Law &Economics 1 (1960).

2）外部不経済の内部化を通じて市場メカニズムを回復するピグー税と、規制としての誘因に重点を置く課徴金であるボーモル・オーツ税とに区別して議論される。

3）行政法として誘導について検討するものとして、中原茂樹「誘導手法と行政法体系」小早川光郎・宇賀克也編『行政法の発展と変革（上巻）』〔塩野宏先生古稀記念〕553頁（有斐閣、2001年）、同「行政上の誘導」磯部力ほか編『行政法の新構想Ⅲ（行政作用・行政手続・行政情報法）』203頁（有斐閣、2008年）がある。

4）汚染者負担原則の構造および歴史的変遷について詳細に分析するものとして、大塚直「環境法における費用負担――原因者負担原則を中心に」大系207頁、および同「環境対策の費用負担」高橋ほか編・法と理論41頁がある。また、行政法的分析の新しいものとして、島村健「国家作用と原因者による費用負担」法時88巻2号16頁（2016年）がある。

5) Recommendation on Guiding Principles Concerning International Economic Aspects of Environmental Policies (Recommendation adopted on 26th May, 1972), C(72)128 & Recommendation on the Implementation of the Polluter-Pays Principle (Recommendation adopted on 14th November, 1974), C(74)223.

6) 大防法25条、水濁法19条は、無過失責任について規定する。

7) 本格的な実施の前に廃止されたが、オーストラリアの CO_2 排出枠取引制度は、このような排出枠制度と排出課徴金制度との連続性を意識させるものであった。参照、黒川哲志「オーストラリア環境法の新動向―CO_2 排出に価格を」環境管理48巻4号48頁（2012年）。

8) 原油及び石油製品1キロリットルにつき2800円、ガス状炭化水素1トンにつき1860円、石炭1トンにつき1370円が、生産あるいは輸入に際して石油石炭税として賦課される。

9) 日本における電力の FIT としては、エネルギー供給構造高度化法に基づいて、太陽光発電余剰電力固定価格買取制度が2009年11月から導入されていた。家庭などの小規模太陽光発電電気についてのみ、全量買い取りではなく余剰電力が買い取りの対象となるものであった。2011年 FIT 法も、小規模太陽光について、この仕組みを踏襲した。なお、FIT 法は、国民負担の抑制や電力システム改革への対応をするために、2016年に改正された。たとえば、再エネ電気の買取義務者が送配電事業者になるなどの変更がなされた。

10) 参照、総合資源エネルギー調査会新エネルギー部会 RPS 法評価検討小委員会「RPS 法評価検討小委員会・報告書（平成18年5月26日）」10頁（http://www.enecho.meti.go.jp/committee/council/new_energy_subcommittee/pdf/060628.pdf）。

11) 非化石エネルギー源の利用に関する電気事業者の判断の基準（平成28年経済産業省告示第112号）。

12) 拡大生産者責任（Extended Producers Responsibility）についての詳細な分析として、参照、OECD, Extended Producer Responsibility: A Guidance Manual for Governments (OECD, 2001)。

13) 容器包装リサイクル法の特定事業者の再商品化義務は、指定法人である日本容器包装リサイクル協会に再商品化委託料を支払うことによって果たされたことになる（14条）。

14) 参照、農林水産省パンフレット「中山間地域等直接支払制度（平成29年度版）」（http://www.maff.go.jp/j/nousin/tyusan/siharai_seido/attach/pdf/H29_pamph_all.pdf）。

15) 現在は、「農業の有する多面的機能の発揮の促進に関する法律」（2014年）に基づく制度として運用されている。

16) たとえば、参照、田中章「ミティゲーション・バンキングによるウェットランド等の生態系保全―米国の生物多様性オフセットの経済的手法：生物多様性バンキングの実態」水環境学会誌33巻2号54頁（2010年）。

17) Directive 2004/35/EC of the European Parliament and of the Council of 21 April 2004 on Environmental Liability with regard to the Prevention and Remedying of Environmental Damage, OJ L 143/56 (2004).

18）たとえば、船舶油濁損害賠償保障法は、外国船籍の船舶について、「保障契約が締結されているものでなければ、本邦内の港に入港をし、本邦内の港から出港をし、又は本邦内の係留施設を使用してはならない」（39条の４）と規定し、保険等の事故時の財政的能力の確保を要求している。保険の問題も含めて船舶油濁損害を巡る法的問題について検討するものとして、参照、小林寛『船舶油濁損害賠償・補償責任の構造―海洋汚染防止法との関連』（成文堂、2017年）。

環境規制と情報的手法

奥　　真美

1　「環境規制」の概念と情報的手法の意義

環境規制という場合、狭義には、公害の未然防止や環境の保全等を目的として、法令に基づき名宛人に対して何らかの作為もしくは不作為を義務付け、そして、通常は、義務違反に対して罰則等の制裁をもって臨む、規制的手法を用いてなされる権力的作用を意味する。規制的手法には、command-and-control と同義として捉えられる直接規制的手法のほか、枠組規制的手法や手続的手法といった、何らかの義務を相手方に強いる手法が含まれる。他方、より広義には、規制的手法と非規制的手法のすべてを駆使して、理想とする環境像の実現に向けてなされる権力的作用と非権力的作用のいずれをも含む概念として、環境規制という言葉を用いることもある[1)]。この場合、環境管理とほぼ同様の概念として環境規制を捉えているといえる。

本稿では、広義の環境規制を前提としたうえで、そのなかで用いられる政策手法のひとつとして情報的手法を位置付ける。また、政策手法の分類は、第二次環境基本計画（2000年12月閣議決定）で示されたものを前提とする[2)]。ただし、実際の環境規制において用いられている法や制度には、上述したなかの複数の政策手法の性質を併せもつものがあり、上述の分類が各手法のボーダーラインを厳格に定めているわけではないということにも留意すべきである。

さて、第二次環境基本計画は、情報的手法とは「消費者、投資家をはじめとする様々な利害関係者が、資源採取、生産、流通、消費、廃棄の各段階において、環境保全活動に積極的な事業者や環境負荷の少ない製品などを評価して選択できるよう、事業活動や製品・サービスに関して、環境負荷などに関する情報の開示と提供を進めることにより、各主体の環境に配慮した行動を促進しようとする」ものであるとする。情報的手法には、事業活動や製品・サービスに関する情報の開示・提供を通して、法令遵守はもとより、それ以上もしくはそれ以外の取組みを行うインセンティブを与えて、様々な主体の行動変容をもたらす機能が期待されている。情報的手法は、直接規制的手法をはじめとする他の政策手法のなかに組み込まれて、もしくは他の政策手法と組み合わせて活用されることにより、他の政策手法のさらなる効果を引き出すことを可能にする。すなわち、情報的手法は他のあらゆる政策手法との間に高い親和性を有するものであるといえる。ただし、情報的手法が効果を発揮するためには、情報の正確性と適時性が確保されるとともに、訴求効果のある適切な情報媒体が選択される必要がある。

以下、本稿では情報的手法が他の政策手法のなかにどのように組み込まれているのかという観点から、それが法令に基づく規制的／権力的枠組みのなかで活用される場合と、非規制的／非権力的枠組みにおいて活用される場合とに分けて整理を試みる。

2　規制的／権力的枠組みにおける情報的手法

ここにいう規制的／権力的枠組みとは、主に直接規制的手法、枠組規制的手法、手続的手法を用いて、法令に基づき特定の者に対して何らかの作為／不作為を義務づけることにより、環境保全を図ることを目的とする仕組みを念頭に置いている。

(1)　直接規制的手法と情報的手法

直接規制的手法は、「社会全体として達成すべき一定の目標と最低限の遵守事項を示し、これを法令に基づく統制的手段を用いて達成しようとするもの」であり、各種の公害防止関連法令において伝統的に採用されてきた手法である。たとえば、大防法は直接規制の枠組みを基本としているが、国に対して、大気汚染状況の把握調査の実施や有害大気汚染物質の健康影響に関する科学的知見の充実に努めるとともに、被害発生のおそれの程度を評価してその成果を定期的に公表する義務を課している（18条の23）。同時に、地方公共団体には、地域における大気汚染状況の把握のための調査実施、事業者による措置促進に必要な情報提供、住民への大気汚染防止に関する知識の普及を図る努力義務を課している（18条の24）。さらに、都道府県知事には、当該都道府県区域に係る放射性物質による場合を含む大気汚染の状況を公表するよう義務づけている（24条）。こうした汚染状況の調査実施とその結果の公表を行政に求めるかたちでの情報的手法の採用は、水汚法にもみられるが、さらに同法は市町村が生活排水対策推進計画を定めた場合の内容公表の義務についても規定する（14条の9第7項）。また、ダイオキシン法は、都道府県知事がダイオキシン類による汚染状況の常時監視、環境大臣への報告、調査測定を行うことを規定するとともに、事業者には排出ガス、排出水、廃棄物焼却炉に係るばいじん等の汚染状況の測定と知事への報告義務を課したうえで、都道府県が行った汚染状況の調査測定結果ならびに事業者から報告を受けた汚染状況に関する都道府県知事の義務的公表を定めている（26条～28条）。これらの法律において用いられている情報的手法は、汚染状況等について住民や事業者に広く知ってもらうという普及啓発的な意味合いをもつものであり、直接規制の実効性担保に寄与することを意図して設計されたものではない。

他方、地方公共団体に目を転じると、直接規制の枠組みにおいて、勧告や命令に従わない者について、弁明の機会を付与するなどしたうえで、制裁措置として氏名等の公表を規定している例がみられる。たとえば、東京都環境確保条例は、勧告もしくは命令を受けた者が、正当な理由なくそれらに従わなかったときは、その者に対して意見を述べ証拠を提出する機会を与えたうえで、知事が違反について公表することができる旨を規定している（156条）。また、逆に、地方公共団体では、環境に良い取組みや環境配慮事業者を表彰したり認定したりしたうえで、そうしたお墨付きを与えた事実を公表するといったプラスのインセンティブをともなう情報的手法の活用例もみられる。規制枠組みのなかでのこうした事例としては、神奈川県生活環境保全条例に基づく環境管理事業所認定制度ならびに環境配慮事業所登録制度における事業所名称等の公表が挙げられる[3)]。同条例は、規制対象となる指定事業所のなかで、ISO14001やエコアクション21（EA21）など特定の環境マネジメントシステムに登録し、3年以上継続して排煙・排水の規制基準を遵守しているなどの認定基準を満たしている場合には、事業所からの申請を受けて環境管理事業所として認定をし、当該事業所の名称等を公表する制度を設けている（18条）。さらに、環境管理事業所のなかで追加的要件に適合した事業所については、環境配慮推進事業所として登録できる制度があり、登録事業所の名称等の公表に加えて、変更許可申請が免除されるといったメリットが用意されている（19条の2）。同条例は、直接規制的手法、自主的取組手法、情報的手法を関連付けて制度設計することにより、事業者による法令遵守以上の取組みを引き出しつつ、効率的な規制を実現しようとする試みとして注目される。

(2)　枠組規制的手法と情報的手法

次に、枠組規制的手法を採用している仕組みでの情報的手法の活用例をみる。枠組規制的手法は、「直接的に具体的行為の禁止、制限や義務づけを行わず、目標を提示してその達成を義務づけ、あるいは一定の手順や手続を踏むことを義務づけることなどによって規制の目的を達成しようとする」ものとされ、PRTR法、温暖化対策法、省エネ法に基づく仕組みを代表例として挙げることができる。PRTR法は、対象事業者に対象化学物質の環境（大気、水、土壌）への排出量と廃棄物への移動量の把握と国への届出を義務づけたうえで（5条）、国には、対象事業者から届出のあった情報に加えて、届出義務のない小規模事業者、家庭、農地、自動車などからの対象化学物質の発生量を推計し、それらの集計結果の公表を義務づけている（8条、9条）。さらに、事業所ごとの情報については国民に開示請求権を保障するとともに、国には事業者の営業秘密を確保しつつ当該情報の開示義務を課す規定があるものの（10条、11条）、2008年からは運用の見直しによって、開示請求を経ずとも個別事業所データがホームページ上で公表されている。同法は、既に直接規制の対象である物質のほか、相当広範な地域の環境に継続して存在すると認められ、人の健康を損なったり動植物の生息・生育に支障を及ぼしたりするなどの悪影響をもたらす「おそれ」が懸念される化学物質（第一種指定化学物質）も規制対象に取り込んで、対象化学物質に係る排出状況等のデータを広く国民に開示することで、事業者による自主的な化学物質の削減や管理の改善を間接的に促していくことが意図されている。さらに、同法は「おそれ」が懸念されるとまではいえないが、相当広範な地域の環境に継続して存在することとなることが見込まれる化学物質（第二種指定化学物質）も含めて、これら化学物質の取扱事業者に対して、他の事業者に譲渡、提供する際に当該化学物質の性状および取扱いに関する情報（SDS）の提供義務を課したうえで（14条）、当該義務に違反する取扱事業者には勧告を行い、勧告に従わなかった場合にはその旨を公表できるとしている（15条）。他方、第一種指定化学物質の届出義務違反および SDS に関する報告義務違反に対しては直罰が設けられている（24条）。また、温暖化対策法は、温室効果ガスの多量排出事業者による排出量の算定と国への報告を義務づけ、国は報告されたデータを事業者別、業種別、都道府県別に集計して、その結果を公表するものとしている（21条の２～21条の５）。同法の場合は、PRTR 法とは異なり、各事業者から報告された排出量データそのものを入手するには開示請求を経る必要があるものの（21条の６、21条の７）、個別事業所／事業者データが公にされることで、国民の監視の目が注がれることになるのに加え、事業者間の比較が可能となり、他者との競争を意識して排出状況の改善やエネルギー転換が図られていくことが期待されている。いずれの法律においても、一連の手続きのなかで情報が生み出され、公表されていくしくみを内包することで、事業者による自主的な改善努力を促して、環境リスクや環境負荷を低減させていくことが企図されており、規制効果を引き出すうえで情報的手法が核心的な役割を果たしているといえる。

また、省エネ法は、特定事業者にエネルギー使用状況等に係る定期報告義務を課したうえで、主務大臣が、特定事業者によるエネルギー使用合理化状況が判断基準に照らして著しく不十分であると認めた場合には合理化計画の作成・提出を指示した後に、特定事業者が当該合理化計画を実施していないとしてそれを適切に実施すべき旨を指示したにもかかわらず、特定事業者がなおもその指示に従わなかった場合には、その旨を公表できるとしている（15条、16条1項～4項）。公表後においても、正当な理由なく特定事業者が指示に従わない場合には命令が出され（16条5項）、命令違反に対しては罰則が設けられている（95条）。特定建築物についても、同様に、指示→公表→命令→罰則が規定されている（75条、95条）。また、乗用車、テレビ、エアコンといった特定機器については、現在商品化されている機器のなかで最もエネルギー効率が優れているものの性能や技術開発の将来見通し等を勘案して定められる、いわゆるトップランナー基準の目標年度までの達成を事業者に義務づけたうえで、基準に照らしてエネルギー性能等の向上を相当程度行う必要があると認められる場合には、勧告→公表→命令→罰則が規定されている（79条、95条）。加えて、特定機器については、エネルギー消費効率等の情報表示義務が事業者に課されており、当該義務違反に対しては勧告→公表→命令→罰則がある（81条、95条）。さらに、事業活動を通じて一般消費者が行うエネルギーの使用合理化に協力できる立場にある事業者には、省エネ性能の表示などを通して一般消費者に対する情報提供を行う努力義務が規定されていることを受け（86条）、特定機器に属する個々の製品がトップランナー基準に照らしてどの程度の省エネ性能を達成しているかを示すJIS規格による省エネルギーラベルなどが、消費者への情報提供ツールとして開発されている[4)]。このように、省エネ法のもとでは、措置命令を出す前に事業者名等の公表という制裁的意味合いをもつ情報的手法を位置付けることで、行政処分に至る前段階での事業者による対応改善を担保しようとしていることに加え、特定機器については性能等表示やラベリングを組み込んで、消費者によるグリーン購入の促進に資する情報提供機能を具備したものとなっている。

(3)　手続的手法と情報的手法

手続的手法は、「各主体の意思決定過程の要所要所に環境配慮のための判断が行われる機会と環境配慮に際しての判断基準を組み込んでいく」もので、アセス法が代表例として挙げられるが、同法は枠組規制的手法としての性質も併せもつものといえる。アセス法は、事業者に対し、計画段階環境配慮書については地方公共団体や市民等からの意見聴取の努力義務を課し（3条の7）、また、方法書と準備書については公告・縦覧に付すことに加えて、説明会の開催を義務づけている（7条、7条の2、16条、17条）。これら一連の過程のなかで、対象事業に係る環境影響ならびに環境保全措置等の情報が取りまとめられて公表されることとなり、それを受けて主務大臣ならびに環境大臣のみならず、地方公共団体や市民等は環境保全の見地からの意見を提出することができる（8条、18条）。事業者は、関係都道府県知事等からの意見を勘案するとともに、市民等から提出された意見に配意して評価書を作成し、公告・縦覧に供するとともに、インターネット等で公表しなければならない（21条、27条）。同法では、事業者とそれ以外の者との間で対象事業に係る環境影響や環境保全の見地からの情報のやり取りがなされることをとおして、対象事業における適正な環境保全上の配慮を確保していくことが目指されている。情報的手法を環境コミュニケーションツールとして組み込むことで、環境保全上望ましい意思決定がなされることにつながっていくことが期待されている。

また、地方公共団体において良好なまちづくりと紛争防止を目的として、条例に基づき開発事業者等に対して、事前届出・協議、住民等への説明といった一連の手続きを踏むことを求めて、土地利用と開発行為の誘導を図ろうとする仕組みも手続的手法に位置付けられよう。たとえば、府中市地域まちづくり条例は、大規模開発事業を行おうとする者に対して、土地利用構想の届出を義務づけ、市がこれを公告・縦覧に供したうえで、近隣住民による意見提出とそれへの事業者による見解書の提出・公表等を経て、市が事業者に対して助言・指導をし、これに事業者が従わない場合には、勧告→公表をできる旨を規定している（23条〜31条）。さらに、大規模開発事業およびそれ以外の特定の開発事業について、事業者には、市との事前協議と近隣住民への周知を義務づけ、市との合意内容については協定を締結するものとしたうえで、協定締結を行わない場合などについて、勧告→公表を規定している（17条〜22条、30条、31条）。同条例においては、こうした一連の手続きの中に、近隣住民による意見提出に資するための情報提供機能に加えて、市が望ましいと考える方向[5]に事業者を誘導していくための実効性担保措置として公表という形での情報的手法が位置付けられている。

このほか、廃棄物処理法は、直接規制的手法（許可制度の採用と許可基準の遵守義務付け）、枠組規制的手法（産業廃棄物管理票（マニフェスト）制度の導入）、手続的手法（生活環境影響調査制度の導入）、さらには自主的取組手法（優良産廃処理業者認定制度の導入）のいずれの性質をも併せもつ仕組みを有する立法例である。同法は、事業者に対して、施設設置許可の申請時に、申請書の一部として生活環境影響調査書の提出を義務づける一方、これを受領した都道府県知事には、同調査書を含む申請書を公衆の縦覧に供したうえで、生活環境保全上の見地からの市町村長意見を聴取することを義務づけている（8条2項～5項、15条2項～5項）。同時に、利害関係を有する者には、都道府県知事に生活環境の保全上の見地からの意見を提出する機会を保障している（8条6項、15条6項）。さらに、処理施設の許可を受けた者に、施設の維持管理に係る計画および状況について、インターネットその他適切な方法による公表とともに、維持管理に係る記録を保持し、生活環境の保全上利害関係を有する者から求めがあった場合には閲覧させることを義務づけている（8条の3、8条の4、15条の2の3、15条の2の4）。同法では、まずは生活環境保全上の利害関係を有する者の権利利益を守るための手段として、情報的手法が位置付けられている。また、同法のもとで、産業処理業者を対象として導入されている優良産廃処理業者認定制度は、処理業者が任意で申請をし、許可基準以外に①実績と遵法性、②事業の透明性、③環境配慮の取組み、④電子マニフェストの導入、⑤財務状況の健全性に係るすべての要件（優良基準）を満たしていることを、都道府県知事が審査し認定するというもので、認定を受けると許可期間が通常の5年から7年に延長されて、許可証に優良マークが表示されるなどのインセンティブがある（14条2項、7項、14条の4、2項、7項）。これは任意の申請を前提として優良基準をクリアした場合に認定を受けることができるという自主的取組手法を活用した仕組みであるが、この中に優良マークの表示のほか、認定業者情報の都道府県や産廃情報ネット等での公表といった形で情報的手法が組み込まれている。さらに、優良基準のひとつである事業の透明性を担保するために、会社情報、取得している許可の内容、産廃処理状況、施設維持管理状況といった情報をインターネットで広く公表することが求められている。

3　非規制的／非権力的枠組みにおける情報的手法

ここにいう非規制的／非権力的枠組みとは、相手方の任意性・自主性に基づくボランタリーな取組みを促進させることにより、法令遵守以上のもしくは法令遵守以外のさらなる環境保全を図ることを目的とする、自主的取組手法を組み込んだ仕組みを念頭においている。自主的取組手法とは、「事業者などが自らの行動に一定の努力目標を設けて対策を実施するという取組によって政策目的を達成しようとする」ものである。以下ではグリーン購入と環境マネジメントシステムを取り上げる。

(1)　グリーン購入法と情報的手法

製品やサービスの環境側面に関する情報を表示することで、需要側である消費者に対しては、製品等の購入時に環境影響を考慮して選択するための判断材料を提供して、環境に配慮した消費行動を促す一方で、供給側には環境負荷の少ない製品等を市場に送り出すインセンティブを与える役割を果たすものとして、環境ラベリングがある。環境ラベリングについては、ISO がタイプⅠ（製品等のライフサイクルに配慮した複数の基準に基づいて第三者が認定するもの：ISO14024)、タイプⅡ（事業者等が独自の基準に基づいて自己宣言を行うもの：ISO14021)、タイプⅢ（製品等ごとに実施するライフサイクル・アセスメントの結果を、第三者認証を経て定量情報として表示するもの：ISO14025）の３種類の規格を定めている。日本には、日本環境協会のエコマークがタイプⅠに、また、産業環境管理協会のエコリーフがタイプⅢに当たるほか、各事業者が独自に開発し表示しているタイプⅡのラベルが種々存在する。さらに、省エネ法のトップランナー基準の達成状況を示す省エネルギーラベル等が JIS 規格として定められているのは、既述のとおりである。こうした環境ラベリングは、市場原理のもとでグリーン購入と結びつくことで、本来期待される情報媒体としての機能が発揮されることになる。

しかしながら、すべての消費者が高い環境意識のもとに環境ラベリングを常に考慮して消費行動をとっているわけではないし、環境ラベリングのある製品やサービスに対する一定程度以上の需要の存在がないことには、これらの製品等の市場は成り立たない。そこで、グリーン購入法は、国および独立行政法人等に対して、環境負荷の少ない物品等への需要転換を促進するため、予算の適正な使用に留意しつつ、環境物品等を選択する努力義務を課すとともに、国にはグリーン購入を総合的・計画的に推進するための基本方針の策定および国民や事業者への教育・広報活動等を行うといった努力義務を課している（3条、6条）。地方公共団体も、当該地域の条件に応じて、環境物品等への需要転換に向けて必要な措置を講じるよう努めるものとされている（4条）。同法では、既存の環境ラベリングを一定程度取り込んでグリーン購入に係る判断基準等を示し、まずは国等が率先してグリーン購入を推進していくことにより、地方公共団体、事業者、国民へもそれを波及させていくことが意図されており、国の各機関等による環境物品等の調達実績は毎年度公表される（8条）。さらに、同法は、物品の製造・輸入・販売または役務の提供を行う事業者に、物品等の環境負荷の把握に必要な情報を適切な方法で提供するよう努めることを求め、また、他の事業者が扱うか提供する物品等について環境負荷の低減に資する旨の認定を行ったり、環境ラベリング等により情報提供を行ったりする者には、環境物品等への需要転換に資するための有効かつ適切な情報提供に努めることを求めている（12条、13条）。そして、国は、これらの情報提供の状況を整理・分析して、その結果を提供するものとしている（14条）。同法は、罰則規定をいっさい置くことなく、国等による率先行動と情報的手法を通じてグリーン購入の促進を図ろうとするものである。ただし、現在のところ、同法のもとで判断基準等が定められている環境物品等は、国等による調達実績の多いものに限られていることに加えて、国以外の主体も含めた社会全体の需要転換につながる効果的かつ十分な情報提供がなされているとはいえない状況にあることが課題となっている[6]。

(2) 環境マネジメントシステム（EMS）と情報的手法

EMS とは、事業者等の組織が環境方針を策定し実行するための組織的な体制、責任の所在、方策、手順、資源を含む全体のマネジメントシステムの一部で、PDCA サイクルを繰り返すことで、環境パフォーマンスの継続的な向上を可能にするものである。ISO14001 があるほか、EU では EMAS（環境マネジメント監査スキーム）が法制化されている[7]。日本では、EMAS をモデルとして、環境省のガイドラインに基づいて、特に中小の事業者でも取り組みやすいように設計された EA21 認証・登録制度がある。

これらの EMS はいずれも、事業者等の任意参加を前提としつつ、参加を希望する組織には資格を有する第三者の審査を受けることを要求している点で共通しているが、EMAS と EA21 は、EMS を構築し運用した成果等を環境報告書として取りまとめて、審査人の審査を経たうえで、それを公表することまで一連の手続きのなかで求めている点が ISO14001 とは異なる。EMS を環境パフォーマンスのさらなる改善につながるものとして有効に機能させるためには、EMS の運用実態と成果・課題を明らかにした環境報告の公表がなされ、多様なステークホルダーによる客観的なチェックがなされ得る状態がつくられることが重要である。

そのうえで、EMS の構築を単に事業者等の任意に委ねておくのではなく、EMS そのものを政策手法として取り込んで活用していく工夫が求められる。たとえば、事業者等が EMS の認証取得とその運用成果を点検・評価したうえで公表する旨を、環境保全協定において地方公共団体等との間に約することが考えられる。また、公共調達において、事業者の入札資格要件もしくは加点要素として EMS を位置付ける例が、東京都、山口県、鹿児島県、六ケ所村、長浜市、杉並区など多くの地方公共団体でみられるほか、企業立地促進条例に基づく事業計画認定要件のひとつとして EMS の認証取得を規定する箕面市の事例もある[8]。地球温暖化対策分野においては、京都市が地球温暖化対策条例に基づき特定事業者に対して EMS の構築を義務づけているほか、群馬県、徳島県、大阪府では条例で事業者に EMS 導入の努力を求めるか、もしくは努力義務を課している[9]。公害対策分野においては、大阪府が生活環境保全条例に基づく化学物質管理指針で、管理化学物質取扱事業者が ISO14001 により実施している措置は同指針に基づき実施している措置と見做す旨の規定（第10）を置くほか、静岡県生活保全条例は事業者の努力義務としてEMS等の導入による環境負荷の継続的低減について規定（3条）したうえで、ばい煙発生施設の新設等にあたり義務づけられている知事との事前協議を、EMSを導入している者については免除する規定（10条4項）を置いている。既に紹介した神奈川県生活保全条例に基づく環境管理事業所・環境配慮促進事業所制度もEMSの導入にインセンティブを与えるものである。このように事業者によるEMSの導入を促すべく、政策枠組みのなかにEMSを取り込んでいる事例は多々あるが、EMS導入が事業者による環境管理の徹底、環境パフォーマンスの向上、ひいては環境政策の実効性向上につながり得るものとして機能し得ているのかを検証するうえで、環境報告という情報的手法が組み込まれていることは必須である。

4　情報的手法の可能性——今後に向けて

情報的手法は他の政策手法との有機的な関連付けを意識して活用が図られることで、他の政策手法の効果をより一層引き出す機能を果たし得るものであり、さらに効果的な活用方法を検討する余地は多分に残されている。

ところで、1992年採択のリオ宣言第10原則、アジェンダ21第23章、1998年採択のオーフス条約を踏まえると、環境情報への市民によるアクセスの保障と環境分野における意思決定過程への市民参加の充実は、国際的に要請されるところとなっている。そうしたなか、日本では、環境基本法27条が、環境教育・学習や民間団体等が自発的に行う環境保全活動の促進のために、環境保全に関する必要な情報を適切に提供するよう国が努める旨を規定するほか、情報公開に係る一般法としては情報公開法令が存在するものの、環境情報および司法へのアクセス権を保障して、意思決定過程への市民参加を実質的なものとしていくために、情報的手法を位置付けて積極的に活用していこうという意図はいまだ希薄である。また、環境基本計画が示す情報的手法の定義からは、そこまでの意図は読み取ることはできず、人々の行動変容が目指されているにとどまる。この点は、情報的手法をいかなる機能を有するものとして位置付け、さらに発展させていくのかという今後の課題として指摘できよう。

【注】

1) このような広義の捉え方を示すものとして、たとえば、高橋ほか編・法と理論130頁〔北村喜宣〕があるほか、Neil Gunningham and Peter Grabosky, "SMART REGULATION," Oxford Univ. Press, 1998 は広義の 'Regulation' を前提としている。

2) 国レベルで正式に決定された公の文書のなかで、環境政策手法の類型とそれらの適切な組合せ（ポリシーミックス）による政策パッケージの形成という考え方を示した最初のものが第二次環境基本計画であるという認識に基づく。同計画は、直接規制的手法、枠組規制的手法、手続的手法、経済的手法、情報的手法、自主的取組手法の６種類を挙げている。本稿では、同計画によるこれら手法の定義を前提とする。2018年４月に閣議決定された第五次環境基本計画に至っても、ほぼ同様の類型と考え方が踏襲されているが、第五次はこれら６種類の政策手法に事業的手法を加えた７類型を提示している。

3) http://www.pref.kanagawa.jp/docs/pf7/jyourei/kannkyoukannri/index.html（2019年１月17日アクセス）。

4) このほか、製品の省エネ性能を星の数で表し、併せて、省エネルギーラベルと年間の目安電気料金を表示する統一省エネルギーラベルとその簡易版もある。詳細を分かり易く解説したものとして、一般財団法人家電製品協会のサイト（http://www.shouene-kaden2.net/learn/eco_label.html）がある。

5) 具体的には、「府中市開発事業に関する指導要綱」に定める公共施設および公益的施設の整備基準や良好な住環境の確保基準への適合、「府中市開発事業まちづくり配慮指針」に示す土地利用の基本的な考え方などに即した開発事業となるよう協議がなされる。詳細は、府中市パンフレット『府中市地域まちづくり条例』2008年４月。

6) この点は、同法に係る特定調達品目検討会においても課題として認識されており、今後の作業スケジュールのなかに対応策の検討が位置付けられている。平成30年度第３回特定調達品目検討会資料５「2019年度における検討方針・課題（案）」(https://www.env.go.jp/policy/hozen/green/g-law/archive/h30com_03/mat05.pdf)。

7) EMAS については、奥真美「EU における環境政策手法の多様化とボランタリーな手法としての環境マネジメントシステム（EMS）の活用—環境マネジメント監査スキーム（EMAS）の導入を例に」都市政策研究８号（2014年）。

8) これらの事例は、条例 Web アーカイブデータベース（jorei.slis.doshisha.ac.jp）での検索結果に基づき、筆者が抽出し整理したもの（2018年１月28日閲覧）。

9) 注(8)に同じ。京都市地球温暖化防止条例22条および23条は特定事業者に対して EMS（ISO14001、KES、その他市長が認めるもの）の構築を義務づけたうえで、施行規則７条で特定事業者を定義する。群馬県地球温暖化防止条例14条、大阪府温暖化の防止等に関する条例８条１項、２項はいずれも努力義務を規定し、徳島県脱炭素社会の実現に向けた気候変動対策推進条例19条は、努力を求める規定を置いている。

III

環境規制の彫琢

環境影響評価法制度の源流
――なぜ代替案検討義務はアセスの「核心」なのか

及川　敬貴

1　比較と歴史の邂逅

環境影響評価とは、「あるプログラムやプロジェクトを始めようとするに当たり、それが環境に与える影響を、事前に、調査・予測・評価して、これに基づき一定の環境配慮の手立てを決定に反映させようとするシステム」であり[1)]、環境アセスメント（省略してアセスともいう。）とも呼ばれる。そして、「このシステムを社会制度・法制度としたもの」が、環境影響評価制度ないし環境影響評価法制度であり[2)]、わが国の環境影響評価法（1997年制定。以下、本法という。）もそうした制度の一つである。

本章では、代表的なテキストに依拠しながら[3)]、本法にもとづくアセスの仕組み・流れと基礎的な課題・論点（例：代替案検討義務の不明瞭さや公衆参加の性質理解をめぐる争い）を確認することから叙述を始めたい（第2節）。そのうえで、そうした課題等を再検討するための参照軸を得るべく、制度としてのアセスの源流へと潜行していく。

世界初のアセス法は、半世紀ほど前に、米国で産声を上げた。国家環境政策法（NEPA：National Environmental Policy Act）（1970年制定）である。しかしNEPAは、突然に現れたのではない。その「直截的な先駆」と評される連邦法（1934年制定。その後数度にわたって改正強化）が存在し、そこでは、すでに開発行為の影響評価の仕組みが備わっており、さらには、開発官庁が評価結果へ「十分な配慮」をすることまでもが求めてられていた。そうすると、冒頭の定義に照らすならば、そうした仕組みはアセスのようにもみえるが、そのように解する先行研究は見当たらない。なぜこの仕組みはアセスと形容されないのだろうか。逆に、なぜ NEPA にもとづく影響評価の仕組みはアセスと形容されるのだろうか（NEPA には、「環境アセスメント」や「環境影響評価」という文言は存在しない）。

この問いに答えるためには、二つの法律の内容を比較し（第3節）、NEPA によって初めて制度化された要素の特徴を正確に捉える必要があるだろう。そうすることで、「なぜ代替案検討義務はアセスの核心なのか」とか「アセスにおける公衆参加の本来的な意義はなにか」といった、基本的ではあるが、これまでに必ずしも十分な説明がなされていない問いへの合理的な推論も得られるはずである。

そして、このような制度の源流的な知見を踏まえた上で、本法にまつわる基礎的な課題等とあらためて向き合ってみたい（第4節）。その結果として、アセス制度の本質理解や本法の改善のために有用な示唆を少しでも引き出せるならば、本章での試みにも、単なる懐古趣味以上のなにか、たとえば、「未来志向の回顧」としての意義を認められそうである[4)]。また、そうした示唆は、新石垣空港設置許可取消請求事件（東京高判平24・10・26訟月59巻6号1607頁）のような、現代のアセス関連訴訟を検討する際の補助線ともなり得よう[5)]。

2　環境影響評価法にもとづくアセス

本法（2011年に大きな改正が行われている）にもとづくアセスとは、「事業……の実施が環境に及ぼす影響……について……調査、予測及び評価を行うとともに、……その事業に係る環境の保全のための措置を検討……すること」であり（2条1項）、「事業者がその事業の実施に当たりあらかじめ……行う」ものである（1条）。そして、その「結果を……事業の内容に関する決定に反映させる」こと等によって、事業者と行政が、環境の保全に係る「適正な配慮」を確保するものとされている（1条）。以下、アセスの流れについて、もう少し詳しくみていこう[6)]。

(1) いつ行うのか

この「いつ行うのか」という観点から、アセスは、事業アセスメントと戦略的環境アセスメント（SEA：Strategic Environmental Assessment）に大別される。前者は事業段階のアセスであり、後者は、より早い段階の、すなわち、上位の計画やプログラム、それに政策に関するアセスである。1条から窺われるように、本法のアセスは、事業アセスメントであり、SEA ではない。

ただし2011年改正により、第一種事業（後述）については、事業の位置や規模等の選定に当たって、環境配慮に関する検討を行い、計画段階配慮書を作成するものとされた（3条の2以下）。これによって、従来よりも早い段階で、複数案（代替案）の検討（後述）がなされることになる。欧米の SEA とは一致しないものの、本法にもとづくアセスが「事業アセスメントから計画アセスメントに向けて一歩を踏み出した」と評される所以である[7]。

(2) いかなる事業を対象として

本法にもとづくアセスの対象は、①高速道路やダム等の13種類の事業[8]で、かつ、②国が実施しまたは許認可等を行うもののうち、③規模が大きく環境に著しい影響を及ぼすものである。③の観点からは、必ずアセスを行わせる第一種事業（2条2項）とそれに準ずる規模の第二種事業（2条3項）というカテゴリーが設けられた。後者では、個別の事業や地域の相違を踏まえてアセスを行うかどうかが個別に判定される（4条）。この仕組みをスクリーニングという。

(3) 何をどのように評価するか

評価項目としては、基本的事項の別表に掲げられた標準項目がある（大気質や水質等の他に、生態系や温室効果ガス等[9]）。事業者は、これを基本としつつ、外部の意見（本節(5)で後述）を踏まえて、個別の案件に応じた評価項目を「選定」（＝スコーピング（5条））し、方法書を作成する（11〜13条[10]）。

評価の視点としては、（事業の立地や規模等を修正した）複数案（代替案）の検討による環境影響の回避・低減が基本となる。かつては、「環境の保全のための措置（当該措置を講ずることとするに至った検討の状況を含む。）」（14条1項7号ロ）という規定のみから、複数案検討要件を導き出せるかどうかが明確ではなかったところ、2011年改正により、計画段階配慮書において、「一又は二以上の当該事業の実施が想定される区域……における……環境の保全のために配慮すべき事項……についての検討を行わなければならない」との規定が加えられた（3条の2第1項）。現行法制では、「計画段階配慮書において事実上は原則として複数案の検討をすることとされた」ものといえる[11]。

ただし複数案の検討によって、あらゆる環境影響が回避・低減されるわけではなく、残存影響については、代償措置（による影響の緩和）の検討がなされなければならない。代償措置とは、本法14条1項7号ロの本文の「環境の保全のための措置」の一部であり、基本的事項では、「当該事業の実施により損なわれる環境要素と同種の環境要素を創出すること等により損なわれる環境要素の持つ環境の保全の観点からの価値を代償するための措置」と定められている（第五、二(2)）。

(4) アセスの結果をいかに反映させるか

開発行為の許認可権者は、許認可の根拠法の審査基準に環境の保全の視点が含められていない場合であっても、アセスの結果を重視して、許認可を拒否し得る（法33条）[12]。いわゆる横断条項であり、許認可とリンクする点で、重要な実体規制部分であると解されている[13]。そして、この条項が法定された趣旨からすると、「重大な環境保全上の支障が生じることが明らかに見込まれる場合」には、行政庁は許認可を拒否しなければならないとの見解も示されてきた[14]。しかし横断条項は、あらゆる法律に適用されるわけではなく（適用されるのは、施行令14条・同別表第4に列挙される法律のみが対象）、許認可を拒否「できる」とするのみであり、アセスの結果を「併せて判断する」とも書かれているため、許認可権者の裁量の幅が広い。

(5) だれが、いつ意見提出できるのか

アセスの大まかな流れは上述のとおりであるが、本法では、その流れの中の複数の段階で、外部からの意見聴取や説明会の開催等の手続を設けている。

まず、公衆からの意見提出は、①計画段階配慮書の案（または同配慮書）、②方法書、それに③準備書に対して認められている[15]。意見の提出に当たって、地域的な限定はなされていない。だれでも意見提出が可能である。そのため、本法上の公衆参加は、情報提供参加であり、決定参加ではないと考えられているが[16]、そのように考えると、意見提出者がアセスの手続的瑕疵を主張して行政訴訟を提起する場合に、原告適格が認められにくくなってしまう。そこで何らかの手続的権利（例：意見陳述権）を認めて、公法上の当事者訴訟の活用等につなげようとする試みがなされている[17]。

次いで、説明会は、「関係地域」内の住民等を対象として開催される。関係地域とは、対象事業に係る環境影響を受ける範囲であると認められる地域（15条）であり、準備書等の送付や縦覧等の地理的範囲を確定する際の決め手ともなる。近年、環境行政訴訟における原告適格判断の要素としても、この関係地域が参照され始めた[18]。

なお、環境保全の見地から、許認可権者や環境大臣も意見を述べられる（23条、24条）[19]。法律上、許認可権者は、環境大臣意見を「勘案」すれば、それ以上の対応をする必要はない。ただし、その意見を無視する、あるいは合理的な理由なく受け入れないような場合には、違法と評価される可能性もあろう[20]。

3　環境アセスメントの源流を辿る

ここからは、考察の視点を、世界各国のアセス法の祖とされる NEPA（1969年国家環境政策法）と、その「直截的な先駆」と評される法律へと移す。二つの法律の中身を比較することで、代替案検討要件や公衆参加などが、アセス特有の仕組みとして発展をみたことを検証したい。

(1)　NEPA——世界初の環境アセスメント制度

NEPA は、1969年末に議会を通過し、1970年元日のニクソン大統領の署名によって成立した[21]。同法は、人間と環境の生産的な調和という理念を掲げ、その観点から連邦政府の責務を列挙する（101条）点で、わが国の環境基本法に相当するようにみえる。しかし環境行政機関（201条以下[22]）やアセスの中身（102条）についても具体的に定めている点で、環境基本法よりも実体的な性質の制定法であるといえよう。

NEPA の基本構造は、次のようである。まず101条では、「将来世代のための環境管理」や「すべての国民に対する良好な環境の確保」、それに「歴史的・文化的・自然的遺産の保存」等が、連邦政府の責務として掲げられた。国家環境政策と呼ばれる規定である。

続いて102条以下で、これらの責務の達成を確保するための、具体的措置が定められており、その一つが、次の102条(2)(c)である[23]。この規定に従い、連邦機関は、“人間環境の質に重大な影響を与える立法の提案、その他の主要な連邦政府の提案行為（以下、提案行為という。)”に関して、

① 提案行為が環境に与える影響
② 回避し得ない環境上の悪影響
③ 提案行為の代替案（alternatives）
④ 環境の短期的な利用と長期的な生産性の維持・向上との関係
⑤ 不可逆的で回復不可能な資源の消失

を記載した詳細な報告書を作成し、さらに、そうした“詳細な報告書の作成に先立ち、見込まれる環境影響について法律上の管轄権もしくは特別な専門性を有する連邦機関と協議し、意見を求めること。当該報告書……の写しは、大統領および環境諮問委員会、ならびに……公衆に公開するとともに、各連邦機関の既存の審査過程を通じて、当該提案に添付されること”を義務付けられることとなった（傍点は筆者による）。

この102条(2)(c)が、世界初の環境アセスメント条項として知られているものであり、住民や環境保護団体にとっては、情報公開や公衆参加の機会となることに加えて、訴訟を提起するための重要な手掛かりとなってきた（NEPA の運用をめぐっては、現在でも、年間150件程度の訴訟が提起されている[24]）。こうした公衆参加や訴訟等の結果として、環境影響の緩和措置が採用されたり、事業計画

そのものが変更されたりする例も多い。

⑵ FWCA——NEPAの「直截的な先駆」

NEPA の「直截的な先駆」は、魚類・野生生物調整法（FWCA: Fish and Wildlife Coordination Act）であったといわれている[25]。NEPA は、いくつもの法案が合流した地点に生まれたものであるが、H.R.6750 もそうした法案の一つであった。H.R.6750 は、1969年２月17日に、FWCA の修正法案として、下院へ上程されたものである[26]。

FWCA は、ニューディール期の1934年に制定された連邦法であり、ダム開発等の水資源開発事業に際して、魚類・野生生物の保全への配慮がなされることを求め、さらに、開発を担当する連邦機関と保全を担当する機関とが協議を行う仕組みを導入していた。この連邦法が、1946年、1948年、1958年と次第に改正強化され、かつ活用された結果、多くのダムで、保全措置（例：魚道の設置）が備わるようになったという[27]。

⑶ アセスメントから「環境」アセスメントへ

FWCA（1958年法をさす。以下同じ）は、全９条からなり、１条で目的が掲げられた後、２条以下で、開発影響調査や省庁間協議要件等の規定がおかれている。本章の目的との関係で重要なのは、１条と２条なので、それらの紹介から叙述を始め(i)、次いで、NEPA の条文との比較分析へ進もう(ii)。

(i) **FWCAの規定内容**　１条は、目的規定である。そこでは、「野生生物保全は、水資源開発プログラムのその他の諸要素と同等の配慮（equal consideration）を受けるものとする」ことが明記されていた（傍点は筆者による）。その上で、同条では、内務長官に対して、その他の連邦機関への保全関連施策支援や、公有地上での調査に関する権限を付与している。

２条(a)は、水資源開発を所掌する省庁（以下、開発官庁という。）への義務付け規定である。そうした開発官庁は、事業に着手する以前に、内務省魚類・野生生物局（FWS: Fish and Wildlife Services）と野生生物保全のあり方について協議するものとされた。

２条(b)は、右の協議のプロセスやその際に準備されるべき資料等について定めている。FWS は、１条の調査権限を行使して、報告書や勧告を準備し、それらにおいて、当該水資源開発事業に起因して野生生物へもたらされる損害やその防止措置、それに事業予定地の野生生物の特徴等を具体的に（specific）記載するものとされた。これらの報告書や勧告は、開発官庁から連邦議会等へ提出される事業関連報告書の一部とされなければならない。そして、開発官庁は、これらの報告書や勧告に対して「十分に配慮する（give full consideration)」ものとされた。

２条(c)は、開発官庁に対して、当初の事業内容を自ら修正する権限を付与したものである。これによって、同条(a)(b)で協議された内容が具体の施策となり得る。

最後に、２条(d)では、(FWS の報告書や勧告の中で示された）損害防止措置（２条(b)参照）を実施するための費用が、当該水資源開発事業の一部となることを認めている。

(ii)　**条文内容の比較と分析**　FWCA の１・２条は、開発「影響を事前に、調査・予測・評価して、これに基づき一定の……配慮の手立てを決定に反映させ」ための仕組みであったといえるだろう（本章第１節のアセス法制の定義を参照されたい)。それゆえ FWCA については、その修正法案（前述の H.R.6750）が最終的に NEPA として成立したという史実からだけではなく、制度としてのアセスの基本構造という観点からもまた、「直截の先駆」であったものと評し得る。

それでは、FWCA との比較において、NEPA とそれにもとづくアセスの制度的な特徴とはどのようなものなのだろうか。別な問い方をすれば、FWCA がアセス法とは解されず、NEPA がアセス法と解されているのはなぜなのか。ここでは、次の三点を指摘しておきたい。

第１は、包括概念としての「環境」が、連邦政府全体の責務を語る文脈で用いられたことである。NEPA 101条では、あらゆる連邦機関の責務として、「すべての国民に対する良好な環境の確保」や「歴史的・文化的・自然的遺産の保存」等が掲げられた。これに対して、FWCA の「水資源開発」や「野生生物」も広い概念ではあるが、「環境」ほどの包括性や媒体横断的な性質は見込めない。また、そうした概念の下で、FWCA 上の責務・義務を負うのも、（水資源開発や野生生物保全に関わる）限られた連邦機関でしかなかった。

第2に、「公衆」の視点をとり入れたことである。FWCA では、省庁間協議の仕組み（2条(a)(b)）を通じて、FWS（内務省魚類・野生生物局）等が、開発官庁に対して、専門的な知見を提供すること等が期待されていた[28]。一方、NEPA 102条(2)(c)では、そうした他省庁（ないしは多省庁）の視点に加えて、「公衆」の視点を確保することもが求められている。アセスを通じて予測される環境影響等が「公衆に公開され」ることで、提案行為の是非等が広く論議される状況が想定されていたものといえるだろう[29]。

最後に、「配慮」という文言を用いない一方で、「代替案」の検討を義務化したことである。FWCA では、保全が治水・利水と「同等の配慮」を受けるとともに（1条）、（FWS 等から提供される）保全関連の勧告等が、開発官庁によって「十分に配慮」される（2条(b)）ことが求められていた。保全配慮義務とでもいうべきものであるが、たとえば、訴訟において、この義務が適切に果たされなかったことを立証し得る可能性はほぼ皆無であろう。理論上はさておき、そうした配慮をしていない状況を想定するのは難しい。

しかし NEPA102条(2)(c)のように、代替案の検討を要するということであれば、そうする義務を果たしていないことの認定は比較的容易い。提案行為とは内容・規模・立地等の異なる案（代替案）を検討した形跡が見当たらなければ、検討の有無や不尽等を理由として、NEPA 違反を導く余地がある。

さらに、この規定では、一つではなく、複数の代替案を検討することが義務付けられた。すなわち、代替案としては、条文上、alternative ではなく、alternatives という文言が使われている。複数の代替案を検討していなければ、即違法と判断される見込みが高いものと考えられよう。

4　日本法への示唆、あるいは未来志向の回顧

最後に、前節までに獲得した歴史的な知見を踏まえて、わが国の環境影響評

価法（本法）にまつわる課題やその論ぜられ方等について再考し、気がついたことをいくつか記して、本章の締めくくりにかえよう。[30]

⑴ 「環境」はなにを意味する「べき」か

アセスの内容は、「環境」なるものの中身に左右される。NEPA にもとづくアセスが、社会的・文化的影響を評価項目としているのは、同法が、「歴史的・文化的・自然的遺産の保存」を、国家「環境」政策として宣言しているからである（本章 3⑴参照）。これに対して、本法では、社会的・文化的影響が評価項目とされておらず（本章 2⑶参照）、環境基本法でも、「環境への負荷」や「環境の保全上の支障」といった用語で「環境」を「裏側から定義する」にすぎない。そのため、「より積極的に「環境」を定義し、社会が共有すべき環境価値の中身を明確にする」必要があるとの議論が呈されてきた。[31]

環境法制（アセスを含む）のあり方が、「環境」（や「公害」）の定義次第であることは、立法政策論や学術研究の文脈でも次第に強く意識されつつあるようにみえる。[32] NEPA における「環境」の定義と（FWCA からの）その制度発展の経緯は、法的価値としての「環境」の中身を構想するに当たっての、一つの具体的な材料となり得よう。[33]

⑵ なぜ「代替案」検討要件はアセスの「核心」なのか

FWCA には適正「配慮」要件が存在していた。その一方で、NEPA には「配慮」という文言は見当たらない。適正「配慮」はもはや当然であるから、NEPA では敢えて明文化せず、より厳格な手続要件として「代替案」検討要件を課したという説明もできそうであるが、検証不足のため、そうした説明は予断の域を出ない。

ただし、「代替案」検討要件の明文化という制度発展は、行政裁量の司法的統制を下支えすることになった。なにが適正配慮となるのかは曖昧であるが、代替案を、とりわけ複数の代替案（alternatives）を検討したかどうかはチェックしやすい（本章 3⑶(ii)参照）。そして、代替案が合理的であるかどうかも比較的、客観的に評価し得るものといえる。[34] アメリカ本国では、このような制度発展と後続する司法審査の展開とを背景として、代替案の検討が、NEPA にもとづくアセスの「核心」（ないしは「エッセンス」[35]）と解されるようになったものと考えられよう[36]。

それでは本法もまた、代替案検討要件を制度の「核心」に据えて、（複数の）代替案の検討の義務付けへ、という制度発展をめざすべきなのだろうか。直感はそうであると告げるが、回答は留保しておきたい。というのは、環境基本法20条の下で、そのような制度発展をめざすべきである・めざし得るのかどうかが判然としないからである。この点の理論的な整理を、今後の検討課題の一つとして銘記しておきたい。

(3) より良い「決定」を支援するための「公衆参加」

FWCA の影響評価制度は、専門的知見の結集を基本としていたが、NEPA では、「公衆」の視点をもとり入れるようになった（本章 3 (3)(ii)参照）。NEPA にもとづくアセスは、科学的な合理性よりも裾野の広い合理性の確保をめざすものであったといえよう。そしてこうした目途は、公衆参加をとり入れたアセス制度に共通するので、本法にもとづくアセスもまた、社会的意思決定のための手続であると説明できる[37]。それゆえ、アセス制度における「公衆参加」については、根拠法に定められた事業「決定」権限との関係だけではなく、そうした社会的意思「決定」との関係においても、その意義や機能を検討することが重要となるだろう。

社会的により良い意思決定のためには、公衆参加から得られる意見が、創発的なものであることが望まれる。本法の場合、代替案検討要件を明確に書き込むことが、そのための一助となるかもしれない。代替案は事業者からのみ提案されるとは限らないからである。アセスの手続に参加した公衆から代替案が提案され、それを事業者が採用する、ないしはそれがヒントとなって当初案が変更されるといった状況も十分に想定できよう。とりわけ、「地域の実情に即した」代替案の提案は、地域住民としての公衆こそが果たし得る（ないしは地域住民に期待される）役割であり、自然資源管理の基本原則（生物多様性基本 3 条 1 項）にも適うものでもある。

そして、そうした創発的な中身の代替案の効用は、SEA（戦略的環境アセスメント）（本章2(1)参照）が実施される文脈で最大となるだろう。意思決定のより早い段階であれば、構想し得る代替案の中身も拡がるからである。逆に、事業アセスの場合には、事業内容がすでに固まっていることが多く、構想・検討できる代替案の中身も狭くならざるを得ない。

本法にもとづく公衆参加についても、それが情報提供参加かそれとも決定参加なのか、と問う（本章2(5)参照）ほかに、社会的により良い意思決定というアセスの究極目標を見据え、代替案検討要件やアセスのタイミング等をも併せた、全体的な制度設計の一部分として認識される必要がある。

〔付記〕
本章の執筆に際して、辻信一教授（福岡女子大学）より貴重なコメントを多数いただいた。おかげで内容を改善することができたものであり、ここに記して御礼を申し上げたい。また、本章は、JSPS 科研費 16K03434（代表：及川敬貴）による研究成果の一部である。

【注】

1) 浅野直人「環境影響評価法の改正と今後の課題」環境法政策学会編『環境影響評価――その意義と課題』3頁（商事法務、2011年）。
2) 浅野・前掲注(1)。
3) 大塚259頁以下や北村299頁以下等。関連諸業績も多数公刊されており、そのうちの主要なものは、大塚291頁以下でリストアップされている。なお、本章第2節の記述は、大塚・Basic 102頁以下に多くを負う。
4) 「未来志向の回顧」という印象的なフレーズは、佐藤仁『「持たざる国」の資源論―持続可能な国土をめぐるもう一つの知』23頁（東京大学出版会、2011年）から拝借した。
5) かかる貢献の可能性について、交告尚史「新石垣空港設置許可取消請求事件―空港設置における環境配慮」百選（第3版）160-161頁参照。
6) ここでは紙幅の関係上、アセス条例についての記述を割愛したが、本法では、アセス条例の設計の自由度を明文で定めている（61条）。この規定の読み方については、地域特性に応じた施策展開を謳った環境基本法36条の趣旨や、地方自治の本旨が関係してこよう。大塚・Basic 135頁参照。その上で、法律の対象とならない小規模事業をアセスの対象としたり、評価項目を新たに付加したりできるか等を考えていくことになる。なお、アセス条例の有無やその内容は、近年の環境行政訴訟において、原告適格判断や訴訟選択等のカギとなる場合が見受けられ始めた。小田急高架化事業認可取消事件（最大判平17・12・7民集59巻10号2645頁）や神奈川県環境影響評価条例事件（横浜地判平19・9・

5判自303号51頁）など。

7）大塚・Basic 125頁参照。

8）2011年に風力発電所が追加された。

9）アメリカやカナダでは、社会的・文化的影響が評価項目となっている。大塚・Basic 112頁参照。

10）調査、予測及び評価の方法についても、スコーピングが行われ、方法書への記載がなされる。

11）大塚・Basic 113頁。法的に厳密な議論をすれば、現在もなお複数案の検討が義務付けられているわけではない。ただし、訴訟が提起された場合に、「裁判所が、被侵害利益や侵害行為の態様によって複数案の検討義務を法的に認めることは容易になった」のではないかという見解もある。大塚・Basic 114頁。

12）この1箇条のみによって「個別行政法の許認可に関する規定に環境配慮の要件を入れる改正したのと同様の効果」があるという。大塚・Basic 118頁。

13）北村320頁参照。

14）大塚・Basic 119頁参照。

15）ただし、評価書に対しては認められておらず、①の意見聴取も、事業者の努力義務にすぎない。

16）本法制定時の中央環境審議会答申の立場であるという。大塚・Basic 115頁参照。

17）神奈川県環境影響評価条例事件（横浜地判平19・9・5判自303号51頁）や辺野古環境影響評価手続やり直し義務確認等請求事件（那覇地判平25・2・20訟月60巻1号1頁、福岡高裁那覇支判平26・5・27判例集未登載、最三決平26・12・9判例集未登載）など。

18）アセス条例にもとづく関係地域が参照された例として、小田急高架化事業認可取消事件（最大判平17・12・7民集59巻10号2645頁）。この他に、廃棄物処理法15条3項によって事業者に義務付けられる生活環境影響調査（通称ミニアセス）の対象地域が参照される例も見受けられ始めた。こうした「地域」について、裁判所がどのようにして適切な事実認定を行っていくかが問題となることが指摘されている。横内恵「廃棄物処理法に基づく生活環境影響調査の対象地域に関する一考察—高城町産廃事件と東海村産廃事件を事例として」大阪経大論集67巻3号113頁（2016年）参照。

19）2011年改正により、環境大臣が意見を述べられる機会が増えた（3条の5、3条の6、11条3項、38条の4）。

20）北村334頁参照。

21）アメリカ環境法の主要な部分は、1970年から始まる10年間、いわゆる「環境の10年」の間に整備された。畠山武道「アメリカ合衆国の環境法の動向」森島ほか編・行方332頁。この「環境の10年」の幕開けを飾ったのが、NEPA の制定である。NEPA について書かれた邦語文献は多数存在するが、以下の記述は、基本的に、及川敬貴『アメリカ環境政策の形成過程—大統領環境諮問委員会の機能』（北海道大学図書刊行会、2003年）による。

22) NEPA 201条以下で設置されたのが、環境諮問委員会（CEQ：Council on Environmental Quality）である。CEQ については、及川・前掲注(21)参照。

23) 各国制度との比較において、NEPA にもとづくアセス制度の特徴をとらえるのに役立つものとして、大塚直「環境影響評価法の法的評価」畠山武道・井口博編『環境影響評価法実務　環境アセスメントの総合的研究』21-47頁（信山社、2000年）を挙げておきたい。

24) *See* Michael E. Kraft, Environmental Policy and Politics 202 (5th ed. 2011). なお、近年の NEPA 訴訟の動向については、森田崇雄による一連の論稿を参照されたい。同「米国国家政策法（NEPA）に基づく差止訴訟に関する一考察―「回復不可能の損害」の要件を中心として」同法64巻6号249頁（2013年）など。

25) Richard N. L. Andrews, Managing the Environment, Managing Ourselves: A History of American Environmental Policy 174 (2d ed. 2006).

26) 及川・前掲注(21)108頁で、この経緯を確認した。

27) Andrews, *supra* n.25 at 174.

28) 1958年改正のねらいは、FWS 等に対して野生生物資源の改善に関する「明確な役割（a positive job）」を与えることであった。*Coordination Act Amendments: Hearings on H.R.12371, H.R. 8631, and Similar Bills H.R. 8744, H.R. 8747, H.R. 9053, H.R. 9308, and S. 2496. Before Subcomm. on Fisheries and Wildlife Conservation of the House Comm. on Merchant Marine and Fisheries*, 85th Cong. 7 (1958).

29) この仕組みは、NEPA が連邦議会を通過するわずか2か月ほど前に、最終的に同法となって成立する法案へ挿入されたものである。主要な立法者間の見解の相違やその摺合せの経緯について、及川・前掲注(21)112-114頁参照。

30) 本章では、本法に対し、従来とは異なる角度から光を当てたいと考え、そのための参照軸を海外の法制度に求めたが、そうした参照軸は国内にも存在している。たとえば、代替案検討義務については、土地収用事業認定関連訴訟（古くは日光太郎杉事件、近年ではあきる野 IC 事件判決等）でも司法判断が積み重ねられ、“不文の代替案検討義務”のような考え方が発展をみてきた。こうした考え方もまた、アセス法上の代替案検討義務のあり方を検討するに当たっての参照軸として役立ちそうである。友寄敦規・及川敬貴「土地収用事業認定と代替案―日光太郎杉事件以降の裁判例の整理・分析」環境法政策学会編『転機を迎える温暖化対策と環境法』222-238頁（商事法務、2018年）では、この方向での検討の必要性を指摘した。

31) 畠山武道「環境の定義と価値基準」大系41頁。

32) 畠山・前掲注(31)以降の業績として、たとえば、辻信一『＜環境法化＞現象―経済振興との対立を越えて』（昭和堂、2016年）は、産業振興法や資源開発法の中に環境保全関連規定が増殖する現象を＜環境法化＞として概念化し、そうした制度変容が進む中で「環境（法）」とは何かを問う。また、赤渕芳宏・二見絵里子「各生活環境被害調停申請却下取消請求控訴事件（シロクマ訴訟）―東京高判平成二七年六月一一日裁判所ウェブサイト」環境法研究42号148頁（2017年）は、温暖化の原因となる二酸化炭素の排出

（による被害）が「公害」の射程の外にあると判示した裁判例をとり上げ、シャープな分析を加えている。

33）アメリカ以外の国でも、「環境」は積極的に定義されており、その規定ぶりやそのように定義されるに至った経緯等が参考になる。たとえば、イギリスの1990年環境法では、「環境は、以下の媒体、すなわち大気、水、および土地のすべてまたは一部から成り、大気媒体は、建物の内部の大気、その他地上もしくは地下の自然または人工の構造物の内部の大気も含む」とされている。畠山・前掲注(31)41頁（脚注34）参照。

34）Center for Biological Diversity v. National Highway Traffic Safety Admin., 508 F.3d 508 (9th Cir. 2007) など、膨大な数の判例がある。NEPA の施行規則でも、「あらゆる合理的な代替案（all reasonable alternatives）が……厳密に探求され、かつ客観的に評価されるものとする（rigorously explored and objectively evaluated)」と定めている。及川・前掲注(21)189-191頁および同258-259頁で解説したように、この規則（およびその前身のガイドライン）は、1970年代後半までの関連判例を整理・分析し、そのエッセンスをとり入れて策定されたものである。

35）北村316頁。

36）アメリカでは、代替案検討要件が NEPA にもとづくアセスの「核心」であるとの理解が一般的である。大塚・Basic 113頁なども参照。

37）北村喜宣『環境法〔第２版〕』191-192頁（有斐閣ストゥディア、2019年）参照。

気候変動対策（緩和策）における規制的手法の役割

久保田　泉

1　はじめに

気候変動は、今や最も重要な環境問題である。IPCC 第５次評価報告書（2014年）は、高潮、沿岸域の氾濫、海面水位上昇による沿岸の低地並びに島嶼開発途上国における死亡、負傷、健康被害、生計崩壊のリスクなど８つの主要な気候変動リスクを特定したうえで、多くの主要なリスクは、対応能力が限定的な後発開発途上国や影響を受けやすい脆弱なコミュニティにとって重要な課題であるとした[1)]。また、同報告書によれば、GHG の排出と気温の上昇には比例関係があり、２℃目標を達成するためには、世界全体での炭素排出許容量は残り１兆トン程度であることが示されている[2)]。

パリ協定（2015年採択、2016年発効[3)]）は、今世紀中の世界の平均気温上昇を工業化以前に比べて２℃より十分低く保つことを目的とし、1.5℃に抑える努力を追求するとしている（２条）。また、今世紀後半には人為的な GHG の排出量と吸収量の均衡（実質排出ゼロ）を達成すべきであるとしている（４条１項）。同協定は、今世紀後半、できるだけ早い「化石燃料からの脱却」という国際社会が実現をめざす共通の価値・ビジョンを示している[4)]。

２℃目標を達成可能な排出経路はいくつかあるが、それらの経路では、今後数十年の大幅な温室効果ガスの排出削減と、今世紀末までに CO_2 およびその他の長寿命温室効果ガスの排出をほぼゼロに削減することが必要になる。これは、先進国だけではなく、これから経済発展する途上国も含めた数値であり、実現が非常に難しいとされている[5)]。

国内に目を転じてみると、日本の気候変動対策は、産業界を中心とする自主行動計画をベースとしてきており、規制的手法はほとんど用いられてこなかったが、この状況に変化が生じてきている。2016年、省エネ法と「エネルギー供給事業者による非化石エネルギー源の利用および化石エネルギー原料の有効な利用の促進に関する法律」（以下、「供給高度化法」という）の判断基準等が改正され、一種の規制的手法が導入された[6]。

今後、日本がパリ協定の下提出した2030年目標については、現在から政策の積み上げをすること、他方、2050年目標については政策の積み上げだけでは困難であり、大幅削減に向けた抜本的な対策が必要となることを前提としつつ、今後の気候変動対策を検討する際に、過去の法・法政策の評価を行い、過去からの教訓を得ることは重要である[7]。

本章の目的は、気候変動対策（緩和策[8]）における規制的手法の役割を明らかにすることである。本章では、まず、気候変動問題における規制的手法の特徴と具体例とを概観する。そして、日本の気候変動対策における規制的手法にまつわる状況の変化と、国内外の石炭火力発電所をめぐる状況について述べる。

2　気候変動対策における規制的手法

環境政策の手法は、①総合的手法、②規制的手法、③誘導的手法および合意的手法、④事後的措置、の4つに分けられる[9]。

かつては、どの国においても、行政機関が排出基準の遵守を排出者に求め、その遵守を強制するという直接的な規制的手法が主として用いられてきた。今日でも、これが中心的手法であることに変わりはないが、これのみでは十分でないことが明らかになっている[10]。

IPCC 第4次評価報告書（2007年）以降、複数の政策目標を統合し、共同便益を増大させ、負の副次的効果を減少させるように設計された政策への注目度が増大している[11]。

規制的手法は、気候変動対策において、部門を超えて広く採用され、多くの場合、他の施策と併せて用いられている（図表1参照[12]）。たとえば、再生可能エネルギー利用割合基準（以下、RPS という）や省エネルギー基準は、エネルギー部門における燃料補助金の削減と共に用いられる。運輸部門では、公共交通につき、車両効率および燃料品質基準が設定されている。建築部門では、エネルギー高効率建築物への投資に対する税の免除と共に、家電機器規格、ラベリング、建築基準等、多くの補完的な施策が採用されている。産業部門では、エネルギー集約型の工場に対するエネルギー効率診断と、自主協定および協定が用いられている。

図表 1　気候変動問題における部門ごとの規制的手法の具体例

部門	規制的手法の例
エネルギー	• エネルギー効率または環境パフォーマンス基準 • 再生可能エネルギー利用割合基準（RPS） • 電力グリッドへの衡平なアクセス • 長期の CO_2 貯留の法的位置づけ
運輸	• 燃費基準 • 燃料品質基準 • 温室効果ガス排出パフォーマンス基準 • モーダルシフトを促進するための制約 • 一定エリア内での自動車の利用の制限 • 空港における環境容量制約 • 都市計画および土地利用規制
建築	• 建築規制・規格 • 機器に関する基準 • エネルギー事業者が、消費者によるエネルギー効率化への投資を支援する責務
産業	• 機器に関するエネルギー効率基準 • エネルギー管理システム • 自主協定 • ラベリングおよび調達に関する規制
林業・その他土地利用（AFOLU）	• REDD+ を支援するための国の施策（モニタリング・報告・検証） • 森林減少を減ずるための森林法制 • 温室効果ガス前駆物質の大気および水の管理 • 土地利用計画およびガバナンス
人間居住、インフラおよび空間計画	• 多目的のゾーニング • 開発規制 • 手頃な価格の住宅供給の責務 • サイトへのアクセス管理 • 開発権の移転

	• 設計基準 • 建築基準 • 街路基準

出典：Somanathan E., T. Sterner, T. Sugiyama, D. Chimanikire, N. K. Dubash, J. Essandoh-Yeddu, S. Fifita, L. Goulder, A. Jaffe, X. Labandeira, S. Managi, C. Mitchell, J. P. Montero, F. Teng, and T. Zylicz, 2014: National and Sub-national Policies and Institutions. In: *Climate Change 2014: Mitigation of Climate Change. Contribution of Working Group III to the Fifth Assessment Report of the Intergovernmental Panel on Climate Change* [Edenhofer, O., R. Pichs-Madruga, Y. Sokona, E. Farahani, S. Kadner, K. Seyboth, A. Adler, I. Baum, S. Brunner, P. Eickemeier, B. Kriemann, J. Savolainen, S. Schlömer, C. von Stechow, T. Zwickel and J.C. Minx (eds.)]. Cambridge University Press, Cambridge, United Kingdom and New York, NY, USA. Table 15.2 を著者翻訳のうえ改変

一部の規制的手法は、市場に似た特性を有している。たとえば、RPS プログラムは、固定価格買取制度（FIT）は、再生可能エネルギーに対する規制と補助金の両方の側面を有しているが、電気事業者に対して、他の発電事業者から、再生可能エネルギークレジットを購入することにより、目標を達成することを認めている。低炭素燃料基準も、供給者間の取引等、市場に類する特徴を有する。

規制的手法は、気候変動対策（緩和策）において、以下の４つの役割を有する[13)]。第１に、技術やそのパフォーマンスを特定することによって、GHG の排出を直接制限する。第２に、農業、林業及びその他土地利用（Agriculture, Forestry and Other Land Use：AFOLU）や都市計画等、多くの活動が政府の計画等によって強く影響を受ける部門では、気候政策を考慮に入れた規制にすることが重要である。第３に、RPS のような規制は、最先端技術の普及および革新を促進する可能性がある。第４に、規制は、エネルギー効率改善の障壁を除去する可能性がある。

他方、規制的手法の限界としては、以下３点が挙げられる[14)]。第１に、費用効果性に乏しいことである[15)]。規制的手法は一律規制であり、政府は限られた情報しか持っていないため、各企業によって汚染削減のコストが異なることが無視され、社会的費用（遵守費用）が浪費される結果となる点である。第２に、排出基準による規制では、汚染削減の継続的インセンティブは与えられず、また、汚染物質の排出を抑制するような技術開発に対しても、適切なインセンティブが与えられない点である。第３に、人の監視能力の限界、行政リソース

の限界、監視手法の限界があるため、規制的手法のみで確保できる環境保全効果は限定されている点である。

3　日本の気候変動対策における規制的手法

2016年5月、日本は、前年のパリ協定の採択を受け、気候変動対策の基本的方向や2030年度までの日本の温室効果ガス削減目標等を定める地球温暖化対策計画を閣議決定した。

(1)　日本のGHG排出量の動向

日本の2016年度のGHG総排出量は、約13億300万トンCO_2であったが、そのうち、エネルギー起源CO_2は約11億2,800万トンCO_2であり、電力部門からのCO_2排出量はそのうちの約4割を占めている。すなわち、エネルギー政策が気候変動対策に直結する。

1990年代以降の排出量を見ると、産業部門は漸減している。運輸部門は、2000年頃をピークとして、その後は減少している。業務・家庭部門は、最近は減少しているが、1990年代以降の傾向としては増加している。エネルギー転換部門については、1990年代から全体的に増加しており、特に石炭火力発電の増加がその大きな要因となっている[16]。

(2)　日本の気候変動対策の特徴——自主的取組みの重視

これまでの日本の気候変動対策の最大の特徴は、自主的取組みの重視、自主性の尊重にある[17]。これは、自主行動計画から現行の低炭素社会実行計画に引き継がれている。

このような自主的取組みについては、かねて、①目標設定がばらばらで、また、アウトサイダーとの関係で公平とはいえず、②履行確保が困難であり、③策定過程、実施過程の透明性が十分でなく、企業からのデータ検証が困難であり、信頼性確保の仕組みが十分でないなど、種々の問題点が指摘されてきた[18]。最大の問題点は、インセンティブに伴う自らの経営判断による行動が進まず[19]、温室効果ガスの大幅な削減にはつながらないことであろう[20)]。

(3) 枠組規制の活用（実質的には自主的取組みおよび指導）

省エネ法は、1979年に、石油ショックを経て、省エネのために制定された法律である。その後、気候変動対策のための改正が何度も行われた。対象となるのは、①工場・事業場、②輸送、③建築物、④機械器具、の４つのグループであり、このうち、③に関しては、2015年に建築物のエネルギー消費性能の向上に関する法律（以下、「建築物省エネ法」という）という別の法律が制定されている。

省エネ法では、判断基準を主務大臣が決め、それに沿って事業者が自主的に行動していくことが想定されている。事業者には、省エネの努力義務（４条）が課され、①に関しては判断基準に照らして使用合理化が著しく不十分な場合には、第１種エネルギー管理指定工場棟について合理化計画の作成提出を指示し、従わない場合には、公表、命令、罰則（16条、95条）が課（科）される。②についても、判断基準に照らした指導、助言、勧告、公表、命令、罰則の規定が置かれている。④についても、基準に照らして性能の向上を相当程度行う必要がある場合に、勧告、公表命令が行われ、罰則が科され得る（79条、95条）。もっとも、実際に勧告以降の実効性確保措置が実施された例はほとんどなく、そのことが慣行のようになっている状況にある[21)]。枠組規制であるが、実質的には、自主的取組みおよび指導の手法をとるものといえる[22)]。また、明確な数値目標がないことと、定期報告義務が課されていることが注目されるところである[23)]。

機械器具等に係る措置については特色があり、トップランナー方式がこの中で定められている。対象品目は、特定エネルギー消費機器と特定関係機器で、①日本で大量に使用され、②使用の際に相当量のエネルギーを消費し、③エネルギー消費性能の向上を図ることが特に必要であることが指定要件とされている（78条）。判断基準は、エネルギー消費性能等が最も優れているものの消費性能等、技術開発の将来の見通しその他の事情を勘案して決めることになっている。

トップランナー方式は、判断基準に基づく自主的な努力を促進するものであり、基準が改定される点に特色がある枠組み規制である[24)]。

(4) 規制的手法の導入

建築物省エネ法は、大規模非住宅建築物に関して、新築時におけるエネルギー消費性能基準への適合義務を課し、適合性判定の義務づけをしている。上述の通り、同法制定前は、建築物も省エネ法の対象とされていたが、省エネ法が基本的に枠組み規制をしているのに対し、建築物省エネ法は通常の規制を行うことから、新法として独立した[25]。この義務は、建築確認によって確保される。中規模以上の建築物については、届出義務等が課される。

2016年、省エネ法と供給高度化法の判断基準等が改正され、発電所の効率基準および小売の非化石電源比率の目標が導入された。これらは、一種の規制的手法である[26]。石炭火力の新増設が多く計画される中で、環境省が、環境影響評価法の下、環境大臣意見により、事実上、その新増設にストップをかけたことの結果として、2016年2月9日の経済産業省との合意（いわゆる2月合意）により、資源エネルギー庁から打ち出されたものである（後述）[27]。

この判断基準の改定は画期的であったが、以下の理由により、判断基準の目標の達成が困難である可能性がある[28]。①供給高度化法の非化石電源44％の目標は、原発を20-22％とするエネルギーミックスを前提としているため、原発の再稼働が進まなければ達成できないことが予想されること、②省エネ法のベンチマーク指標と供給高度化法の非化石電源44％の目標は共同達成が認められるが、達成できない事業者が、共同達成の相手方として目標を大きくクリアした事業者を確保できる可能性は乏しいこと、が挙げられる。さらに、省エネ法の判断基準の目標が達成されたとしても、CO_2 排出削減目標を達成できない可能性があることも留意する必要がある[29]。

4　石炭火力発電所の新増設に関する日本と諸外国の対応

パリ協定の目標を達成するには、世界全体では、遅くとも2050年までに石炭火力発電所からの排出をなくす必要がある。日本では、石炭火力からの排出を今後数年で急速に減少させ、2030年までにはほぼゼロにしなければならない。

石炭火力の段階的廃止を効果的に進めるための政策については、日本以外の国々の経験から学ぶことができる。

本節では、国内外の石炭火力発電所をめぐる状況について述べる。

(1) 日本の対応

日本の2030年度の削減目標およびより長期の削減目標を達成するには、徹底した電源の低炭素化が必要不可欠である[30)]。

東日本大震災が起きた2011年以降、原発事故の影響で日本の CO_2 排出係数は急激に悪化したが、1990年から2010年までの間に、石炭火力発電の割合が増加したことが欧米諸国に比べて CO_2 排出係数が減少しなかった原因であることが明らかになっている[31)]。1990年比での CO_2 排出量は電力全体で1.7億トン増加したが、石炭火力は1990年比で1.7億トン増加（LNG は約1億トン増加）しており、石炭火力の増加が電力全体の CO_2 排出量の増加をもたらしたといっても過言ではない[32)]。

2030年の長期エネルギー需給見通し（2015年7月経済産業省決定。いわゆる「エネルギーミックス」）を前提とすると、2013年度から2030年度でエネルギー起源 CO_2 を3億トン削減し、電力由来エネルギー起源 CO_2 は1.9億トン削減しなければならない。そして、エネルギーミックスによると、2030年度には石炭火力の CO_2 排出量を約2.3億トン（発電容量は約4,500万kW）まで削減することになるが、2017年2月時点では、石炭火力発電所新増設の計画は約1,940万kWあり、稼働率70%、45年稼働で廃止するとして、CO_2 排出量の2030年度目標（約2.2-2.3億トン）を約7,000万トンも超過することになってしまう[33)]。石炭火力の稼働年数が40年程度であること、初期投資が高く高稼働が必要なことからも、新増設の抑制が必要である[34)]。

電力システム改革（電力自由化）により、ますますコストの安い石炭火力発電への推進力が働く中、環境省は、環境影響評価手続における環境大臣意見を用いて石炭火力発電所の新設にブレーキをかけてきたが、2016年2月いわゆる2月合意により、①電力業界の自主的枠組みについて引き続き実効性の向上を促し、②省エネ法と供給高度化法の基準の設定・運用を強化し、③毎年度進捗をレビューし、目標が達成できないと判断される場合には、施策の見直し等について検討することとした。[35)]

(2) 諸外国の対応

パリ協定採択後、国際社会は化石燃料からの脱却の実現に向けて、大きく舵を切った。特に、石炭については、その動きが顕著である。

気候変動枠組条約第23回締約国会議（COP23）（2017年11月、ボン（ドイツ））において、英国とカナダが呼びかけ、脱石炭連盟（Powering Past Coal Alliance: PPCA）が発足した。26の政府が団結し、世界的な石炭火力発電の段階亭廃止の加速を支援することを約束した。政府や民間団体からなる政府主導の自主的な連盟であり、2019年４月時点、80の加盟組織（30か国、22地域の政府および28の企業・団体）から成る。

欧州の国々や、脱石炭連盟の加盟国は、既に石炭火力発電所の段階的廃止のスケジュールを定めている（図表２）。

図表２　欧州主要国の石炭火力フェーズアウト

国	廃止期限	脱石炭連盟	石炭火力の段階的廃止に関する状況
オーストリア	2025年	加盟国	石炭火力を運営する事業者は、最後の２か所の発電所をそれぞれ2018年と2025年までに廃止する予定。2020年までの廃止も視野に入れている。
ベルギー	2016年	加盟国	2016年３月、最後の石炭火力発電所が廃止された。EU 初の脱石炭国。
デンマーク	2030年	加盟国	2023年までに、石炭の利用を廃止、石炭火力発電所を2030年までに閉鎖する予定。
フィンランド	2030年	加盟国	2030年までの廃止を決定しており、これが法制化されれば、石炭を法的に禁止する世界初の国となる。政府は2017年８月に、石炭段階的廃止法案を2018年に提出すると表明した。
フランス	2022年	加盟国	前政権が2023年までの廃止を約束。マクロン大統領がこの約束を確認し、期限を2022年に繰り上げ。2022年への繰り上げにも言及。
ドイツ	議論中	非加盟国	2017年の選挙後、石炭火力発電所の削減も含め、議論されている。
イタリア	2025年	加盟国	2017年10月に、2025年までの廃止を「国家エネルギー戦略」の一環として政府が発表（「戦略」は11

			月成立）。
オランダ	2030年	加盟国	2017年10月、2030年までの完全閉鎖を発表。現存する５つの発電所のうち３か所は近年完成したばかりであり、稼働期間は予定の耐用年数の半分以下になる。
英　　国	2025年	設立提唱国（カナダと共同）	2015年に世界で初めて石炭火力の段階的廃止政策を発表。法制化に向けて協議中。電源構成の40％以上あった石炭火力は９％まで減った。

出典：Climate Analytics (2018). Science Based Coal Phase-out Timeline for Japan: Implications for policy makers and investors. 表４（23頁）を著者改変。

これらの国々において、段階的廃止のために取られている政策は、厳格な排出基準の設定による規制的アプローチや、経済的手法としてカーボンプライシング等がある[36]。

イギリスやカナダでは、規制的手法が採用されている。まず、新設石炭火力発電所に対して厳格な排出基準を設けたため、建設が費用に見合わないものとなった。そのうえで、既設の発電所についても新設と同様の基準を期限付きで設定することで、石炭火力発電所の段階的廃止を確実にしようとしている[37]。

5　おわりに

これまでに見たように、規制的手法は、気候変動対策（緩和策）およびこれをねらった技術革新において、重要な役割を果たしてきた[38]。

規制のすべてのレベルにおいて、気候変動対策（緩和策）に対する法的対応は、エネルギー需要管理政策や持続可能な代替手段に関する研究の促進政策など、気候変動の特定の側面に関する個別の措置およびイニシアチブの集合体から、規制的手法、市場メカニズムや他の革新的なアプローチのネットワークへとシフトしてきた[39]。

日本では、2015年より前は、省エネ法の下、枠組み規制が行われてきたが、実質的には、自主的取組みであった。2015年以後、パリ協定の採択および発効、ならびに、地球温暖化対策計画の閣議決定を受けて、建築物省エネ法の制定や、2016年、省エネ法と供給高度化法の判断基準等が改正され、発電所の効率基準および小売の非化石電源比率の目標等、規制的手法が導入された。

規制によって石炭火力問題に対処する際には、新設・既設を問わず、①CO_2排出原単位基準によって規制し、基準を超過する場合には、CCS Ready（大規模排出源の設計・建設の段階から、CO_2回収設備等を設置するための用地確保等の準備を予め行っておくこと）を義務づけること、②石炭火力発電所の設備容量の総量枠を設けて入札制を導入すること等が考えられる[40]。

今後の研究課題としては、気候変動対策をとるにあたり、最適な手法選択というよりは、手法選択における多様性をどのように管理するかということに着目する必要がある[41]。

〔付記〕
本稿は、平成30年度環境省環境研究総合推進費S-14-(5)「気候変動に対する実効性ある緩和と適応の実施に資する国際制度に関する研究」および平成26年度～28年度三井物産環境基金の成果の一部である。

脱稿後の2019年４月23日、日本政府は、４月２日に発表された「パリ協定に基づく成長戦略としての長期戦略策定に向けた懇談会提言」を踏まえ、政府としての気候変動に関する「長期低排出発展戦略」案をとりまとめ、審議会に提示した。同案の中では、脱石炭の明確な位置づけは見送られた。

【注】

1） IPCC, Summary for Policymakers, In: Field, C.B., V.R. Barros, D.J. Dokken, K.J. Mach, M.D. Mastrandrea, T.E. Bilir, M. Chatterjee, K.L. Ebi, Y.O. Estrada, R.C. Genova, B.Girma, E.S. Kissel, A.N. Levy, S.MacCracken, P.R. Mastrandrea, and L.L. White (eds.) *Climate Change 2014: Impacts, Adaptation, and Vulnerability. Part A: Global and Sectoral Aspects. Contribution of Working Group II to the Fifth Assessment Report of the Intergovernmental Panel on Climate Change*, Cambridge University Press, Cambridge, United Kingdom and New York, NY, USA, pp. 12-14 (2014).

2） IPCC, Summary for Policymakers. In: Stocker, T.F., D. Qin, G.-K. Plattner, M. Tignor, S. K. Allen, J. Boschung, A. Nauels, Y. Xia, V. Bex and P.M. Midgley (eds.) *Climate Change 2013: The Physical Science Basis. Contribution of Working Group I to the Fifth Assessment Report of the Intergovernmental Panel on Climate Change*. Cambridge University Press, Cambridge, United Kingdom and New York, NY, USA, pp. 27-28 (2013).

3） Decision 1/CP.21 Adoption of the Paris Agreement, Report of the Conference of the Parties on its twenty-first session, held in Paris from 30 November to 13 December 2015,

Addendum, Part two: Action taken by the Conference of the Parties at its twenty-first session, FCCC/CP/2015/10/Add. 1.

4）高村ゆかり「パリ協定—その特質と課題」環境法政策学会編『転機を迎える温暖化対策と環境法—課題と展望』39頁（商事法務、2018年）。

5）久保田泉「パリ協定」医学会雑誌146（特別号２）63-66頁（2017年）。

6）大塚直「電力に対する温暖化対策と環境影響評価」環境法研究６号２頁（2017年）。

7）大塚直「転機を迎える温暖化対策と環境法—総論」環境法政策学会編『転機を迎える温暖化対策と環境法—課題と展望』（商事法務、2018年）９頁。

8）気候変動対策には、緩和策（GHG の排出削減および吸収源の増強）と適応策（自然・社会システムの調節を通じた気候変動による悪影響の軽減）とがあるが、本章では、紙幅の都合上、緩和策のみをとりあげる。

9）大塚71頁。

10）大塚71頁。

11）Somanathan E., T. Sterner, T. Sugiyama, D. Chimanikire, N. K. Dubash, J. Essandoh-Yeddu, S. Fifita, L. Goulder, A. Jaffe, X. Labandeira, S. Managi, C. Mitchell, J. P. Montero, F. Teng, and T. Zylicz, 2014: National and Sub-national Policies and Institutions. In: *Climate Change 2014: Mitigation of Climate Change. Contribution of Working Group III to the Fifth Assessment Report of the Intergovernmental Panel on Climate Change* [Edenhofer, O., R. Pichs-Madruga, Y. Sokona, E. Farahani, S. Kadner, K. Seyboth, A. Adler, I. Baum, S. Brunner, P. Eickemeier, B. Kriemann, J. Savolainen, S. Schlömer, C. von Stechow, T. Zwickel and J.C. Minx (eds.)]. Cambridge University Press, Cambridge, United Kingdom and New York, NY, USA.

12）前掲注(11)。

13）前掲注(11)。

14）大塚直『国内排出枠取引制度と温暖化対策』29頁（岩波書店、2011年）；大塚71頁。

15）前掲注(11)。

16）環境省「カーボンプライシングのあり方に関する検討会」取りまとめ９頁（2018年）。

17）大塚・前掲注(7)17頁。

18）大塚・前掲注(7)17頁。

19）大塚・前掲注(7)17頁。

20）大塚直『国内排出枠取引制度と温暖化対策』１頁（岩波書店、2011年）。

21）大塚・前掲注(7)11頁。

22）大塚・前掲注(7)11頁。

23）大塚・前掲注(7)11頁。

24）大塚・前掲注(7)12頁。

25）大塚・前掲注(7)12頁。

26）大塚・前掲注(6)２頁。

27）大塚・前掲注(7)12頁。

28） 大塚・前掲注(7)22頁。

29） 大塚・前掲注(7)23頁。

30） 島村健「石炭火力発電所の新増設と環境影響評価（一）」自研92巻11号79頁（2016年)。

31） 大塚・前掲注(6) 5 頁；諸富徹・山岸尚之編『脱炭素社会とポリシーミックス』1 頁(2010年)。

32） 大塚・前掲注(6) 5 頁。

33） 大塚・前掲注(6) 5 頁。

34） 大塚・前掲注(6) 5 頁；大塚・前掲注(7)24頁。

35） 大塚・前掲注(7)22頁。

36） Climate Analytics (2018) Science Based Coal Phase-out Timeline for Japan: Implications for policy makers and investors. https://www.renewable-ei.org/activities/reports/img/pdf/20180529/CoalPhaseOutTimelineforJapan_JP_180529.pdf

37） *Ibid.*

38） Driesen, D.M., Traditional regulation's role in greenhouse gas abatement. In: D. A. Farber and M. Peeters (eds.) *Climate Change Law*. Edward Elgar, Cheltenham, UK, Northampton, MA, USA, p. 423 (2016).

39） Mehling, M. Chapter 2: Implementing Climate Governance: Instrument Choice and Interaction In: E. J. Hollo et al. (eds.), *Climate Change and the Law, Ius Gentium: Comparative Perspectives on Law and Justice 21* p. 11 (2013).

40） 大塚・前掲注(7)24頁。

41） Driesen・前掲注(38) p. 423.

流域管理法制における現状と課題
——気候変動を念頭において

松本　充郎

1　気候変動により水問題はどのような影響を受けるか

日本では、年間降水量が多く梅雨時や台風時に降雨が集中しやすく、山がちである。また、河川の勾配は急であり、降雨により一気に流量が増大するが、雨が終わると短時間で流量が減少する。現在、都市は氾濫原に広がっており、洪水も渇水も発生しやすい。日本における治水・利水の体系は、気候が安定しているとの前提の上に築き上げられてきた。気候変動に法政策的に対応するためには、気候変動による変化を具体的に想定することが必要である[1)]。

2014年11月に公表されたIPCC 第５次評価報告書統合報告書は、気候システムが人為的活動によって変動していることについて疑う余地はないとし、気候変動の進展により、今後、水災害がさらに頻発化・激甚化すると予想している[2)]。日本政府は、水災害分野においても気候変動適応策を検討してきた。ところが、2018年７月には梅雨前線の活動による水災害及び土砂災害が岡山県・愛媛県・広島県等において発生した。

日本における洪水対策としては河道整備やダム建設などが重視されてきたが、気候変動の進行によって激甚な降水の発生頻度が高まれば、洪水や土砂崩れの頻度は高まる。自然現象である洪水や土砂崩れは、人命・家屋等に悪影響を与えてはじめて水害や土砂災害になる。人間が河川や傾斜地から離れて生活すれば災害は減るはずであるが、日本では、人口減少により住宅の需要は大きく落ち込むと見込まれているにも拘らず、土地利用の誘導は進んでない。

本稿では、まず、流域管理の歴史を紐解き、水害および規制権限不行使に関する国家賠償訴訟の到達点について述べる。次に、気候変動適応策の観点から既存の流域管理法制の可能性と限界について検討する。最後に、今後の流域管理法制の在り方について、本稿の主張を要約し今後の課題を示す。

2　流域管理法制および既存のインフラの現状

(1) 土地利用の在り方と流域関連法制

江戸時代初期には、舟運の利便性を重視して、城下町が氾濫原に形成された。また、関ケ原等の戦乱後の藩財政を立て直すために、河川の氾濫原であった低湿地の開拓により新田開発を行い、上流域の森林を秣場や薪炭林に変えた。[3] 上流域の砂防事業と河川整備が必要になったが低水工事中心であった。明治維新後も、当初、河川改修は低水工事を意味しており、治水もあえて水利土功会に委ねていたが、1885年に全国的に甚大な洪水被害が発生したため、1896年には旧河川法により国家が治水を主導する体制を整備した。[4]

近世以来、農業中心に利水の体系を築き上げ、近代化後に都市化および工業化が進展したため、地表水について農業用水の後に上水道用水や工業用水の占用が行われた。戦後の復興期以降、上水道用水および工業用水の需要の急増により地下水も開発されたが、1950年代に地盤沈下が深刻化した。そこで、特定多目的ダム法（1954年）・水道法（1957年）に加えて、工業用水法（1956年）・ビル用水法（1962年）を制定し、地下水開発に部分的に歯止めをかけた。[5]

また、1946年に制定された国家賠償法（以下「国賠法」とする）は公務員の不法行為責任とともに（1条)、「公の営造物の設置又は管理」の瑕疵によって「他人に損害を生じたときは、国又は公共団体」が賠償責任を負うとする（2条)。また、1964年には新河川法が制定され、治水と利水が体系化されたが(1949年に水防法制定)、生産調整と並行して水田の宅地化が進展し、水害が頻発した。大東水害訴訟最判以降の水害訴訟において、請求はほぼ棄却された。

1950年代以降、ダム等の構造物が建設された。遡河性魚類は環境（川と海の繋がり等）の指標となりうるが、そのうちアユの漁獲高の減少が顕著になったのは建設後30〜40年後の1990年代である。[6] 二風谷ダム訴訟（札幌地判平9・3・

27判時1598号33頁。棄却。事情判決）[7]および長良川河口堰訴訟（名古屋高判平10・12・17判時1167号3頁。棄却）において、少数民族の文化遺産や環境への影響が争点となり、1997年には河川法が改正され、目的に環境の保全と整備が追加された。さらに、2011年3月の大震災・事故後は、揚水式発電の利用方法や中小規模の水力発電の推進が課題となり、2014年には水循環基本法が制定された。

(2) 水害訴訟の時代（大東判決）[8]

高度成長期以降（特に1970年以降）、水害訴訟の時代を迎えた。

大東水害訴訟（最判昭59・1・26民集38巻2号53頁）において、1972年7月の豪雨により一級河川谷田川（工事実施基本計画［当時］は策定済みで改修途上）および三本の水路が溢水し、農地を宅地化した土地において原告Xらが所有する家屋等に床上浸水等が発生した。Xらは、河川管理者（Y_1）および費用負担者（Y_2・Y_3）に対して、国賠法2条1項および2項により損害賠償を請求した。Y_1・Y_2・Y_3は、河川管理には諸制約があり、本件営造物の設置または管理に瑕疵はなかったと主張し、最高裁は、Xの請求を認容した原判決を破棄し差し戻した（差戻後控訴審［大阪高判昭62・4・10判時1229号27頁］は請求棄却）。

(a)「営造物の設置又は管理の瑕疵とは、営造物が通常有すべき安全性を欠き、他人に危害を及ぼす危険性のある状態をい」う（最判昭53・5・4民集32巻5号809頁［神戸防護柵転落事件］）。河川管理においては、施工は原則下流から上流に向けて行うが（技術的制約）、予算の枠内で必要性・緊急性の高い改修工事から実施しなければならない（財政的制約および時間的制約）。また、流出機構が変化した他、低湿地帯の宅地開発や地価高騰により治水用地の取得が困難であり（社会的制約）、道路の一時閉鎖のような簡易な危険回避手段もない。「未改修河川又は改修の不十分な河川の安全性」は、諸制約の下での改修・整備の段階に応じた「過渡的な安全性をもつて足りる」。

(b)「河川の管理についての瑕疵の有無は、過去に発生した水害の規模、発生の頻度、発生原因、被害の性質、降雨状況、流域の地形その他の自然的条件、土地の利用状況その他の社会的条件、改修を要する緊急性の有無及びその程度等諸般の事情を総合的に考慮し、前記諸制約のもとでの同種・同規模の河川の管理の一般水準及び社会通念に照らして是認しうる安全性を備えていると認められるかどうかを基準として判断すべきである」。

(c) そして、改修計画が定められた改修中の河川については、その計画が格別不合理と認められないときは、事情変更により「早期の改修工事を施行[す]るべき特段の事由が生じない限り、右部分につき改修がいまだ行われていないとの一事をもつて河川管理に瑕疵があるとすることはできない」。

本件において、溢水箇所付近では一級河川指定時に占用許可を受けたX_1所有の家屋が河道上にあり、水害発生の前年に退去命令を受けていた。補償交渉がもつれる間に水害被害が発生したが、訴訟提起後4カ月で全家屋が撤去され、1976年には改修工事も完了した。(a)X_1に関する社会的制約はYの先行行為(占用許可)によって発生しており、(b)本件河川の改修はすぐに終わっている。(c)Xのうち河道上の家屋の所有者X_1について、神戸防護柵転落事件最判を先例として過失相殺を行い、残りのXについて請求を認容すべきであった。

(a)の諸制約につき、土地利用の在り方や人口の動態次第で、洪水と水害の距離は変わり、社会的制約の強弱によって財政的制約および技術的制約も変わる。(a)と(b)の結びつきも土地利用方法の誘導によって可変的である。未改修・改修途上・改修完了済みのいずれの河川においても超過洪水(対象降雨の降水量を超過したことによって生ずる洪水)への対策は政策課題として残っている。

なお、多摩川水害訴訟最判平2・12・13民集44巻9号1186頁は、住民らの請求を棄却した原判決を破棄し、高裁に差し戻したが(改修完了河川が計画の範囲内で破堤。東京高判平4・12・17判時1453号35頁は住民らの請求を認容)、殆どの判決は大東最判を先例として請求を棄却している。

しかし、国家には、生命・身体その他の権利利益を保護する責任があるから、土地利用の在り方を「社会的制約」として放置するべきではないのではないか。また、気候変動により、(b)降雨状況等の自然的条件が変化しており、災害リスクは高まっている。次に、国賠法1条1項の責任について検討する。

(3) 流域管理法制における規制権限の不行使

国家賠償法1条1項が本来想定しているのは、公務員の作為によって損害を被った市民が、国や公共団体に対して損賠賠償を請求する場合であるが、行政の不作為によって市民に損害が発生した場合も、国家賠償法１条１項が適用され得る。すなわち、①申請に対する不作為のような損害の直接的原因となる不作為に加えて、②他の市民に損害を与える別の市民の原因行為に対する規制権限不行使、③同様な原因行為に対する行政指導権限不行使、さらに、④自然現象や危険物から市民を守るための安全確保措置の不作為がある。②③は三面関係における権限不行使であり基本権保護義務の問題とされるのに対して、④は被規制者が存在しないことから危険管理責任の問題とされる[9)]。

②の類型として、宅地建物取引業法事件最判平元・11・24民集43巻10号1169頁等[10)]は、根拠法が付与した趣旨・目的に照らして、権限の不行使が著しく不合理であると認められる場合には国家賠償法上の違法を構成するとされる可能性を示唆した（請求棄却）。これに対して、筑豊じん肺国賠訴訟（最判平16・4・27民集58巻4号1032頁）・泉南アスベスト訴訟（最判平26・10・9民集68巻8号799頁）および③の水俣病関西訴訟最判平16・10・15民集58巻7号1802頁は、賠償責任を肯定した。④危険管理責任は、西宮市宅造地擁壁崩壊事件（大阪地判昭49・4・19判時740号3頁）において国賠法１条１項の責任が肯定されて注目された[11)]。

規制権限不行使事案においては、(i)当該保護規範における趣旨・目的との関係において誰の利益が保護されるか、(ii)当該事案において規制権限不行使に裁量があるか否かが問題となる。(i)②③当該根拠法令の趣旨・目的に照らして、被規制者および消費者の利益は保護されうるが競業者の利益は保護されない。(ii)②③と同様、④危険管理責任についても、裁量収縮論または裁量権消極的濫用論等から、(ア)重大な法益侵害の危険性がある場合に、(イ)その危険性の予見可能性・(ウ)結果回避可能性・(エ)期待可能性・(オ)補充性を要件として判断されることが多いが（千葉野犬咬死事件［東京高判昭52・11・17高民集30巻4号431頁］）、実質的に(エ)期待可能性を問題にしていないものもある（高知地判昭49・5・23下民集25巻5～8号459頁）。

④土地利用における危険管理責任において、(i)人命や財産権の保護は、森林法・砂防関連法・都市計画法（都計法）・宅地造成等規制法（宅造法）の目的に含まれているが、農地法の目的には含まれていない。抗告訴訟に比べて、国賠

訴訟は事後的統制であり濫訴の弊の懸念は弱く、保護範囲は拡張される余地が広い。また、(ii)効果裁量があり(ア)〜(オ)の要件論が重要である。三面関係と異なり、被規制者の利益を考慮しなくてよいから(エ)期待可能性が高まる[12]。

本節での検討を踏まえて、次節では、河川法および土地利用規制（都市計画法等）によってどのような対策が可能かを検討する。

3　気候変動下における流域管理法制

(1)　河川法および水防法の仕組みと気候変動下における課題[13]

1995年には、IPCC 第2次報告書は公表されていたが、1997年には、気候変動ではなく長良川河口堰訴訟等の国内事情を踏まえて河川法が改正された。

まず、法律の目的として、治水・利水に加えて「河川環境の整備と保全」が追加された（1条）。また、一級河川は国土交通大臣により、二級河川は都道府県知事により指定される（4条1項および5条1項。以下、主に一級河川のみに触れる）。河川管理の権限を有する者は河川管理者と呼ばれる（7条）。一級河川のうち国土交通大臣が政令により指定した区間（管理区間）は都道府県知事が管理し、それ以外の区間は国土交通大臣が管理する（9条1項）。

河川管理者は、「水害発生の状況、水資源の利用の現況及び開発」および「河川環境の状況」を考慮し、他の計画との調整を図りつつ河川の総合的管理の確保のために定める（16条1項。河川整備基本方針、以下「方針」）。方針に即して、当該河川の総合的管理確保のため、ダム・堰・堤防・河道の拡幅等の工事等に関わる計画を定める（16条の2。河川整備計画、以下「計画」）。

治水の肝である基本高水流量は、次のように決定される。まず、地域の重要度、既往洪水群、事業効果等を踏まえて河川の重要度を決定し、河川の重要度に応じて計画規模が決定される（A〜E級。A級の主要区間の対象降雨の降雨量の超過確率は1/200［年］）。次に、対象降雨については、既往洪水等を考慮し、洪水流出モデルを用いて洪水のハイドログラフを求め、ダムへの配分量を差し引いた残りが河道に配分され（計画高水流量。令10条の2第2号イ・ロ）、正常維持流量が決定される（令同条同号ニ）。そして、計画規模を超える洪水により甚大な被害が予想される河川において、必要に応じて、超過洪水対策を策定しなければならない（土地利用の実態は流出係数に反映される[14]）。河川管理施設のうちダム・水門等については操作規則を定めなければならず（14条）、ダムの設置または操作による災害発生や河川の従前の機能の毀損を避けるため、必要な施設の設置または代償措置が義務付けられている（44～52条[15]）。

また、利水の仕組みとして、河川法上の河川において流水を占用する場合には許可が必要である（23条。87条・施行法20条［慣行水利権］）。異常渇水時には、水利使用者同士は調整を、河川管理者は情報提供を行わなければならず（53条1項）、調整は互恵互譲の精神で行われなければならない。そして、「河川環境の整備と保全」が目的とされたが、その実現手段は、方針・計画において定められる正常維持流量の確保以外には殆どなく工夫が必要である。河川法の諸規定への違反に対して、河川管理者は、監督処分を行うことができる（75条）。

近年、水防法が頻繁に改正されている。水防法上、市町村および都道府県は水防上の責任を負う（3条および3条の6）。国土交通大臣または都道府県知事は、洪水予報河川（10条2項・11条1項）および水位周知河川（13条1項・2項）を指定し、後者については洪水特別警戒水位を定める。国土交通大臣または都道府県知事は、洪水時の避難のため、想定しうる最大規模の降雨により河川が氾濫した場合に浸水が想定される区域（洪水浸水想定区域）を指定し、浸水した場合に想定される水深、浸水継続時間等と併せて公表する（14条）。洪水浸水想定区域図に洪水予報等の伝達方法、避難場所等の洪水時の必要事項などを記載した地図は、洪水ハザードマップと呼ばれ（15条3項）、洪水浸水想定区域を含む市町村長によって各世帯に提供される。

さて、気候変動に対して、河川法上、どのような対応が可能なのだろうか。

まず、治水において、計画高水流量を超える洪水の発生頻度が高まると予想されている。計画規模の引き上げ（C級からB級等）という対応もありうる。しかし、大東水害訴訟最判等（2⑵）に当てはめると、財政的および環境的負荷を持ち出すまでもなく、整備済河川が未整備または改修途上河川に分類替えされるが、現実の「過渡的安全性」の向上や、整備済み河川における超過洪水対策の実現には時間がかかる。河道内対策として既存施設の活用（2009年の台風

18号における青蓮寺ダム・室生ダム・比奈知ダムの統合運用）や利水・環境上の施策も含めた統合的対応をとり、（河道内・河道外のいずれに位置付けるかはともかく）土地利用規制や遊水地等を活用することが望ましい。

利水については、渇水の頻度が上がり程度も深刻化する。また、冬の降雪は夏のダムとして機能してきたが、気候変動によってこれを失う可能性がある。既存のダムの維持管理だけで財政的にも環境面でも手一杯だから、代替手段としては水取引・転用や既存ダムの転用・地下水の持続的利用が有効である。

水取引については、裁判例上、水取引（三田用水事件。最判昭44・12・18訟月15巻12号1401頁および1421頁）は否定されている。しかし、異常渇水時には、無償の融通が認められており（53条1項）、少なくとも短期的には、無償の融通が認められて有償の融通が認められないとすることには理由がないとの解釈が妥当である[16)]。ダムの転用については、過去に検討された事例（関西電力喜撰山ダム［揚水式］の治水転用）や現在検討中の事例（利水用の千苅ダムの治水転用）はあるが実現していない。地下水の持続的な利用は、治水・利水・環境のいずれの局面でも非常に重要だが、別稿に譲る[17)]。

環境面では、降水量の変動幅が大きくなれば、一層、維持流量確保が困難になる。流水占用許可（河川23条）更新の際には、関係都道府県知事への意見聴取が義務付けられている（河川36条）。発電用の流水占用許可の期間について、河川管理者は、更新期間を30年から20年に短縮した。また、2010年には高知県知事は、環境影響に関する「佐賀取水堰に係る検討協議会」の報告書と住民の意向調査を踏まえて河川管理者に意見を述べた（環境影響評価制度の補完例）。さらに、高知県は、産卵場造成（河川27条・水産資源保護15条）に加えて、水濁法３条３項（清流保全条例によるダム濁水対策）・水産資源保護法22条（魚道確保）等によりアユの生育環境保全を実施している[18)]。

(2) 土地利用法制

(i) 都市計画法および建築基準法[19)]　都道府県知事は、都市計画区域・準都市計画区域を指定し（都計５条・５条の２）、必要があるときは市街化区域および市街化調整区域を区分することができる（７条１項。区域区分［線引き］）。「市街化区域は、すでに市街地を形成している区域及びおおむね十年以内に優先的かつ計画的に市街化を図るべき区域」（都市計画基準。7条2項・令8条）であり、都道府県が定める（15条）。2000年に都計法が改正され、都道府県は線引きするか否かを選択できるようになった。知事は、都市計画区域（8条1項）および準都市計画区域（8条2項）について、用途地域の指定を行うことができる。都市計画区域または準都市計画区域において、開発行為を行おうとするものは、予め知事の開発許可をえなければならない（29条1項。）。また、33条1項は、開発許可の技術的基準として排水施設（調整池等）の設置を義務付ける。そして、市街化調整区域における開発行為は原則として禁止されるが、2000年の都計法改正において、既存宅地確認制度の代替措置として34条11号（旧34条8号の3）が追加された。開発許可権限を有している自治体が予め条例で区域を定め、その区域で環境保全上支障のない建築物を建築することを許容することとした（開発許可条例）。さらに、建築基準法（以下「建基法」とする）39条1項により、災害危険区域を指定することができるが、すでに宅地化が進んでいる場合には、現状が追認されている。

(ii)　**都市計画法制・農地法制と相続**　全国で、空き家が問題となっている。日本は、不動産物権変動における登記について対抗要件主義をとるが（民177条）、遺産分割が進まない場合や限定承認も放棄（915条）もせずに単純承認とみなされる場合（921条）は、相続登記が行われない場合が多い。都市計画区域は規制が厳しいが、相続等により所有者不明住宅が虫食い的に発生し、再開発が困難な場合には、市街化調整区域での開発圧力が高まり、開発許可条例と相俟って農地の宅地開発が進む[20]。

(iii)　**農地および傾斜地における土地利用規制**　災害の危険がある地域において、宅地開発を目的とする農地の転用許可申請を拒否できるか。農地法は、生命や家屋の保護を目的としていない。仮に、転用後に宅地開発が行われて洪水による被害が発生しても、国賠法1条1項の賠償責任は問われないとの見方もありえよう。しかし、国家には危険防止責任があり、農地転用許可に「宅地化しないこと」等の条件を付けるべきである。

また、林地等を開発し、傾斜地を宅地化したり、傾斜地にメガソーラーを設置したりするケースがある。2018年７月の土砂災害による死者・行方不明者のうち、被災位置が特定できた107名のうち約９割（94名）は、土砂災害警戒区域等における土砂災害防止対策の推進に関する法律（土砂災害防止法）上の土砂災害警戒区域内等で被災している[21]。かねてより、土砂災害警戒区域への指定も不十分であるとの指摘もある[22]。

メガソーラーは気候変動緩和策として重要だが、土砂災害等を誘発する蓋然性が高い場合には、土砂災害警戒区域指定の有無に拘らず、適応策の観点から不適切な土地利用として規制するべきである[23]。

(3) 事例研究

(i) 高梁川水系[24]　岡山県は晴天日数が日本一多い県だが、高梁川・小田川は梅雨時と台風時にはたびたび洪水に見舞われており輪中堤が存在する。2000年には都計法改正が行われ、2001年には倉敷市は同開発許可条例を制定・施行した。条例施行後、市街化区域の分譲・共同住宅等の開発が減少し、調整区域内の農地転用が進み、都計法34条11号に基づく開発許可件数は2009年度全国３位であった[25]。

2007年に高梁川水系河川整備基本方針・2010年には高梁川水系河川整備計画が策定された。しかし、農地転用による宅地面積の急増という変化を受け、小田川合流点の治水安全度が問題となっていた。また、高梁川・小田川は、水防法上の洪水予報河川であり（10条２項）、洪水浸水区域が指定され（14条１項）、ハザードマップも公表済であった（15条３項）。

2018年に高梁川水系河川整備計画が変更され、翌年には付替え工事の仮設工事着工が予定されていたが、2018年７月の洪水において、死者51名・家屋被害を含む被害が発生した。改修途上の河川の国賠法２条１項の賠償責任については、２(2)(c)大東最判が先例であり、過渡的安全性を確保すれば足りるから、本件では住民の請求は棄却されそうである。これに対して、農地の不適切な転用に関する国賠法１条１項の責任について、２(3)(ア)人命や家屋の著しい損傷が発生すると、危険防止責任を問われうる。政策的には、同程度またはそれ以上の洪水が水害に転化しないような手段を考えることが重要である。

(ii) **淀川水系における流域治水**[26]　淀川水系は国土交通省の取り組み（ダムの統合運用〔3(1)〕・上野遊水地）も含めて、先進的な水系である。ここでは、滋賀県流域治水の推進に関する条例（以下滋賀県流域治水条例）について検討する。滋賀県流域治水条例は、既存の法的仕組みを生かしつつ「地先の安全度／想定浸水深」に基づいて、河川等の流下能力の範囲内の洪水に加えて、超過洪水や内水氾濫にあっても、「県民の生命、身体および財産を保護し」安心安全な地域の実現を目的とする。

第1に、「ながす」は、河道内の流下能力を高める対策を指し、河川における氾濫防止対策、河道の拡幅等を計画的・効果的に推進し、河川内樹木の伐採や当面河道拡幅等が困難な区間における堤防強化を意味する（9条）。

第2に、河道外の対策である、「ためる」として、集水地域における雨水貯留浸透対策として、森林・農地の所有者等は、森林・農地の雨水貯留浸透機能の発揮に、また、公園・運動場・建築物等の所有者等は、雨水貯留浸透機能の確保に努める義務を負う（10条・11項）。

第3に、「そなえる」は、洪水による浸水対策を指す（26条以下）。県は、避難に必要な情報伝達体制を整備し、市町を支援する。県民は、日ごろから非常時にとるべき行動を確認し、非常時には的確に避難する努力義務を負う。宅地建物取引業者は、宅地等の売買等に情報提供を行う努力義務を負う（29条。宅地建物取引業法35条の情報提供）[27]。県・関係行政機関・住民は、水害に強い地域づくり協議会を組織し、必要な取組を検討することができる（33条）。

第4に、「とどめる」は、被害を最小限に留めることを意味する。知事は、氾濫原における建築制限を行うため、200年確率降雨で浸水深約3m以上の区域を浸水警戒区域（13条）[28]および災害危険区域に指定する（13条9条・建基39条）。知事は、建築制限を行い（14条）、許可基準を定め（15条）、建築物の調査（19条）および立入検査等（22条）を行う権限を有する。24条は市街化区域への編の際の基準について規定する（後述）。

最後に、建築規制に関する規定違反者への罰則（41条および42条。建基106条に基づく）および過料について規定し（43条）、履行確保を図っている。

まず、浸水警戒区域（13条、建基法39条の災害危険区域制度）の指定は、治水の観点からのスポット的な区域指定に過ぎない。現行法上、県には一級河川淀川水系の河川整備計画の決定権限はないためか、滋賀県流域治水条例において、「ながす」は、河川法上の河川整備計画であり（９条)、「ためる」は超過洪水対策とされている（10条・11条)。兵庫県が、流域対策を二級河川武庫川水系河川整備計画上に位置付けていることとは対照的である。

また、「とどめる」について、「市街化区域」には、原則として「溢水、湛水、津波、高潮等による災害の発生のおそれのある土地の区域」を含めない（都計７条２項・都計法施行令８条１項２号ロ)。条例24条は、令８条１項２号ロを具体化した通達を用いて、「概ね60分雨量強度50mm程度の降雨を対象として河道が整備されないものと認められる河川の氾濫区域及び0.5m以上の湛水が予想される区域」を原則として市街化区域に含めない。もっとも、条例24条は、既存の市街化区域には適用されず、盛土等により想定浸水深が0.5m未満となる場合はこの限りではなく（同条但書)、例外は広い[29]。

流域治水条例は、都計法・建基法・森林法・農地法等および河川法・水防法の諸規定を条例の形で統合的に解釈したに過ぎないが、縦割りで運用されてきた諸法令の規定を、条例により統合的に運用させる画期的な取り組みである。

4　結びに代えて

本稿では、まず、国賠法２条および１条の災害関連の裁判例を検討し、国賠法上の救済の限界を確認し、国家は危険管理責任の観点から、土地利用の在り方を社会的制約として放置するべきではなく、気候変動によって深刻化する水問題（特に災害）への対応が必要であることを指摘した。

次に、流域管理法制の仕組みについて気候変動適応策の観点から検討した。具体的には、河川法の治水・利水・環境に係る諸規定を統合的に運用する必要があるが、適応策としてはなお限界があり、水防法・都計法・建基法等も動員すべきであると指摘した。さらに、市街化調整区域における開発許可条例に基づく宅地開発や、傾斜地やその周辺における宅地開発やメガソーラー設置が災害を誘発する可能性を指摘した。最後に、倉敷市真備地区と滋賀県流域治水条例を比較し、前者において、河川法および水防法上の措置が取られていたにもかかわらず、農地転用後の宅地において甚大な被害が発生したことを指摘した（2(2)も参照）。後者の取り組みは、立法的な法制度の整備に加えて、行政が既存の仕組みや施設の統合的な運用を行い、市民の現実の行動に結びつけることが必要であることを示している。

現在検討中の気候変動緩和策が功を奏したとしても、気候変動は確実に進展しており、緩和策が実を結ぶには時間がかかるから、気候変動適応策をより真剣に検討すべきである。流域管理法制として土地利用の在り方を再編成することは、気候変動緩和策のみならず、人口減少社会における課題として、国だけではなく自治体や国民に突き付けられていることを指摘し、結びとしたい。

【注】

1）社会資本整備審議会「水災害分野における気候変動適応策のあり方について」（平成27年8月）。国土交通省水管理・国土保全局「ダム再生ビジョン」（平成29年6月）。

2）気候変動に関する政府間パネル『気候変動2014統合報告書（確定訳）』15-16頁（2016年）。

3）荻慎一郎ほか『高知県の歴史』204-244頁（山川出版社、2001年）。水本邦彦『草山の語る近世』（山川出版社、2003年）。

4）小出博『利根川と淀川』（中公新書、1975年）。土木学会編『古市公威とその時代』112-125頁〔松浦茂樹〕（土木学会、2004年）。

5）蔵治光一郎編『水をめぐるガバナンス』12-14頁（東信堂、2008年）。大塚292-295頁。

6）高橋勇夫「アユ―持続的資源の非持続的利用」新保輝幸・松本充郎編『変容するコモンズ』87-91頁（ナカニシヤ出版、2012年）。

7）山下竜一「判批」百選（3版）168-169頁。

8）阿部泰隆『国家補償法』221-234頁（有斐閣、1988年）。橋本博之「判批」宇賀克也ほか編『行政法判例百選II〔第7版〕』487-488頁（有斐閣、2017年）。三好規正「類型論　水害」宇賀克也・小幡純子編『条解国家賠償法』536頁以下（弘文堂、2019年）（大東最判については540-545頁、多摩川最判については547-553頁、多摩川最判後の動向については545-556頁を参照）。

9）桑原・基礎理論290-292頁。塩野宏『行政法II〔第5補綴版〕』308-313頁（有斐閣、2013年）。遠藤博也『国家補償法（上）』90-97頁（青林書院新社、1981年）。宇賀克也『国家補償法』155-156頁（有斐閣、1997年）および戸部真澄「類型論　規制権限の不行使」宇賀・小幡編・前掲注(8)397頁。

10）宇賀克也「宅建業者の監督と国家賠償責任」宇賀ほか編・前掲注(8)457頁。

11) 判決は、本件を行政による危険防止責任の問題と捉えたが、遠藤博也は、Y3は人身事故の範囲内でのみ責任を負うべきであり、財産的損害については土地所有者・工事施工者間で処理すべきであったと批判する。遠藤・前掲注(9)383頁。
12) 宇賀・前掲注(9)154-179頁および戸部・前掲注(9)412-413頁。
13) 河川法の仕組みにつき、松本充郎「日本における持続可能な水ガバナンスのための法制度改革に向けて」行政法研究12号167-204頁(2016年)、水防法の仕組みにつき水防法研究会『逐条解説 水防法〔第二次改訂版〕』(ぎょうせい、2016年)を参照。
14) 国土交通省河川局監修『河川砂防技術基準同解説』27-37頁(山海堂、2008年)。
15) 札幌高判平24・9・21(裁判所 Web)において、樋門の操作ミスによる水害被害につき損害賠償が一部認容された。ダムの操作ミスにつき三好・前掲注(8)559-564頁。
16) 松本・前掲注(13)171-172頁および184-185頁。
17) 最判平16・12・24民集58巻9号2536頁(水道水源保護条例)および大阪高判平29・7・12判自429号57頁(環境保全協定)を参照。
18) 松本・前掲注(13)196-198頁。
19) 三好規正「都市縮退時代における都市計画法制の転換」行政法研究22号53頁(2018年)。
20) 野澤千絵『老いる家 崩れる街』100頁(講談社、2016年)。
21) 国土交通省「住民自らの行動に結びつく水害・土砂災害ハザード・リスク情報共有プロジェクト」(第1回・平成30年10月4日開催)「資料2-1 平成30年7月豪雨災害の概要と被害の特徴」。
22) 宇賀克也「総合的土砂災害対策の充実へ向けて」髙木光ほか編『行政法学の未来に向けて』273-300頁(有斐閣、2012年)。
23) 2017年には日光市太陽光発電設備設置事業と地域環境との調和に関する条例が制定された。大分地判平28・11・11において、原告は景観利益・営業権侵害により差止を請求した(請求棄却)。
24) 内田和子「岡山県小田川流域における水害予防組合の活動」水利科学55巻3号40-55頁(2011年)。また、国土交通省中国地方整備局「高梁川水系河川整備計画(変更)【国管理区間】」(2018年)。
25) 杉山一弘「倉敷市における都市近郊農業ついて」(平成24年1月)。
26) 滋賀県土木交通部流域政策局流域治水政策室「滋賀県流域治水の推進に関する条例(平成26年条例第55号)の解説」(2014年、以下「条例解説」)。山下淳「流域治水と建築制限」宇賀克也・交告尚史編『現代行政法の構造と展開』633頁(有斐閣、2016年)。
27) 定着すれば、東京高判平15・9・25判タ1153号167頁(請求棄却)における「業界慣例」を変更することになる。
28) 浸水警戒区域(13条)における既存不適格建築物への嵩上げ助成(37条)には批判がありうる。野澤・前掲注(20)177-183頁も、危険な立地の長期優良住宅やサービス付き高齢者住宅に批判的である。
29) 昭和45年1月8日建設省都計発第1号建設省河都発第1号建設省都市局長、建設省河川局長基本通達。また、条例解説・前掲注(26)65-66頁を参照。

土壌汚染対策の現状と課題
――市街地土壌汚染を中心に

大坂　恵里

1　土壌汚染をめぐる問題

土壌は、いったん有害物質等で汚染されると、その状態が長く続く。大気や公共用水域の汚染のように排出源を規制すれば自然に拡散・希釈されるフロー公害とは異なり、ストック公害である土壌汚染については、過去の汚染に対応することが必要となる。

日本では、イタイイタイ病を契機として、1970年の公害国会において公害対策基本法の「公害」の定義に土壌汚染が追加され、農用地土壌汚染防止法が制定された[1)]。しかし、土壌中の有害物質等が農産物を通じて人の健康に直接に影響を及ぼす可能性が少ない市街地での土壌汚染に対応するための法整備は遅れた。汚染行為の多くが私有地で行われるため、長期間にわたって発覚しにくく、発覚した場合でも行政が対策を講じにくかったという理由もある。

1975年、地下鉄の敷設中に東京都江東区の化学工場跡地で大量のクロム鉱滓が埋め立てられている事実が明らかになり（六価クロム事件）、1980年代に工場や研究機関の跡地における土壌汚染が社会問題化するようになると、1986年に市街地土壌汚染に係る暫定対策指針が公表された。また、同じ1980年代に、アメリカでトリクロロエチレン等の有機塩素系化合物による地下水汚染が発覚したことから、日本でも調査が行われて同様の問題が確認されたことで、1989年に水濁法が改正され、有害物質を製造・使用・処理する施設を設置する事業場は、有害物質を含む水を地下に浸透することが禁止された（特定地下浸透水の浸透の禁止。水濁法12条の３）。土壌の汚染に係る環境基準が設定されたのは1991

年、地下水の水質汚濁に係る環境基準が設定されたのは1997年である。そして、ようやく2002年に、農用地以外での土壌汚染に対応する土対法が制定された。ただし、ダイオキシンによる土壌汚染についてはダイオキシン法（1999年制定）、福島原発事故で放出された放射性物質による土壌汚染については平成二十三年三月十一日に発生した東北地方太平洋沖地震に伴う原子力発電所の事故により放出された放射性物質による環境の汚染への対処に関する特別措置法（2011年制定）による。

本稿では、土対法による土壌汚染対策の現状と課題について考察する。同法は、2009年、2017年に大きく改正されているが、文中で示す土対法の条数は、「新」を付けたものは2017年改正後のもの[2)]、それ以外は2018年９月末時点のものである。

2　土壌汚染対策法による規制

⑴　目　　的

土対法の目的は、①「特定有害物質」による土壌汚染の状況の把握を行い、②土壌汚染による人の健康被害の防止を行うことで、土壌汚染対策を実施して国民の健康を保護することにある（１条)。大防法、水濁法と異なり、生活環境保全は目的に含まれていない。

特定有害物質とは、土壌に含まれることに起因して人の健康に係る被害を生ずるおそれがある物質で、26種類が指定されている（２条１項、施行令１条)。ダイオキシン類と放射性物質については、上述のとおり、それぞれ特措法があるため除外されている。

⑵　土壌汚染状況調査

(i)　調査契機　　土対法は、調査・対策に関して、農用地土壌汚染防止法やダイオキシン法のように都道府県知事が実施する公共事業型ではなく、規制型を採用している。すなわち、土壌汚染状況の調査義務を負うのは、土地の所有者、管理者または占有者（以下、所有者等という。）である。土地の所有者等は、環境大臣または都道府県知事の指定を受けた機関に調査させ、その結果を知事に報告する。指定調査機関については、2009年改正時に、５年毎の更新制を導入するなど規制が強化された（29-43条）。

土壌汚染状況の調査が行われるのは、①水濁法上の有害物質使用特定施設の使用が廃止されたとき（３条１項本文）、②土壌汚染により人の健康被害が生ずるおそれがあると都道府県知事が認めるとき（５条１項本文）、そして③3000㎡以上[3]の土地の形質変更の届出の際に、土壌汚染のおそれがあると知事が認めるとき（４条２項、施行規則22条）である。③については、2009年改正で追加された。３条調査において、知事は、有害物質使用特定施設の使用が廃止されたことを知った場合に、施設設置者以外に当該土地の所有者等がいる時はその者に施設の使用廃止等の事項を通知することとされている（３条３項）。この通知には処分性がある（最判平24・2・3民集66巻2号148頁）[4]。調査の実施主体を土地の所有者等にしたのは、①土壌汚染の判明以前に汚染の発見のために行うものであること、②私有財産である土地の状況を把握するための行為の一種と解されること、③調査を行うためには土地の掘削等に関する権原が必要であること等が理由であるとされている[5]。

３条調査は、本法施行前に使用が廃止されている有害物質使用特定施設を対象としない（附則３条）。また、土地の利用方法からみて健康被害を生じるおそれがない旨の都道府県知事の確認を受けた場合、調査は一時的に免除される（３条１項但書）。2015年度末までの有害物質使用特定施設の廃止件数の累計は１万2824件、うち、一時的免除は9252件を占めていた。一時的免除において、利用方法を変更する場合には知事に届け出なければならず（３条５項）、調査の要否について改めて判断されるが（３条６項）、形質変更の場合には、届出や都道府県等による調査の要否の判断が必ずしも行われておらず、地下水汚染の発生や汚染土壌の拡散の懸念があることが指摘されてきた[6]。土壌汚染状況調査が行われていない操業中の土地についてはなおさらである[7]。そこで、2017年改正において、一時免除中の土地の所有者等に、当該土地の形質変更にあたって、原則、知事への届出を義務付けた（新３条７項）。知事は、当該土地の汚染状況について、当該土地所有者等に対し、指定調査機関に調査させて、その結果を報告するよう命ずることになる（新3条8項）。

2017年改正では、土地の形質変更に関して、①都道府県知事が、土地所有者等からの届出を受けて、土壌汚染の恐れがあると認める時に調査を命ずる現行の手続（4条1項）に加えて、手続の迅速化のため、②土地所有者等が、全員の同意のうえに指定調査機関に汚染状況を調査させて、届出に併せて知事に提出する手続が導入された（新4条2項）。この場合には、調査命令は発出されない（新4条3項但書）。

(ii)　**区域指定**　　都道府県知事は、①土壌汚染状況調査の結果、特定有害物質による汚染状態が環境省令に定める基準[8]に適合せず、かつ、②土壌の特定有害物質による汚染により、人の健康に係る被害が生じ、または生ずるおそれがあるものとして政令で定める基準に該当する場合に、「要措置区域」として指定し、公示する（6条[9]）。また、①に該当するが②には該当しない場合に「形質変更時要届出区域」として指定し、公示する（11条）。さらに、各指定区域の台帳を調製し、閲覧に供する（15条）。各指定区域について、指定の事由がなくなると指定は解除されるが（6条、11条）、2017年改正により、解除後は、要措置区域、形質変更時要届出区域の消除記録を残す台帳をそれぞれ調整し、閲覧に供することになった（新15条）。

なお、2011年の施行規則改正において、形質変更時要届出区域のうち、①土地の土壌の特定有害物質による汚染状態が専ら自然に由来すると認められるものについては「自然由来特例区域」（施行規則58条5項9号の区域に該当）、②工業専用地域以外で公有水面埋立法による公有水面の埋立てまたは干拓の事業により造成された土地のものについては「埋立地特例区域」（同58条5項11号ロの区域に該当）として記載されることになった[10]。

(iii)　**自主調査**　　2009年改正により、土地の所有者等は、自主調査の結果、特定有害物質による汚染状態が環境省令で定める基準に適合しないと思料するときは、都道府県知事に対し、要措置区域または形質変更時要届出区域の指定を申請することができるようになった（14条）。この背景には、法に基づく調査の実施件数が少ない一方、自主的な調査の実施件数は相当数に上っていたことがある。環境省の調べ[11]によると、法施行日以降2008年度末までに、3条調査の対象となりうる有害物質使用特定施設の使用が廃止された5212件のうち大部分は調査が猶予され、３条に基づく調査結果報告件数は1182件、４条に基づく調査結果報告件数も５件のみであった。一方、法に基づかない調査を含めた土壌汚染・調査事例は、都道府県・政令市が把握したものだけで8965件に上った。自主調査で判明した汚染土壌についても、適正に管理されるべく行政が情報を把握することが望ましい。土地の所有者等としても、指定区域として公示されることによって周辺住民や土地取引の相手方に不安感を与える可能性はあるものの、例えば、形質変更時要届出区域として指定されるのであれば、健康被害が生ずるおそれがない土地であることの証明になること、要措置区域に指定された場合でも、措置実施者が汚染原因者でなければ基金の助成を受けられる等のメリットがある。2015年度の14条に基づく指定の申請件数は368件であり、６条に基づく要措置区域指定の72件、11条に基づく形質変更時要届出区域指定の407件と比べても、相当活用されていると言える[12)]。

⑶　土壌汚染による健康被害の防止

（i）**形質変更時要届出区域**　　区域内の土地について、土地の形質変更をしようとする者は、事前に都道府県知事に届け出なければならない（12条１項本文）。知事は、形質変更の施行方法が環境省令で定める基準に適合しないと認めるときは、計画変更を命ずることができる（同条４項）。

（ii）**要措置区域**　　区域内の土地について、都道府県知事は、人の健康に係る被害を防止するため必要な限度において、所有者等に対して、相当の期限を定めて汚染の除去等の措置を講ずべきことを指示する（７条１項本文[13)]）。ストック公害という性質上、土地の所有者等と汚染原因者が異なる場合があるが、法が、土地の所有者等に対して土壌汚染の除去等の措置を義務付けているのは、①土壌汚染のある土地が危険な状態を生じさせており、その状態を支配している者に危険の発生防止の責任があること、②汚染の除去等の措置を行うためには、土地の掘削等に関する権原が必要であること、③汚染の除去等の措置は土地の将来的な利用方法を考慮して行うものであること等が理由であるとされている[14)]。裁判例においても、高濃度のフッ素に汚染された土地を善意で購入した結果、多額の調査費用・除去費用を負担した者が、土対法施行前に土地を取得した汚染原因者でない所有者の措置義務を免責する経過措置を同法で定めなかったという理由で国等に対して国家賠償請求した事案において、東京地判平24・2・7判タ1393号95頁は、「汚染原因者でない土地所有者等を措置命令の対象とすることは、土壌汚染による健康被害を防止するという立法目的を実現するためには有益なことであり、他方、公益的な要請が強い場合、危険責任等の観点から、土地所有者にいわゆる無過失責任を負わせることが相当な場合があり得るということ自体は、我が国の法制上、一般的に承認されていることであ」り、「そうすると、措置命令の対象となる者に法施行前に土地を取得した者を含めるかどうかということも、当該対象者の負担とこのような立法目的の実現との兼ね合いにおいて決せられるべき立法裁量に属する事項にほかなら」ないとして、国家賠償法1条1項の責任を認めなかった。

もっとも、所有者等以外の者の行為によって汚染が生じたことが明らかな場合で、当該汚染原因者に汚染の除去等の措置を講じさせることが相当であると認められ、かつ、これを講じさせることについて所有者等に異議がないときは、当該汚染原因者に指示するものとされており（7条1項但書)[15]、後述のとおり、汚染原因者ではない所有者等は汚染原因者に求償できることから（8条)、汚染者負担の原則は維持されていると言える。なお、汚染の除去等の措置を実施する責任は、水濁法の地下水浄化責任と異なり、遡及する。一方、複数の汚染原因者がいる場合でも、連帯責任を課すことは想定されていない。

2017年改正により、都道府県知事は、所有者等または汚染原因者に対して、講ずべき汚染の除去等の措置およびその理由、当該措置を講ずべき期限その他環境省令で定める事項を示して、汚染除去等計画を提出するよう指示することになった（新7条1項)。知事は、汚染除去等計画を提出した者に対して、計画に記載された実施措置が環境省令で定める技術的基準に適合していない場合には、計画変更命令を発出することができ（新7条4項)、計画に従って実施措置を講じていないと認める時は、計画に従った実施措置を講ずるよう命ずることができる（新7条8項)。そして、汚染除去等計画を提出した者は、計画に記載された実施措置を講じたときには、知事に報告しなければならない（新7条9

項)。また、知事は、過失がなくて当該指示を受けるべき者を確知することができず、かつ、これを放置することが著しく公益に反すると認められるときは、指示措置を自ら講ずることができる（新7条10項)。以上のとおり、2017年改正は、要措置区域における汚染除去等が適切に行われることを担保するための手続を拡充した。

不動産取引市場においてゼロリスクを求める声は大きく、土壌汚染対策として、汚染土壌を掘削して汚染土壌以外の土壌で埋める掘削除去が選択されることが多い。しかし、掘削除去には、汚染土壌の不適正処理によって汚染が拡散する可能性があること、良質の埋め戻し土壌が必要になること、措置費用が売却額を上回るかそのおそれがある場合に措置は実施されないまま低・未利用状態になること（ブラウンフィールド問題)、といったデメリットがある。

土壌汚染対策には、掘削除去や原位置浄化による汚染土壌の除去以外にも、舗装、立入禁止、土壌入換え、盛土、地下水の水質の測定、封じ込め、地下水汚染の拡大の防止、不溶化等があり、人の健康に係る被害を防止する観点からは、汚染状況に応じて掘削除去を実施せずとも汚染土壌の摂取経路の遮断を行うことで足りるケースも多いことから、2009年改正では、掘削除去の偏重を回避するため、都道府県知事が、要措置区域内において講ずべき汚染の除去等の措置およびその理由等を示すことになった（7条2項)。制度的管理が明確化されたのである。なお、担保権実行等により一時的に土地所有者等になった者について、指示措置は限定される（施行規則42条)。

(iii) 自然由来の土壌汚染　本法制定後、土壌汚染は「人の活動に伴って生ずる」（環境基本法2条3項）ものに限定され、自然的原因により有害物質が含まれる土壌は法の対象外とされていた[16]。しかし、火山や鉱山が多い日本では、岩石や堆積物中に基準に適合しない特定有害物質が発見されるケースが少なくない。後述のとおり、2009年改正において汚染土壌の搬出・運搬・処理規制が導入されたことで、健康被害の防止の観点からは、人為的原因による汚染土壌と自然的原因による汚染土壌とを区別する理由がないとして、人為的原因による汚染以外の汚染についても法の対象となることが通知で定められた[17]。自然由来の汚染土壌を搬出することは「人の活動」であり、それにより生ずる土壌の汚染により「人の健康又は生活環境に係る被害が生ずる」ものは、「公害」（環境基本法２条３項）であると解釈することができるからである。国は、環境の保全上の支障を防止するため、土壌汚染の原因となる物質の排出行為に関し、公害を防止するために必要な規制の措置を講じなければならないのである（環境基本法21条１項１号）。

(iv) **汚染の除去等の措置にかかる費用**　都道府県知事から汚染の除去等の措置を講ずべきことを指示された者は、指示された措置またはこれと同等以上の効果を有すると認められる措置（７条３項、施行規則36条）を講じなければならない。汚染原因者ではない土地の所有者等が指示措置等を講じた場合には、求償が可能である（８条１項）。この求償権は、汚染行為者を知った時から３年、指示措置等を講じた時から20年で消滅する（８条２項）。

(v) **指定支援法人**　環境大臣は、要措置地区域内で汚染の除去等の措置を講ずる者——ただし汚染原因者を除く——に対して助成を行う地方自治体に助成金を交付するなどの支援業務を行う法人を一つ指定する（44、45条）。現在の指定支援法人は公益財団法人日本環境協会であり、対象となる汚染対策工事費について、土壌汚染対策基金から２分の１、都道府県等から４分の１が土地所有者等へ助成される。残り４分の１は土地所有者等の負担となる。基金は政府からの補助と民間からの出えんによって造成されているが（46条）、法制定以降、助成金交付事業の実績は２件にとどまっている[18]。

(4) 汚染土壌の処理

2009年改正は、汚染土壌の不適正処理への対応を導入した。

(i) **搬出・運搬規制**　指定区域内から汚染土壌を区域外に搬出しようとする者は、都道府県知事に届け出なければならない（16条１項）。知事は、届出者に対し、運搬の方法が基準に違反していると認める場合には方法の変更を命ずることができる（16条４項）。区域外では、基準に従い、汚染土壌を運搬しなければならない（17条）。汚染土壌を区域外へ搬出する者は、汚染土壌の処理を汚染土壌処理業者に委託しなければならない（18条）。知事は、違反者に対して、汚染の拡散防止のため必要があるときは、汚染土壌の適正な運搬・処理のための措置等を講ずべきことを命ずることができる（19条）。

(ii)　**管理票**　汚染土壌を区域外へ搬出しようとする者が、その汚染土壌の運搬・処理を他人に委託する場合、委託者、運搬受託者、処理受託者は、その汚染土壌の運搬・処理を管理票によって管理しなければならない（20条）。

(iii)　**汚染土壌処理業**　搬出汚染土壌の処理を業として行う者は、汚染土壌処理施設ごとに、その所在地を管轄する都道府県知事の許可を得なければならない（22条1項）。5年毎の更新制である（同条4項）。汚染土壌処理業者は、汚染土壌処理施設毎に、汚染土壌の処理に関して記録し、備え置くとともに、当該汚染土壌の処理に関し利害関係を有する者の求めに応じ、閲覧させなければならない（同条8項）。なお、2017年改正では、欠格事由に暴力団排除が明記されたほか（新22条3項2号）、業の承継等に関する規定が整備された（新27条の2～4）。さらに、国・地方公共団体が汚染土壌処理事業を行う場合には、知事との協議の成立により、処理業の許可があったものとみなすことになった（新27条の5）。ここで想定されているのは、汚染土壌を使った水面埋立てである[19]。

(5)　情報提供に関する努力義務

(i)　**都道府県知事の努力義務**　2008年、築地市場の移転先である豊洲の土壌から環境基準を大幅に超えるベンゼンが検出され大問題となった。これを受けて、2009年改正時には、都道府県知事に対して、土壌の特定有害物質による汚染の状況に関する情報の収集・整理・保存・提供に関する努力義務（61条1項）、ならびに、公園等の公共施設または学校、卸売市場等の公益的施設を設置しようとする者に対し、当該施設を設置しようとする土地が特定有害物質によって汚染されているおそれがある土地の基準（施行規則26条）に該当するか否かを把握させるよう努力義務（61条2項）が課せられた。

2017年改正では、知事の努力義務に、土壌の特定有害物質による汚染による人の健康に係る被害が生ずるおそれに関する情報の収集、整理、保存および提供も含まれることになった（新61条1項）。高濃度の地下水汚染が存在する可能性から、飲用井戸等に係る情報の把握を念頭においている[20]。

(ii)　**有害物質使用特定施設設置者の努力義務**　2017年改正は、有害物質使

用特定施設を設置していた者に対して、当該施設で製造・使用・処理していた特定有害物質の種類等の情報を提供する努力義務を新設した（新61条の2）。

⑹　リスクに応じた規制の合理化

規制改革実施計画（平成27年6月30日閣議決定）は、①工業専用地域の土地の形質変更、②自然由来物質について、事業者等の意見を踏まえつつ、人の健康へのリスクに応じた必要最小限の規制とする観点から、土対法を見直すものとした。[21] 2017年改正のうち、以下の2点はこれを受けたものである。

(i)　**臨海部の工業専用地域の特例**　臨海部の工業専用地域においては、一般の居住者の地下水の引用及び土壌の直接摂取による健康リスクが低いと考えられる一方、付近に飲用井戸等が存在する場合があり、保育所や小規模店舗等の立地は可能であって、一般の人が立ち入ることができる場所も存在している。[22] こうした状況を背景に、①土地の土壌の特定有害物質による汚染が専ら自然または専ら土地の造成に係る水面埋立てに用いられた土砂（埋立材）に由来するものとして環境省令で定める要件に該当する土地、かつ、②人の健康に係る被害が生ずるおそれがないものとして環境省令で定める要件に該当する土地の形質変更のうち、施行・管理に関する方針に基づくものについては、事前届出の例外として、年一回[23]の事後届出でよいことになった（新12条1項・4項）。

(ii)　**自然由来・埋立材由来の基準不適合土壌に関する例外**　自然由来・埋立材由来の基準不適合土壌を自然由来特例区域・埋立地特例区域外に搬出する場合には、人為由来と同様に許可を受けた汚染土壌処理施設で処理する必要があり、近隣での仮置きもできないため、工事の利便性が悪かった。[24] そこで、都道府県知事への事前届出を条件に、土地の土壌の特定有害物質による汚染が専ら自然または専ら土地の造成に係る水面埋立てに用いられた土砂（埋立材）に由来するものとして環境省令で定める要件に該当する土地（「自然由来等形質変更時要届出区域」）内の汚染土壌（「自然由来等土壌」）を、①当該自然由来等形質変更時要届出区域と土壌の特定有害物質による汚染の状況が同様であり、かつ、②当該自然由来等土壌があった土地の地質と同じである自然由来等形質変更時要届出区域内の土地の形質変更の使用に供するために搬出することを認めた（新16条１項７号、新18条１項２号）。

(iii) **飛び地間の土壌の移動の取扱い**　同一の調査によって指定された複数の要措置区域間、または、同一の調査によって指定された複数の形質変更時要届出区域間において、汚染土壌を移動させて使用に供することが可能となった（新16条１項８号、新18条１項３号）。

3　土壌汚染の民事責任

(1) 検討の対象

土壌汚染に対する規制が遅れたことで、汚染地をめぐる紛争は後を絶たず、裁判に至る例も多い。主な行政訴訟・国賠請求訴訟については関連する項目で言及してきたので、以下では、民事責任に関する主な裁判例を取り上げる。汚染地の取引に関する民事責任については、契約責任による構成と不法行為責任による構成が考えられる。

(2) 契約責任

売買の目的物である土地が汚染されていた場合、売主は、瑕疵担保責任、債務不履行責任を負う可能性がある。2020年４月１日に施行される改正民法の下でも、売買した土地に土壌汚染が存在することが「契約の内容に適合しない」場合には（562条１項）、買主は、売主に対して、追完請求権（562条１項）、代金減額請求権（563条１項・２項）、損害賠償請求権（564条、415条）、契約解除権（564条、541条）を行使することが可能であろう。もっとも、売買契約時には法令に基づく規制の対象となっていなかった物質（ふっ素）が含有する土地を購入した者が、のちに同物質が土対法上の特定有害物質に定められたことで、売主に対して瑕疵担保責任に基づく損害賠償を請求した事案において、最判平22・6・1民集64巻４号953頁は、「売買契約の当事者間において目的物がどのような品質・性能を有することが予定されていたかについては、売買契約締結当時の取引観念をしんしゃくして判断すべきところ……本件売買契約締結当時の取引観念上、それが土壌に含まれることに起因して人の健康に係る被害を生ずるおそれがあるとは認識されていなかったふっ素について、本件売買契約の当事者間において、それが人の健康を損なう限度を超えて本件土地の土壌に含まれていないことが予定されていたものとみることはできず、本件土地の土壌に溶出量基準値及び含有量基準値のいずれを超えるふっ素が含まれていたとして、そのことは民法570条にいう瑕疵には当たらない」として、売主の責任を否定した。

また、土地賃貸借において当該土地を汚染し、あるいは、建物賃貸借において当該建物の敷地である土地を汚染し、土壌汚染を除去しないまま返還した場合、賃借人は債務不履行責任を負うことになる（例：東京地判平19・10・25判時2007号64頁）。

なお、売主も賃貸人も、宅地建物取引業法または信義則に基づき、土壌汚染についての情報を説明する義務がある。[25)]

⑶ 不法行為責任

契約関係にない汚染原因者は、不法行為責任を負う可能性がある。問題となりうる点の一つは、土壌汚染行為が権利行使の長期の期間制限である20年（724条後段。改正民法724条2号）よりも前に行われた場合である。この点につき、公害等調整委員会平成20・5・7裁定（判時2004号23頁）は、「先行行為によって自ら危険を生じさせた者は、所有権の移転に伴い新たな所有者となった者との関係でも、自ら発生させた危険を除去すべき作為義務を負い、その新所有者との関係では、不作為不法行為が継続している」として、土壌汚染対策工事の終了した時を最終の不法行為の時、すなわち起算点とした。その後、本裁定において賠償を命じられたＫ市が債務不存在確認訴訟を提起したところ、裁定を申請したＴ社も賠償金支払いを求める反訴を提起した。東京地判平24・1・16判タ1392号78頁は、Ｋ市の本訴請求についてはＴ社の反訴提起により確認の利益が認められないとして却下し、Ｔ社の反訴請求については、「汚染原因者」ではないこと等を理由に棄却した。東京高判平25・3・28判タ1393号186頁も、Ｔ社の控訴を棄却した（確定）。

4　土壌汚染対策の課題

二度の大幅な改正を経た土対法であるが、いまだ解消されていない、あるいは解消されたかどうか今後の検証が必要な課題が残されている[26)]。

まず、本法の目的（1条）に、生活環境保全が含まれていないことである。公害規制法であれば、人の健康被害防止だけではなく生活環境保全も目的とされるべきだろう[27)]。

もっとも、生活環境保全をも土壌汚染対策に含めることになれば、指定区域――要措置区域・形質変更時要届出区域とは別に設定されることになろう――が大幅に増えることは確実である。そして、人の健康被害に至らないまでも土壌汚染が存在する事実が土地取引においてマイナス要素になる現状を考えれば、ブラウンフィールド問題が深刻化することは想像に難くない。ブラウンフィールド問題が生ずるのは、汚染の除去等の措置として、土地の利用状況によっては必ずしも必要のない、多額の費用を要する掘削除去が相変わらず採用される傾向にあることも一因である。行政は、制度的管理の下、土地の利用状況によっては掘削除去以外の措置でも健康リスク・生活環境リスクを回避できることを、利害関係者のみならず社会一般に理解されるような取組みを一層推進していくことが必要である[28)]。

また、本法は、条文上は汚染者負担の原則を維持する構造になっているとはいえ、現実には、汚染原因者ではない土地所有者等が汚染状況調査・汚染除去等の費用を汚染原因者に求償できないケースがある。掘削除去以外の措置であっても、かかる費用は相当なものであるが、指定支援法人による支援を受けられたとしても、4分の1は自己負担しなければならないし、支援例の少なさは既述のとおりである。支援の充実が早急に望まれる。そして、汚染原因者ではない善意無過失の土地所有者等を免責する仕組みについて、諸外国の例も参考に、検討されるべきであろう[29)]。

【注】

1）　負担法には、農用地の客土事業が公害防止事業に含められた（２条２項３号）。

2）　2018年４月１日と2019年４月１日の二段階に分けて施行された。

3）　有害物質使用特定施設の存在する土地の場合、900㎡以上となる（新施行規則22条）。

4）「土壌汚染対策法第３条第２項に基づく通知等の運用について」（環境省水・大気環境局長通知環水大土発第120312002号、2012年３月12日）。

5）　土壌環境法令研究会『逐条解説　土壌汚染対策法』37頁（新日本法規、2003年）。

6）　中央環境審議会「今後の土壌汚染対策の在り方について（第一次答申）」５頁（2016年12月12日）。

7）　中央環境審議会・前掲注(6)。

8）　土壌溶出量基準と土壌含有量基準が定められている（施行規則31条、別表第三、別表第四）。

9）　前橋地判平20・2・27判例集未登載は、「汚染調査の結果、汚染状態が所定の基準に適合しない場合には、……県知事に区域指定を行う権限を行使するか否かについて広範な裁量を与えるものではない」と判示した。

10）　工業専用地域であれば、「埋立地管理区域」（同58条５項11号イの区域に該当）となる。

11）　環境省水・大気環境局「平成20年度　土壌汚染対策法の施行状況及び土壌汚染調査・対策事例等に関する調査結果」（2010年３月）。

12）　環境省水・大気環境局「平成27年度　土壌汚染対策法の施行状況及び土壌汚染調査・対策事例等に関する調査結果」（2017年８月）。

13）　ダイオキシン法では、都道府県知事が、ダイオキシン類により汚染された地域を指定し、ダイオキシン類土壌汚染対策計画を定め、計画に基づく事業を行うという公共事業型を採用している。

14）　土壌環境法令研究会・前掲注(5)100頁。

15）　７条１項の指示にも処分性がある。前掲注(4)。

16）「土壌汚染対策法の施行について」（環境省環境管理局水環境部長通知環水土発第20号、2003年２月４日）。

17）「土壌汚染対策法の一部を改正する法律による改正後の土壌汚染対策法の施行について」（環境省水・大気環境局長通知環水大土発第100305002号、2010年３月５日）。

18）　中央環境審議会・前掲注(6)４頁。

19）　環境省水・大気環境局土壌環境課「改正土壌汚染対策法の説明会」（平成29年度 改正土壌汚染対策法説明会説明資料）17頁。

20）　中央環境審議会・前掲注(6)９頁。

21）　規制改革実施計画（平成27年６月30日閣議決定）20頁。

22）　中央環境審議会・前掲注(6)10頁。

23）　環境省水・大気環境局土壌環境課・前掲注(19)16、24頁。

24）　中央環境審議会・前掲注(6)16頁。

25）宅地建物取引業法35条１項・47条１号、宅地建物取引業法施行令３条１項32号。
26）改正法の残された課題を論じたものとして、大塚直「新法改正　土壌汚染対策法2017年改正」法教446号64-70頁、69-70頁（2017年）。
27）環境基本法２条３項は、公害について、「……人の健康又は生活環境……に係る被害が生ずること」としている。
28）周辺住民との関係では、公益財団法人日本環境協会が「事業者が行う土壌汚染リスクコミュニケーションのためのガイドライン」（2014年）を公表している。
29）例えば、アメリカの連邦レベルの土壌汚染対策法であるスーパーファンド法は、善意の購入者の抗弁を認めている（101条(35)、42 U.S.C. § 9601(35)）。

物質循環管理における規制
——物質循環管理法制の再設計に向けた課題

勢一　智子

1　はじめに

法が規制対象とする「モノ」や「空間」を切り出して、それに係わる社会経済活動等を法的管理のもとに置く。法規制システムをこのように捉えるならば、法が何を対象として定めて社会にいかなる「規制空間」を創出するかが社会規範をときに大きく左右する。その典型領域の一つが物質循環法制であろう。

環境法における物質循環法制は、廃棄物法およびリサイクル法分野を中心に構成される[1)]。物質循環法制は、社会に流通する製品ライフサイクルの各局面に着目して、その環境適合性を確保することを担う。同法分野は、公衆衛生を起源としており、社会における物質フローの最終地点、すなわち「廃棄物」を規制対象として切り出すことから始まった。その後、製品ライフサイクルを遡る視点をおくことにより、資源の効率的利用など、社会におけるモノの流れ「物質フロー」全体の環境適合性を効果的に確保することを目指す[2)]。この着想は、物質フローに循環資源を見いだすものであり、製品生産過程における資源投入のあり方も、その範疇に納める。この点で、生産原料の選択面では、例えば、化学物質管理規制とも接続し、気候変動防止政策とも密接に関係する。

このように、物質循環は、その関連範囲は広く、環境法の中においても領域横断的な性格を有するが、本稿では、その中核領域である廃棄物法およびリサイクル関連法からなる資源循環法分野を対象とする。

以下では、まず、法における「物質循環」を確認するために、物質循環法制の淵源に遡り（以下、2）、次に、物質循環法制とその発展を時系列でたどりながら、現在までの同法分野の発展段階を検討する。具体的には、物質フローから廃棄物を規制対象として切り出して管理する体制の確立（以下、3）、リサイクル法制度の整備による循環型社会の形成（以下、4）、循環型社会の展開としてストック型社会への注目を見ていく（以下、5）。最後に、物質循環法制の課題に言及して、まとめとしたい（以下、6）。

2　物質循環と法の接点——物質循環法制の淵源

(1)　文明社会と物質・ごみ

生産活動に象徴される人の営みは、自然資源を利用することにより新たなモノを生み出して文明を発展させてきた。文明社会の発展線として、社会の「豊かさ」と切り離せないモノの豊富さがあり、現代社会までつながっている。モノに対する社会的管理は、人の営みによる生産・消費に対する規整でもある。

モノに対する社会的管理は、同時にモノに価値を付与する過程でもある。例えば、社会経済システムから不要とされたモノは、「ごみ」としてシステムから排除される構造となる。モノは、元来モノでしかないが、社会システムが一定の価値を与えている[3)]。その一つが法制度であり、モノに対する法の「ラベリング」と呼ぶことができる。ラベリングは、人間社会における価値の反映であり、社会に有用であるか否かが一定の属性として「ごみ」を生み出す。

自然生態系側に視点を変えると、人為的活動で生み出されるモノは、自然資源の取り込みなど自然生態系との係わりの中で存在する。人間の活動の視点からは、生産過程への自然資源の投入や生産後に生ずるごみ等の排出という形で、自然生態系との物質循環経路が形成されるが、自然生態系からは、生態系循環に吸収されない人工物こそ「ごみ」とされうる[4)]。この視点からは、「ごみ」は相対的である。社会経済システムにおける「ごみ」とは、ヒトの論理であり、法のラベリングは、これに基づく。

同時に、あらゆるモノは有限でもある。ローマクラブによる「成長の限界」[5)]が指摘したように、地球という有限性の中で文明社会は存在している。その点では、「ごみ」を含むモノとの係わり方全体が、本来は法にも問われる。

⑵ 公衆衛生目的としての法的物質管理

「ごみ」に対する近代法の起源は、公衆衛生にある。明治の産業近代化による経済社会発展に伴い、汚物や不要物が廃棄されて、公衆衛生にとって重大な支障となった。

当初は、沿道の住民等に廃棄物の処分を求める対応をとってきたものの、伝染病等の防止には不十分な体制であった。こうした状況に対処する法規制が廃棄物法として誕生した。近代法における最初の廃棄物法は、1900年制定の汚物掃除法に遡る。同法は、江戸期からの社会と生活スタイルの変化を背景として制定され、道路等の公共空間の秩序維持と伝染病対応が主目的であった[6]。

その後、都市化の進展に伴い、1954年制定の清掃法へと展開して、都市部の家庭から排出される汚物に対して、その収集と処分が市町村の義務とされた[7]。清掃法の目的は、汚物処理により、公衆衛生向上を図ることにあった（1条）。

⑶ 法によるラベリングと管理規制――法ラベルとしての「ごみ」の登場

戦後復興、高度経済成長は、生産消費構造を大きく変えた。大量生産・大量消費型社会の到来により、モノの量が社会の豊かさを示す指標となった。このもとで、大量発生するごみが社会問題となった。従前の「汚物」に対処する廃棄物法では限界があり、経済産業構造に耐えうる法制度整備が必要とされた。

廃棄物法の本格的整備の必要性から誕生した、1970年制定の廃棄物処理法は、規制対象を「廃棄物」として定め、市町村が担う処理責任をその全域に拡大した。産業廃棄物に対する事業者の処理責任も規定されて、社会全体において不要なモノが「廃棄物」として法的に把握されることとなった。廃棄物は、相応する処理責任のもとで適切な処分が義務づけられ、そのための諸規制が置かれた。

こうした法整備は、モノに対する法を通じたラベリングであり、付与されたラベルは、法的管理と直結する。その法ラベルを前提として経済価格など社会的価値が形成・通用されていることが多く、ラベルは、モノの社会的位置づけを基礎づける要素の一つとなる。

モノとの係わりが社会経済構造の変化に伴い、社会秩序を整御する法制度も展開してきた。以下では、廃棄物処理法以降の変遷をたどりながら、現行の物質循環法制までの発展を見ていきたい。

3　廃棄物法の確立——物質フローからの「廃棄物」切り出し

(1)　廃棄物法の機能メカニズム——「ごみはどこへ行くのか？」

以上のような沿革を受けて、廃棄物法は、公衆衛生規制として、いくつかの機能メカニズムを構築してきた。1つは、物質フローからの「廃棄物」の切り出しである。物質フローから廃棄物を分離して、そこに対して管理・規制の対象とする。廃棄物に対して適正管理・処分を義務づけることによって、公衆衛生秩序を確保する。2つとして、その廃棄物の処理責任を明確化することにより、処理責任主体に対する規制を通じて適正管理を確保することがある。廃棄物処理法は、廃棄物を一般廃棄物と産業廃棄物に分類して、それぞれに処理責任主体を定めて、適正処分を義務づける。前者には、従前法からの公衆衛生秩序の確保を目的とする市町村の処理責任が、後者には、汚染者負担原則（polluter-pays principle：PPP）に基づく事業者の排出者責任が法定された。

3つとして、許可制を基軸とする規制体制である。廃棄物の取扱事業者および施設に対して種別の許可制をおき、各許可に遵守基準を設定し、その監督規制を通じて、公衆衛生秩序を確保する。適正処理を担保する方策としてマニフェスト制度の採用、不法投棄に対する罰則強化など、半世紀にわたる制度運用を通じて、同法の規制体制は、社会変化に合わせて整備が進められてきた。この処理業等の許可制は、廃棄物法の特色でもある。同法が制定された当時、廃棄物処理の担い手が不足していたことから、環境法では例外的に業の許可制がおかれた。これにより、事業者の育成を通じて、廃棄物処理を社会的体制として整備することが目指された[8)]。業界の形成に法が寄与した例である。

このような制度体制のもと「廃棄物」を法的管理下におき、適正処分を確保する。その制度趣旨から、法の規制対象となる「廃棄物」とは何かを画定する作業こそが、廃棄物法において極めて重要な役割を担うことになる。

⑵ 物質フロー管理の法的視点——「廃棄物」とは何か

「廃棄物」を画定する作業は、とりわけ、産業廃棄物の取り扱いをめぐり、廃棄物法の法的管理を進展させてきた。高度経済成長により活発化してきた事業活動に伴い、大量に排出される産業廃棄物は、PPP による排出者責任に基づき、排出事業者に処理が義務づけられた。その一方で、最終処分場の逼迫を背景として、産業廃棄物の不法投棄が社会問題となった。豊島事件など、リサイクルを理由として結果的に産業廃棄物が大量に不法投棄されて汚染が発生する事件が相次ぎ、廃棄物該当性の判断が問題とされた。こうした経緯もあり、廃棄物性の判断は、法改正を重ねながら、次第に厳格化されていった。

「廃棄物」の画定は、法に基づくラベリングであり、その判断が、対象物の社会的価値、事業者等の法的責任にとって重要な意味をもつ。それゆえ、おからや木くずについて廃棄物該当性が訴訟の場で争われるなど[9)]、実務実態と法ラベルとの不一致がしばしば議論となってきた。

⑶ 廃棄物法の成果と限界

廃棄物法の厳格な判断・運用は、廃棄物の適正な取り扱いを社会的に確保し、不法投棄につながるリスクの防止を図ってきた。廃棄物法制は、制度整備および規制強化を通じて、廃棄物の適正処分を確保して、公衆衛生秩序の維持に寄与してきた。

その一方で、物質フロー全体から捉えると、同法制の限界も明らかとなった。一つは、廃棄物の増加問題である。戦後の経済成長、さらに高度経済成長期に日本の物質フローは増大した。生産活動のために、国内外の天然資源が大量に投入されて、製品は社会に流通・消費されて、市民生活の利便性を高めていった。その結果、大量の廃棄物が発生し、その処分に社会インフラが対応できない状態が生じた。とりわけ、最終処分場の逼迫があり、一般廃棄物最終処分場の残余年数は、1990年前後には７～８年と危惧されていた。

もう一つは、廃棄物の切り出しによる対応の限界である。廃棄物を分離して適正処理を義務づける規制体制をとる廃棄物法では、その構造上、社会全体の廃棄物量を抑制できず、次に見るように、リサイクルへの転換につながった。

4　物質循環法への移行——フローからサイクルへ

(1)　廃棄物の資源化へのシフト——「ごみから資源へ」

前述した廃棄物法の視点は、「ごみはどこへ行くのか」を追うことにある。適正処分の確保や不法投棄の防止は、廃棄物の行方を把握して管理規制を置くことで担保される。この管理規制は、物質フローから「ごみ」を切り出すことにより実現されている。

これに対して、廃棄物法から展開してきた物質循環法制の要請は、物質フローのサイクル化である。物質フローのサイクル化は、究極的には、物質フローの終着点であった「廃棄物」が、次のサイクルの起点になることを意味する。ここでは、廃棄物は「資源」として環流されることになる。このように捉えれば、物質循環の視点は、「資源はどこにあるのか」におき、物質フローの中により多くの「資源」を見いだし、効率的に活用していくことが目指される。

廃棄物法が構築してきた廃棄物処理体制は、不法投棄等の不適正処理を防止することに寄与し、一定の成果を上げてきたが、他方で、物質フローのサイクル化の観点からは、廃棄物処理責任を基礎として処分を原則とする処理体制および、それを担保するための廃棄物の厳格な判断からの転換が要請された。

(2)　拡大生産者責任によるパラダイムシフト

フローからサイクルへの法制度的契機は、二つ挙げることができる。一つは、1991年の再生資源利用促進法（現在は資源有効利用促進法）に始まるリサイクル法制度の導入である。

同法の制定を提言した、産業構造審議会「循環型経済システムの構築に向けて（循環経済ビジョン）」（1999年７月）では、環境・資源制約が21世紀における日本の持続的発展の最大の課題として、大量生産・大量消費・大量廃棄型の経済システムからの脱却、循環型経済システムの構築が急務とした。この実現に向けて、3R（リデュース・リユース・リサイクル）が求められた。

そのための手法として、同法は、事業者による自主的取り組みを採用する。

製品の生産・流通等を行った事業者が主体的に3Rに取り組むことを求めており、製品の設計段階から再生利用を見据えた生産および再生資源の利用を促し、循環型経済システムの構築を目指す。

事業者に対する3Rへの取り組みの制度的基礎として拡大生産者責任（Extended Producer Responsibility: EPR）が採用された点[10]が同法分野の転機となった。EPRは、従前は市町村が回収・処理の義務を負っていた廃棄物に対し、そのうちの特定廃棄物につき、引取りや再商品化を製造事業者等の責任とした点に制度的意義が認められる。この趣旨は、「市町村よりも製造業者の方が、製造の設計等に際し、廃棄物減量を考慮することができ、また、リサイクルに際し、その製品の組成等を熟知しているために、その処理の能力を有している[11]」ことにある。製品環境設計のインセンティブの所在への着目である。これにより、物質循環に対する責任の質的転換が図られることとなり、事業者は、自らの活動に起因する廃棄物処理責任からリサイクル対応責任を担うこととなった。EPRは、後述の新たな基本法のもと個別リサイクル法にも反映された。

(3) 循環基本法によるミレニアムシフト

法体系としてのパラダイムシフトは、2000年の循環基本法制定である。これは、物質循環分野の基幹法新設であり、同時に個別分野のリサイクル法も整備された[12]。

循環基本法の意義は、「廃棄物等のうち有用なもの」に対して「循環資源」と定義して（2条3項）、その利用促進を図り、循環型社会の形成のために、EPRなど物質管理の基本原則や各主体の責務を法定したことにある。これにより、新たな法的ラベリングが設定されることとなった。循環基本法は、理念法として、その理念を具体化する個別法を包括し、環境負荷を低減しつつ、健全な経済発展を図りながら、持続的に発展する社会の実現を目指す。これは、環境基本法・環境基本計画と同様に、環境・経済・社会の鼎立を要請する。

その一方で、新たな基本法の制定にも係わらず、伝統を有する廃棄物法体系の構造転換は、容易ではなかった。実務レベルでは、3Rの優先順位が十分に機能せず[13]、廃棄物処理法の廃棄物概念の厳格な適用が維持されるなど、循環利用への移行を妨げる問題が指摘されてきた。長年に及ぶ法によるラベリングが社会認識に影響を及ぼしているともいえよう。また、先行した個別リサイクル法との関係においても、EPR の貫徹を含めて循環基本法の掲げる理念の実現に課題を残しており[14]、物質循環法体系の確立まではまだ歩みを必要とする。

くわえて、持続可能な発展[15]という目標のもとでは、資源管理のあり方が問われる。ローマクラブが発した警鐘に立ち返れば、地球規模の視点で、経済発展を目指しつつも、それに要する資源の効率的な活用が要請される。これを実現するためには、経済構造を環境適合的な様式へと転換する必要がある。ここには、あらゆる「資源」とのつきあい方の再考が求められる。

5　資源法への展開——物質ストック型社会へ

(1)　社会的物質ストックの視点

物質フローのサイクル化は、究極的には物質フローを閉じることであり、社会経済活動で使用される物質が社会に蓄積される構造となる。いわば、「物質ストック」であり、ここに社会保有の「資源」を見出す観点から「ストック型社会」が提示されている。

例えば、第３次循環基本計画では、物質のフローとともに「ストック」に着目して、正のストック増と負のストック減を目指す社会像とされている[16]。さらに、第４次循環基本計画は、循環資源、再生可能資源と並び「ストック資源」の有効活用を掲げており、「地域に蓄積されたストック」に対する適切な維持管理・長期利用を通じて、資源投入量と廃棄物発生量を抑えた持続可能なまちづくりが可能となるとしている[17]。

こうした視点は、物質フローの推移からも見て取れる。2015年度の総物質投入量は、16億900万トンであり、2000年度比で２割弱減少し、循環資源率は、10％から16％へ増加している。このうち、一定量は建築物や製品として社会に蓄積されており、2015年度は蓄積純増が４億9700万トンとなっている[18]。このように、毎年の物質循環の結果として物質ストックが構築されている。

国際レベルでも、世界全体の物質ストックは、20世紀中に23倍に増加している[19]。日本でも、長期にわたる資源投入の成果として社会が相応の物質ストックを備える、いわば物質成熟社会が形成されつつあり、ストック型社会のあり方を模索することが有効であろう[20]。

(2) ストック資源活用への取り組み

これまでに蓄積されてきた物質ストックを社会的資源と捉えるならば、「物質ストックを適正管理し、社会をフロー型からストック型に導くことで、自然資源投入量の低減化による自然環境への負荷低減および低炭素化にもつながり三社会統合化にむけた布石にもなる[21]」。既存ストックから新たな循環資源を獲得することができれば、将来の廃棄物量の削減、自然資源の新規投入を抑制することにもつながる。そのためには、潜在的な二次資源の把握とその活用を可能にする物質循環システムの高度化が必要となる。

ストック資源活用の動きは、すでに散見される。例えば、いわゆる都市鉱山に着目した、小型家電リサイクル法がある。同法は、希少金属等の世界的な資源価格の高騰などを背景として、埋立処分されていた使用済み小型電子機器等に含まれる資源を活用することを目指して制定された。同法は、他のリサイクル法と異なり、特定の主体に再資源化義務を負わせるものではなく、任意促進型の制度を採用する[22]。

また、元素レベルの成分リサイクルも注目されている。例えば、リン資源の循環活用を推進するため、産学官連携の協議会を設立するなどの取り組みが進められている[23]。リン資源化は、海外では法制度化例もあり、ドイツでは、2017年に下水汚泥からのリン回収が義務化された[24]。リンの物質循環を確保することにより、リンの輸入依存からの脱却と土壌汚染の軽減を目指す。下水処理施設でリンを回収する体制が整えば、リン輸入量の50～60％を確保できると試算されている[25]。

ドイツの例では、回収義務を課す点で規制強化であるが、同時に長期の移行期間をおき、その間に回収技術の開発等を進めることとしている。規制が計画的な技術開発支援と組み合わされており、社会体制育成型の制度設計である。

(3) ストック資源活用への法的課題

ストック資源の活用には、技術開発や経済市場の受容が不可欠であるが、法制度の課題もある。ストック資源に対する管理規制には、既存制度によるラベリング、とりわけ「廃棄物」のカテゴリーの再考が求められる。社会の物質ストックが、技術発展や経済動向に応じて「資源」として活用される点に着目すると、廃棄物と非廃棄物の区別は流動的である。そのため、この二分論から脱却してストック資源を把握することが必要となる。この視点は、循環基本法の趣旨にも適う。

二分論からの脱却を制度化する事例は、EU 法にある。一定の要件を備えた場合に「廃棄物」カテゴリーから解放するルートを制度的に担保する方法であり、「副産品」や「廃棄物性の終了認定」が法定されている[26)]。こうした手法は、循環資源としてのポテンシャルに基づいて（再）ラベリングするものである。

ただし、この新カテゴリーは、有害性のないことが条件となり、EU 法の有害性基準による資源管理と連動している。資源政策のグローバル化のもとでは、取引価値を重視してきた日本法の廃棄物概念も検討が必要であろう[27)]。

さらに、有害性基準は、ストック資源の利用促進の面から一層重要となる。潜在的資源である社会的物質ストックの品質管理として、新規投入もしくは循環利用として再投入される物質の有害性を低減する視点であり、化学物質管理との連携も必要となる。これは、3.11 の教訓から安全・安心の確保要請とも共通する[28)]。ストック型社会では、物質の投入と取り出しの両面から資源にアプローチする必要がある。

6　物質循環法制の課題

(1) 資源政策としての再設計

ストック資源を含めて、物質循環を目指す法体制では、資源を発見する視点、「資源はどこにあるのか」を常に問う対応が求められる。法においても、物質フローからサイクルへ、さらにストック管理という物質循環の高度化が要請される。冒頭に触れたモノ全体との係わり方の再考である。

法のラベリングは、物質循環法の沿革に遡る。法は、社会構造における物質循環を可視化して管理統制する体制を構築してきた。その中で、社会に不要なモノを「廃棄物」としてフローから切り出して、公衆衛生の観点から適正処理を確保する警察規制をおく。これが廃棄物法の視点であり、制度体制整備は、廃棄物処理法の発展により導かれてきた。

その一方で、処理責任の貫徹や許可制など廃棄物処理法を基盤とする規制体制は、資源循環の促進には機能しないことから、同領域における法の役割は、廃棄物の一律規制から経済活動に対する誘導へ重点をシフトさせてきた。資源有効利用促進法に象徴される、経済的手法や情報的手法の活用、業界団体による自主行動体制の整備など、市場形成・誘導のための制度枠組み整備を通じて、経済構造改革を目指す取り組みが循環基本法のもとで展開されてきた。

ただし、ひと度「廃棄物」として分類されて、市場経済システムから排除するよう規制されてきたモノに対しては、法を通じて付与されたラベルを前提として市場価値が形成されていることが多く、市場経済メカニズムに容易に戻しがたい状況もある。経済実態と法「ラベル」との不一致の問題である。ストック型循環資源をも見据えた社会経済構造へと移行してきた現在、物質ストックから新たな「資源」を発見し、それを活用するためには、イノベーションの喚起が重要となる。それには、廃棄物か否かの二分論からの脱却、およびラベリングの再考は不可欠であり、物質循環法制は、相応する再設計が必要となる。

(2) 循環経済政策としての再設計

くわえて、資源に着目すれば、生産を含む経済構造に着目した物質循環法制への再設計も重要となる。循環型社会では、生産された製品は、社会の物質ストックとなるため、物質循環法制の視点は、資源を投入する生産段階にも置かれている。これまでにも、環境負荷の回避・低減から、フロンや水銀など有害物質の使用抑制、再資源化が容易な製品設計の採用等が進められてきた。廃棄物法に沿革を有する同分野は、物質フローのサイクル化、さらにストック化を経て、製品へのアプローチを強化しつつある。

近時の例では、EU プラスチック戦略[29]が象徴的な取り組みである。同戦略は、プラスチック素材の使用がもたらす環境影響に対処するため、2030年までにEU域内におけるすべてのプラスチック包装材をリサイクル可能なものにするほか、マイクロプラスチックの使用制限を目指す。ここには、EUの循環型経済（Circular Economy）に向けた包括的な戦略がある[30]。

循環型社会への適合を市場に促すためには、循環資源の市場化が不可欠であり、公衆衛生管理に主眼をおく規制手法から、市場経済活動に対する誘導や管理・監督手法への重点移行が求められる。業界の自主的取組みを組み込む体制は、リサイクル法の先駆けとなった資源有効活用法により、すでに制度化されているが、一層の強化が必要である。

また、循環資源の市場化実現には、生産構造のみならず、経済構造全体を環境適合的な様式へと転換する必要がある。例えば、消費構造のグリーン化[31]、事業活動評価方式「環境マスバランス[32]」の採用、事業活動への融資を担う金融構造のグリーン化（グリーンボンド原則（Green Bond Principles：GBP）等[33]）などが求められる。経済構造全体のグリーン化が環境負荷の少ない物質循環システムを実現する原動力となることから、それを促進しうる適正な市場環境を整えることは、法の担うべき役割である。

(3)　循環資源準拠型の社会規範システムへの再構成

以上のような視点を物質循環法制に反映させるためには、循環資源システムを支える法理念と制度枠組みが前提となる。循環資源においては、法制度に基づく法規範と市場を含む経済規範とが、その総体として物質循環の社会規範体制が機能するため[34]、それを踏まえた法の役割が問われる。

法規制による管理と市場メカニズムへの信託は、それぞれ異なるロジックのもとで、しかし、双方が相関的に物質循環分野の規範を形成する。両者の関係性は相対的で、役割分担も社会経済状況等に応じて変化し、制度も改正されていく。それゆえに、物質循環体制において社会が共有すべき規範基盤の形成は肝要である。とりわけ、同分野の理念・原則の確立と精緻化は、規制空間を設計する法の役割である。

また、循環資源の活用には、市場経済メカニズムに組み込まれた体制が不可欠であるが、そのためには、市場に委ねるだけでは機能しない。制度理念とそれを具体化する規制枠組みは、市場の参照対象であり、イノベーションを担う事業活動への誘因にもなる。市場競争によるイノベーションを喚起しつつも公正な市場環境の整備・維持は、市場アクターによる自律的コントロールとともに法の役割でもある。ドイツのリン回収制度の事例に見るように、制度が社会構造改革を先導する役割を担うことも可能である。

同時に、持続可能な発展の視点が資源の有限性に遡ることを想起すれば、資源法には、限りある資源とその恩恵を社会で分かち合う制度構造を備える必要がある[35)]。この要請は、日本でも、国連による持続可能な開発目標（Sustainable Development Goals：SDGs）を踏まえて、例えば、第5次環境基本計画（2018年4月）では、持続可能な循環共生型の社会（「環境・生命文明社会」）の実現を掲げている[36)]。この社会像には、地域循環共生圏が基礎とされており、各地域間の資源循環による支え合い、自然生態系との循環を通じた共生が目指される。

社会資源の活用には、資源効率性や経済的合理性とともに、コスト負担の公平性にも留意を要する。公正な社会構造の形成には、法規範の寄与が大きい。

7　おわりに

あるモノを「廃棄物」にラベリングしたのは法である。それを「資源」にするもの法の役目である。経済社会構造の変化に伴い、法が統制する規制空間は変容する。現実社会に適応しうるよう法規範をアップデートすることも法治主義の要請である。また、社会構造変革を指向する法政策の誘導機能を活用するためにも、戦略的な法形成が必要である。物質循環法制は、継続的に変化への適応を求められており、なお課題が残されている。

【注】

1）例えば、環境法体系書では、両分野は、「循環管理法」（大塚・Basic 第7章）と整理される。各章を割り当てる例として、北村がある。

2）物質フローとの関連における法制度の視点につき、参照、勢一智子「循環の構築・再構築—環境法の過去・現在・未来」環境法政策学会編『環境基本法制定20周年—環境法

の過去・現在・未来』163頁以下（商事法務、2014年）。

3) 経済学による分析として、細田衛士『グッズとバッズの経済学〔第2版〕』（東洋経済新聞社、2012年）を参照。

4) 参照、小野俊太郎『「里山」を宮崎駿で読み直す—森と人は共生できるのか』44頁以下（春秋社、2016年）。

5) D. Meadows et al, The Limits to Growth — A report for the Club of Rome's project on the predicament of mankind, 1972.

6) 参照、溝入茂『明治日本のごみ対策—汚染掃除法はどのようにして成立したか』（リサイクル文化社、2007年）、環境省「循環型社会白書（平成13年版）」（2001年）序章。

7) 参照、北村441頁以下。

8) 参照、北村喜宣「廃棄物処理法制(1)」法教380号145頁以下（2012年）。

9) 最小決平11・3・10判タ999号301頁、東京高判平20・4・24判タ1294号307頁・東京高判平20・5・19判タ1294号312頁。参照、北村446頁以下。

10) EPRの理念と日本法への導入につき、大塚直「拡大生産者責任（EPR）とは何か」法教255号（2001年）80頁以下。

11) 大塚・Basic 286頁。同制度趣旨につき、学説一般において定説的理解となっている。

12) これら一連の法整備は「ミレニアム六法」とも呼ばれる。参照、大塚・Basic 231頁。

13) 参照、赤渕芳宏「循環型社会形成推進基本法の理念とその具体化」大系569頁以下。

14) 参照、北村540頁以下。

15) Report of the World Commission on Environment and Development: Our Common Future, 20. March, 1987.

16) 「第3次循環基本計画」（2013年5月）第3章3節3を参照。ストック型社会の考え方につき、岡本久人『ストック型社会への転換—長寿命化時代のインフラづくり』49頁以下（鹿島出版会、2006年）も参照。

17) 「第4次循環基本計画」（2018年6月）2.2を参照。中央環境審議会循環型社会部会「新たな循環型社会形成推進基本計画の策定のための具体的な指針」（2017年10月）も参照。

18) 環境省「平成30年版環境・循環型社会・生物多様性白書」2部3章1節を参照。

19) UNEP, Global Material Flows and Resource Productivity, An Assessment Study of the UNEP International Resource Panel, 2016.

20) 参照、谷川寛樹ほか「物質ストック・フローに着目したストック型社会構築に向けた指標」廃棄物資源循環学会誌28巻6号35頁（2017年）。

21) 参照、名古屋大学ほか「平成27年度環境経済の政策研究（我が国に蓄積されている資源のストックに関する調査・検討）研究報告書」（2016年3月）。

22) 制度の基本的構想につき、中央環境審議会答申「小型電気電子機器リサイクル制度の在り方について」（2012年1月）を参照。同法の運用体制における課題につき、参照、総務省行政評価局「小型家電リサイクルの実施状況に関する実態調査・結果報告書」（2017年11月）。

23) 産学官連携の協議会「リン資源リサイクル推進協議会」が設立されたほか、国土交通省都市・地域整備局下水道部「下水道におけるリン資源化の手引き」(2010年3月)が作成されている。

24) Verordnung zur Neuordnung der Klärschlammverwertung vom 27. September 2017 (BGBl. I S. 3465).

25) Vgl. BMUB, Abfallwirtschaft in Deutschland 2016, S. 23f.

26) EU廃棄物枠組指令5条、6条。参照、勢一智子「『持続可能性』の機能条件―ドイツ資源循環法制における資源効率性向上の制度設計」西南48巻3・4号218頁以下(2016年)。

27) 有害性による定義は、バーゼル条約にも適合的である。近時では、水銀環境汚染防止法による「水銀含有再生資源」(2条2項)、2017年改正廃棄物処理法による「有害使用済機器」(17条の2)に見るように、有害性から廃棄物概念を構成する例も登場している。参照、大塚直「わが国の環境法・政策の過去・現在・未来」浦川道太郎先生・内田勝一先生・鎌田薫先生古稀記念論文集編集委員会編『早稲田民法学の現在』640頁以下(成文堂、2017年)。

28) 参照、「第4次環境基本計画」(2012年4月)。この点は、災害廃棄物への対応においても重要となる。勢一・前掲注(2)170頁以下。

29) A European Strategy for Plastics in a Circular Economy, COM (2018) 28 final, 2018.1.16.

30) Closing the loop – An EU action plan for the circular economy, COM (2015) 614 final, 2015.12.2.

31) EUおよび同加盟諸国において、市場における消費選好が生産の選択肢を決定づけることから消費構造の転換が重視されている点は、日本法にも示唆的である。ドイツ法の事例につき、参照、勢一・前掲注(26)209頁以下。

32) 「環境負荷マスバランス」とも呼ばれ、事業活動全体において、エネルギー、資源、廃棄物、有害物質など、環境に係わる投入・排出をトータルで評価環境負荷の低減を図る。

33) 国際レベルでは、グリーンボンドに加えて、石炭火力など温室効果ガスの排出が懸念される開発への融資が回避される動きが出ている点は象徴的である。環境省「グリーンボンドガイドライン(2017年版)」(2017年3月)も参照。

34) 経済理論の視点につき、参照、細田衛士『資源の循環利用とはなにか』258頁以下(岩波書店、2015年)。同「グッズとバッズの経済学―循環型社会構築に向けて」経済論叢191巻2号8頁以下(2017年)は、ハードローとソフトローのバランスとして論ずる。

35) 社会と持続可能性の視点につき、参照、勢一智子「地域社会の持続可能性について」総務省編『地方自治法施行七十周年記念自治論文集』241頁以下(総務省、2018年)。

36) 参照、中央環境審議会「低炭素・資源循環・自然共生政策の統合的アプローチによる社会の構築―環境・生命文明社会の創造」(2014年7月)。

包括的な化学物質の管理にむけて
——現状と課題

小島　　恵

1　はじめに

レイチェル・カーソンが1962年に『沈黙の春』を出版して農薬の危険性を世に問うてから57年、シーア・コルボーンらが1996年に『奪われし未来』で環境ホルモンに警鐘をならしてから23年、2002年にヨハネスブルグサミットで2020年までに化学物質の製造と使用による人の健康と環境への悪影響の最小化を目指す WSSD 2020年目標が定められてから17年が経った。WSSD 2020年目標の期日を間近に控え、日本の化審法は2017年に再び改正された。日本の化学物質管理の現状と課題をまとめるにはふさわしいタイミングといえるかもしれない。

本稿では紙幅の関係から、日本の化学物質管理の中心である化審法に絞って現在までの到達点を確認する。それと同時に化審法に欠けている視点を浮き彫りにし、包括的な化学物質政策に向けて根本に据えるべき考え方と検討すべき課題を示すことを目的とする。

2　環境基本計画にみる化学物質管理の現状と課題

2016年に公表された第４次環境基本計画の点検結果[1)]では、今後の課題として着手あるいは一層の促進が必要な点として、たとえば、WSSD 2020年目標のためにライフサイクル全体のリスク評価を行う手法の高度化および加速化、化審法におけるリスク評価作業の推進および評価手法の開発などが挙げられた。

個別の物質については、水俣条約との関係で水銀のライフサイクル全体の管理、ナノ材料の取り扱いのあり方、内分泌撹乱作用のある化学物質のリスク管理の検討を進める必要があるとされる。また、暴露の局面として、事故・災害等に伴う化学物質の漏洩・流出や流出した際の防除等について、環境リスクを最小化するための措置を検討していくことが重要であると指摘されている。

上記の検討を受けたうえで、2018年４月に閣議決定された第５次環境基本計画[2]においては、分野横断的な６つの重点戦略が示され、それを支える環境政策の一つとして化学物質管理が位置付けられている。そして、化学物質の対策においても予防的な取組方法に基づく施策の実施が必要であること、災害・事故時の化学物質による汚染リスクを最小化する施策を推進すること、化学物質のライフサイクル全体のリスクの評価と管理、および廃棄・再生利用時の適正処理とそのための適切な情報伝達等に取り組むこと、POPs との関連ではマイクロプラスチックを含む海洋ゴミの対策をすすめることなどが盛り込まれた。

3　化学物質審査規制法の変遷とその評価

日本で工業用の化学物質に関する規制を行っている化審法は、カネミ油症事件を契機として、PCB のような難分解性・高蓄積性・長期毒性に対する規制を行うことから始まった。当時としては世界でも類を見ない、新規物質に対する事前審査制度を導入して化学物質の管理に乗り出した。その後、新たに生じた問題への対応や時代の要請など様々な理由で幾度も改正を重ね、規制の対象や対応措置が拡大されてきた。2009年までの改正については、大塚直教授をはじめ、多くの先行研究があり[3]、2017年改正についてもすでに詳細な検討が行われている[4]。したがって、本稿ではそれらについての詳論は避け、それぞれの改正時の社会的背景や、改正において画期的だったと考えられる点を簡潔に指摘するにとどめ、法の変遷の大きな流れをつかむことを目的とする。

(1)　制定から1986年改正まで——規制対象の拡大

化審法が制定される大きなきっかけとなったのは、前述の通りカネミ油症事件である。この事件は二つの大きな問題を提起した。一つは、PCB のような物質、すなわち、急性毒性はないために毒劇法の対象とはならないが、環境中で分解されず、高蓄積性をもち、継続して摂取された場合には慢性毒性を有する物質により、健康被害や環境汚染がもたらされることがあり、このような物質を規制する法制度がないという事実である。もう一つは、従来の公害事件が、製品等の製造過程で生じた有害物質が適切に処理されることなく排出されることにより生じていたのに対して、製品を適切に使用していたにも関わらず、人の健康被害や環境汚染が生じることがあるという事実である（いわゆる「表口からの排出」といわれる問題）。こうした社会的な背景のなかで、世界に先駆けて新規物質の事前審査制度を取り入れた化審法が成立した。

1986年改正は、蓄積性はないが、難分解性で長期毒性のある物質（トリクロロエチレン等）についての法の欠缺を補うために行われた。すなわち、そのような性状を有する物質を、相当程度の残留性を要件に「第二種特定化学物質」に指定することとし、製造・輸入予定数量の届出義務等が導入されたのである。また、この改正により第二種特定化学物質に該当する疑いのある物質を「指定化学物質」として管理することとした点も、指定時に環境中濃度が考慮されていないこと等から予防原則の適用例とされる[5)]。

⑵　2003年改正から2017年改正まで――リスクへの対応と既存物質対策

2003年改正の背景には OECD 勧告がある。すでに諸外国では人の健康と環境を同列に置いて法の保護対象にしていたにもかかわらず、日本では環境経由の人への影響の防止のみを法目的としていた。この点を指摘する OECD 勧告を受け、人だけではなく生態系への影響を防止するという観点と、ハザードではなく環境中への放出可能性、すなわちリスクという観点から2003年改正は行われた。前者の観点からは、第二種特定化学物質の指定要件に「生活環境に係る動植物」に支障を及ぼすおそれがあるものが加えられ、また難分解性があり動植物の生息・生育に支障を及ぼすおそれがある物質を「第三種監視化学物質」に指定し事業者に製造・輸入実績数量の届出義務および、一定の場合には有害性調査の実施義務が課された。また後者の観点からは、少量新規化学物質についての特例制度が法律レベルで導入された。「リスクベースの規制」という方向へ舵が切られたことが注目される。

2009年改正には WSSD 2020年目標や POPs 条約、EU での REACH 規則の成立等、国際的な動向が大きく影響している。とりわけこの時期は、REACH 規則が no data, no market 原則のもと、新規・既存を問わず包括的に化学物質管理をしていくこととしたために、各国の企業も対応を迫られるとともに、各国の化学物質関連法も REACH 規則を意識した改正を行った。

2009年改正は「ハザードベースからリスクベースへ」を旗印とし、「リスク」の観点がさらに強調されたものだったといえる。本改正により、既存化学物質を含め、一定量以上製造・輸入されるすべての化学物質について毎年度その数量等を届け出ることが義務付けられた。それらの情報と既知見を踏まえてスクリーニング評価が行われ、優先的に安全性評価をすべき物質を「優先評価化学物質」として指定することとした。優先評価化学物質への指定は、まず暴露可能性をみるという点で、リスクベースで行われているといえる。また、良分解性であっても排出量が多い場合には分解されにくいことがあるため、難分解性でない物質も規制の対象とされたこと、POPs 条約との整合性をはかるため、エッセンシャル・ユースについては環境中への放出等の厳格な管理などの条件のもとで使用を認めるよう規制が緩和されたことなども、物質の性状と暴露可能性から判定したリスクに応じた措置であったといえる。

2017年改正は以下の二つを内容としている。一つは、新規化学物質の特例制度が適用される判断基準を年間製造予定量の全国総量から当該物質の環境排出量の総量とすることで、制度の適用対象を実質的に広げたことである。もう一つは、有害性が強いものの暴露可能性が低いために従来規制の対象となっていなかった物質を「特定新規化学物質」として、情報提供の努力義務を取扱事業者に課すなどしたことである。前者については、暴露可能性の観点からのリスク管理を志向するものであり、2009年に明確にされたリスクベースの管理の延長線上にあるものと評されている[6)]。他方後者については、暴露可能性が低くても有害性が高いものに対する措置であって、ハザードに着目した管理措置の導入といえる。こうした措置の導入の重要性については後述する。

(3) 評　価

このような変遷を経てきた化審法は、どのように評価されているだろうか。

大塚教授は2009年改正について、リスク・ベースの管理が推進されたことを評価する一方で、用途情報の収集や市民への情報提供が不十分であること、いわゆる「隙間問題」が対処されていないことを課題として指摘されている[7)]。予防原則との関係では、2009年改正前から、科学的不確実性がある場合においても、技術的可能性や調査コストを考慮しながら一定の措置を導入していることが予防原則・アプローチの適用とされており[8)]、2009年改正に関しては、すべての化学物質について製造・輸入量の届出義務が課された点などを予防原則の適用と評価されている[9)]。また、第二種特定化学物質の製造・輸入量を制限する必要が生じた場合には経済産業大臣が変更命令を発することができるようになっている点は、事後的な事情の変更により内容の変更を命じるもので、動的リスク管理の導入と評価されている[10)]。

増沢陽子准教授は、2000年以降2009年改正までの化審法の到達点として以下の点を指摘されている[11)]。すなわち、①リスク評価の法的認知と情報収集権限を核として、行政を中心としたリスク評価の実施の仕組みが組み立てられてきたこと、②包括的リスク管理という観点、なかでも化学物質のライフサイクルにおける包括性という面では、水銀汚染防止法を例外として進展がみられないこと、③予防原則の具体化という点では、情報不足に由来する科学的不確実性への対応には進展があったものの、科学の限界という意味において不確実性を有するリスクについてはそうとはいえないこと、④事業者責任は情報提供義務やリスク管理上の義務等、拡大する傾向にあること、⑤情報公開に関する制度については特記すべき変化がないこと、である。そして、今後の課題として、包括的な化学物質規制を進めること、事業者責任と行政との役割分担について検討すべきこと、科学の限界という意味おいて科学的不確実性が存在する化学物質のリスクを予防原則に則って管理する方法を検討すべきことを挙げている。

2017年改正については、赤渕芳宏准教授が詳細に紹介・検討されている。特に、今回導入された有害性が科学的に明らかな特定新規化学物質についての情報提供義務が、従来の制度に準じて努力義務とされたことについて問題があるとされている[12]。また、2017年改正の残された課題として、一つには内分泌撹乱物質への対応が挙げられている。すなわち、試験方法が徐々に確立されてきている今、汚染者負担原則の観点からも、新規物質の審査項目に内分泌撹乱作用を追加し、情報提出を要求することなどを検討すべきだと指摘されている[13]。

4　考察——化学物質管理の根本に据えるべき考え方とは？

以上で確認した通り、2003年改正から「リスク」という観点が重視されはじめ、2009年以降の化審法は基本的には「ハザードベースからリスクベースへ」という方向に進んでいる。これは国際的な潮流に合致するものとして肯定的に評価されている[14]。ただし、ここでいま一度確認したいのは、リスクベースの管理は国際的な潮流であり、必要かつ有効である一方で、ハザードベースでの管理もその必要性・有効性から依然として各国で用いられている事実である。

議論の混乱を避けるために、まず「ハザードベース」「リスクベース」という言葉がどのような趣旨で使われているのかを確認する。

(1)　ハザードベースとリスクベース

化学物質管理を論じる際に、「ハザードベース」の管理は有害性が明らかなものを規制するもので、「リスクベース」の管理は有害性について科学的不確実性があっても暴露可能性が高い場合には管理措置を講ずるもの、と説明されることがある。たとえば、2009年改正の背景となった国際的な動向について、「有害性が明確な化学物質のみを規制するハザードベースの管理方式（傍点引用者、以下同じ）」では不十分であり、「有害性が明確でない化学物質についても、暴露量が多くなることにより人への健康影響などが懸念される場合には、それをリスクとして捉え、リスクの程度に応じて管理していく」リスクベースの管理の考え方が必要であると認識されるようになった、と指摘されている[15]。ここではハザードベースとリスクベースの決定的な違いは科学的不確実性の有無であり、「ハザードベースからリスクベースへ」とは、科学的不確実性を含むものへと管理対象を拡大することを意味する。そのため、そのような移行が肯定的に評価される一方で、ハザードベースの管理は科学的不確実性のある事象に対応できないために否定的に捉えられることになる。

また、「ハザードベース」とは一定のハザードを有するものについて管理措置を講ずるものという説明がされることもある。例えば蒲生昌志氏によれば、「ハザード評価にもとづく管理」とは物質の有害性の強さや種類のみに着目して化学物質の使用の可否を判断することをいい、例えば発がん性や内分泌撹乱作用を有する物質は使用を認めないといったことを指すとされる[16]。これに対して「リスク評価にもとづく管理」は、物質の有害性だけでなく物質を使用した場合に生じる暴露量も考慮してリスクの大きさを評価し、それにもとづいて化学物質の管理をおこなう考え方とされる[17]。ここでは科学的不確実性の存否によって二つが区別されているのではない。なぜならば、ハザード評価にもリスク評価にも不可避的に不確実性が伴い、リスク判定においても様々な不確実性係数が適用されていることが前提とされている[18]からである。

(2) 議論の整理

世界的に化学物質の管理が重要視されるようになってきたなかで、共通の課題とされていたのは既存化学物質対策の強化やリスク情報の収集を進めると同時に、化学産業の国際競争力の強化を阻害しない効率的な制度を確立することであった[19]。そうした事情を背景に、前者のためには、科学的不確実性がある場合でも管理対象とするという意味での「リスクベース」が説かれ、後者のためには、暴露の管理を前提に一定の有害性があっても使用を認めるという意味での「リスクベース」が主張されるようになったのではないかと考えられる。一方では規制強化のために、他方では規制緩和のために「リスクベース」という言葉が使われているのである。ただし、後者のような考え方に基づき規制を緩和することには問題点もある。そもそも暴露を完全にコントロールすることは困難であり、意図せざる用途で使用されることもある。2017年の化審法改正時にも指摘されたように、少量でも有害性の強い物質は管理していく必要があるのである。

さらに、前者の意味での「リスクベース」の考え方にのっとり、「ハザードベース」の管理は科学的不確実性に対応できないとして、そのアプローチ自体を否定的に捉えることにも疑問がある。後述するように、ハザードベースでの管理も場合によっては必要であり、そのような管理の必要性・有用性を見誤ることになりかねないからである。なお、すでにみたように、ハザード評価においてもリスク評価についても常に科学的な不確実性が伴うことは特にリスク評価者の立場から夙に主張されている。そうであるならば、二つの管理手法は科学的不確実性の有無で区別するよりもむしろ、物質固有の性状に着目しているか、暴露可能性も含めてリスクの大きさを見積もっているかという点でのみ区別する方が適切であると考えられる。

以下では、「物質固有の性状に着目した管理手法」をハザードベースといい、「物質の有害性だけでなく暴露可能性も考慮してリスク評価を行う管理手法」をリスクベースということにする[20]。そして、上記の意味でのハザードベースの管理は必要であり、有用であることを以下に示したい[21]。

なお、衆議院調査局環境調査室『化学物質対策—国内外の動向と課題』(2009年)では、化学物質の持つ有害性の大きさに基づき必要な規制を行う「ハザードベースの規制」から、人体や生態環境への暴露も踏まえた上で管理を行う「リスクベースの管理」へと国際的な化学物質管理の概念が移行している中で、化審法の改正や化管法の制定が行われたとされている[22]。そして、「リスクベース管理を一層推進することは、ハザードの極めて強い物質についてリスクの管理の観点から使用禁止することを否定するものではない(従来のハザード評価をベースとした規制措置は、リスクの大きさを考慮して適用される限りにおいて、リスクベース管理の一つのオプションであると言える)[23][24]」とも述べられている。これは科学的不確実性を基準に二つのアプローチを区別するのではなく、また両者を二者択一のものとは捉えていない点で、本稿の理解に近いといえる。

(3) 包括的な化学物質管理のために適切な管理手法とは

REACH 規則は「リスクベース」の法制度と評価されてきた。たしかに、製造・輸入量や物質の用途などに応じて果たすべき義務は異なり、暴露可能性を考慮したリスクベースの管理措置を導入しているといえる。

しかし、リスクベースの管理にも問題点はある。リスク算定には定量的なリスク評価を行う必要があるが、これにはしばしば膨大な時間と費用がかかり、厳密に定量的なリスク評価を要求することは規制の停滞を招くのである[25]。また、リスク評価に含まれない項目があること、少量多品種生産という最近の化学業界の実態に対応できないこと、新しい物質についてはそもそも評価手法が確立していないといった技術的な限界など[26]、多様な課題がある。

このような中で、REACH 規則がリスクベースの管理を進める一方で、新たに導入した許可制度が、物質固有の性状に着目した規制という意味でのハザードベースの規制であることに注目すべきである。EU における議論では、リスク評価ではなく物質の固有の性質に基づいて規制を行う許可制度こそが、REACH 規則が導入したもっとも画期的な制度と評価されており[27][28]、それは同規則の策定過程で許可制度への反対が最も根強かった[29]ことにも表れている。こうしたハザードベースの制度は RoHS 指令でも採用されている。そもそも現在の EU の化学物質関連法制は CLP 規則によるハザードの分類結果をうけて、その後の製品規制等が行わる仕組みとなっており[30]、EU においてはハザードベースの制度がリスクベースのものと並んで重要視されていることがわかる。

このように、化学物質管理において世界を牽引している EU はリスクベースとハザードベースの管理を併用しており、ハザードベースでのリスク管理の有用性を軽視すべきではない。そして、化審法の2017年改正は、リスクベースの考え方に基づき少量新規の特例制度を見直した一方で、ハザードベースの考え方に基づき特定新規化学物質への措置を導入したことで、EU の動向と一致しているとみることができる。二つの管理手法は二者択一のものではなく並存可能であり、また並存すべきだと考える。

5　残された課題

幾度も改正を重ねてきた化審法であるが、いまだ不十分な点が少なくないことは否めない。以下に挙げる課題は必ずしも現行の化審法およびその他の化学物質関連法制の範囲内におさまるものではないが、「包括的な」化学物質管理を進めるための一つの検討材料となることを期して、現行の制度に欠けている視点と考えられるものを指摘する。

(1) ハザードベースの管理措置

上記で確認した通り、化学物質の管理はリスクベースのアプローチとハザードベースのアプローチを併用していく必要がある。まずは2017年改正で導入された特定新規化学物質の要件を柔軟に解することで、ハザードベースの管理も着実に進めていくべきである。

(2) 代替の促進

欧州では「代替原則」という考え方が化学物質管理の一つの原則となっており、許可要件ともなっていることは、以前拙稿で示した通りである[31)]。規制対象物質を検討していく際には、リスクトレードオフの可能性も含めて代替物質の利用可能性を評価し、安全な代替を進めていかなければならない。これはWSSD 2020年目標の達成のためにも重要である。

(3) 情報収集・提供

化学物質管理において個々の化学物質のリスク情報の収集、市民への情報公開、そしてサプライチェーン中の事業者間での共有が重要であることはいうまでもない。特に、事業者間で化学物質の適切な取り扱い方法等を情報共有することにより、不要な労働者暴露や環境への意図しない排出を減らすことができる。また、後述するように、事故や災害時のリスクを低減することにもつながる。さらに、川下事業者の用途情報が化学物質の製造業者に提供されることで、物質のリスク評価に役立てることも可能となる。

そのような強い認識のもと、REACH 規則はリスク情報の収集と事業者間での情報共有、市民への情報公開を進めるための制度を入れた。特に、事業者間での情報共有の仕組みにおいて、川下事業者は用途情報を物質の登録者に提供すれば、自らは登録義務を負わないこととし[32)]、今まで手薄だった化学物質の川下での用途情報収集への道をひらいた。

他方、日本の化審法については2009年改正までにも情報共有・情報公開の点で課題が指摘されていたにもかかわらず、2017年改正で導入された新たな情報提供の規定が上述の通り努力義務にとどまった。それに加えて、用途情報収集の仕組みの設計および運用が課題として指摘されている[33)34)35)]。

こうした情報収集・情報共有の制度設計を検討する際には、行政と事業者の「役割分担」について十分に検討する必要がある[36)]。化学物質管理においては、管理対象となる化学物質の数が膨大であることや不確実性を伴うことから、非規制的手法や事業者の自主的な取り組みを求める局面が多い。REACH 規則が化学物質のリスク評価を事業者の責任としたのは象徴的である。事業者に一定の役割を求める制度は、協働原則・管理された自己責任・生産者責任・潜在的汚染者負担原則など、様々な概念から正当化されると考えられるが[37)]、どの考え方を取ろうとも、そこで念頭に置かれているのは行政と事業者との適切な役割分担である。

他方、事業者に一定の役割を求める際には、いかにその実効性を担保するかが問題となる。REACH 規則も施行後のレビューにおいて、登録情報の内容不備が問題とされてコンプライアンスチェックをするなどの対応を迫られた。REACH 規則の登録のような制度はドイツ環境法でいうところの「管理された自己責任」に基づく制度とされており、こうした制度には質を担保する措置を備えていることが鍵になるのである[38)]。化審法においても、少なくとも現行の情報提供の規定を強制力のある義務とする必要があると考えられる。

⑷　新しいリスクへの対応

新しいリスクとして、ナノマテリアル・内分泌撹乱物質・マイクロプラスチックなどへの対応が求められている。前二者については既に様々な論稿[39)]があるのでここでは立ち入らない。マイクロプラスチックについては、プラスチックによる海洋汚染とともに最近にわかに注目されるようになった。プラスチックが劣化して細かくなったマイクロプラスチックには、海洋中の POPs を吸着しやすいという性質がある。それらが生態系に与える影響や、食物連鎖を通じて人体に与えうる影響については今後の研究がまたれる。ただ、そのようなプラスチックの回収は、今まで海洋に放出された膨大な化学物質を回収することにもなるため、河川や漂着ゴミの回収事業を推進すべきである。

(5) 事故・災害時のリスク管理

近年化学工場の事故が多発している。その背景としては、化学産業が少量多品種化したことで高度に複雑化したプロセスで特殊化学品が用いられるようになったため、従来型の法規制や基準では安全の担保が困難となり、規制緩和とも相まって事業者の自発的な自主管理に委ねられることになったことが指摘されている[40]。2012年の日本触媒の爆発事故では消防隊員ら37人が死傷し、当時の製造所化成品製造部製造第2課長ら3名が業務上過失致死傷で有罪となり、会社も労働安全衛生法違反を問われた。こうした事故においては、作業員や消防隊員のみならず、敷地外に有毒なガス等が漏れ出して周辺住民に被害を与えるおそれもあるし、大気・水・土壌といった環境媒体を汚染するおそれもある。

さらに、近年増加している異常気象による災害時に化学工場が事故を起こすこともある。2018年の西日本豪雨の際には、岡山県総社市のアルミニウム工場の炉内に浸水し、大きな爆発を起こした。従業員の避難は完了していたものの、周辺住民への周知が行われなかったため多数の怪我人がでて、周辺の住宅は爆風により大きな被害を受けた。こうした事故・災害時に備えた対策を講じることが第5次環境基本計画でも検討課題として挙げられているのは既に見た通りである。

災害に伴う健康・環境へのリスク管理戦略として、①災害や事故時に漏出する可能性に対してリスク管理が必要となる対象物質を考えること、②迅速かつ災害時に適用可能な調査、分析手法を検討すること、③災害時の対応を実施する行政実務体制を構築する必要があることなどが指摘されている[41]。さらに、上記(3)で指摘した事業者間で共有する情報の中に災害・事故時のリスク管理措置も含めることだけでなく、周辺住民への情報提供も重要である。当面はPRTR 法の届出項目に事業所における貯蔵量を加え[42]、MSDS に災害・事故時のリスク管理措置を記載するようにするとともに、緊急時の対応マニュアルの作成を求めることなどが考えられよう。

6　おわりに

2006年にSAICMが採択されたとき、2020年という目標年度までは随分時間があるように思えた。ところが、期限を目前に控えたいまでも、日本における「包括的な」化学物質管理の形はみえてこない。本稿においても今後検討すべきだと考えられる視点を列挙するだけで、「包括的な」制度を描くことはできなかった。他方で、対応すべき課題は年々その数を増している。現行の化審法をベースにしつつ、今後いかにその「隙間」を埋め、制度から落ちこぼれるものを減らしていけるか。そのような制度の根本にすえるべき考え方、措置の導入による効果の評価、各主体が果たすべき役割、今まで想定されていなかった事態への対応等、より一層の検討を続けていかなくてはならない。

【注】

1)　中央環境審議会「第四次環境基本計画の進捗状況・今後の課題について」平成28年11月（https://www.env.go.jp/policy/kihon_keikaku/plan/plan_4/attach/h281125.pdf）
2)　「環境基本計画」平成30年４月17日（https://www.env.go.jp/policy/kihon_keikaku/plan/plan_5/attach/ca_app.pdf）
3)　大塚直「日本の化学物質管理と予防原則」植田和宏・大塚直監修、損害保険ジャパン・損保ジャパン環境財団編『環境リスク管理と予防原則』25-37頁（有斐閣、2010年）、大塚296-300頁、大坂恵里「化学物質管理関連法の課題と展望」大系501-523頁、増沢陽子「日本における化学物質規制の到達点と課題」環境法政策学会編『化学物質の管理』8-13頁（商事法務、2016年）。
4)　赤渕芳宏「化学物質審査規制法2017年改正とその課題（一）（二・完）」自研94巻５号・８号（2018年）。
5)　辻信一『化学物質管理法の成立と発展』115頁（北海道大学出版会、2016年）。
6)　赤渕・前掲注(4)（一）101頁。
7)　大塚・前掲注(3)33-34頁。
8)　大塚・前掲注(3)26-28頁。
9)　大塚・前掲注(3)35-36頁。
10)　大塚305頁。
11)　増沢・前掲注(3)9-13頁。
12)　赤渕・前掲注(4)（二・完）80-85頁。
13)　赤渕・前掲注(4)（二・完）90-91頁。

14） 例えば、大坂・前掲注(3)521頁。

15） 高橋滋・織朱實「化学物質管理法制の現状と課題」高橋ほか編・法と理論267頁。

16） 蒲生昌志「化学物質の健康リスク評価」益永茂樹編『新装増補リスク学入門５　科学技術からみたリスク』139-140頁（岩波書店、2013年）。

17） 蒲生・前掲注(16)140頁。

18） 蒲生・前掲注(16)142、151-152頁。

19） REACH 規則はその目的として、人の健康と環境のハイレベルな保護と並んで競争力と革新力を高めて物質の自由な流通を確保することを挙げている（１条）。

20） いずれにおいても科学的不確実性は常に内在するのであり、その存在を理由に管理措置を遅らせることは予防原則の観点から許されないことはいうまでもない。

21） 赤渕・前掲注(4)（二・完）85-86・93頁は、性質ないし有害性に着目すれば何らかのリスク管理措置が必要であるにもかかわらず、暴露可能性の範囲ないし程度に係る要件に該当しないためにリスク管理対象から漏れ落ちる化学物質がないようにすることが引き続いての課題としている。なお、赤渕・前掲注(4)（一）109頁の脚注34にもハザードベースの管理の有用性について重要な指摘がある。

22） 衆議院調査局環境調査室『化学物質対策―国内外の動向と課題』50頁（2009年）。

23） 衆議院調査局環境調査室・前掲注(22)92頁脚注25。

24） 内野絵里香「化学物質審査規制法（化審法）の概要と最近の動向について」エレクトロニクス実装学会誌 Vol. 17 No. 2 101頁（2014年）が、リスクベースの管理のメリットとして、強い有害性を示す化学物質について厳しい暴露管理を行うことが可能になることを挙げているのも、同様の趣旨と解される。

25） 改正前 TSCA の問題点につき以下を参照。畠山武道『環境リスクと予防原則』85-97頁（信山社、2016年）。なお、特にアメリカ環境法においては、TSCA のように不合理なリスク基準を用いた規制方法のことを「リスク・ベースの規制」といい、この詳細およびその問題点についても同書83-130頁等を参照。

26） これは化学物質管理において特に予防原則に基づく対応が必要であることを示す事実である。なお、リスク評価の限界に関連して科学的不確実性は二つに分けて考えるべきことについては、早くから大塚教授が指摘されている。大塚直「未然防止原則、予防原則・予防的アプローチ（５）」法教289号109頁（2004年）。

27） 詳しくは拙稿「欧州 REACH 規則にみる予防原則の発現形態（２・完）」早法59巻２号228-229頁（2009年）脚注74も参照。

28） REACH 規則に関する文献の中には、「物質の固有の性質に基づいて規制する純粋に予防的アプローチ」を「リスクベースの管理システム」と対置させることがある。*See*, Christian Hey, Klaus Jacob and Axel Volkery, “Better Regulation by New Governance Hybrids? Governance Models and the Reform of European Chemical Policy”, *Journal of Cleaner Production,* 15 (2007), at 1867.

29） 安達亜紀『化学物質規制の形成過程』106-113頁（岩波書店、2015年）。*See also*, Ralf Nordbeck and Michael Faust, “European Chemicals Regulation and its Effect on

Innovation: an Assessment of the EU's White Paper on the Strategy for a Future Chemicals Policy", *European Environment*, 13 (2003), at 93.

30) Kristina Nordlander, Carl-Michael Simon and Hazel Pearson, "Hazard v. Risk in EU Chemical Regulation", *Eur. J. Risk Reg.*, 3 (2010), pp. 243-244. 同論文は過剰規制や市場への影響を懸念する立場からこのようなハザードベースの法制度を批判している。

31) 拙稿「欧州における化学物質にかかる予防的法制の最新動向—予防原則と代替原則の観点からの検討」早稲田大学大学院法研論集149号125-151頁（2014年）。

32) 他方、企業秘密の保持のため、川下事業者は情報提供に変えて自ら物質のリスク評価を行い登録するという選択肢を選ぶこともできる。REACH 規則37条参照。

33) 赤渕・前掲注(4)（一）、101頁。

34) 星川欣孝『化学物質総合管理法制』169-194頁（日本評論社、2016年）は、化学物質管理の適正化のためには情報の共有と公開が不可欠であるとし、日本の制度は現状において化学物質の評価や管理に係る情報を広く関係者で共有する発想が欠落していると指摘する。

35) なお、製品含有化学物質については、管理のコストダウンや情報の高精度化を目指して経済産業省の主導で「chemSHERPA（ケムシェルパ）」という情報伝達スキームが開発され、導入が本格化している。

36) 増沢・前掲注(3)14頁。

37) 赤渕・前掲注(4)（二・完）、91頁。

38) Hey, Jacob and Volkery, *supra* note 28, at 1865. 戸部真澄『不確実性の法的制御』180-216頁（信山社、2009年）も、自己監督手法は、法的規制を前提として、調査内容について国家が主導性を発揮し、守られない場合には過料などの実効性担保措置があってこそ機能するものであることを論じている。

39) 赤渕・前掲注(4)、山田洋「環境リスクとその管理—ナノ物質のリスク？」大系109頁以下、赤渕芳宏「アメリカにおける科学的不確実性を伴う環境リスクへの法的対応に係る近時の動向—有害物質規制法に基づくナノ物質の規制を例に」『ポスト京都議定書の法政策 2（環境法研究37号）』142頁以下（2012年）、拙稿・前掲注(31)など。

40) 三宅淳巳「産業災害とリスク」益永編・前掲注(16)93頁。

41) 鈴木規之「災害に伴う健康・環境へのリスク管理戦略」化学物質と環境141号 3 頁（2017年）。

42) 制度導入時から住民への情報提供の観点から指摘されている点である。大塚438頁。

遺伝子組換え規制
——現状と課題

藤岡　典夫

1　はじめに

遺伝子組換え技術（GM 技術）とは、ある生物が持つ遺伝子の一部を他の生物の細胞に導入して、その遺伝子を発現させる技術である[1)]。この技術を活用して、遺伝子組換え動・植物や遺伝子組換え微生物等（「遺伝子組換え体」（Genetically Modified Organism : GMO）と総称）が作出される。慣行育種法に比べて、生物の種にこだわらず自然界では得られない組合せが可能である等のメリットがあり、既に農業、工業、医療など様々な分野で活用されている。

他方で、環境中に放出されることによる生物多様性への影響（環境安全性）、および食品として摂取した場合の人体への影響（食品安全性）の懸念があるため、これらに対処するため規制、つまりリスク管理としての規制がとられている。さらに、リスク管理以外の目的での規制も行われている。本稿では、EU、我が国および国際間の各々の領域における GMO 規制をめぐる問題点を洗い出した後、これらをいくつかの横断的な論点に集約し、各論点について検討のための視点を提示することとしたい。

2　EU の GMO 規制

(1)　EU の GMO 規制枠組み

EU の GMO 規制は、いわゆる「プロセス・アプローチ」を原理とする。遺伝子工学（genetic engineering）というプロセスがリスクをもたらすと考え、その遺伝子工学というプロセスを人の健康と環境にとって本来的に危険なものとみなす。したがって、この規制原理によれば、すべてのGMOとGMOを伴う活動は、包括的に規制枠組みの適用対象でなければならない[2)]。

EUのGMO規制の基本となるのが、圃場での栽培など環境へのGMOの放出に適用される2001年公布のDirective 2001/18/EC（環境放出指令[3)]）である。本指令は、食品や医薬品といった分野にかかわらない横断的な規制である。これとは別に、GMOの上市について、分野ごとに適用されるDirectiveやRegulation（規則）があり、食品・飼料用のGMOの上市については2003年公布のRegulation（EC）1829/2003（食品・飼料規則[4)]）が適用される[5)]。

環境放出指令は予防原則に則ることを明記し[6)]、GMOの環境への放出（栽培または流通）について事前認可制度を定めている。環境放出の前に、EUレベルで統一的に欧州食品安全機関（European Food Safety Authority : EFSA）による環境リスク評価手続に従うことを義務づけられ、問題ない場合にのみ欧州委員会の認可を受けることができる[7)]。また、認可の有効期間は最長10年に限定されている。

また、認可後についても、①GMOの長期的影響に関して市場投入後のモニタリングの義務の賦課、②加盟各国が、環境リスク評価に影響を与える新たなもしくは追加的な情報または既存の情報の再評価の結果として人の健康または環境にリスクを生じさせると考える詳細な根拠を持っている場合には、当該加盟国は、暫定的に自国領域内においてその使用または販売を制限し、または禁止できる（セーフガード措置）、などの仕組みが設けられている。

このほか、Regulation（EC）1829/2003（表示・トレーサビリティ規則[8)]）は、GMOのサプライチェーンの全段階において、GMOを明示して追跡可能性（トレーサビリティ）を確保すること、そのための分別管理手法をとることを義務づけている。さらに、GM食品の表示義務を定めている。

ところが、近年は、認可プロセスの行き詰まりが明白になってきた[9)]。EFSAのリスク評価では「問題なし」となり、欧州委員会が認可を進めようとしても、GMOへの拒否感の強い世論を背景に多くの加盟国が反対し、多数の認可申請が長期間保留になっている。また、いくつかの加盟国は、正当な科学的理由なしにセーフガード措置を採択し、認可済み GM 作物の自国の領域内での栽培を制限しているという実情にある。

(2) 共存措置

(1)の規制の他、環境放出指令は、Non-GM 作物への GMO の非意図的な混入を避けるため、加盟国が GM 作物と Non-GM 作物との共存のための措置をとることができると定める[10]。各国が定める共存措置の内容としては、GM 作物を栽培する場合の慣行作物・有機作物との隔離距離や、輪作、播種や収穫時の混入防止策といった、混入をできる限り防止するための具体的なルールのほか、GM 作物の栽培に伴い周辺の慣行・有機作物への混入が発生し、後者に経済的損害が生じた場合における責任（liability）に関するルールがある。

ドイツやオーストリアなど GMO に消極的な国は、この共存ルールを厳しくし、GMO 栽培を実質的に困難にしている[11]。

共存問題は、EU レベルでの認可後の GMO 混入により近隣の慣行作物や有機作物栽培農家が被る経済的な損失、つまり経済的問題であり、安全性問題ではないというのが欧州委員会の考え方である[12]。つまり、共存ルールはリスク管理を目的とした措置ではない。

(3) オプトアウト制度

(1)に述べた認可プロセスの行き詰まりの打開策として、欧州委員会は、加盟国の判断で認可済み GMO の栽培からオプトアウト（離脱）する権利を認める制度を導入した[13]。認可後の加盟国の自由を広げることで EU としての認可手続は迅速化しようとのもくろみである。環境放出指令にそのための条項（26 b 条）が追加され、2015年 4 月 2 日から施行された[14]。この新制度に基づき、加盟国は「やむを得ない理由」に基づいて自国の判断で、EU 認可済み GM 作物の栽培を全部または一部において制限または禁止することができる。これにより、これまで「共存ルール」という名の下で栽培禁止的な措置を導入していた加盟国は、より直接的に栽培禁止的な措置を「堂々と」導入することができるようになった[15]。しかし、こうした措置は、欧州機能条約（TFEU）34条との抵触の可能性等の様々な問題が指摘されている。[16] EU の GMO 政策は、意見の異なる加盟国や EU 諸機関等の多くの当事者が関係する中で混迷を深めているように思われる。

オプトアウト制度による加盟国の規制も、EU としての認可が終了したものに対してとられているのであるから、リスク管理措置ではない。厳密な手続を経て採用されたリスク管理措置が、共存措置やオプトアウト制度という別の観点からの規制によって実質的に覆されているといえよう。

3　我が国の GMO 規制

(1)　生物多様性影響の防止のための規制――カルタヘナ法

「カルタヘナ法」は、GMO の生物多様性影響の観点からの規制を定めているもので、カルタヘナ議定書（後述）の国内担保法として制定された。同法は、遺伝子組換え生物等（遺伝子組換え技術および細胞融合技術による生物）を用いて行う行為を、使用形態に応じて「第一種使用等」と「第二種使用等」とに分け、とるべき措置を定める。[17]

第一種使用等とは、拡散防止措置をとらないで行う使用等、つまり開放系での使用等であり、たとえば、遺伝子組換え農作物の栽培、輸入や流通などが該当する。この場合、あらかじめその使用等による生物多様性影響を評価し、第一種使用規程を定め、生物多様性影響が生ずるおそれがないことの主務大臣（環境大臣および各分野の大臣）の承認を受ける必要がある（4条～11条）。

第一種使用等において問題となる生物多様性影響とは、具体的には、①競合における優位性、②交雑性、③有害物質生産性が含まれ、[18] 主務大臣の承認に当たってはこれらの観点から専門家による審査が行われる。

第二種使用等は、拡散防止措置をとって行う使用等、つまり閉鎖系での使用であり、この場合、所定の拡散防止措置の下で使用できる（12条～15条）。

このほか、主務大臣は、遺伝子組換え生物等を使用した者等に対し、遺伝子組換え生物等の回収、使用の中止等の措置を命ずることができる旨規定している（10条、14条および26条2項）。

⑵ 食品安全性の確保のための規制

GMO の食品としての安全性の確保の観点から、食品衛生法および食品安全基本法に基づく規制がとられている。

食品衛生法は、厚生労働大臣が公衆衛生の見地から食品等の成分規格および製造基準を定めることができることとし（11条1項）、これに合わない方法による食品や添加物の製造、加工、使用等は禁止される（同条2項）。この規定に基づいて「食品、添加物等の規格基準」（厚生省告示）が定められており、その中で遺伝子組換え食品について安全性審査を義務付けることにより、安全性審査を受けていない遺伝子組換え食品の製造、輸入、販売が禁止されている。

具体的には、GMO を食品として利用するためには、申請者は、開発した品種ごとに厚生労働省に安全性審査の申請をする。これを受けて厚生労働省は食品安全委員会に安全性の評価（食品健康影響評価）を依頼し、食品安全委員会は食品安全基本法に基づく食品健康影響評価を実施する。厚生労働省はその評価結果を受け取って、安全性に問題がないと判断した食品を公表する。

なお、家畜の飼料としての安全性確保の観点からは、飼料安全法に基づき、リスク評価を経て農林水産省が安全性を確認する。

⑶ 表示制度

「農林物資の規格化及び品質表示の適正化に関する法律」（JAS 法）に基づき、指定された遺伝子組換え農作物とその加工食品について、遺伝子組換えに関する表示が義務付けられている。前述の安全性審査が終了したもののみが市場に流通するわけであるから、表示制度の目的は、安全性とは関係なく、消費者の選択の目安となることである。

義務表示の対象となるのは、8種類の農作物と、その加工食品33食品群である。表示の方法は、a. 遺伝子組換え農作物を使っている場合は「遺伝子組換え」、b. 遺伝子組換えと非遺伝子組換えを分別せずに使っている場合は「遺伝子組換え不分別」と表示することが義務付けられている。また、非遺伝子組換え農作物を使っている場合には表示義務はないが、任意で「遺伝子組換えでない」ことを表示することができる。

上記の表示義務の対象となる食品、たとえば大豆加工食品であっても、醤油や食用油のように組み換えられたDNAまたはこれによって生じたタンパク質等が加工過程で分解・除去され検出できないものには表示義務はない[19]。

(4) 自治体による独自規制

我が国では、数多くのGMOが法的に栽培可能になっているにもかかわらず、実際には観賞用のバラを除き商業栽培は行われていない[20]。食用・飼料用作物の商業栽培が行われていない大きな理由の一つに、一般農家等の抱くGM作物への警戒心を背景に自治体が独自の規制を行っていることがある。たとえば、北海道、新潟県や神奈川県は条例によって、開放系でのGM作物の栽培について周辺農家等への説明会の開催と知事の許可（神奈川県は届出）を要求している。他にもガイドラインによって規制を行っている都府県や市町村がある。こうした規制の目的は、目的は、一般作物との交雑防止、生産・流通の混乱の防止、一般作物に係る生産活動との調整等とされている。つまりEUの共存政策と同様、安全性問題ではなく、社会経済的なものであるが、事実上禁止に等しい効果を発揮している。我が国でもEUと同様、厳格な手続を経たリスク管理措置を実質的に覆す規制が行われている。

4　GMO規制を巡る国際的問題

(1)カルタヘナ議定書

(i) **概　要**　「バイオセーフティに関するカルタヘナ議定書」(The Cartagena Protocol on Biosafety, 以下「カルタヘナ議定書」) は、生物多様性条約の下に、現代のバイオテクノロジー（GM技術および細胞融合技術を指す）による「改変された生物」(living modified organisms: LMO) の国境を超える移動に焦点を合わせて、生物多様性の保全と持続可能な利用への悪影響を防止するため2000年1月に採択され、2003年9月11日に発効した。我が国は同議定書を実施するため、2003年6月に前述のカルタヘナ法を制定した。

同議定書が対象とするのは、生きている生命体だけであり、GMO由来の加工品は対象とならない。LMO は、周りの生物に影響を及ぼす可能性の程度により、①環境への意図的な導入を目的とするもの（たとえば栽培用の種子）、②食料もしくは飼料として直接利用しまたは加工することを目的とするもの（LMOs intended for direct use as food, feed, or for processing: LMO-FFPs）、③拡散防止措置の下での利用を目的とするもの、の三つに分類され、それぞれの分類に応じた手続きが求められる。

このうち①「環境への意図的な導入を目的とするもの」について見ると、事前の情報に基づく合意手続き（Advance Informed Agreement, 以下「AIA 手続き」）を設定している（8条〜10条）。具体的には、輸出国は輸入国の環境への意図的な導入を目的とする LMO の国境を超える移動に先立ち、輸入国に対してその移動について通告し、当該 LMO に関する情報を提供する。輸入国はその情報を受領した後、その LMO についてリスク評価を行った上で輸入を許可するかどうかについて決定する。

(ii) **予防原則を反映した輸入規制**　カルタヘナ議定書は、その前文において「リオ宣言15原則の予防的アプローチを再確認」し、さらに10条6項は、締約国が、「生物多様性の保全と持続可能な利用に及ぼす可能性のある悪影響の程度について科学的情報および知識が不十分であるため科学的な確実性がない」場合にも、環境への導入を意図されている LMO の輸入について予防的な輸入禁止や条件付の輸入等の決定を取ることを認めている。11条8項は、LMO-FFPs の輸入について同様のことを定めている。しかしながら、締約国がどのような場合に予防的アプローチを取ることができるかについては、これらの規定では明らかではないため紛争が生じる可能性がある。

また、カルタヘナ議定書の前文は、同議定書は加盟国の他の国際協定上の権利義務には影響を与えないとし、2条4項にも同趣旨の規定があることから、同議定書と WTO 協定が競合的に適用される。WTO の SPS 協定（後述）は、科学的証拠を重要視しており、予防的アプローチはごく限定的にしか適用されないため、カルタヘナ議定書上認められる禁止措置が WTO 協定上認められないという問題が発生しうることになる[21]。

(2) GMO規制とWTOルールとの関係

GMO規制は多くの場合、WTOのSPS協定（Agreement on the Application of Sanitary and Phytosanitary Measures：衛生植物検疫措置の適用に関する協定）の対象となる措置（SPS措置）に該当する。

SPS協定は、SPS措置を「科学的な原則に基づいてとり、5条7項の場合を除き十分な科学的証拠なしに維持しない」（2条2項）と規定し、さらに、SPS措置を「適切なリスク評価に基づいてとる」（5条1項）と規定している。科学的証拠が不十分な場合に、入手可能な適切な情報に基づき暫定的にSPS措置を採用することができるという予防原則を反映した規定（5条7項）があるものの、その適用範囲は限定的である。このため、GMOに対する予防的な規制は、SPS協定との摩擦を生じうる。実際、アメリカ、カナダおよびアルゼンチンの3カ国は、EUのGMOに関する規制をWTO提訴し、WTOの紛争処理小委員会（パネル）は、2006年9月にEUの措置のいくつかについてSPS協定違反を認定した[22]。

5　新たな育種技術へのGMO規制の適用問題

近年、遺伝子の一部を自在に切り貼りできる「ゲノム編集技術」等の新たな育種技術（New Plant Breeding Technics: NPBT）が急速に発展している[23]。NPBTは育種の一部過程で遺伝子組換え技術を使用するが、最終的に商品化される農作物には遺伝子組換え技術に用いた外来の遺伝子が残存せず、また、慣行の育種法（交雑育種法、突然変異育種法）によっても同等のものが作出され得る。このような農作物にも遺伝子組換え規制を適用すべきかが問題となっている。

この問題について、EUでは2008年に域内各国から科学者等を集めた委員会において検討を開始し、同委員会は2012年に、最終的に作出された生物に外来の遺伝物質がもはや存在しないことが示されればその生物はGMOと見なすべきではないとの結論を出した。我が国でも、農林水産省の「新たな育種技術研究会」が2015年9月に報告書[24]を公表した。また、環境省は2018年7月、ゲノム編集で作成された生物をカルタヘナ法による規制対象とするかどうかについて専門委員会で議論を開始した。

そうした中で、2018年7月25日、欧州司法裁判所は、ゲノム編集による作物は、外来の遺伝子を導入しないものであっても従来のGMO規制の対象とすべきとの判断を示した[25)]。今後の国際的なルール作りに影響する可能性がある。

6　GMO規制の論点

GMOに関して、EU、日本国内および国際間の各々の領域で各種の規制が行われ、それらをめぐってさまざまな問題が生じていることを見てきたが、根底にある論点は共通する。本節では、大括りに3つの論点に整理するとともに、各論点について検討のための視点を提示する。3つの論点ごとに問題の性格は異なるので、これらを切り分けて理解することが、GMO規制を巡る問題の意味を正確に把握し、対応を考える上で重要であると思われる。

第1の論点は、GMOのリスクの特性を踏まえた予防原則の適用のあり方である。GMOに限らずリスク評価には多かれ少なかれ不確実性が残ることは避けられないが、特にGMOのリスクは新技術に係る特性として不確実性が大きく、また一旦環境中へ放出されると回収が困難であるという不可逆性がある。こうしたリスクの特性を踏まえたリスク管理のあり方、特に予防原則の適用のあり方が論点になる。この点に関しては、EUや我が国において予防原則に基づく措置が実際採用されている。カルタヘナ議定書も、採用を容認する。

これに関連して生じ得る問題は2種類あり、1つ目は、採用される措置が予防原則に基づく措置として適切かどうかである。この点、科学的リスク評価に基づく規制を基本としつつも、事前認可制度と認可後のフォローアップを組み合わせた厳格な規制がEUでも我が国でも採用されている。法制度としては、必要かつ十分に慎重なアプローチがとられていると評価してよい。ただし、いくつかのEU加盟国がとっているセーフガード措置は、予防原則に基づく措置としての正当化が難しいものがある。1つ目に関連して残る課題が、第5節で述べたゲノム編集等新技術への規制問題である。2つめは、こうした予防原則に基づく厳格な規制を採用しない国があり、こうした国と採用している国との調整問題が不可避となるということである。第4節で述べたWTOルールやカルタヘナ議定書を巡る問題がこれに当たる。困難な問題であるが、予防原則を基本とした調整ルールを国際間で確立するべきであろう。

第2の論点は、リスク管理における社会的・経済的要素の考慮のあり方である。環境リスク管理一般において、社会的・経済的要素も考慮されることについては広範な理解があるが、GMOのリスク管理においてこれをどのように考慮するのかが論点になる。特に、市民がGM技術に対し強い懸念を抱いているという事実は無視できない要素であろう。しかしこの要素を重視しすぎ科学的視点を覆すようなことになっては、リスク管理の枠組みを逸脱することになろう。EUにおける事実上の認可停止には、このような面もあることは否定できない。

社会・経済的要素として考慮されるべきものとしては、GM技術の有するベネフィットもあり、これは現に考慮されているといってよい。GM技術は様々な分野で人類が直面する諸問題を解決するための手段として期待されている。すでに相当進んでいるGM微生物を使った医薬品製造等の医療分野へのGM技術の応用に対しては、農作物・食品分野への応用（現在開発されているものは、除草剤耐性や害虫抵抗性等の農家にとってメリットはあるが、消費者にとってメリットが見えない）に対するほどには社会の抵抗も少ないのは、ベネフィットの差の故であろうと思われる。今後の研究開発の進展によるベネフィットの拡大が、GMOおよびゲノム編集を含めたリスク管理のあり方に大きく影響してくるであろうと思われる。

上記2つの論点は、リスク管理に関連する論点であるが、GMO規制にはリスク管理の枠外で行われている規制があり、この種の規制のあり方が、第3の論点である。EUのGMOとNon-GMOとの共存措置、EUのオプトアウト制度、我が国の自治体によるGMO栽培に係る厳格なルールは、いずれもリスク管理としての承認や認可等が下りた後に、さらに経済的・社会的・政治的対応として（リスク管理の中で社会経済的要素が考慮事項となることは別に）規制をかぶせるものである。この結果生まれているEUや我が国のGMO栽培の実態は、厳密な手続を経て採用されたリスク管理措置が、その枠外の規制によって覆され、後者が現実を動かしていることを示している。リスク管理として踏んだ手続は一体何だったのか、という疑念も、少なくとも栽培に関しては生じうるであろう。こうした事態を生んでいる背景には、賛成派と反対派との意見の隔たりが大きいという GMO 問題の大きな特徴があり、この深い溝を埋めるのは容易ではないように思われる。GMO 規制を巡って起きている様々な問題は、社会の厳しい意見対立の中での規制のあり方、そして日進月歩の新技術への規制のあり方を我々に問うている。

【注】

1) 農林水産省「遺伝子組換え農作物について」(http://www.s.affrc.go.jp/docs/anzenka/attach/pdf/GMinfo-3.pdf)(2018年8月1日閲覧)。

2) 対照的にアメリカが採用する「プロダクト・アプローチ」は、プロセスではなく産品がリスクをもたらすと考え、産品のリスクに着目した規制体系となる。

3) Directive 2001/18/EC on the deliberate release of GMOs into the environment.

4) Regulation (EC) No 1829/2003 of the European Parliament and of the Council of 22 September 2003 on genetically modified food and feed.

5) 食品・飼料用の GM 作物の栽培には、環境放出指令と食品・飼料規則の両方が適用されることになるが、認可手続きは1つで済むようになっている(“one door, one key”の原則)。食品や飼料に使用されない(たとえば工業用でんぷん向け)GM 作物の栽培には、環境放出指令のみが適用される。Hans-Georg Dederer(藤岡典夫訳)「EU における遺伝子組換え体の課題—動向と諸問題」中西優美子編著『EU 環境法の最前線—日本法への示唆』174-176頁(法律文化社、2016年)参照。

6) 環境放出指令は、予防原則について、前文(8)、1条(目的)、4条(一般的義務)および附属書Ⅱ(環境リスク評価の原則)において言及し、本指令が予防原則に則ることを明記している。

7) 欧州委員会が EFSA の科学的意見に基づいて決定案を準備し、コミトロジー手続(comitology procedure)を経て処理される。

8) Regulation (EC) 1830/2003 concerning the traceability and labelling of genetically modified organisms and the traceability of food and feed products produced from genetically modified organisms.

9) EU の認可プロセスの現状について、Dederer・前掲注(5)176-179頁。

10) 環境放出指令26a条。欧州委員会の役割はガイドラインの策定に限定される。

11) 立川雅司『遺伝子組換え作物をめぐる「共存」—EU における政策と言説』180-181頁(農林統計出版、2017年)。

12) 立川・前掲注(11)58頁。

13）　オプトアウト制度については、Dederer・前掲注(5)179-191頁、緒明俊「遺伝子組換え作物・食品を巡る世界各地の動き」日経バイオ年鑑2017 389-390頁（日経BP社、2016年）。

14）　Directive (EU) 2015/412 amending Directive 2001/18/EC as regards the possibility for the Member States to restrict or prohibit the cultivation of GMOs in their territory. なお、食品・飼料規則へのオプトアウト条項の導入については、2015年10月29日、欧州議会は、欧州委員会が提出したオプトアウト条項の導入のための食品・飼料規則改正案を否決した。

15）　立川・前掲注(11)276頁。

16）　Dederer・前掲注(5)187頁。また、オプトアウト措置のための「やむを得ない理由」には、環境政策上の目的、都市計画および農村計画、土地利用、社会経済的影響、他の産品中へのGMOの存在の回避、農業政策上の目的、および公共政策が挙げられており、こうした科学的根拠とは無関係の事由に基づいて加盟国が禁止または制限することになれば、WTO協定、特に科学的原則を定めるSPS協定（本章4(2)を参照）との整合性の問題も生じるだろう。

17）　カルタヘナ法の施行状況については、環境省から公表されており、特に問題はないとしつつ、審査の手続等に関していくつかの指摘をしている。環境省「遺伝子組換え生物等の使用等の規制による生物の多様性の確保に関する法律（カルタヘナ法）の施行状況の検討について」（平成28年9月9日）（http://www.env.go.jp/press/102964.html）

18）　農林水産省・前掲注(1)。

19）　表示制度に関しては農林水産省・前掲注(1)。なお、消費者庁は、2017年4月から義務表示の対象の拡大等について有識者会合において検討を開始した。

20）　一般的な使用が認められている作物は、2016年1月23日現在でトウモロコシ、ダイズを含む8作物。農林水産省・前掲注(1)。

21）　松下満雄「非貿易的関心事項への取り組みとWTOの今後—原論的考察」日本国際経済法学会年報9号159頁（2000年）。

22）　WTO Panel Report WT/DS291/R; WT/DS292/R; WT/DS293/R, European Communities – Measures Affecting the Approval and Marketing of Biotech Products. ただし、このパネル裁定は、EUのGMO規制の枠組み自体をSPS協定違反と認定したものではない。藤岡典夫『食品安全性をめぐるWTO通商紛争—ホルモン牛肉事件からGMO事件まで』（農山漁村文化協会、2007年）参照。

23）　農林水産省「新たな育種技術研究会」『ゲノム編集技術等の新たな育種技術（NPBT）を用いた農作物の開発・実用化に向けて』（平成27年9月）（www.affrc.maff.go.jp/docs/commitee/nbt/pdf/siryo3.pdf)、立川雅司「新しい育種技術をめぐる海外諸国における政策動向」JATAFFジャーナル2(8)（2014年）。なお、ゲノム編集に関しては、人の受精卵を使った医療分野の研究も進んでおり、生命倫理上の問題が指摘されている。

24）　農林水産省・前掲注(23)。

25）　Case C-528/16, Confédération paysanne and Others, ECLI:EU:C:2018:583.

順応的管理の規範的性格に関する予備的考察

二見絵里子

1　はじめに

生物多様性基本法では、基本原則の一つとして、予防原則と順応的管理が並記されている（3条3項）。そこでは、生物多様性の保全および自然資源の持続可能な利用にあたって、予防的な取組方法だけでなく、「事業等の着手後においても生物の多様性の状況を監視し、その監視の結果に科学的な評価を加え、これを当該事業等に反映させる順応的な取組方法」により対応しなければならない、と定められている。

この順応的管理（アダプティブマネジメント）という考えは、生態学で提唱され、環境立法にも持ち込まれている。しかし、わが国の環境法学では、順応的管理に関する検討が必ずしも十分とはいえない[1)]。そこには、次の2つの課題があるように思われる。第1に、そもそも順応的管理とはどのような概念であり、それはいかなる法的性格を持つものと解すべきか、といった基礎部分に関する検討が必ずしも十分ではないことである。第2に、最近では、順応的管理の出自である生態系保全以外の分野においても、「順応的」あるいは「順応型」といった表現が散見されるようになり、法制度が「順応的」であるべきことに対しての関心の高まりがみられるが、しかし他方で、それらは生態系保全における本来的意味と同一であるのか、独自の意味が与えられているのだとすれば、両者はどのように異なるのか、といった点が意識的に論じられているのかが定かでないことである。

順応的管理とは何か。順応的管理を具体化する法制度とはいかなるものか。

筆者は特に、順応的管理が法理論としてどのような可能性を有するのか、すなわち、順応的管理とはどのような理念ないし原則であるのか、順応的管理に基づく法枠組み・法規定としてどのようなものが形成されるべきか、類似すると考えられている原則とはどのような関係に立つか、といった点に関心を抱いている。これらの点について検討を進めるにあたって、本稿では、予備的考察として、わが国におけるこれまでの順応的管理の理解を批判的に検討し、環境の保護を実現する法制度において順応的管理の考えが必要とされる理由とは何かを改めて確認することとする。わが国において順応的管理の規範的性格を検討するにあたっては、その前提として、順応的管理の概念を正確に捉え、類似した概念との異同を見極めることで議論の混乱を避けることが必要であろう。なお、この概念をめぐっては、すでに、順応的管理原則や順応的管理手法、順応的管理アプローチなど、規範的な性格づけを施した表現が様々に用いられているが、本稿ではこうした性格づけを留保し、あえて「考え」という曖昧な表現を用いるに留める。

環境法学では、生態系保全以外の分野においても、順応的管理またはそれに類似した考えが議論されているが、本稿においては、順応的管理という考えが提唱された生態系保全に検討対象を限定する。

ところで、生態学においても、また、議論が進んでいる諸外国の環境法学においても、順応的管理は、特に、予防原則・予防的アプローチ（以下、単に「予防原則」とする）と混同されることが多い。そこでは、予防原則と同一視する見解、および予防原則の一部にあたるという見解がある一方で、予防原則と対立するという見解もみられる。順応的管理と予防原則との異同や両者の関係性を検討することは、理論上重要な課題となるが、本稿では扱わない。また、順応的管理という考えが、生態系保全以外でも同様に用いることができるかといった論点についても、今後の検討課題となる。

本稿は、まず、わが国の生態系保全に関する法制度において順応的管理の考えがどのように用いられているかを確認する（2）。続いて、順応的管理の考えが提唱されてから現在に至るまでの間に、環境法学において、それがどのように理解され、どのような議論がなされているかを概観する（3）。その上で、生態系保全に関する法制度において順応的管理の考えを受容するにあたっての課題について、若干の考察を試みる（4）。

2　わが国の生態系保全に関する法における順応的管理

2000年および2004年の生物多様性条約締約国会議における成果の一つとして、エコシステムアプローチ（生態系アプローチ）の実施が決議されたことが挙げられる。エコシステムアプローチとは、個別の種ではなく生態系に注目し、その利用と保全を促進する方法である。生物多様性条約締約国会議でその実施が決議されたが、各国のエコシステムアプローチごとに内容は異なり、統一は図られていない。しかし、その中でほぼ共通して重視されている要素の一つが、順応的管理である[2)]。

わが国では、2001年の「21世紀『環の国』づくり会議」において、北米やオーストラリアの生態系管理が、「自然の不確実性を踏まえた順応的な方法で管理するという『順応的生態系管理』の手法」として紹介され、わが国でも順応的生態系管理の手法を確立し、生物多様性を確保する生態系管理を推進することが望ましいとされた[3)]。生物多様性保全に関するものとしては、2002年に策定された「新・生物多様性国家戦略」では、上記の「21世紀『環の国』づくり会議」の提言のほか、生物多様性条約締約国会議で決議されたエコシステムアプローチをも踏まえ、理念の一つとして予防的順応的態度という考えが導入され、わが国の生物多様性保全において初めて「順応的」という用語が用いられた。それ以降の生物多様性国家戦略でも、生物多様性の保全および持続可能な利用を目的とした施策を展開する上で不可欠な共通の基本的視点として、「科学的認識と予防的順応的態度」が挙げられている。

しかし、わが国の行政においては、順応的管理が統一的に理解されているとは言いがたい。たとえば、自然再生推進法に基づく自然再生事業と、2012年に策定された「生物多様性国家戦略 2012-2020」の「基本的視点」とを比較してみる。一方で、自然再生推進法は、自然再生事業は順応的管理の考えに基づいて実施される旨を定めたものと解される（3条4項）。これについて、「新・生物多様性国家戦略」以降の生物多様性国家戦略やそのあり方を検討する場では、自然再生事業について、「自然再生推進法の基本理念を踏まえ、調査、構想・計画策定から事業実施、モニタリング、事業評価、事業内容の柔軟な見直しに至る事業のプロセス」に沿って進めていく必要があるといわれている。ここでは、順応的管理の考えの下では、自然再生事業の内容を随時「柔軟に」「見直す」ことに重点が置かれているものとみられる。

しかし他方で、生物多様性国家戦略2012-2020についてみると、その素案段階では、生物多様性の保全および利用の「基本的視点」の一つとして「科学的認識と慎重かつ柔軟な態度」が挙げられていた。だが、生物多様性国家戦略小委員会において、「アダプティブマネジメントがもともとの言葉であるが、『柔軟な』という日本語はそれを表しておらず、『順応的な』という言葉は残した方がよい」という趣旨の指摘がなされ[4)]、これを受けて結局、「科学的認識と予防的かつ順応的な態度」という表現に改められた。ここでの議論からは、「順応的な」という文言が、「柔軟な」とは異なる意味として捉えられていることが見て取れる。

もっとも、生物多様性国家戦略2012-2020の自然再生事業に関する箇所では、上述したそれ以前の生物多様性国家戦略と同様の説明がそのまま用いられ、順応的管理は単に「柔軟に」対応することといった理解がなされているように見られる。すなわち、生物多様性国家戦略2012-2020には、異なる２つの順応的管理の理解が混ざり込んでいるといえよう。

3　順応的管理という考えの提唱と浸透

(1)　法学からみた生態学のパラダイムシフト

順応的管理という考えは、1978年に生態学の分野で提唱され、議論が進んでいる[5)]。この背景にあるのは、保全の対象である「自然」の性質の理解に関する、生態学のパラダイムシフトである。

生態学において、20世紀前半は、自然は均衡であるという考え、すなわち、均衡（平衡）(equilibrium) パラダイムが定着していた[6)]。しかし、徐々にこのパラダイムが否定されるようになり、1960～1970年代には不均衡（非平衡）（nonequilibrium）パラダイムが解明され[7]、1990年代以降このパラダイムが定着している。法学の観点からみると、現代の生態学においては、①生態系は非常に複雑で動態的（dynamic）であること、②人間の行動が生態系に影響することから、人間と自然とを一体として考慮すること、が受け入れられていることが注目される[8]。また、人間の行動は生態系の活動と緊密に関わり合うことから[9]、生物多様性の保全においては、人間と自然との複雑な相互作用にも注目する必要がある[10]。

環境法の正当性の究極的な根拠は倫理ではなく科学であるという立場[11]から捉えると、生態学における均衡パラダイムから不均衡パラダイムへのシフトは、特にアメリカにおいて、1990年代から環境法学に大きな影響を与えているといえる。従来、生態系の不変性という均衡パラダイムは、自然資源を利用し管理するにあたっての普遍的な原則を構築することができ、生態系を長期的に保護するにあたっての積極的な管理目標を定めることができることから、立法者および法律家によって採用されてきた[12]。これに対し、不均衡パラダイムの下では、生態系は把握しきれない「動態的で不確実な」方法で活動するものであること、また、人間は生態系と区別して考えるべきではないことが注目されている[13]。

ここで注意すべきは、生態系保全において問題となる「不確実性」の理解である。生態系における不確実性には、科学的不確実性とは別の、生態系システムに内在する不確実性が存在する[14]。一般に、不確実性は、「認識の（epistemic）不確実性」と「可変的（variability）不確実性」との２つに区分される[15]。認識の不確実性は知見不足による不確実性であり、調査やデータによって解決することができる。予防原則を議論する場合の多くはこの不確実性の形態を対象としており、科学的調査が進展するまでは、予防原則の適用として暫定的・一時的措置がなされる[16]。これに対し、可変的不確実性は、生態系システム固有の動態性・複雑性（たとえば、生物の分布の変化）、および人間の行動の変動性（たとえば、自然資源の開発）等を原因とした生態系システムに内在する不確実性であり、結果の認識や予測は本来的に不可能である。生態系への脅威を扱うにあたっては、生態系を形成する生物等の状態の変化や固有性等によって特徴づけられる生態系システムの動態性を問題としなければならない。これに加え、可変的不確実性には、人間社会システム、経済システムおよび政策システムの動態性という見通せない領域の影響も関係する。

このように、生態系保全においては、一般的に予防原則が扱う科学的不確実性、すなわち認識の不確実性だけでなく、生態系システムに内在する不確実性、すなわち可変的不確実性にも注目する必要があるのである。不均衡パラダイムの下での生態系保全においては、不可知性や非定常性とも呼ばれる後者の不確実性により、生態系を十分科学的に解明することはできないことが明らかとなったのである[17]。

⑵ 順応的管理という考えの展開

順応的管理の考えは、生態系を管理するにあたって、「環境と経済や社会的理解とを一体化し、それを以下の段階、すなわち、設計プロセスの極めて初期の時点、設計プロセスの各段階、および実施後に行う管理」をいうものとして、生態学者によって提唱された[18]。その後の議論において、生態学および他分野の論者が順応的管理の様々な定義を設けている。たとえば、わが国の保全生態学では、順応的管理は、仮説（未実証の前提に基づく計画）・実験（管理や事業）・検証（モニタリングや監視の結果や科学的データの蓄積に従う）・改善（モニタリング結果を計画にフィードバックした、新たな計画）という一連の科学的なプロセスとされる[19]。また、環境法学では、現在の科学的知見の不確実さ・不完全さを前提に、抑制的で後戻りが可能な事業の実施、事業効果の慎重なモニタリングと継続的な評価、最新・最善の科学的データの集積に応じた管理目標・事業内容の見直しなどからなる自然管理方法を指すもので、いわば終着点のない管理を意味するとされる[20]。

順応的管理は、前提が科学的に実証される前に管理を実施するだけでなく、管理の事後検討過程が重視されることが特徴である[21]。また、論者の定義を大別すると、多様な主体の関与や意思決定について、管理目標の設定やその見直しにあたって市民の意見を聞くことも順応的管理に含む見解と、それをエコシステムアプローチにおける別の重要な要素として位置づけて、順応的管理の考えには含まない見解とがあるものと解される[22]。

順応的管理は、不均衡パラダイムの成果物といわれるように[23]、生態系は唯一の均衡な状態にあるのではなく、動態的な状態にあるという理解に基づいた、生態系の管理のアプローチとされる[24]。順応的管理は、生態系保全の方法としてよりも、保全を行うにあたっての考えとして大きな影響を与えている[25]。複雑な生態系システムは、認識の不確実性（科学的不確実性）のほかに可変的不確実性（非定常性）といった2種類の不確実性を有しており、その保全にあたっては、終わりのない不確実性に直面することとなる。こうした不確実性に対し、同じく終わりなく管理措置を先延ばしにすることは、効果的でなく、もはや保全が不可能な状態を生み出すこととなることが指摘される[26]。脅威が不確実であるがゆえに管理しないことにならないように、生態系保全においては順応的管理の考えやその具体化が重視されるのである。

(3) 順応的管理という考えの現状

順応的管理は、誤った理解や適用がなされていることが多いことがしばしば指摘される[27]。順応的管理の特質として重視されるのは、「実践的学習（learning by doing)」である[28]。しかし、とりあえず実践してみて、駄目ならまた違う方法を試すという、単なるトライアルアンドエラーとは大きく異なり、事業計画の策定、事業の効果のモニタリング・評価、それに基づく事業内容の見直しといった各段階において、科学的学習・科学的知見を組み込むことに順応的管理の特徴がある[29]。同様に、実施後の評価・見直しを次のステップに活かしさえすれば良いといった、単純な PDCA サイクル的発想とも明確に区別する必要がある。順応的管理の本質の一つは、科学と政策の連動にある[30]。順応的管理は準科学的な性格を有しているとされ、管理を実験（experiment）として扱い、そこから保全政策を学習するアプローチと解される[31]。もっとも、この点については、生態系が有する可変的不確実性に注目すると、実験とはいえないといった批判もある[32]。

また、順応的管理の範囲を定めるにあたっては、人為的に定められた管轄ではなく生態系を基準とすること、順応的管理の対象となるのは個々の生物ではなく個体群や生態系であること、順応的に管理するにあたってのタイムスケールは、ビジネスのサイクルに関係なく生物の一世代であることが指摘される[33)]。さらに、不均衡パラダイムにおいては、生態系の動態性と、人間の自然への関わりすなわち人間に起因する攪乱とが関係し、それらの区別は不可能であると言われており、これを受けて順応的管理は、自然システムの動態性への注目と人間の行動の管理とが混ぜ合わさったアプローチとして求められているのである[34)]。

(4) 順応的管理の環境法への波及

生態学のパラダイムシフトによって、環境法学の関心は、自然の単純で永続的な保全から、動態的で健全な生態系の維持や回復、さらに進んで順応的管理へと移行することとなった[35)]。生態系システムは非線形的で流動的な特徴をもつことから、中央集権的なトップダウン形式では十分な保全政策とならないといわれる[36)]。そのため、予想されない生態系の変化を管理するにあたっては、順応的管理の考えを採用すべきことが主張された[37)]。

しかし、環境法学においては、順応的管理の考えの意義や機能、法律に基づく規制といった固定的なルールにおいて導入することの適否に関する議論はまだ十分でない[38)]。順応的管理の考えそれ自体は浸透しつつあるが、規制の文脈一般に適合的な順応的管理の提案はなく、また、環境法学における順応的管理の検討も、これまで特定の条件下での実施を対象としたものに集中している[39)]。順応的管理の考えに従うと、人の行動の影響によらずとも形成や状態が変化しうる性質を有する自然（生態系）に対する規制が求められるが、対象物が常に変化しうる性質を有する場合、それを規制する法規範はそもそも成立しうるのかという問題があるといえる。

なお、わが国においては、生態系保全において問題となる２種類の不確実性（科学的不確実性と可変的不確実性）とそれに対する保護管理の検討がなされていないわけではない。改正前から、鳥獣保護法においては、野生生物の保護管理にあたって、自然や野生生物の性格として、認識の不確実性（科学的不確実性）

のほかに、分布や個体数が短期的にも長期的にも変動し続けるという非定常性に富んだものであること（可変的不確実性）が認識されている[40]。

4　順応的管理の再確認およびその課題

(1)　順応的管理という考え

順応的管理は、不完全で柔軟な管理という生物学・生態学の要請と、厳格で画一的な規制という法学の要請を調和する一つの方法と言われる[41]。両者の要請を調和するためには、――確固たる法による支配に基づくという考えと緊張関係に立つことになるものの――（科学的）情報が増えるに従って環境規制の取組みを更新するように、その情報を現在の規制にフィードバックすることが求められるのである[42]。

自然（生態系）に影響を生じさせうる活動であるならば、順応的管理の下で、その活動の妥当性を、活動全体の目的適合性、プロセスの適法性、達成した成果等に基づき評価し規制するシステムの必要性が指摘されている[43]。生態系の非定常性を扱うには、法制度の公平性を確保せずに規制を変更することがないように、生態系の変化に応じて自然（生態系）に影響を生じさせうる活動を変更させる手続が重要であるとされる[44]。生態系が有する可変的不確実性により、科学のみに依拠して規制の内容を定めることができないことから、規制を適宜変化させることを前提として、その正当性を、規制内容を変更するための手続、およびその規制を行った結果を重視した判断に求めることが考えられる。

順応的管理は、たとえば気候変動分野において温室効果ガスの排出量の削減目標を設定し、削減の実施状況に応じて削減目標を変更することや、あるいは法律施行の数年後にその施行状況を検討し、その結果に基づき必要な措置を講じることとは異なる。これらを順応的管理と解する見解も見受けられるが、両者は明確に区別する必要があるだろう。

では、これらと順応的管理の考えは何が異なるのか。たとえば、規制対象物質の排出量の変化に応じた規制内容の変更や、法律の施行状況に基づいた必要な措置の実施においては、当初の規制や法律が適切に機能しているかどうかが主たる関心事とされており、そこでは非定常性が特段問題となることはない。つまり、これらにおいては、法規制により人間の行動が適切に変化したことによって、目指すべき環境の状態（つまり環境の保護）が実現したか否かが問われることとなる。これに対し、順応的管理では、事業（自然資源の利用、自然資源に影響を生じさせうる活動）を実施した後の「生態系の状態」に注目して当初の事業の妥当性を判断するのであり、不均衡パラダイムがいうように、生態系の動態性または人間の行動のいずれによってその生態系の状態がもたらされたのかを判断することはできず、そもそもそれを問うことを狙いとしていないとすらいえよう。この点、順応的管理の考えは、科学的データを用いながら、「人間の行動」ではなく「保全の結果」に注目して、事業の内容を絶えず変更しながら規制を行うことに、従来の規制との違いがあるといえよう。

順応的管理の究極の目的は、長期間にわたる固有の生態系の一体性を保護することと解される[45]。生態系の動態性と、自然を利用する人間の行動の影響を受けた生態系の変化との区別ができないなかで、順応的管理の考えを用いることによって、法により自然を利用する人間の行動を適切に変化させることが求められるだろう。

(2) 順応的管理の具体化

順応的管理が、自然（生態系）に影響が生じうる事業を行い、その実施中に得られた知見に基づいて当該事業の内容を変更したり調整したりするような柔軟性を許容するスキームとして理解されるとき、順応的管理はトライアルアンドエラーや PDCA サイクルと区別なく用いられる可能性がある。順応的管理がこのように理解された場合、事業者が、事業計画の策定において十分な科学的知見がないことを理由に根拠が曖昧な目標を定めても、後に修正すれば問題がないとして正当化されるおそれがあることが指摘される[46]。

順応的管理の具体化は、環境政策の手法（とくに規制的手法）の変化に関係するという見解も見受けられる。順応的管理と環境政策の手法との関係については、従来の固定的なルールである規制的手法ではなく、基準を変化させる等の柔軟な要素を交えて問題ごとに規制を検討することが順応的管理であるといった見方や、順応的管理は環境政策のアプローチであるとして、伝統的な規制的手法ではなく、経済的手法や情報的手法を用いることが順応的管理の具体化であるとする見方などが示されている[47]。この点、規制的手法から他の手法に変更することは、結果重視とする政策となれば順応的管理の考えに近づくが、他方で経済的手法や情報的手法は政策の過程の重視であり、こうした手法の変化それ自体を順応的管理の具体化と評することは困難であると考えられる。順応的管理を手法の変化としてみることには課題が多いと思われる。

わが国においては、生物多様性基本法３条３項において順応的管理が基本原則と定められており、その解釈によって、資源利用・開発事業だけではなく、法制度やその目標も順応的管理の対象とすることができると指摘されている[48]。順応的管理を法制度でいかに用いるか、また、法律の目標として用いることも可能となるかの検討は、今後の課題となろう。また、生物多様性基本法の基本原則に挙げられた順応的管理の趣旨を政策形成の場で実践する仕組みとして、同法の附則２条が指摘されている[49]。附則２条では、政府に対して、同法の目的を達成するために、野生生物の種の保存や森林等に関する法律をはじめとする生物多様性保全に関連する各種法律の施行状況に検討を加え、その結果に基づいて措置を講ずることが求められている。この点、同法の目的を達成するために実施されるものとはいえ、生態系・生物多様性保全以外の分野の法律においても少なからずみられる、法律の施行状況の検討と大きな違いはみられず、また非定常性や認識の不確実性と科学的データを考慮することが明示されてはいないことから、順応的管理の具体化には直接には必ずしも結びついていないように思われる。

また、現在、わが国の生態系保全に関する法においては、鳥獣保護管理法のように、自然を「利用する」人間の適切な行動が行われることを確保するとして順応的管理の考えが用いられるほか、自然再生推進法のように、自然を「保全する」人間の行動がなされるよう確保することをねらいとして順応的管理の考えが用いられている。人間が自然に影響を与える事業を行う場合と、生態系を保全する管理を行う場合とで、順応的管理の考えを同じく用いることができるかどうかも、今後の検討課題となる。

【注】

1）　畠山武道「生物多様性保護と法理論」環境法政策12号1頁（6－7頁）（2009年）。

2）　畠山・前掲注(1) 7頁。

3）「21世紀『環の国』づくり会議」報告（2001年7月10日）。(https://www.kantei.go.jp/jp/singi/wanokuni/010710/report.html)

4）　平成24年度中央環境審議会自然環境・野生生物合同部会 第5回生物多様性国家戦略小委員会（2012年5月31日）。

5）　C. S. Holling (ed.), *Adaptive Environmental Assessment and Management* (John Wiley & Sons, 1978). See Carl Walters, *Adaptive Management of Renewable Resources* (Macmillan Publishers Ltd., 1986).

6）　A. Dan Tarlock, "The Nonequilibrium Paradigm in Ecology and the Partial Unraveling of Environmental Law" 27 Loyola of Los Angeles Law Review 1121 (1994), p. 1122.

7）　Julie Thrower, "Adaptive Management and NEPA: How a Nonequilibrium View of Ecosystem Mandates Flexible Regulation" 33 Ecology Law Quarterly 871 (2006), pp. 875-876.

8）　Tarlock, supra note 6, p. 1129.

9）　Timothy H. Profeta, "Managing without a Balance: Environmental Regulation in Light of Ecological Advances" 7 Duke Environmental Law & Policy Forum 71 (1996), p. 73.

10）　Rosie Cooney, "A Long and Winding Road?: Precaution from Principle to Practice in Biodiversity Conservation" Elizabeth Fisher et al. (eds.), *Implementing the Precautionary Principle: Perspectives and Prospects* (Edward Elgar, 2006), p. 229.

11）　Tarlock, supra note 6, p. 1123.

12）　たとえばアメリカにおいては、NEPA や ESA 等は均衡パラダイムを理論的根拠としていた。Id., p. 1122; Profeta, supra note 9, p. 71.

13）　Profeta, supra note 9, p. 71.

14）　畠山・前掲注(1)12頁。大塚・Basic 316-317頁も参照。

15）　以下は、Cooney, supra note 10, pp. 229-233、W.E. Walker et al., "Defining Uncertainty: A Conceptual Basis for Uncertainty Management in Model-Based Decision Support" 4:1 Integrated Assessment 5 (2003), pp. 13-14 参照。

16）　Cooney, supra note 10, p. 229.

17）　羽山伸一「自然再生事業と再導入事業」淡路剛久監修、寺西俊一・西村幸夫編『地域再生の環境学』106-107頁（東京大学出版会、2006年）参照。

18）　Holling (ed.), supra note 5, p. 1.

19）　鷲谷いづみ「生物多様性の保全と持続可能な利用」浅島誠ほか編『地球環境と保全生物学』148頁（岩波書店、2010年）、同『生態系を蘇らせる』147-148頁（日本放送出版協会、2001年）、岩崎雄一ほか「リスクと生態系管理」日本生態学会編『生態学と社会科学の接点』96頁（共立出版、2014年）。

20）　畠山・前掲注(1)9-10頁。

21) 岩崎ほか・前掲注(19)83頁。

22) 本稿においては多様な主体の関与と意思決定に触れない。なお、近年では新たに、参加・連携は順応的管理の実施に際して重要な意味を持つとする論者によって、順応的管理のなかでの科学的知見の活用とその体制づくりとして、意思決定の仕組みのための「順応的ガバナンス」という概念も生みだされている。宮永健太郎「地域における生物多様性問題と環境ガバナンス」財政と公共政策35巻2号83頁（88頁）（2013年）参照。

23) Thrower, supra note 7, p. 884.

24) Mary Jane Angelo, "Stumbling Toward Success: A Story of Adaptive Law and Ecological Resilience" 87 Nebraska Law Review 950 (2009), p. 953.

25) Kai N. Lee, "Appraising Adaptive Management" Louise E. Buck et al. (eds.), *Biological Diversity –Balancing Interests Trough Adaptive Collaborative Management* (CRC Press, 2001), p. 4.

26) 強い予防原則によって、予防による停滞の危険を招く恐れが指摘される。これに対し、順応的管理では間違うことから学ぶことになるものの、不可逆の間違いを避けなければならない点では予防でもあるといわれる。Cooney, supra note 10, pp. 238–239. なお、現在も、順応的管理に焦点を当てたエコシステムアプローチと予防原則との相互作用の検討がなされていないという指摘もある。Elisa Morgera, "The Ecosystem Approach and the Precautionary Principle" Elisa Morgera and Jona Razzaque (eds.), *Biodiversity and Nature Protection Law* (Edward Elgar, 2017), p. 76. 戸部真澄「生物多様性保全と法」大阪経大論集66巻1号69頁（85–86頁）（2015年）参照。

27) 近時では、Craig R. Allen and Ahjond S. Garmestani, "Adaptive Management" Craig R. Allen and Ahjond S. Garmestani (eds.), *Adaptive Management of Social-Ecological Systems* (Springer, 2015), p. 2.

28) たとえば、Carl J. Walters and C.S. Holling, "Large-Scale Management Experiments and Learning by Doing" 71:6 Ecology 2060 (1990), p. 2060; J.B. Ruhl and Robert L. Fischman, "Adaptive Management in the Courts" 95 Minnesota Law Review 424 (2010), p. 431; Rosie Cooney, "The Precautionary Principle in Biodiversity Conservation and Natural Resource Management" IUCN Policy and Global Change Series No. 2 (2004), p. 31.

29) See Gary K. Meffe et al., *Ecosystem Management: Adaptive, Community-Based Conservation* (Island Press, 2002), p. 97.

30) 宮永健太郎「順応的管理」環境経済・政策研究7巻1号36頁（37頁）（2014年）。なお、本稿では扱わないが、順応的管理は、消極的順応的管理と積極的順応的管理の2つのカテゴリーに分類され、その違いが多数議論されている。たとえば、Bradley C. Karkkainen, "Panarchy and Adaptive Change: Around the Loop and Back Again" 7:1 Minn. J.L. Sci. & Tech. 59 (2005), p. 70; Eric Biber, "Adaptive Management and the Future of Environmental Law" 46 Akron Law Review 933 (2013), p. 934.

31) Meffe et al., supra note 29, p. 97. Biber, supra note 30, p. 934.

32） Cooney, supra note 10, p. 230.

33） Kai N. Lee, *Compass and Gyroscope: Integrating Science and Politics for the Environment* (Island Press, 1994), p. 63.

34） C. S. Holling and Steven Sanderson, "Dynamics of (Dis) harmony in Ecological and Social Systems" Susan Hanna et al. (eds.), *Rights to Nature* (Island Press, 1996), p. 57; Cooney, supra note 10, p. 239; Thrower, supra note 7, p. 877.

35） A. Dan Tarlock, "Environmental Law: Ethics or Science?" 7 Duke Environmental Law & Policy Forum 193 (1996), p. 194.

36） Alastair T Iles, "Adaptive Management: Making Environmental Law and Policy More Dynamic, Experimentalist and Learning" 13:4 Environmental and Planning Law Journal 288 (1996), p. 290.

37） Profeta, supra note 9, p. 85.

38） See Karkkainen, supra note 30, p. 62; Angelo, supra note 24, p. 954.

39） See Robin Kundis Craig and J.B. Ruhl, "Designing Administrative Law for Adaptive Management" 67 Vanderbilt Law Review 1 (2014), p. 16.

40） 環境省「特定鳥獣保護・管理計画作成のためのガイドライン」5頁（作成年不明）参照。特定計画（鳥獣管理計画）の作成と見直しに順応的管理の考えが用いられているとみられる（ガイドラインでは「適応的管理」と呼ばれる）。ここで用いられている順応的管理の理解は、本稿でこれまで確認した理解と同様であるかは、今後の検討課題とする。

41） 畠山・前掲注(1)9-10頁。

42） Profeta, supra note 9, p. 86. Bradley C. Karkkainen, "Adaptive Ecosystem Management and Regulatory Penalty Defaults: Toward a Bounded Pragmatism, 87 Minnesota Law Review 943 (2003), p. 944.

43） 畠山・前掲注(1)13頁。

44） See Tarlock, supra note 6, p. 1141; Karkkainen, supra note 42, p. 944.

45） Douglas A. Kyser, "It Might Have Been: Risk, Precaution and Opportunity Costs" 22 Journal of Land Use 1 (2006), pp. 27-28.

46） See Daniel J. Rohlf, "Integrating Law, Policy and Science in Managing and Restoring Ecosystems", Kalyani Robbins (ed.), *The Laws of Nature* (The University of Akron Press, 2013), p. 61.

47） J. B. Ruhl, "The Disconnect Between Environmental Assessment and Adaptive Management" 36 Trends 1 (2005); J.B. Ruhl, "Regulation by Adaptive Management –Is It Possible?" 7:1 Minn. J.L. Sci. & Tech. 21 (2005). Craig Anthony (Tony) Arnold and Lance H. Gunderson, "Adaptive Law", Anjond S. Garmestani and Craig R. Allen (eds.), *Social-Ecological Resilience and Law* (Columbia University Press, 2014), pp. 339-340.

48） 及川敬貴「自然保護の訴訟」環境法政策20号67頁（89頁脚注32）（2017年）。

49） 及川敬貴「生物多様性基本法と『環境法のパラダイム転換』の行方」環境法政策17号179頁（183-184頁）（2014年）。

原子力規制
——憲法と環境法の原則からみた現状と課題

藤井　康博

1　憲法原理・環境法原則と原子力法原則？

2011年〈3.11〉後、原発問題をめぐり、大塚環境法学は、環境法原則の視点から、差止・賠償・放射性汚染物質対策などについても学究・実務を牽引してきた。[1] それを参照しつつ、この小稿は、憲法と環境法の原則から原子力規制を検討する。[2] その際、紙幅の限りドイツも参照する。[3]

憲法原理の３つの視点として、Ⓐ立憲的統制（個人の尊厳・権利保障・権力分立）、Ⓑ民主的統制（国民主権・代表民主制・参加民主制）、Ⓒ平和的統制（平和主義）を軸としたい（緊張関係もありつつ後述２でⒶⒷ、３でⒶⒸ）。

環境法原則の３つの視点として、ⓐ事前配慮原則（いわゆる予防原則を含む）とⓑ原因者責任原則（汚染者負担原則を含む）を重視する点、ⓒ協働原則を批判する（政策手法にとどめる）点を憲法学も交えて念頭に置きたい。[4]

原子力法原則の確立を管見では見ないが、[5] 断片的分析は可能である。まず1955年原子力基本法１条「目的」は、原子力利用の推進による「将来におけるエネルギー資源」確保、「学術の進歩と産業の振興」、もって「人類社会の福祉と国民生活の水準向上」を同法の目的とする。２条「基本方針」１項で、原子力利用は、「平和」目的に限り、「民主」的な運営の下に、「自主」的に行い、成果を「公開」し、国際協力に資するものとする（77年改正で「安全」確保も）。

同項は「民主」「自主」「公開」の原子力三原則として日本学術会議により提案導入され、議論がある。[6] 同項の方針は、一見して憲法前文〔平和・安全・民主・自国の主権〕・１条〔国民主権〕・９条〔平和主義〕・21条解釈〔知る権利〕・98

条〔国際協調主義〕に資する。ただ、それら方針通り実効的に機能しているか、疑問である。第1の「民主」につき、代表民主制と世論調査の乖離、直接民主制（住民投票）や参加民主制（意見聴取など）の不足がある。第2の「自主」につき、核燃料の調達・再処理などのアメリカ関与（日米原子力協定延長）、関連して政官産学報の癒着（独立性の不足）がある。第3の「公開」につき、隠蔽体質、企業秘密・非公式会議などにより、学問（研究発表）の自由や知る権利の過剰制限がある。

2012年改正の原子力基本法2条2項と原子炉等規制法（核原料物質、核燃料物質及び原子炉の規制に関する法律）1条では、前項の「安全」確保について「国民の生命、健康及び財産の保護、環境の保全」並びに「我が国の安全保障」〔後述3〕に資することを目的として、行うものとする。

上掲の1条の諸目的と2条「生命・健康・財産」「環境」の諸目的は、憲法13・23・25・29条（生命・学問・生活・財産）、97条・25条2項解釈〔環境国家目標[7]〕などに一応適う（後述3の手段の違憲の論点があるが）。以上の憲法（学）の視点は、〈3.11〉前に乏しかったため、論点として意識したい。

そして、環境法（学）の視野も、〈3.11〉前に原発へ関心の薄かった反省ゆえに拡大した。法令では特に1993年環境基本法13条（「放射性物質による大気の汚染、水質の汚濁及び土壌の汚染の防止のための措置については、原子力基本法〔…〕関係法律で定める」）が2012年改正で削除された。「原子力法の環境法への編入」や「原子力法体系の環境法体系への統合」とも説かれる[8]。

理論上、当初より原子力問題は環境法の対象だが、法律上、次の二様の解釈もできよう。一面で、上掲の改正後の原子力基本法2条が「環境の保全」に資することを目的とする面を額面通り読む限りでは、環境基本法の下の原子力基本法として重畳的に解せる。他面で、原子力基本法1条が「産業の振興」を図ることを目的とする面では、環境基本法 vs 原子力基本法として対立的に解せる。

もちろん両法とも憲法の下にあり、原子力法令は違憲の可能性もある。以上の諸問題へ、規制の現状と課題を探るなかで可能な限り迫ることになる。

2　立憲的統制（特に権力分立）と民主的統制

〈3.11〉を踏まえた原子力法令2012年改正は、下記７点の原則や特徴が挙げられる。⓪不当な圧力からの規制の独立性を基本とした①規制と利用・促進との分離②安全規制業務の一元化③危機管理体制の整備（原子力防災会議設置・原子力災害対策特別措置法改正等）④組織文化の変革と人材育成・確保⑤安全規制の強化（重大事故対策）⑥透明性⑦国際性である[9]。

(1)　原子力規制の独立性

前掲の原子力法令の目的たる公益「安全」のため、手段たる上記⓪独立性が求められる[10]。また、私益「生命」のⓐ事前配慮（特にリスク事前配慮と危険防御）のための独立性ともいえよう。

上記⓪①②⑥などにつき、原子力規制委員会（以下、規制委）が、環境省外局の独立行政委員会として設置された。規制委設置法１・25条は、組織の「専門」性、「独立」性、利害からの「中立公正」性、情報「公開」性・「透明」性を明記する（「知る権利」も日本初の法令明記）。内閣から独立して行政権を行使する機関は指揮監督の問題（憲65・66条３項）が付きまとう。規制委は民主的に正統化（ないし法的正当化）され、原子力は民主的に統制されるのか。

日本国憲法下の民主制では代表民主制が主要な位置を占める。原発是非は選挙争点となり難く、代表民主制での再稼働推進と世論の再稼働反対との対立傾向が散見される。目下、原発是非の直接民主制（住民投票）による補充もない。原発の是非いずれにせよ、多数派民意の暴走に対し、立憲的統制（個人の尊厳・権利保障、権力分立）が肝要となる。この権力分立、特に行政部の専恣から分離すべく抑制設定のために、また、内閣の法律誠実執行（憲73条１号）の挫折〔〈3.11〉の失敗〕への対応ゆえに、規制委の独立性が合憲性・合理性[11]を帯びよう。

ドイツ憲法学説・判例を参照する日本公法学説でも、国民意思→代表民主制議会→内閣→行政各部という階層的に連鎖する「機能的・制度的」「組織的・人的」「事項的・内容的」な民主的正統化[12]が説かれてきた。だが、独立行政委員会は上級行政機関による指揮監督の不在ゆえに「事項的・内容的」正統性の不備が指摘され、規制委も正統化が模索され続ける[13]。例えば専門委員会や市民参加など多元的行政の決定過程を「個人の自己決定」と「民主的な自己決定」に基づく民主的正統化で補充する試みがある[14]。その「自己決定」の出発点は「人間の尊厳」とされるが、この説のいう「人間」の尊厳の前憲法的・憲法理論的意味は、「個人」の「人物性（Personalität）または主体性」、「自由な意思形成能力」に憲法秩序の基礎を置く[15]。価値的な人格性（Persönlichkeit）ではなく、多様な「個人」の尊厳の意とも読める。むしろ日本国憲法13条を出発点として多元的行政を正統化することも可能であろう。ただし、国家に対峙する「個人」の尊厳を重視すれば、ⓒ（公私）協働原則までは導けない（癒着を防ぐ[16]）。

(2) 「ムラびと」の人選？

①分離④人材に関し、人選の問題がある。規制委設置法7条は「委員長及び委員は〔…〕両議院の同意を得て、内閣総理大臣が任命する」と定める。この点のみでは、組織的・人的な民主的正統性は、2011年までの旧原子力安全委員会との対比で特に向上しておらず（許認可権者についても同様）、予算・規則制定権範囲からしても「相対的独立性」にすぎない[17]。旧原子力安全委は「ダブルチェック」と賛美されつつ実はダブルプロモーションだったゆえ破綻したが、規制委と規制庁も以下の二の舞を二重に演じてしまわないか。

第1に、野田政権で2012年の指針「原子力規制委員会委員長及び委員の要件について」の解釈は、いわゆる「原子力ムラ」経歴の人選を制限しようとした（「就任前直近3年間に、同一の原子力事業者等から、個人として、一定額以上の報酬等を受領していた者」などの欠格）。しかし、次の安倍政権は、2014年以降、この指針を考慮せずと明言し、原子力事業者から報酬等を受けた原子力工学者と寄附等を受けた核燃料工学者を委員に任命した[18]。前任の地震学者の委員は厳格審査で臨んでいたが、現在、地震学の委員は欠員であり、専門領域の割振りの裁量が恣意的になっていないか[19]。なお、エネルギー基本計画の電源構成見通しを議論する審議会（エネ庁総合資源エネルギー調査会基本政策分科会）は、原発消極派の委員が年々減らされて2017年度には18人中１人になった[20]（ドイツでは見通しが議会でも議論され、再生可能エネルギー法で規律される）。

第２に、規制委設置法附則６条２項〔ノーリターン・ルール〕は、原子力推進行政組織への原子力規制庁職員の出戻り（異動）を禁じた。しかし、同項但書は2017年まで例外を認めた。さらに、2015年、解釈で上記ルールは骨抜きにされた。原子力に強く関わらない部署ならば出戻り可能になり、他省庁経由ならば相当期間後は全部署へ出戻り可能になり、ルールは後退した。規制庁では、ルール貫徹は１年もなく、原子力政策を進めた経歴の現長官を筆頭に経産省出身者が少なくない（アメリカ原子力規制のような委員と職員との接触禁止・根回し防止もなく透明性は乏しい）。

規制委委員の人選改善については、両議院の過半数の同意（前掲）ではなく例えば５分の４以上の特別多数の議決という法律改正案もありえよう（人選に最高裁が関与するという案もありうるが、そもそも最高裁裁判官選考を国会が審議・推薦する案も考察の余地があろう）。人選への国会関与強化は、国会からの独立性は弱まるが、議席状況次第で内閣・与党からの独立性を強め、再稼働推進内閣への歯止めになりうる（が、将来に再稼働慎重内閣の歯止めにもなりうる）。以上の「組織的・人的」民主的正統化の向上によって、民主的統制を重視する考えにもつながる[21]。その際、人選手続の形式のみに拘るのではなく、人選過程で実質審議を尽くすことによる、人選論拠の説得力の有無が肝要となろう。

前述の特に権力分立（推進行政からの分離）を重視しても、ここでは民主的統制と両立可能で、独立性を著しく損なうことはなかろう。逆に、行き過ぎの独立たる独善・孤立にも注意したい。独立性の強弱いずれにせよ、判断過程への市民参加や情報公開により批判を仰ぎ、不透明な介入を防ぐことが必要となる。ただし、参加民主制に基づいても民主的正統化の一部の補充にとどまる。

同時に、委員の「専門」性、〈多様〉性の確保も要する。専門家たる規制委の決定は内閣と国会の決定を拘束せずにこの決定の補助として作用すべき点で、内閣と国会が人選や結果の責任を負う仕組みが制度化されねばならない（ⓑ原因者責任原則からの要請でもある[22]）。

(3) 開かれた結論

前掲の「中立公正」性と関連し、以下の判例が参考になる。連邦憲法裁2010年10月12日動物保護令違憲決定[23]は、審議会（動物保護委員会）の意見聴取の手続根拠を、手続による生命権保障の判例に倣い、国家目標規定（国家の動物保護義務）から導いた。もっとも、その根拠は、実体的な色彩が濃いと読める個別の国家目標規定でなく、むしろ法治国家原理・適正手続原則から導く理論もありえよう。いずれの根拠にせよ、審議が結論ありきの儀式にならないように、上記判例のいう意見聴取の前提たる「審議の不偏公正性〔未決性〕（Offenheit）〔開かれた審議〕」が求められる。これは公開性（Öffentlichkeit）とは異なる。上記判例の事件では意見聴取が後回しになり命令内容が既定路線だった問題がある。この順序問題に加え、委員会・審議会・懇談会・意見公募・公聴会などにおける十分な情報提供・少数説考慮[24]・熟議時間・結論影響機会の確保も要しよう。委員の人選も結論ありきで偏ってはなるまい。結論を議論の末に修正可能な人選や参加でなければ意味がない。以上のように開かれていることは、日本においても、法治国家原理・適正手続原則[25]・参加民主制・平等原則（または前述1の環境国家目標）など憲法論から導きうる。

3 立憲的統制（特に権利保障）と平和的統制

(1) 権利保障と国家義務、規制基準・避難計画・安全目標

国家に対する個人の権利、本稿では、生命・身体を保障範囲とする人格権を国家が過剰制限してはならない視点（国家の基本権保護義務でなく個人の防御権）と、国家のリスク事前配慮義務の視点（前掲ⓐ事前配慮原則）からも見よう。ここから前掲の⑤安全規制の強化（重大事故対策）③危機管理体制（防災）を検討したい。特に規制基準・避難計画・安全目標の3点を扱おう。

(i) **規制基準**　原子炉等規制法2012年改正で、⑤のために、規制委規則の規制基準への適合など許可基準〔後掲〕、事業者の安全性向上評価の届出・公表義務、運転期限義務〔下記〕、既存施設も技術基準に適合させる義務〔バックフィット規制〕などが定められた（43条の3の6・14・24・29・32など[26]）。しかし、

安全性は向上し尽くしているのか。運転期限40年は例外たる60年まで延長認可が常態化しつつある問題を抱える（そもそも40年の理由も定かでない）。そして、随時適合される最新の知見の規制基準が肝心となる。

2013年以降、⑤のために、規制委等により種々のいわゆる（新）規制基準が整備されたはずであった。しかし、現状の規制基準の設定につき、不十分な事故原因究明、不十分な意見公募〔アリバイ？〕、不十分な基準地震動（平均像起点）、不十分な耐震設計レベルなどの拙速性が指摘される。例えば規制基準の１つ、設置許可基準規則の「解釈」（2013年原規技発）別記２の５では、基準地震動は「最新の科学的・技術的知見を踏まえ〔…〕地震学〔…〕から想定することが適切」というが、定量的指標はない難点がある。そこで、最判（前掲注25）のいう「極めて高度な最新の科学的、専門技術的知見」に基づく必要があり、これを精緻にし、関係情報すべてを用いつつ規制基準を設定して対応を講ずる必要がある（単なる技術的不能は対応回避の根拠にならない）。規制基準を充たさない疑いがある場合、事業者に証明を求める必要がある[27]。さらに、フィルターベントや「テロ」対処など「特定重大事故等対処施設」、非常用など「電源設備」や、免震重要棟など「緊急時対策所」の、設置義務猶予や代替（同規則42・57・61条・附則など）は、猶予期間に重大事故が無いという新安全神話を物語る（同規則51・55条などの設備不備の現状も）。以上に対し、後述の国家の事前配慮義務と人格権が鍵となる。

(ii) **避難計画**　規制委は、規制基準の基本的な考え方として「深層〔多重〕防護[28]」を挙げ、1. 異常発生対策、2. 異常拡大対策、3. 事故対策（止める・冷やす・閉じ込める）に加えて4. 重大事故対策（抑制する）までを対象とするが、5. 防災対策（住民防護）を対象としない。前掲③危機管理の防災の特に避難計画が、規制（許可）基準では不備なのである。その管轄は規制委ではなく内閣の原子力防災会議にあり、その策定は地方自治体に転嫁されている。

差止仮処分事件では、川内原発につき避難計画の「一応の合理性、実効性」を認めた判示があり、高浜原発につき、「〔福島〕事故発生時に影響の及ぶ範囲の圧倒的な広さとその避難に大きな混乱が生じた〔…〕。具体的で可視的な避難計画〔…〕をも視野に入れた幅広い規制基準〔…〕を策定すべき信義則上の義務が国家には発生」するとの判示や、避難計画は「様々な点において未だ改善の余地があ〔…〕るものの〔…〕不合理な点があるとは認められない」との判示もある[29)]。

前掲の規制法43条の3の6（許可の基準）1項4号など「災害の防止上支障がない」ことをⓐ事前配慮原則に基づき解釈することはできよう[30)]。信義則よりも憲法・環境基本法に基づく国家の事前配慮義務（前述1）から、より積極的な災害防止が義務づけられる。〈3.11〉では、相当数の傷病者は、避難しても（避難途上や避難先で）、避難しなくても（保護欠如や被曝ゆえ）両方とも生命リスクに晒され、両方の生きる道が阻まれてしまった（震災関連死6割は福島県で有意に多く2250人）。そもそも山海に囲まれて細道多き日本の地形で、他の災害も併発する中、避難は困難を極める。「未だ改善」不足で「一応」の避難計画にもかかわらず、再稼働を認めるならば、人格権の過剰制限になろう。

(iii)　**安全目標**　　2013年、規制委は、「安全目標」（原子力規制を進める上で達成を目指す目標）の「合意」をした。もっとも、これは民主的合意ではなく法令でもない問題がある。その目標は「事故時の Cs^{137} の放出量が100TBqを超えるような事故の発生頻度は、100万炉年に1回程度を超えないように抑制されるべきである（テロ等によるものを除く）」とする（旧原子力安全委2003年の「施設の敷地境界付近の公衆の個人の平均急性死亡リスク」または「がんによる、施設からある範囲の距離にある公衆の個人の平均死亡リスク」は「年あたり百万分の1程度を超えないように抑制されるべき」目標案を基礎とする）。

たしかに、定性的ではなく定量的な目標（可能な限りの確率論的な数値）も一定の意義がある。だが、〈科学者の査定・評価〉の言葉に隠された「価値判断」「恣意性」を見えなくしてしまうおそれがある[31)]。目標の尺度にも疑問がある（「テロ等」を除く問題、上記案は「急性」「がん」「死亡」のみに限る問題もある）。また、あくまで目標にすぎず、事故が起きれば目標以下になる保証はなく、〈3.11〉では目標の100倍の1京Bq以上の放出があり、避難に伴う生命・健康被害は過小評価できない。目標の規範性・実効性・実証性が課題である。

(iv)　**原則から**　　前述1の憲法25条「すべての生活〔…〕の向上」解釈の環境国家目標は、(i)のバックフィットを基礎づけ、（線量基準も含む）規制基準・

(ii)災害防止・(iii)安全目標・前述２の独立性確保の制度などの後退を原則禁止し、仮に後退という例外の場合には単なる経済的理由ではない合理的理由を求める。

前掲ⓐのリスク事前配慮は、科学的不確実性があっても、リスク低減を求める原則である。一部類似の思考が、被曝を「合理的に達成可能な限り低く」抑えるべきとする ALARA 原則である。ただし、これに「経済的及び社会的な要因を考慮に入れながら」という留保が付く点、日本導入の際に更に緩和された点は問題である[32)]。放射線障害防止法令や「(十分に) 低減」を求める設置許可基準規則16・27・30条なども経済的要因に縛られ過ぎてはなるまい。

以上の規制基準・避難計画・安全目標の難点からしても原子力施設にリスクが無くなることはなく、リスクが命中しうる「個人」の権利を制限しうることになる（リスクが的中した当人「個人」の尊厳の視点からすれば低確率や人数は問題ではない)。では、はたして原子力は他の発電手段よりも小さなリスクか。

(2) 「平和」目的と「我が国の安全保障」目的?[33)]

手段の前に目的の違憲性を検討したい。前述１で挙げた原子力基本法などの2012年改正挿入の「我が国の安全保障」目的の文言に混線がある。この文言につき、法案提出者（自民党議員）や政府は、「意味」を明言せず、軍事転用を否定し、改正「趣旨」が規制委の「原子力安全規制、核セキュリティー及び核不拡散の保障措置の〔…〕観点から」だと答弁した。だが、立法論上、この文言を入れ、この趣旨のみに逸らすのは異例過ぎよう。「我が国の安全保障」は「一般に、外部からの侵略等の脅威に対して国家及び国民の安全を保障することを意味する[34)]」。また、原案を提出した衆院環境委員（自民党議員）は「日本を守るため」「核の技術を持っているという安全保障上の意味はある」と漏らした[35)]。上記趣旨の答弁が維持されないとき、原発は核武装転用目的の潜在能力の意味で解釈される余地が残る（現に原爆6000発に転用できるプルトニウム保有)。ならば、この目的は、非軍事的意味の「平和」目的に限る規定（同２条や「おそれ」も否定する原子炉等規制法43条の３の６など許可基準）と衝突する。仮に武装「平和」への法律解釈変更があれば、憲法前文、９条「戦力」(war potential)

不保持の「平和」主義および98条「締結した条約」〔核不拡散条約〕遵守と衝突する。仮に「戦力」≠「必要最小限度の自衛力」合憲説という政府解釈に基づいても、目下そこに必要最小限の自衛用なる核兵器も含んで合憲だという解釈までは空理である（自衛用の使用場所はなく、制憲過程からしても）。

そもそも電力「安定供給」目的（エネルギー政策基本法2条）は、大量消費の見直しの余地があり、その目的の裏で、隠された不正な動機（電力業界の既得権益の保護など）も疑わしいが、この動機は燻り出されるまで即断できない。それよりも、以上の、原発の資する核潜在力による「我が国の安全保障」目的が燻り出され（かつ「平和」目的も解釈変更され）、「戦力」不保持に抵触すると判定できる場合には、目的違憲とされる条件は整う。

⑶　立法過程・行政過程における権利保障と必要最小限の手段

では、権利（人格権）制限の手段の視点ではどうか[36]。目的・手段審査ないし比例原則（下記①〜③）の思考を参考にすれば、次の示唆が得られる。

①上述「安定供給」目的に原子力法政策という手段は一応適合性があろう。

②次に、より権利制限的でない必要最小限の効果的な発電手段はないか。原子力は必要不可欠か。安定供給目的を同等に達成可能な諸手段のリスク比較を一考しよう。他の選択肢には、火力、水力、太陽光・風力・地熱・バイオマスなど再生可能エネルギーもある。例えば火力は、他に比べCO_2増加による気候変動・災害・食料不足・感染症など身体リスクがある。配分原理やⓐ事前配慮原則に基づき、国会・行政は“原発を含む手段が他の手段の組み合わせよりも人格権の制限度（リスク）が低い”という論証責任を負う（平常時・事故時も判断過程の記録・公開責任も[37]）。論証できないならば原発は不必要といえる。

③それができるならば、国会・内閣の決定責任で、原発による利益 vs リスクの均衡性が価値衡量される（が、非政治部門の裁判所では②必要性が肝要）。

以上を通じ、目的と手段（特に②）についての立法過程・行政過程における科学の事実認識・将来予測を踏まえ（憲法97条に鑑みても将来配慮・考慮を尽くし）、法政策が提言され、市民のエネルギー政策選択の素材が提示されうる[38]。

かくして個人の権利制限の目的・手段に対する平和的・立憲的統制と、それを踏まえた国民意思と市民参加による民主的統制が、原子力を制せんとする。

〔付記〕

2017年末脱稿後、新藤宗幸『原子力規制委員会』(岩波書店、2017年)、清水晶紀「原子力災害対策の観点を踏まえた原子力安全規制法制の再構成」福島大学行政社会論集30巻4号23頁以下(2018年)、W. Frenz (Hg.), Atomrecht, 2019 などに接した。

【注】

1) 大塚直「放射性物質による汚染と回復」環境法政策16号30-31頁(2013年)、同「福島第1原発事故が環境法に与えた影響」環境法研究1号107頁以下(2014年)など。賠償・訴訟・放射性廃棄物につき本書の下山論文・前田論文・下村論文、拙稿・後掲注(4)なども。本稿も参照する行政法の視点から、首藤重幸「原子力規制の特殊性と問題」環境法研究同号35頁以下、下山憲治「原子力規制の変革と課題」同誌5号1頁以下(2016年)ほか同誌1・3・5号の諸論文、高橋滋「原子力規制法制の現状と課題」同・大塚直編『震災・原発事故と環境法』1頁以下(民事法研究会、2013年)、川合・後掲注(26)、松本充郎「原子力リスク規制の現状と課題」阪法63巻5号57頁以下(2014年)、連載「原発問題から検証する公法理論」法時89巻11号(2017年)〜などを参照されたい。
2) 本書の松本論文・桑原論文との共通点も一部あろうが、異なる視点から本稿は考察を試みる(基本権保護義務論ではなく、特に個人の防御権・国家論の重視など)。
3) 以下参照する連邦環境省主催 14. Deutsches Atomrechtssymposium, 2013; 下山憲治「ドイツ原子力安全規制の展開と課題」比較法研究76号66頁以下(2014年)、川合敏樹「ドイツにおける原発規制の動向」斎藤浩編『原発の安全と行政・司法・学界の責任』177頁以下(法律文化社、2013年)など。他国も所収。
4) 拙稿「〈3.11〉後の事前配慮原則と人格権(1)〜(4・完)」静法17巻2号〜大東26巻2号(2012-17年)、同「原因者責任原則の憲法学的基礎づけ」同27巻2号(2018年)〜、同「国家に対峙する『個人』の尊厳からの協働原則批判」ドイツ憲法判例研究会編『憲法の規範力と行政』171頁以下(信山社、2017年)など。
5) 後掲の原子力三原則の他、長らく原子力推進を担ってきた日本原子力学会『原子力安全の目的と基本原則』(2013年)の10の原則が示された。IAEA の「基本安全原則」も踏まえて。しかし、そもそも原子力法原則の確立の必要性・合憲性に疑問を抱き、憲法・環境法原則から本稿は吟味する。
6) 参照、拙稿・前掲注(4)「事前配慮原則」の注7・627の諸文献。
7) 拙稿・前掲注(4)「事前配慮原則」の(1)150頁、(4)123頁以下など。
8) 大塚43頁は既に原子力が「実質的意味の環境法に含まれる」としていた。参照、同・前掲注(1)環境法研究1号128頁以下、高橋・前掲注(1)7頁以下・33頁、環境法政策17号

122頁以下〔藤井質問への淡路・大塚・高橋・島村の回答〕など。循環基本法・アセス法など5法でも適用除外規定削除だが、土対法・廃棄物処理法・化審法などで未改正。

9）「原子力事故再発防止顧問会議提言」（2011年）、下山憲治「原子力安全規制・組織改革とそのあり方に関する一考察」名法255号621頁以下（2014年）。

10）松本和彦「原子力政策と行政組織」鈴木庸夫編『大規模震災と行政活動』219頁（日本評論社、2015年）〔2013年日本公法学会報告の加筆〕。

11）他の合憲性・合理性の説示も含め、駒村圭吾「内閣の行政権と行政委員会」大石眞・石川健治編『憲法の争点』228頁以下（有斐閣、2008年）。ドイツ・EU を参照し、指揮監督からの自由（解放）に基づくのではなく、民主制原理を踏まえつつ「機能的分離」原理の発露として規制委の独立性を許容する発想もありうる。Vgl. J. Hellermann, Unabhängigkeit der Behörden als Ausfluss des Trennungsprinzips oder im Sinne von Weisungsfreiheit?, in: (N 3), S. 127ff.

12）E.-W. Böckenförde, Demokratie als Verfassungsprinzip, HStR II, ^{3}2004, § 24 Rn. 11ff.; BVerfGE 93, 37 など。

13）松本・前掲注(10)222頁以下など。

14）参照、高橋雅人「民主的正当化論」同『多元的行政の憲法理論』97頁以下〔初出2008年〕（法律文化社、2017年）やその注225の諸文献。

15）Ch. Möllers, Gewaltengliederung, 2005, S. 30, 52, 399.

16）拙稿・前掲注(4)「協働原則批判」171頁以下（その補論も）。

17）参照、下山・前掲注(1) 6頁、松本・前掲注(10)222頁以下（選任の論点も）。

18）8年で760万円超の報酬等を受けた田中知委員、3年で申告漏れ含む約1610万円の寄附等を受けた山中伸介委員。参照、後掲注(27)規制委ウェブサイト。

19）ドイツの中央生物学的安全委員会や放射線防護委員会のように委員の専門領域を法令で割振りすること、原子炉安全委員会のようにオランダなど外国人専門家を招聘することも参考になる。Vgl. A. Voßkuhle, Sachverständige Beratung des Staates, HStR III, ^{3}2005, § 43, Rn. 68ff.; 後掲注(23)(27)も。なお、2017年、規制委は東電に再稼働できる「適格性」を（科学的基準なく専門外で）認めたが、認めた規制委の「適格性」はどう担保されるのか。

20）ドイツと異なり、日本の審議会の構成比率は経済寄りとしばしば指摘される。手続・組織は形式にすぎないが、されど樋口陽一『憲法〔第3版〕』9頁（創文社、2007年）のいう「形式のもつ実質的意味」も読みとれる。

21）国会事故調を受けた衆議院原子力問題調査特別委員会（2013年～）とそのアドバイザリー・ボードの学際的専門家（2017年～）など *re*view も課題である。

22）参加よりも専門性に力点がある藤井康博・高橋雅人「リスクの憲法論—自由に対峙する環境と災害」水島朝穂編『立憲的ダイナミズム』272頁〔高橋雅人〕（岩波書店、2014年）を参照。「公開」性の程度は別考の余地がある。

事業者の決定と共に国家の決定に伴う責任がⓑ原因者責任原則から導かれることによっても、原子力規制が図られることを要する。拙稿・前掲注(4)「原因者責任原則」。

23） BVerfGE 127, 293; ドイツ憲法判例研究会編『ドイツの憲法判例Ⅳ』51〔拙稿〕（信山社、2018年）。

24） D. Murswiek, in: M. Sachs, GG, [8]2018, Art. 20a Rn. 77f.

25） 裁量はありうるが、偏頗な結論ありきの手続ないし判断過程に対する統制（審査）、例えば、伊方原発訴訟 最判平4・10・29民集46巻7号1174頁を修正し、手続的瑕疵論により、違法評価を下し（下山・前掲注(1)22頁）、さらに違憲判断を下すことも可能であろう。前掲注(20)も参照。

26） 参照、川合敏樹「既存原発に対する安全規制をめぐる法的問題」高橋滋編著『福島原発事故と法政策』177頁以下（第一法規、2016年）。「運転可能な期限の迫った原子炉」は「期間があまり残されていないという点では、事故によってはその発生のリスクが相対的に低いとも言い得ることになると、バックフィット命令の内容が緩和され」うるという（同190頁）。しかし、期限の迫った原子炉のほうが老朽化してリスクが高いともいえるゆえ、疑問が残る。

27） 本稿で参照した概要や文書につき規制委「実用発電用原子炉に係る新規制基準について」など http://www.nsr.go.jp（2017年確認）。この段落の規制基準の概要と課題を含め、IAEA 福島報告も踏まえ、参照、下山・前掲注(1)特に8・15・21・24頁。島崎邦彦元委員ら地震学者の知見を軽視する問題もある（前掲注(19)の本文)。

2017年改正の原子炉等規制法43条の3の5第2項11号などは「品質管理に必要な体制」整備事項提出を許可要件とするが、「安全文化」「原因分析」の現状は未成熟である。

28） IAEA を引き、石橋克彦「原発規制基準は『世界で最も厳しい水準』の虚構」科学84巻8号869頁以下（2014年）は、判批や深層防護・特に耐震基準の欠陥を批判する。他の層に期待しない論点と別に1－4層と5層の断絶問題がある。

29） 傍点筆者。引用順に、鹿児島地決平27・4・22判時2290号147頁（福岡高宮崎支決平28・4・6同90頁は「避難計画が存在しないのと同視し得るということはできないから〔…〕直ちに〔…〕人格権〔…〕に対する違法な侵害行為のおそれがあるということはできない」との判示)、大津地決平28・3・9同75頁、大阪高決平29・3・28判時2334号3頁。伊方原発停止の広島高決平29・12・13判時2357＝2358号300頁は避難計画の評価に踏み込まず。環境と公害47巻2号（2017年）の特集も参照。

30） 参照、下山・前掲注(1)9・24頁、以下につき拙稿・前掲注(4)「事前配慮原則」の（4）も。

31） 参照、下山・前掲注(1)19頁、その注5文献など。

32） ICRP Pub. 103, 2007; ドイツの放射線防護法令・放射線防護事前配慮法なども含めて、拙稿・前掲注(4)「事前配慮原則」の（1）152頁以下とその注。

33） 以下の本文(2)(3)の訴訟論の詳細は拙稿・前掲注(4)の（4）加筆修正稿予定。なお、原発の「テロ」「ミサイル攻撃」や「緊急事態」といった難問は紙幅上立ち入れない。ただ、国が原発停止しないのは、これら難問の発生可能性を低く見ることにならないか(「テロ」は前記の規制基準で一応想定されるが、安全目標で除外)。〈3.11〉は立憲的統制が可能な事態だった点（改憲でなく原子力災対法15条の緊急事態宣言）、平和・リスク・監視国家の論点は、別冊法セ『3.11で考える日本社会と国家の現在』（2012年）、奥平康弘・樋口陽一編『危機の憲法学』（弘文堂、2013年）、水島編・前掲注(22)、金井光生「フクシマ憲法物語」別冊法セ『憲法のこれから』76頁以下（2017年）、拙稿「環境と未来への責任—環境憲法と憲法改正？」同56頁など。

34）以上、参環境委180第8号、内閣衆質180第313号・179第26号。宇宙基本法を受けた同日改正 JAXA 法などとの整合性も疑問が残る。

35）東京新聞2012年6月21日。毎日新聞2017年衆院選アンケートで核武装を「今後の国際情勢によっては検討すべきだ」ともいう。科学82巻9号（2012年）の特集も参照。

36）原子力規制それ自体ではなく、それに伴う経済的自由権の規制の合憲性には立ち入らない。ドイツでは脱原発は合憲で、補償は一部にとどまる。BVerfGE 143, 246. 憲法上・原子力法上の生命・健康の事前配慮のためのバックフィットと、比例原則を経た財産権制限の合憲性につき Th. Mann, Verfassungsrechtliche Determinanten bei der Nachrüstung von Kernkraftwerken, in: (N 3), S. 54ff.

37）前述2のエネルギー基本計画のエネ庁審議会で電源構成の見通しが決められてしまうが、ドイツでは再エネ法で法律として審議・議決される。

38）参照、樋口陽一「〈3.11〉後に考える『国家』と『近代』」前掲注(33)『3.11で考える日本社会と国家の現在』178頁〔初出2011年〕。

高レベル放射性廃棄物処分規制における可逆性の考察

下村　英嗣

1　はじめに

使用済み核燃料や再処理後に発生する高レベル放射性廃棄物の半減期は、１万年を超えるものもあるため、原子力施設を抱える各国は、処分方法として地下数百メートル以深に埋設し、施設閉鎖後に人間世界から隔離する深地下地層処分を採用した。

超長期にわたる高レベル放射性廃棄物処分は、将来予測の困難性、科学的不確実性、社会変化の不確実性が避けられないため、処分場の立地選定や環境防護基準の設定[1)]、閉鎖までのプロセスのあり方などが問われる。

これらの不確実性への対処として、柔軟で適応的（順応的）な処分プロセスが必要であるとの認識が敷衍し始め、段階的プロセスなどに加えて、可逆性（reversibility）と回収可能性（retrievability）が導入されるに至った。回収可能性は、処分場に定置された放射性廃棄物を再び取り出す技術的工学的な概念である。可逆性は、社会科学的な概念であり、国ごとに定義や内容が若干異なるが、一般的に処分プロセスの各段階において一旦手続を見直し、１つ以上前の段階に戻ることができることをいう[2)]。

可逆性は、日本でも検討されており、2000年「特定放射性廃棄物の最終処分に関する法律」（以下、最終処分場法）の最終処分計画や基本方針で明記される。しかし、その内容や性質、将来の法制化などの詳細は定まっておらず、法的に検討された先行研究も僅少である。

そこで、本稿は、高レベル放射性廃棄物処分において可逆性の法制化が進むフランスを事例に、可逆性の内容と課題を考察する。最後に、日本の最終処分場法における可逆性に言及する。

2　フランスの最終処分場に関する法制度

(1)　1991年放射性廃棄物管理研究法（バタイユ法）[3]

(i)　**制定までの経緯**　本法は、現在のフランスの高レベル放射性廃棄物処分政策の原点となった法律である。フランスで深地下地層処分の対象になる高レベル放射性廃棄物は、高レベルの短寿命（30年以下半減期）および長寿命（30年以上半減期）だけでなく、中レベル長寿命の放射性廃棄物も入る。

フランスは1970年代から処分サイトの調査を始めていたが、調査対象の地元の強烈な反対運動もあり、1990年に最終処分場の立地選定を中断せざるをえなくなった。アメリカで Yucca Mountain 計画が凍結された状況と同じく[4]、中央政府の一方的専占的な方法での立地選定が行き詰まったことから、議会内部の議会科学技術選択評価局が中心になり、立地選定が進められることになった。このときの中心人物がバタイユ（Bataille）議員である。

バタイユ議員は、それまでの中央政府主導から政策対話と参加を重視する立地選定手続に政策を転換した。本法はこれらのことを踏まえて制定された[5]。

(ii)　**法律内容**　バタイユ法は、処分に向けた研究を目的とする。そのため、処分事業の段階的実施・施設の設計変更可能性・回収可能性を含めた可逆的地層処分、長寿命核種分離変換、長期地上貯蔵（中間貯蔵）の３つの選択肢を研究するよう定めた。そして、これらの処分方法を研究する上での処分原則として、安全と環境の防護、将来世代の利益、排出者責任を示した。

研究は、本法で独立機関になった処分実施主体の ANDRA（Agence Nationale pour la Gestion des Dechets Radioactifs）と原子力代替エネルギー庁（CEA）が15年にわたって実施した[6]。

(iii)　**ビュール地下研究所**　バタイユ法にもとづいて実際に可逆的地層処分を研究するため、1993年に各県に対して地下研究所立地の公募が開始され、いくつかの調査や審査を経て、1998年にパリ盆地北東部のムーズ（Meuse）県とオート・マルヌ（Haute-Marne）県を跨ぐビュール（Bure）村に地下研究所を建設することになった。ビュールは、２度の世界大戦で荒廃した過疎地域である。ビュール選定理由として、公的審査対象に残った４県３カ所のうち地層（粘土層）がもっとも透水性が低く安定しており、反対運動も激しくなかったからといわれる。

1999年に地下研究所の建設と操業の許可条件に関するデクレが制定され、2000年に建設開始と同時に調査研究が開始された[7)]。

⑵　2006年放射性廃棄物管理計画法

（i）制定経緯　放射性廃棄物管理計画法[8)]（以下、管理計画法）は、地下研究所等での研究開発の総括評価結果が完成したことから実施された国家公開討論委員会（CNDP）による全国公開討論（テーマは「放射性廃棄物管理政策の全般的な方向性」）の結果を踏まえて制定された[9)]。

（ii）可逆的処分　管理計画法は、処分場の立地、建設、操業、監視、閉鎖の段階的プロセスを定め、処分場の地層を地下研究所と同じ地層（粘土層）にするよう定めた。また ANDRA は、最終処分場サイトとしてビュール地下研究所周辺250平方キロメートルが最適であるとの報告書を出した。日本の幌延や瑞浪と同様に処分場と地下研究所は異なるものだが、ビュールの処分場建設は既成事実化していった。

可逆的処分について、管理計画法は、設置許可申請の審査に際して処分施設の安全性を最終的な閉鎖も含め管理の諸段階を踏まえて評価し、閉鎖許可に関しては予防のため処分の可逆期間を100年以上に設定した法律を作成しなければならないと規定する。フランスは、操業開始から閉鎖までをおよそ100年、監視期間を300年ほどに想定している[10)]。可逆の条件は、設置許可申請後に新法（デクレで対応予定）を制定することとされた。

なお、本法では、バタイユ法で研究対象とされた長期地上保管と放射性核種分離変換の研究を継続することとされた。

（iii）段階的許可制度と事業スケジュール　2006年原子力安全情報透明化法の原子力基本施設（INB）に関するデクレは、設置許可、操業許可、操業停止および監視段階への移行許可、閉鎖許可の４つの段階を規定する。高レベル放射性廃棄物処分場も、原子力基本施設に該当する[11]。

2009年にANDRAは処分プロジェクト（Cigéoプロジェクト）を提案し、翌年政府は、原子力安全機関（ASN）、国家評価委員会（CNE）、専門家による検討の後にプロジェクトを承認した。2025年から試験操業が開始され、評価された後に、段階的に完全操業（2040年ごろの予定）に移行する[12]。

処分プロセスの各段階において、原子力安全局（ASN）または原子力安全所管主務大臣の許可が必要であり、それぞれの許可発給の条件は、デクレまたは新法で定められることになっている。特に設置許可は、2020年までに発給される予定であり、発給条件として可逆性の条件を規定したデクレが制定されていなければならない。2015年までに設置許可は申請される予定であったが、順次先送りされ、現在は2019年の予定である[13]。

⑶　2016年可逆的処分法の可逆性の定義

2016年に「高レベルおよび長寿命中レベル放射性廃棄物の可逆性のある地層処分場の設置について規定する法律」（以下、可逆的処分法[14]）で可逆性が定義された。その大要は次のとおりである。

可逆性は、処分場の建設・操業を段階的に継続し、または過去の選択を見直し、将来世代が管理方法を変更できることである。その実施は、将来の技術進歩を反映し、エネルギー政策の転換による廃棄物インベントリの変更に対応するため、処分場の建設を段階的に進め、設計を調整可能とし、操業を柔軟に行う。そして、可逆性を実施する上で、閉鎖まで回収可能な状態にし、公衆の安全、保健衛生、自然環境の保護を確保しなければならない[15]。

3　可逆性の意義と機能

⑴　可逆性の導入意義

不可逆的処分は、将来世代の選択肢を奪い、不確実性に対応できない。可逆的処分と可逆性の定義から、可逆性の導入意義は、超長期にわたって将来世代も含めた人の生命健康と環境を保護するためといえよう。遠い将来の科学技術の進歩や政治社会状況の変化を考慮して、将来世代に選択の自由を残すことが現在世代の責務とされる。将来の科学技術進展により、地層処分よりも妥当な方法（例：放射性核種変換）が確立された場合、地層処分を放棄することもありえる。

不確実性への対応については、現在の科学的知見にもとづいた人工バリア（ガラス固化体、オーバーパック、緩衝材）と自然バリア（地層）の性能が将来にわたって人の生命、健康、環境を防護できるか否かの科学的不確実性が完全には払拭できない。また、時代ごと世代ごとの社会政治情勢、社会的合意、法政策などの変化に関する社会的不確実性もある。

しかし、地層処分の専門家・自然科学者は、安全面から可逆ではなく不可逆が好ましいと述べる。危険な放射性物質を回収し、再度一時保管すること自体危険性を惹起させ、保管場所も確保しなければならず、保管場所での放射能漏れや汚染リスクがないとはいえないからである。

可逆性導入は、社会的政治的要求の産物ともいえる。バタイユ法で研究項目になり、その後、地域住民との対話や全国的な対話集会の中で決定をやり直すことのできる可逆性の導入によって、プロジェクトに対する信頼が高まると言われるようになった。したがって、可逆性は科学的な裏付けというよりも社会的政治的要求を優先させたものといえよう。

実際、バタイユ法で可逆性が規定されてから、反対運動が沈静化したとの指摘がある[16)]。この意味で可逆性は、処分プロセスを推進・実現するための手段の１つと捉えられる[17)]。もっとも、社会的受容は現在世代においてであり、将来世代の事業に対する信頼は不透明である[18)]。

⑵　予防原則との関係

予防原則は、科学的不確実性の中で将来の人や環境への蓋然的な悪影響を回避するため何らかの対応をとることを求め、対応の実施トリガーを社会的な合意に求める[19)]。この対応の種類や程度は、蓋然性の程度によって変化する。また、予防原則は、常態的な活動・現象の累積的・集積的・複合的な作用によって、将来のある時点で閾値を超え、悪影響が生じ、場合によっては不可逆的な被害をもたらすような事象に適用される。

高レベル放射性廃棄物処分も、超長期事業であるがゆえに将来の不確実性が払拭できない。可逆性導入も不確実性を捉え、将来世代のために、また将来の変化に備えてのことである。しかし、可逆性は、予防原則とは異なる点がある。

高レベル放射性廃棄物処分プロセスの可逆性は、遠い将来に貯蔵施設や地層に予測とは異なる不具合等が生じる不測の事態に備えるために導入される。この意味で、可逆性は突発的な事故への備えと同じ性質といえよう。また、可逆性は、必ずしも決定を覆さなくともよい。選択肢を提示し検討した結果、無変更・無作為もありうる[20]。そして、可逆性は、将来の社会的政治的な変化に関する不確実性に対応することも導入理由の１つである。

このように、可逆的措置と予防原則は、重複部分があり親和性を見出せるが、異なる面もある。

4　可逆性の課題[21]

(1)　可逆時の選択肢と範囲

フランスの管理計画法も可逆的処分法も具体的な反覆ポイントを定めていないが、実際に可逆する場合の選択肢は、次の４つが考えられる。①そのままプロセスを進行する。②決定またはプロセスを再評価し、プロセス進行あるいは継続的な再評価をする。③決定またはプロセスを変更した上で、プロセスを進行する。④決定を反覆し、過去の措置をやり直し、回収する。

たとえ可逆したとしても、①〜③は、必ずしも回収を伴わない。④は、可逆の条件を再検討し、１つまたは２つ前の段階に戻るため、その可逆した分の期間が閉鎖までのプロセス期間に加えられ、施設の性能保証期間が先延ばしになり、将来予測も一層困難になりうる。また社会状況の変化に応じて可逆した場合も、閉鎖が先延ばしになる。このような場合にも、閉鎖・隔離を実現する手段であるにもかかわらず可逆を実施するのかという問題がある[22]。

行政行為から考えれば、反覆ポイントを許認可の申請時、審査時、処分時、処分後のいずれにするのかの問題もあろう。

(2) 可逆の判断者

許認可権限者が可逆の判断をする場合、権限の程度問題がある。職権による判断をどの程度認めるのか、あるいは裁量統制をどの程度及ぼすのかである。

原子力関連施設に関する規制権限者の裁量は、専門技術裁量とみなされることが往々にしてある。しかし、立法と行政が遠大な時間軸の超長期事業に対する専門技術的な能力を適正に有するのかが問題となろう[23)]。立法は閉鎖までの数百年に及ぶ超長期事業に関して行政に適正な権限を委任する決定ができるのか、行政はその権限を適正に行使できるのかである。

可逆性は、住民や国民に安心を与え、立地を推進するための政策的措置であり、それゆえに政策裁量であるから職権判断に委ねるとしても、そのこと自体の正当性は検討されるべきであろう。

また、専門技術裁量にもとづく判断ないし職権判断への委任は、将来的に政治制度や社会そのものが変化する可能性がある社会的不確実性がある場合、将来的な正当性の担保は揺らぐ。そこで、社会的不確実性を前提に、アメリカ環境法で規定される請願制度[24)]を参考に、将来世代の社会的要請という方法もありうると思われる。

(3) 実施可能性

可逆性や回収可能性は、実際に実施可能でなければ単なる象徴でしかなくなる。仮に可逆するとして回収の実現性、実施可能性の問題がある。実施可能性には技術的実施可能性と経済的実施可能性があるが、ここでは経済的実施可能性にのみ触れておく。

建設が進むにつれ、やり直す費用は高くなり、稼働が進むにつれ、核廃棄物の量は増え、回収の費用も高くなる。また、回収後の一時保管や埋め戻しの費用も核廃棄物の量に比例して高くなる。回収された核廃棄物を一時保管するサイト選定は、最終処分場の立地選定にも苦労したことからすれば、再度相当な時間と費用と労力を必要とするだろう。

処分費用は排出者によって賄われている。しかし、実際に回収することになれば、処分費用に加えて、回収、一時保管、埋め戻しに莫大な費用が必要になり、可逆による回収費用は現行の資金制度では賄いきれなくなるであろう。このような費用面からの可逆性の経済的実施可能性の問題も解決しなければならないことも大きな課題である[25)]。

5　日本の最終処分場法と可逆性

(1)　最終処分場法の概要

「特定放射性廃棄物の最終処分に関する法律」（最終処分場法）は2000年に制定された。本法は、経産大臣が基本方針（３条）、最終処分計画（４条）を策定し、原子力発電環境整備機構（NUMO）が実施計画（５条）を策定し、これらの方針および計画にもとづいて処分を進めていく。

立地の選定手続は、NUMO が概要地区を文献調査した後（６条）、精密調査（７条）を行い、最終処分施設建設地を選定する（８条）。これらの立地までの手続をもって、日本は段階的アプローチを採用しているといわれている。施設の閉鎖は、経済産業省令で定める基準に適合していることについて経済産業大臣の確認を受ける必要がある（17条）。NUMO の業務も規定される（56条）。

本稿との関係で重要なのは、施設の操業等の許認可要件に直接関与する安全確保（20条）であるが、安全確保に関する規制は、別法で定めるとされる。

(2)　可逆性の規定方式

日本における可逆性の導入について、最終処分計画（平成20年３月14日閣議決定）で「安全な管理が合理的に継続される範囲内で、最終処分施設の閉鎖までの間の廃棄物の搬出の可能性（回収可能性）を確保する」（第４）とされ、「特定放射性廃棄物の最終処分に関する基本方針」（平成27年５月22日閣議決定）でも「政策や最終処分事業の可逆性を担保する」、「搬出の可能性を確保する」と規定されたが、具体的な可逆の内容は不明である。

可逆性の規定方式は、学説上の見解が分かれる。１つは、柔軟に対応するべき事項であるため、定期的な方針、計画の改訂といった行政措置によって可逆性に十分対応可能とする立場である[26]。

もう１つは、可逆性の導入が政策変更にあたるため、法改正が必要になるという意見である[27]。この見解は、最終処分場法に関して、段階的な選定や計画手続が政省令に委任せず法律で規定され、透明性確保や公正な選定への配慮も法律で言及することから、行政法の中では稀な法律であるとみなす。このような詳細事項も法律で定めているため、可逆性導入も法改正により法律で定めることを主張する。

また、安全規制についても、建設、操業、閉鎖といった段階ごとに考えるべきであるため、政省令で対応するのではなく、法律で対応すべきであるとの意見がある[28]。この意見に従えば、段階的プロセスを前提とし、手続を反覆する可逆性も、法律で対応すべき事項ということになろう。

(3) 環境アセスメントとの関係

最終処分場法が制定された直後、アセス法と最終処分場法のリンクを提唱する意見が見受けられた[29]。

原子力関係で環境影響評価法の対象となるのは一定規模以上の発電所であり、高レベル放射性廃棄物処分場は放射性物質関連施設とはいえ、アセス法の対象ではない。仮にアセス法の対象とするならば、アセス法を改正し、高レベル放射性廃棄物の処分場または施設を同法の対象とする改正が必要になろう[30]。

また、アセス法と最終処分場法をリンクさせた場合、可逆は、手続を戻し、許認可等の決定を覆す場合があるため、環境影響評価をやり直さなければならない場合も生じる。このような機能は、現行のアセス法にないため、アセス法にとっては大きな機能転換が必要になろう。

なお、2012年に環境基本法13条の放射性物質に関する適用除外条項が削除され、これに伴い、2013年にはアセス法の放射性物質に係る適用除外規定も削除され、放射性物質による環境汚染は環境影響評価を実施できるようになった。[31]

6　おわりに

本稿は、超長期の時間軸に着目して高レベル核廃棄物の最終処分場の規制にまつわる問題、特に可逆性について検討した。可逆性は、長大な時間軸を見据えた超長期事業という特殊な性質に由来する。遠い将来の予測に関連した科学的不確実性と社会的不確実性がある中で、可逆性は必要な措置であるかもしれない。

フランスの可逆性導入の検討からは、処分場の地元住民や国民の不安を取り除き、立地やプロセス推進に向けての説得措置にはなると思われる。しかし、可逆性を導入し、回収可能性を確保したとしても、実施可能性の面からかなりの困難が予想される。また、可逆性を法律ないし規則で規定するとしても、導入することと実際に機能性・実現可能性があるのかは別問題である。可逆性の実際は今後の推移を見守るほかないが、現段階では、プロセス推進のための象徴的な意味合いが強いように思われる。

将来的に可逆性を機能させ実現させるためには、現代世代に対して実施された政策対話や参加、あるいは請願制度を将来世代に対しても保証する必要があろう。

最後に、日本での最終処分に関する最新の動向について付記しておく。2017年７月に資源エネルギー庁は、最終処分地選定を推進するため、適地を段階的にマップの形で示した「科学的特性マップ」を公表した。国は、このマップを、国民理解を深めるための対話活動に活用していく方針としている。

ところが、同年11月、信じがたいことであるが、処分地選定の説明会においてNUMOが業務を委託していた業者が学生に謝礼金を支払い、不適切な動員を行っていたことが報道により判明した。可逆性・回収可能性の導入、段階的アプローチの採用、そして、科学的特性マップ公表、NUMOが全国各地で行う説明会や対話集会などは、国民の最終処分事業への信頼を醸成するためである。不適切動員の件は、これらの信頼醸成・獲得の努力を根底から崩壊させるおそれがある。

また、科学的特性マップが示されて以来、一部の自治体は、最終処分地選定を拒否し、あるいは核廃棄物持ち込みを規制する条例を制定した。高レベル放射性廃棄物の最終処分場は究極の NIMBY に違いないが、福島第一原発事故にみるように、各原子炉サイトでの保管の危険性も看過できない。可逆性をはじめ、いかなる推進措置を導入しようとも、最後は信頼に勝るものはないということかもしれない。

【注】

1) 高レベル放射性廃棄物処分場に関する立地選定や環境防護基準の問題は、拙稿「高レベル放射性廃棄物処分場に関する規制」環境法研究 1 号83-105頁（2014年）：同「核廃棄物のサイト内保管と最終処分場の立地動向—政治的不確実性に関する行政の専門性」人間環境学研究15巻117-129頁（2017年）を参照。これらの論稿をまとめるにあたり、大塚先生から貴重なご助言を賜ったことを感謝申し上げる。

2) National Academy of Sciences "Disposition of High-Level Waste and Spent Nuclear Fuel - The Continuing Social and Technical Challenge", 2001.

3) LOI n° 91-1381 du 30 décembre 1991 relative aux recherches sur la gestion des déchets radioactifs.

4) 拙稿「行政の不作為に対する職務執行命令訴訟—高レベル放射性廃棄物処分場建設認可の審査命令」人間環境学研究15巻131-142頁（2017年）。

5) バタイユ法成立までの詳細は、鳥井弘之「高レベル放射性廃棄物処分—フランスの進め方」エネルギー・レビュー28巻 1 号（324号）38-40頁（2007年）を参照。

6) Markku Lehtonen, Megaproject Underway: Governance of Nuclear Waste Management in France, in Achim Brunnengräber/Maria Rosaria Di Nucci/Ana Mara Isidoro Losada/Lutz Mez/Miranda A. Schreurs eds., Nuclear Waste Governance: An International Comparison (Springer, 2015), at 127.

7) 大澤英昭ほか「フランスにおける高レベル放射性廃棄物管理方策と地層処分施設のサイト選定の決定プロセスの公正さ」社会安全学研究 4 号57頁（2013年）；Lehtonen, supra note 6, at 117-119.

8) LOI n° 2006-739 du 28 juin 2006 de programme relative à la gestion durable des matières et déchets radioactifs.

9) Charles de Saillan, DISPOSAL OF SPENT NUCLEAR FUEL IN THE UNITED STATES AND EUROPE: A PERSISTENT ENVIRONMENTAL PROBLEM, 34 Harv. Envtl. L. Rev. at 497-498.

10) Lehtonen, supra note 6, at 117-118. すでに操業停止した浅地中処分のラマンシュ処分場も監視期間は300年である。

11）　磯部哲「フランス原子力法をめぐる近時の動向について」『原子力行政に係る法的問題に関する総合的検討』71頁以下（日本エネルギー法研究所、2011年）を参照。

12）　公益財団法人 原子力安全研究協会「平成23年度 放射性廃棄物処分の諸外国の安全規制に係る動向調査」報告書62-63頁（平成24年3月）。

13）　公益財団法人 原子力環境整備促進・資金管理センター（以下、センター）「フランスで放射性廃棄物管理機関（ANDRA）が地層処分場の設置許可申請の1年先送りを発表」（2017年7月21日）（https://www2.rwmc.or.jp/nf/?p=20572）

14）　LOI n° 2016-1015 du 25 juillet 2016 précisant les modalités de création d'une installation de stockage réversible en couche géologique profonde des déchets radioactifs de haute et moyenne activité à vie longue.

15）　センター「フランスで地層処分場の設置許可条件と可逆性に関する法律が成立」（2016年7月13日）（http://www2.rwmc.or.jp/nf/?p=17682）

16）　Louis Aparicio ed., Making nuclear waste governable: Deep underground disposal and the challenge of reversibility (Springer & ANDRA, 2010), at 92-93.

17）　Lehtonen, supra note 6, at 133-137.

18）　NUCLEAR ENERGY AGENCY, Reversibility of Decisions and Retrievability of Radioactive Waste－Considerations for National Geological Disposal Programmes－, NEA No. 7085, OECD 2012, at 7-10 ; Louis Aparicio, supra note 16, at 29-34.

19）　予防原則の論考は多数あるが。たとえば、大塚51-56頁、および73頁の参考文献などを参照。

20）　Aparicio, supra note 16, at 31-32.

21）　総合資源エネルギー調査会 電力・ガス事業分科会 原子力委員会 放射性廃棄物WG「放射性廃棄物WG中間とりまとめ」8-32頁（平成26年5月）。

22）　Aparicio, supra note 16, at 29-34.

23）　拙稿・前掲注(1)環境法研究95-98頁。

24）　アメリカのマサチューセッツ事件最高裁判決（Massachusetts v. EPA, 549 U.S. 497 (2007)）は、環境団体などによる請願が訴訟の契機に発展した。拙稿「気候変動訴訟と原告適格」修道法学35巻2号39-73頁（2013年）。

25）　Jan Peter Bergen1, Reversible Experiments: Putting Geological Disposal to the Test, Springerlink, 12 September 2015.

26）　小幡純子「高レベル放射性廃棄物の処分に関する法的考察―特定放射性廃棄物最終処分法制定をめぐって」ジュリスト1186号49-53頁（2000年）。

27）　高橋滋「高レベル放射性廃棄物最終処分問題の現状と改革の課題」橘川武郎・安藤晴彦『エネルギー新時代におけるベストミックスのあり方』103頁（第一法規、2014年）。

28）　藤原淳一郎「高レベル放射性廃棄物処分」小早川光郎・宇賀克也編『行政法の発展と変革　下巻』〔塩野宏先生古稀記念〕798-803頁（有斐閣、2001年）。

29）　石橋忠雄ほか「原子力行政の現状と課題―東海村臨界事故1年を契機として」ジュリ

1186号20-21頁（2000年）。
30）　藤原・前掲注(28)808-809頁。
31）　伊藤哲夫「放射性物質による環境汚染と環境法・組織の変遷」環境法研究８号225頁(2018年)。

アメリカにおける環境規制
——州際通商条項・専占法理、州憲法の環境条項の視点から

飯泉　明子

1　はじめに

(1)　揺れる環境規制

アメリカ環境法は、先駆性と比較有用性があるものとして、時に日本の環境に影響を及ぼしうるものとして、先達によって考察・活用されてきた[1)]。

アメリカ合衆国の国家環境政策法（NEPA）は、環境保護を求める市民の強い声を背景に、1970年に Nixon 大統領の署名を受けて施行された[2)]。同法は、人間と環境の調和、人間環境・生物圏の損害の防止、環境諮問委員会、連邦政府の諸責任、世界初の環境アセスメント等を定める。同年末には、大統領令により合衆国の環境保護庁（EPA）が設置された[3)]。環境問題の対応に、特に1970年代以降は、連邦の環境制定法[4)]が主たる役割を担い、州・自治体（地方政府）の環境制定法やコモン・ロー（判例法）も寄与・補完してきた。

2017年１月、環境保護より産業振興を優先する姿勢を示す Trump 大統領が誕生した。同政権は、特に、大統領権限[5)]、EPA・内務省等のもと、Obama 政権が講じた気候変動対策や清浄水法解釈を含む種々の環境規制の見直し・緩和・撤廃を進める[6)]。規制基準の後退、人事、人員・予算削減、行政執行の減退、および科学的な調査研究の縮小・遅延による健康や環境への影響が懸念される。それに対し、連邦議会（予算を含む法律制定・人事同意・議会拒否権・国政調査権等）・裁判所・規制委員会、州・自治体、個人、環境保護団体[7)]等のアクターのチェック機能が問われている。その１つとして、幾つもの州の法務総裁（司法長官）による、EPA や内務省等に対する、書簡・意見書等の提出（2017年

1月～2018年6月12日の期間に67件）や法令違反・未執行等を理由とする訴訟の提起（同期間34件）がある[8]。また、Harvard 大学等の環境法研究者らは、Trump 政権の環境規制後退の動きを追跡し Web 上で公開している[9]。

アメリカ市民の環境規制に関する2016年12月の世論調査によると、より厳しい環境法令を評価する回答が59％、他方、それよりも多くの失業や経済損失があるとの回答が34％という結果がある。2018年5月の調査では、Trump 政権の各種の環境保護（水質・大気質・気候変動・動物・自然）は不十分であると考える者が57～69％いる。規制を縮小しても効果的に大気や水の保護が可能かどうかに関する回答は拮抗し、共和党・民主党の支持者間で大きく異なる傾向を表す。興味深いことに、両者とも、石炭採掘や原子力と比べ太陽光や風力発電所の増大には、より多数が賛成を示している[10]。

⑵ アメリカ環境法と合衆国憲法

軽量級の7369ワードに重みをもつ合衆国憲法は、アメリカ環境法の弧に重量級の影響を及ぼす[11]とも云われる。1970年頃から、土地・大気・水・種・生息地を保護する連邦と州の努力において、憲法問題が、たびたび中心舞台を占めるようになる[12]。アメリカ環境法と合衆国憲法が関わる接点として、①連邦と州の権限：州際通商・財産・支出・条約に関する各条項、第10修正（州に留保された権限）、眠れる通商条項、専占法理、②権力分立：委任禁止法理、③個人の諸権利：収用、デュー・プロセス、④司法審査：原告適格がある[13]。

本稿1⑴で述べた大統領主導による種々の環境規制の後退をめぐる動きは、現在進行形の問題であり、暫し動向を注視する必要がある。それに先立ち、州憲法の環境条項の効果と限界に関心をもつ本稿は、そもそもの連邦と州の環境規制権限について取り上げる。これら権限は、連邦制度が二重主権構造をとるため、合衆国憲法上の問題とされることが少なくない。主に、連邦は州際通商条項、州はポリス・パワーに基づき、環境規制をしてきた（後掲注74を含む限界・論点がある）。本稿2では、連邦の環境規制権限に関わる州際通商条項、3で、州の環境規制権限、特に限界に関わる、眠れる通商条項、専占の大要を示す。4で、州憲法の環境条項（規定）のもとの環境規制について課題を述べる。

2　連邦の環境規制権限

(1)　環境条項の不存在と州際通商条項

連邦議会は、あくまでも合衆国憲法に列挙の権限のみを行使することができ（合衆国憲法1編1節）、州政府が有しているような一般的な公共の福祉のための規制権限、いわゆるポリス・パワー（福祉機能）は有していない[14]。また、合衆国憲法には、連邦に環境保護をする立法権限を付与する明文規定はない（環境権に関する明文規定もなく、環境権の憲法上の根拠につき学説上の論争がある[15]）。合衆国憲法1編8節3項は、州際通商について規定する。連邦議会の立法権限を支える最も重要な規定が、この州際通商条項である。州の保護主義的な規制を防ぎ国全体の経済活動を促進するために規定されたものであるが、現在における到達点では、この条項に相当広い意味をもたせている[16]。

種々の連邦の環境制定法の一部は、財産・支出等に関する条項に基づくが、大部は、上記の州際通商条項（以下、通商条項）のもとの連邦議会の権限に基づく[17]。つまり、主に通商条項の解釈から、連邦は合衆国全体の環境保護をしてきたといえる。通商条項の拡大解釈は、環境へ悪影響を及ぼす活動が州際通商に相当な効果を及ぼすという理論に拠り、環境保護に関する立法権限を連邦に付与する。それは、裁判所も支持してきた解釈であるが、環境制定法が追求する諸目的が州際通商の商業的性質を帯びることは多くはなく、特に自然環境の保護に関して、理論的根拠の不安定さが指摘される[18]。

通商条項は、連邦議会に対し、州際通商に関わる立法権限を認めるという「表の面」と、逆に、連邦議会に権限があるので州の権限を否定するという「裏の面」を有する。後者の面が、しばしば「州の権限を否定する通商条項」や「眠れる通商条項（Dormant Commerce Clause: DCC）」と呼ばれる[19]。例えば、連邦の環境規制に異議のある被規制者や州が、当該連邦規制は通商条項に基づく連邦権限を超えた立法であると主張する場合や、州の環境規制に異議のある被規制者や連邦が、当該州規制は DCC に反して無効と主張する場合がある。

1937～1990年代初頭、通商条項を根拠とする連邦法が連邦最高裁によって違憲とされることはなかった。しかし、United States v. Lopez（1995）（学校周辺からの銃器排除の連邦法に関わる事件）と United States v. Morrison（2000）（女性に対する暴力禁止の連邦法に関わる事件）は、通商条項を根拠にしても連邦議会の立法権限が正当化されない場合があることを示した。[20)]

(2) Lopez/Morrison 判決後、Gonzales 判決後の ESA

絶滅のおそれのある種の法（ESA）は、絶滅危惧種・希少種に登録された生物を捕獲・生息地破壊・商取引等の悪影響から保護するための法律である。ところが、ここでの問題は捻じれている。ESA の規制が、通商条項を立法根拠とするならば、本来、経済・商業活動を促進することを目的としていなければならないだろう。上記の Lopez/Morrison 判決後、特に ESA のプログラムなどの連邦の環境管理が制限されるのではないかとの危惧が生じた。絶滅危惧種の保護目的は、本質的に経済活動の促進ではないことが多いからである。だが、連邦下級審は、通商条項の権限を超えるとの判断はしなかった。[21)] 例えば、National Ass'n of Home Builders v. Babbitt（1997）は、現在・将来の商業のために利用されうる自然資源が減少するならば、州際通商に相当に影響を及ぼすとし、捕獲禁止条項 ESA § 9(a)(1)（16 U.S.C. § 1538(a)(1)）を、California 州内にのみ生息する絶滅危惧種 Delhi Sands flower-loving fly に適用することは通商条項のもとの連邦議会の権限内にあるとした。[22)]

また、Morrison 判決後の Gibbs v. Babbitt（2000）は、商業活動と絶滅危惧種の共存を規律することは連邦議会の権限内にあり、North Carolina 州に生息する絶滅危惧種 red wolf の保護〔長期的に資源節約〕は、ツーリズム・取引・科学調査・その他の潜在的経済活動を通じて、州際通商に相当に効果を及ぼすとの理論構成の上、当該絶滅危惧種の捕獲禁止は、通商条項のもと連邦議会の権限内にあるとした。[23)]

さらに、前掲 Lopez/Morrison 判決傾向が拡大されるわけではないことを示した Gonzales v. Raich（2005）（薬物禁止の連邦法に関わる事件）[24)] の後、連邦議会が通商条項に基づき種・生息地等を保護する権限を有すると示すことは、より容易になったとされる。[25)]

3　州の環境規制権限、特に限界

⑴　第10修正（州に留保された権限）、専占否定の推定

合衆国憲法の第10修正は、「この憲法により、合衆国に委任されず、または州が行使することが禁じられていない権限は、各州または人民に留保される」と規定する。州は、（環境規制権限を含む）州民の健康・安全・福祉を維持増進するための権限としてポリス・パワーを有する[26)]。第10修正により、この州に留保されているポリス・パワーの分野においては、連邦議会の明確な意図が示されていない限り、連邦法による専占を解釈により導き出さないとする「専占否定の推定」（presumption against preemption）が働くと解されてきた[27)]。

第10修正は、連邦の規制権限の限界としても働く。連邦議会の州への命令が違憲となる可能性がある。例えば、各州による低レベル放射性廃棄物処理の促進をねらった連邦法が問題となったNew York v. United States（1992）において、連邦最高裁は、州に廃棄物の取得を義務づける旨を定める部分について、（理由を明らかにしていないが）連邦議会の権限を超え、第10修正に反するとした[28)]。だが、連邦裁判所が、環境分野において、連邦権限の限界として第10修正を適用することには消極的であり、まれな場合なようである[29)]。

⑵　連邦の汚染規制法の執行における協働連邦主義

ここでは、連邦と州は対立関係だけでなく、むしろ、例えば一部の連邦の汚染規制法は、その執行において、協働連邦主義（cooperative federalism）と呼ばれる仕組みを採用していることに言及する[30)]。そもそも、連邦主義は、連邦としての一体性を強調する意味のこともあれば、逆に、合衆国が州を基盤とすることに力点を置き、連邦の権限の拡大を警戒し統治作用の州への分散を図るべきだと主張する意味のこともある。協働連邦主義というのは、連邦と州ないし自治体との関係を、協調的なパートナーとみる連邦主義の見方である[31)]。

清浄大気法（CAA）、清浄水法（CWA）、資源保全回復法（RCRA）、安全飲料水法（SDWA）は、それらのもとの連邦プログラムを執行する意思のある州

を、第一次的な執行責任主体と EPA が承認した場合も、その執行の実効性を確保するため、EPA が州を監督し、財政的支援・是正措置を行うという連邦と州の協働の仕組みを用いる[32)]。今日、Michigan 州 Flint 市の飲料水鉛汚染のように、SDWA のもとの連邦・州・自治体の協働に疑義を示す事案もある[33)]。なお、同州は、州憲法に州の自然資源保全宣言・保護立法義務を定める〔上記事案の原因・背景に、法令違反・財政問題・環境不正義があるようだが、州民投票を経て制定され当初は新しかった環境条項も半世紀を経ると風化するのかについては、今後の検討課題としたい〕。

(3) 眠れる通商条項

連邦議会が通商条項に基づいて規制する権限を有しながら立法をしない、眠った状態であるときでも、州による規制を排除する効果として機能してきた前掲 2(1)眠れる通商条項（以下、DCC）は、連邦最高裁の判例の中で形成されてきた。保護主義的な州際通商への差別的な規制とされる場合に、州法は、通商条項違反として、ほとんど常に違憲無効とされる[34)]。

環境分野において DCC が問題とされてきた領域は、州・自治体による特に廃棄物運搬処分と自然資源に関する規制である[35)]。1976年制定の RCRA は、連邦の包括的な有害廃棄物規制システムを確立した。他方で、州・自治体が、域内の廃棄物処分施設を域外廃棄物から守るための手段として、域外廃棄物の搬入を制限することがある[36)]。New Jersey 州内の廃棄物取扱事業者と州外の市が提起した Philadelphia v. New Jersey（1978）では、州外で発生・収集された固形・液体廃棄物の州内への搬入を禁じる同州法が問題となった。同州はこの法律の目的は経済的なものではなく州民の健康と環境を守るためだと主張したが、連邦最高裁は、仮に目的が正当でも、とられた手段が州内廃棄物と州外廃棄物を区別する点で明らかに文言上後者を差別しており、同州法を通商条項により違憲無効とした[37)]。また、Or. Waste Sys. v. Dep't of Envtl. Quality（1994）は、州外からの搬入廃棄物に対する賦課金の徴収を、州外の廃棄物に対して許容できない差別であるとした[38)]。United Haulers Ass'n v. Oneida-Herkimer Solid Waste Mgmt. Auth.（2007）では、N.Y. 州の自治体が同州設立の処理施設での廃棄物処理を民間運搬業者に義務づけたことに対し、運搬業者は州外の安価な施設を使えなくなったとしてDCCに反し違憲と主張した。連邦最高裁は、廃棄物処理が典型的な自治体の機能であり、かつ州の内外の事業者間に差別的な取り扱いをしていない等とし合憲とした。そして、合憲とした裁判官のThomasとScaliaは、そもそもDCC法理に否定的立場を示していた。[39)]

自然資源の保護とDCCに関連する事案として、Hughes v. Oklahoma（1979）がある。本件では、Oklahoma州内の淡水魚ヒメハヤを州外に搬出することを禁ずる野生生物の保全に関する州法に違反したとして逮捕された同州外の業者が、同州法は通商条項に反するとして争った。連邦最高裁は、同州が、捕獲数の制限や廃棄方法に制限を設けるなど、最も差別的でない代替手段をとらず、州外への搬出だけを禁ずるという州際通商に対して最も過度に差別する方法をとることから、他にとりうる手段がないとはいえないとして違憲とした。[40)]他方で、合憲とされたMaine v. Taylor（1986）がある。生きた餌魚を州外から持ち込むことを禁ずるMaine州法に違反したとして、業者が起訴された。業者は同法が州際通商に許容できない制限を課すもので違憲だとして争った。連邦最高裁は、餌魚によって持ち込まれる可能性がある寄生虫による被害から州内の環境を守るという正当な目的があり、州際通商を差別する以外に選びうる手段がないという理由から合憲としたのである。州の規制権限に対して通商条項が課す制限は決して絶対的なものではなく、州際通商に影響を与えうるものであっても、正当な地域案件を規制する一般的なポリス・パワーが州にあるとする。[41)]

以上によれば、州・自治体の環境制定法は、目的が州民の健康や環境を保護するという正当なものであっても、他に選択肢がない場合を除き、州外に対して差別的な手段をとるならば、DCCにより違憲とされうる。また、DCCの問題となるだけでなく、連邦法の専占問題として捉えられる規制もある。[42)]

(4)　最高法規条項による連邦法の専占

最高法規条項と呼ばれる合衆国憲法6編2項は、合衆国の憲法・法律と条約が州の憲法・法律に優先される旨を定める。連邦最高裁は、この条項から、連邦法に州法等が抵触する場合、連邦法が適用される専占（preemption）を解釈してきた。連邦法の専占には、明示的専占と黙示的専占がある。明示的専占は、連邦議会が法律の中で、当該規制については連邦法が独占し、それと異なる州法を認めないと明示的に宣言する場合である。また、専占免除の場合を示す規定（権利放棄〔waiver〕・適用除外〔saving〕等）が置かれることがある（例、後掲 CAA § 209(b)・TSCA § 18(c)-(g)）。明示の場合でも、その文言の意味・範囲に関する解釈が争われることは少なくない。黙示的専占は、明示以外の場合であり、文言の解釈から連邦法による専占が導かれる場合である。州のポリス・パワーとされる分野では、連邦議会による明白な専占の意図がない場合には、前掲３(1)の「専占否定の推定」が働くことを裁判所は認めてきた[43]。

従来、専占法理が問題とされてきたのは、連邦議会の制定法律が、州の制定法に優先するというものだった。だが、連邦最高裁は Cipollone v. Liggett Group, Inc.（1992）で、初めて、州コモン・ローの警告の欠陥（注意書きの不備による製造物責任）に基づく訴えが、連邦法律の明示の専占規定によって専占されるとした。これ以降、製造物責任を問われる被告側は専占法理の利用を積極的に考慮するようになる[44]。さらに、連邦法律に専占の規定がない場合の行政機関主導の専占という問題も生じた。Wyeth v. Levine（2009）では、食品医薬品局（FDA）の規則前文の専占規定が、州コモン・ローの不法行為訴訟（製造物責任訴訟）の提起を専占するという主張を否定し、一定の歯止めをかける[45]。

これら連邦法の専占をめぐる争いは、連邦と州の権限配分だけでなく、司法アクセスや権力分立の問題に及ぶ[46]。そして、2009年５月20日、Obama 大統領の専占問題に関する大統領覚書は、連邦の行政機関主導による専占の宣言を限定すべきことを示した[47]。もっとも、EPA 規則主導の専占はまれである[48]。

(5) 連邦環境制定法の専占

環境法分野において、専占は原告適格に次ぐ頻出の憲法問題であろう[49]、とも云われる。連邦の環境制定法の中には、州・自治体に、より厳しい規制を認める（連邦基準以上の基準を求める）旨の規定があるが（例、CWA § 510、RCRA § 3009)、追加・異なる要件、基準設定等を禁じる規定（例、FIFRA § 24(b)、CAA

§ 209(a)）もある。[50] 比較的、明示の専占規定が少ないとの指摘もある。[51] 州・自治体の（規制なしも含む）より緩やかな規制に対する連邦の環境制定法の専占という論点等もあるが、（州憲法の環境条項の効力・限界に関心をもつ）本稿は、州・自治体のより厳しい規制と連邦環境制定法の専占に主眼を置き、関連する事案の一部を取り上げる。

（i） **CAA と気候変動問題**　CAA § 116（42 U.S.C. § 7416）は、州・自治体に、固定発生源における大気汚染物質の排出基準等を定めることを認めるが、連邦の基準・制限より緩やかでないことを要求する。他方、CAA § 209 (a)（42 U.S.C. § 7543(a)）は、連邦以外の自動車排出ガス基準は同法によって専占されると明示する。但し、連邦よりも早く規制に取り組んできた California 州に対し、CAA § 209(b) は、EPA 承認を条件とし、連邦基準からの専占免除を付与し、同州が連邦基準よりも厳しい基準を採用することを認める。EPA に承認された同州基準を他州も採用することができる（CAA § 177 (42 U.S.C. § 7507)）。

気候変動対策に消極的な連邦に対して、一部の州は、積極的に対策を推進してきた。[52] California 州は同州の乗用車・小型トラックからの GHG 規制につき、2005年12月 Bush 政権下の EPA に CAA209(b) の承認を求めたが、承認を得られたのは Obama 政権下の2009年 6 月である。[53] だが、2018年 4 月、Trump 政権の EPA の Pruitt 長官（2018年 7 月辞職）は、連邦基準の緩和とともに、（CAA 改正が必要であろうが）California 州の免除を再検討していると表明した。[54]

また、州民らが、州内の石油会社等に対して提起した気候変動訴訟において、州コモン・ローに基づくパブリック・ニューサンス等の請求は CAA によって専占されるとした連邦地裁判決がある。[55] 他方、気候変動問題ではないが、CAA は州コモン・ローに基づく不法行為請求を専占しないとした連邦控訴裁と州最高裁の判決がある。[56]

（ii） **RCRA と有害廃棄物処理等の全面的禁止条例**　有害廃棄物に関して、前掲 RCRA に加えて、州・自治体も独自の規制を行うことが多い。RCRA § 3009（42 U.S.C. § 6929）は、より厳しい州・自治体の規制については認める旨を規定する。EPA によると、連邦の RCRA プログラムよりも厳格（more stringent）と EPA が判断した州規制は、連邦プログラムの一部となるが、対象範囲がより広い（broader in scope）と判断した州規制は、排除はされないが連邦プログラムの一部にはならない（連邦が執行することはできない）[57]。また、明示的あるいは事実上、有害廃棄物の処理処分の全面的な禁止条例に関しては、RCRA によって専占され無効とされてきた。かかる規制が、RCRA の目的を妨げ同法に抵触すること等が、その理由とされている[58]。なお、PCB の処理処分の全面的禁止条例が、有害物質規制法（TSCA）の目的に障害になるとし、同法によって専占され無効とされた裁判例もある[59]。

(iii) スーパーファンド法　スーパーファンド法（1980年の包括的環境対処補償責任法（CERCLA）と1986年のスーパーファンド修正・再授権法）は、主に土壌汚染の浄化に関して定める。CERCLA は、判例上、環境保護に関して、下限設定はするが、上限設定はしないと解釈される[60]。

もっとも、以下の禁止条例は、CERCLA によって専占されるとし無効とされた。United States v. City & County of Denver（1996）では、有害廃棄物の保管を禁止する条例が、潜在的責任当事者に対する CERCLA のもとの修復命令の履行を排除することになり、専占が論点となった。同判決は、潜在的責任当事者が CERCLA と同条例の義務を同時に履行することは物理的に不可能なため、現実の抵触型の黙示的専占を認め、同条例に基づく命令を無効とした[61]。また、Fireman's Fund Ins. Co. v. City of Lodi（2002）は、不確実・過度に厳しい規制は浄化事業の重大な障害であること等を述べ、連邦基準よりも厳しい浄化基準を定める市条例がCERCLAの目的達成の障害になるとし、抵触型の黙示的専占を認めた。判決の背景には小規模汚染サイトにおけるブラウンフィールド（売買がなされずに塩漬けにされた土地）の問題があるとされる[62]。同判決は、自治体がポリス・パワーによって環境規制を実施してきた歴史や、市民の安全と健康を維持・確保する義務を負うことに鑑みると、専占は安易に認められてはならないとも述べる[63]。

(iv) FIFRA と州コモン・ロー上の警告の懈怠等に基づく請求　連邦殺虫剤殺菌剤殺鼠剤法（FIFRA）は、EPA に農薬の販売および使用を規制する権限を与えて、人の健康の保護と環境の保全を図る[64]。FIFRA § 24(a)（7 U.S.C. § 136v(a)）は、EPA によって登録された農薬の販売・使用に関して、同法の禁止事項に追加の州規制を認める。他方、同 § 24(b) は、表示や包装については、同法の義務に追加または異なる規制を州に認めない旨を明示する。

1986年制定 California 州の「プロポジション65（安全飲料水及び有害物質執行法）」は、事業者に発癌性または生殖毒性が認められる指定物質について、それに曝露される市民に対する警告義務（ラベル表示、通知等）を課す[65]。化学製品製造業者団体が、このプロポジション65は FIFRA によって専占されるとの宣言的判決を求めた Chem. Specialities Mfrs. Ass'n v. Allenby（1992）がある。プロポジション65が要求する「販売時点」の「警告」は、FIFRA が要求する容器の貼付ラベルの定義範囲と異なるとし、第９巡回区控訴裁判所は、FIFRA のもとの明示的専占も黙示的専占も認めなかった[66]。

また、農薬製品の使用による被害を訴える者が製造業者を訴える場合に、州コモン・ロー上の警告の懈怠等に基づく請求が FIFRA によって専占されるのかが争われてきた。Ferebee v. Chevron Chem.Co.（1984）は、州コモン・ロー上の警告の懈怠に基づく不法行為訴訟は FIFRA により専占されないと結論づけた[67]。しかし、連邦最高裁は、Bates v. Dow Agrosciences LLC（2005）において、FIFRA から分岐する（diverge from）表示要件を課す州の制定法やコモン・ローのルールは、FIFRA § 24(b) によって専占される旨を示した。州コモン・ロー上の、設計上の欠陥、製造上の欠陥、審査上の過失、明示の保証の違反を理由とする訴えが FIFRA によって専占されるとする被告の主張は否定された[68]。

⑹　連邦環境制定法の専占をめぐるアクター

環境保護団体や環境保護に熱心な州は、議会・行政機関・裁判所を通して、厳しい環境規制を求める[69]。１州や一部の州だけでは効果的保護が難しい環境問題に対して、環境対策の不十分な州に対して、連邦環境制定法の立法・より厳しい規制の専占によって、合衆国内の環境保護を底上げすることが可能である。他方、連邦よりも厳しい規制を実施したい州等は、ポリス・パワー等を根拠に、より緩やかな連邦の環境規制の専占に反対の立場をとることもあろう。

企業は、連邦により緩やかな環境規制を求め、また、州ごとに異なる規制の遵守コスト負担の脅威を理由に連邦による規制の一律化を求めることもある[70]。さらに、重荷となる州・自治体の環境制定法に対してや企業自ら被告となる州不法行為訴訟等において、連邦法の専占を主張する傾向があるとの分析もある[71]。環境規制に後ろ向きの州は、より厳しい連邦の環境制定法の専占に反対の立場をとるであろう。

4 課　題

本稿は、合衆国憲法のもとの、連邦の環境規制権限と州の環境規制権限（特に限界）の大要を示した。後者については、①州・自治体の環境制定法が、他に選択肢がない場合を除き、州外に対して差別的な手段をとるならば、DCCに反し違憲とされうること、②連邦の環境制定法によって、州・自治体の環境制定法だけでなく、州コモン・ローも専占されるとした連邦地裁判決や(FIFRA の表示に関して）連邦最高裁判決も出現していることを、概観した。

通商条項等を根拠に立法された数々の連邦の環境制定法が、合衆国全体の環境保護を前進させてきた側面は大きい。だが、連邦法の専占は、連邦よりも緩やかな州・自治体の環境規制を底上げする面がある一方で、連邦よりも厳しい州・自治体の環境規制を制約する面も時にあることは否めない。近年、州のより厳しい原子力規制や遺伝子組換え食品表示規制が、(EPA 所管ではない）連邦法によって専占された事案（前者は黙示的専占の裁判例、後者は明示的専占の法律制定〔Obama 政権下〕）もある[72]。

一部の州憲法には、環境権や州の環境保護義務等に関する環境条項がある[73]。これら環境条項は、どの程度、環境規制をする[74]州のポリス・パワー等を強力にし、連邦による環境規制の後退、通商条項や専占に抗うことができるのか。州憲法における環境条項の効果・限界については、以上にも留意し比較検討を続けたい。また、仮に合衆国憲法に（いかなる）環境条項があるならば、連邦の環境規制権限強化の根拠のみならず、大統領・行政機関・議会の裁量がある中で、連邦環境政策の安定化と規制後退の歯止めとなるよう寄与できるのか[75]。

他方、目下の Trump 大統領・連邦行政機関による環境規制後退への動きと懸念される健康・環境影響に対して、既存の法システム、本稿冒頭の各アクター（加えて、企業の技術革新や社会的責任、消費者の環境配慮行動）が、どの程度、抑制や救済として機能するかについても注視する必要があろう。今後の、大統領・連邦議会構成・暫し続くだろう保守派優勢の連邦最高裁構成は、環境規制を揺るがす要因として目が離せない。

【注】

1）数多くあるが、例えば、大塚直「米国のスーパーファンド法の現状とわが国への示唆（１）〜（４）」NBL562号26頁以下・563号61頁以下・568号65頁以下・569号56頁以下（1995年）、関根孝道『南の島の自然破壊と現代環境訴訟—開発とアマミノクロウサギ・沖縄ジュゴン・ヤンバルクイナの未来』（関西学院大学出版会、2007年）〔国家歴史保存法§402の域外適用〕、畠山・後掲注(15)(49)、畠山武道「アメリカ合衆国の環境法の動向」森島ほか編・行方332頁以下、北村喜宣「アメリカ合衆国環境法の特徴と実施実態」松原望・丸山真人編『アジア太平洋環境の新視点』107頁以下（彩流社、2005年）、及川敬貴「アメリカ環境法の動向—1990年代後半から2000年代を中心に」大系1039頁以下、他の本稿後掲の論考。

2）National Environmental Policy Act of 1969 (42 U.S.C. § 4321 et seq.). 以下、紙幅の都合上、法律名原文と U.S.C. は便宜的に一部のみ挙げた。

3）Reorganization Plan No. 3 of 1970, 35 Fed. Reg. 15,623 (Oct. 6, 1970).

4）本稿は、環境保護に関わる制定法令を「環境制定法」（command and control に限らず）、加えてコモン・ロー（判例法）も含み「環境法」と呼ぶ。連邦の環境制定法は、汚染規制に関わる法令（EPA 等所管）と、自然資源管理に関わる法令（内務省等所管）に大別される。土地利用規制については、基本的に州の権限とされ、連邦法は補助金給付法である場合が多いが、州際通商条項の拡大解釈等によって湿地保全や野生生物管理等に連邦政府が直接関与するための法律が増えていった。また国土の30％近くの連邦所有地の管理に必要な法律も数多くある（畠山・前掲注(1)334頁、及川・前掲注(1)1050頁等参照）。

5）久保文明ほか編『アメリカ大統領の権限とその限界—トランプ大統領はどこまでできるか』（日本評論社、2018年）。

6）後掲注(8)(9)の HP 等参照。

7）例えば、2017年に気候保護訴訟の提起が82件あり、その中で43件は NGO による（Dena P. Adler, *U.S. Climate Change Litigation in the Age of Trump: Year One*, Feb.14, 2018, http://columbiaclimatelaw.com/files/2018/02/Adler-2018-02-U.S.-Climate-Change-Litigation-in-the-Age-of-Trump-Year-One.pdf (last visited Dec. 10, 2018)）。

8）http://www.law.nyu.edu/centers/state-impact/AG-Actions (last visited Aug. 2, 2018). 州法務総裁の機能につき、梅川葉菜「大統領権限の拡大と州政府の対抗」久保ほか編・

前掲注(5)103頁以下、拙稿「アメリカのパレンス・パトリエ訴訟に関する一考察—環境法の視点から」企業と法創造7巻2号291頁以下（2010年）。州法務総裁は、大統領権限を抑制しうるアクターであるが、連邦の環境規制強化を阻止すべく機能もする。例えば、Trump 政権の EPA の Pruitt 長官（2017年2月-2018年7月）は、Oklahoma 州法務総裁時代に、Obama 政権の火力発電所の排出規制に反発し、EPA を相手取って訴訟を起こすなど環境規制反対派であった。後掲注(54)も参照。

9） http://environment.law.harvard.edu/policy-initiative/regulatory-rollback-tracker/ (last visited July 31, 2018). 気候変動対策の規制緩和状況について、http://columbiaclimatelaw.com/resources/climate-deregulation-tracker/(last visited Feb. 15, 2019).

10） Pew Research Center, Dec 2016, "Most Americans favor stricter environmental laws and regulations"; May 2018, "Majorities See Government Efforts to Protect the Environment as Insufficient" (http://www.pewresearch.org/) (last visited July 17, 2018).

11） James R. May, *Introduction: The Intersection of Constitutional and Environmental Law, in* PRINCIPLES OF CONSTITUTIONAL ENVIRONMENTAL LAW 1, 2 (James R. May ed., 2011).

12） Robert V. Percival, *"Greening" the Constitution; Harmonizing Environmental and Constitutional Values*, 32 ENVTL. L. 809, 840 (2002); May, *id.* at 2.

13） May, *id.* at 2-34 等を参照し列挙したが、網羅的なものではない。

14） 松井茂記『アメリカ憲法入門〔第8版〕』112頁（有斐閣、2018年）参照。

15） 畠山武道『アメリカの環境保護法』3-6頁（北海道大学図書刊行会、1992年）参照。

16） 以上、樋口範雄『アメリカ憲法』37-59頁（弘文堂、2011年）参照。

17） May, *supra* note 11, at 3-9; LAZARUS, *infra* note 18, at 36-37.

18） RICHARD J. LAZARUS, THE MAKING OF ENVIRONMENTAL LAW, at 37 (2004).

19） 以上、樋口・前掲注(16)37-38・193-218頁、ファロン・Jr.・後掲注(34)248頁。

20） 前者の判決は 514 U.S. 549 (1995), 後者の判決は 529 U.S. 598 (2000). 樋口・前掲注(16)50-58頁、辻雄一郎「アメリカ連邦最高裁の最近の判決における連邦主義について—アメリカ環境法の事例分析」環境法研究34号146頁以下（2009年）等参照。

21） Bruce Myers & Jay Austin, *The Commerce Clause, in supra* note 11, at 54; May, *supra* note 11, at 5.

22） 130 F.3d 1041 (D.C. Cir. 1997).

23） 214 F.3d 483 (4th Cir. 2000). *See* May, *supra* note 11, at 5.

24） 545 U.S. 1 (2005). 樋口・前掲注(16)58-59頁参照。

25） *See* May, *supra* note 11, at 5; Alabama-Tombigbee Rivers Coalition v. Kempthorne, 477 F.3d 1250 (11th Cir. 2007).

26） *See* PHILIP WEINBERG & KEVIN A. REILLY, UNDERSTANDING ENVIRONMENTAL LAW 11 (1998); 松井・前掲注(14)112頁、樋口・前掲注(16)173・218頁等参照。

27） *E.g.*, Rice v. Santa Fe Elevator Corp., 331 U.S. 218, 230 (1947); Wyeth v. Levine, 555 U.S. 555, 565 (2009). 後掲注(43)参照。ポリス・パワーは、抵触する権利等との関係でも限界

が問題となる。

28) 505 U.S. 144 (1992). 藤倉皓一郎「判批」アメリカ法1996-1号178頁以下（1996年）等参照。

29) *See* ZYGMUNT J.B. PLATER ET AL., ENVIRONMENTAL LAW AND POLICY: NATURE, LAW, AND SOCIETY 285 (4th ed. 2010); May, *supra* note 11, at 10.

30) 後掲注(32)。

31) 田中英夫編『英米法辞典』337・199頁（東京大学出版会、1991年）。

32) その問題点を含め Robert V. Percival, *Environmental Federalism: Historical Roots and Contemporary Models*, 54 MD. L. REV. 1141, 1174-1182 (1995); 敬礼寺知佳「米国環境規制の執行における連邦と州の協働関係」環境研究149号158頁以下（2008年）。LAZARUS, *supra* note 18, at 203-206 参照。また、2011年に EPA は連邦議会、州・自治体を調整する「連邦議会・政府間関係室」(https://www.epa.gov/ocir) を設置する。

33) David A. Dana, *Escaping the Abdication Trap When Cooperative Federalism Fails: Reform after Flint*, 44 FORDHAM URB. L.J. 1329 (2017).

34) 樋口・前掲注(16)37-38・194-218頁、リチャード・H・ファロン・Jr.（平地秀哉ほか訳）『アメリカ憲法への招待』247頁以下〔福嶋敏明訳〕（三省堂、2010年）。

35) Sam Kalen, *The Dormant Commerce Clause and the Environment, in supra* note 11, at 155. なお、Rocky Mountain Farmer Union v. Corey, 730 F.3d 1070 (9th Cir. 2013) は、California 州の運搬を含むライフサイクルに基づくエタノール低炭素燃料基準が州際通商を差別せず DCC に反しないと判断した。

36) 黒川哲志『環境行政の法理と手法』181・189頁（成文堂、2004年）。

37) 437 U.S. 617 (1978). 黒川・前掲注(36)189-190頁、樋口・前掲注(16)204-205頁参照。

38) 511 U.S. 93 (1994). 自治体による規制も州際通商に差別的影響があるとした裁判例として、Fort Gratiot Sanitary Landfill v. Michigan Dep't of Natural Resources, 504 U.S. 353 (1992) がある（黒川・前掲注(36)193頁参照）。

39) 550 U.S. 330 (2007). 樋口・前掲注(16)209・196-197頁、辻雄一郎「判批」アメリカ法2008-2号335頁以下（2009年）参照。他方、上記事案と類似の条例が争われた C&A Carbone, Inc. v. Clarkstown, 511 U.S.383 (1994) では、民間の処理施設での廃棄物処理を義務づける条例を違憲としていた（樋口・同上、辻・同上参照）。

40) 441 U.S. 322 (1979). 樋口・前掲注(16)205頁参照。

41) 477 U.S. 131, 138 (1986). 樋口・前掲注(16)208頁参照。

42) 黒川・前掲注(36)188頁。

43) 専占の分類については、判例法上・学説上も議論の余地がある。黙示的専占は、分野の専占、抵触による専占（両立不能・障害）に分類されることが多い。本文を含む以上の専占法理の一般説明につき、樋口・前掲注(16)170-192頁、宮川成雄「アメリカ合衆国憲法における移民権限と州法による外国人の規制—アリゾナ州法 S.B.1070 と連邦法の専占を中心として」同法64巻7号251頁以下（2013年）、髙井裕之「アメリカにおける連邦法による州法の専占をめぐる議論の一断面—医薬品規制に関する最近の判例を中心に」毛利透ほか編『比較憲法学の現状と展望』495頁以下（成文堂、2018年）等参照。

44) 505 U.S. 504 (1992). 樋口範雄「アメリカにおける製造物責任訴訟と連邦法による専占」加藤追悼769頁以下、樋口・前掲注(16)182-183頁、佐藤智晶『アメリカ製造物責任法』230-257頁（弘文堂、2011年）参照。

45) 555 U.S. 555 (2009). 樋口・前掲注(44)779-797頁、佐藤・前掲注(44)258-268頁参照。同判決の専占と「Chevron 敬譲」につき、樋口・同793頁等。

46) Catherine M. Sharkey, *Preemption by Preamble: Federal Agencies and the Federalization of Tort Law*, 56 DePaul. L. Rev. 227-259 (2007). 佐藤智晶「行政規則の前文による連邦の専占―連邦の行政機関主導による不法行為法の専占」アメリカ法2010-1号188頁以下（2010年）参照。

47) Preemption, Memorandum for the Heads of Executive Departments and Agencies (May 20, 2009), 74 Fed. Reg. 24,693 (May 22, 2009).

48) Catherine M. Sharkey, *Inside Agency Preemption*, 110 Mich. L. Rev. 521, 532, 567-570 (2012).

49) Norman A. Dupont, *Federal Preemption of State and Local Environmental Laws, in supra* note 11, at 175. 原告適格につき、畠山武道『アメリカの環境訴訟』（北海道大学出版会、2008年）、下村英嗣「気候変動訴訟と原告適格―事実上の損害要件と蓋然性を中心に」修道法学35巻２号39頁以下（2013年）等。

50) Thomas W. Merrill, *Preemption in Environmental Law, in* Federal Preemption: States' Powers, National Interests 166, 178 (Richard A.Epstein & Michael S. Greve eds., 2007) によれば、一般化は危険だが FIFRA・TSCA・CAA の明示的専占の目的が特定商品の効率的市場規模を蝕む州規制の排除にあるとする。また、Merrill は、連邦環境制定法には、明示の適用除外（saving）規定・専占禁止（antipreemption）規定が、たっぷり入っているが、それに比べ、明示の専占規定は少ないと解説する（*id.* at 176）。

51) *Id.*; 1995年の論考 Percival, *supra* note 32, at 1172 によると、連邦議会は、狭い状況を除き、慎重に州法を専占しないようにしてきた。

52) 筑紫圭一「アメリカの地球温暖化対策の動向」環境法研究37号85-86頁（2012年）。ちなみに California 州の2017年 GDP は世界第５位である。

53) 74 FR.32744 (July 8, 2009)；大坂恵里「アメリカにおける気候変動訴訟とその政策形成および事業者行動への影響（１）」洋法56巻１号88頁（2012年）。

54) https://www.epa.gov/newsreleases/epa-administrator-pruitt-ghg-emissions-standards-cars-and-light-trucks-should-be (last visited July 10, 2018). 前掲注(8)も参照。

55) Comer v. Murphy Oil USA, Inc., 839 F. Supp.2d 849 (S.D. Miss. 2012).

56) Bell v. Cheswick Generating Station, 734 F.3d 188 (3d Cir. 2013); Freeman v. Grain Processing Corp., 848 N.W. 2d 58 (Iowa 2014). 大坂恵里「気候変動の法的責任」吉田克己ほか編『環境リスクへの法的対応』136-139頁（成文堂、2017年）参照。なお、American Electric Power Co., Inc. v. Connecticut, 564 U.S. 410 (2011) では、CAA が連邦の公的ニューサンスに基づく請求を排除する（displace）と判断した。排除とは、過去

に連邦コモン・ローの対象となっていた問題を連邦制定法が支配する状況を指す（大坂恵里「連邦コモン・ロー上のパブリック・ニューサンスに基づく二酸化炭素排出量削減請求権の排除」比較法学45巻3号191頁（2012年））。また、CWA につき、州は CWA 基準を下回らない独自の排水基準を立法できるが、CWA 排水基準よりも厳しい基準を定めている州はほとんどない（北村喜宣『環境管理の制度と実態―アメリカ水環境法の実証分析』41-50頁（弘文堂、1992年））。

57） https://yosemite.epa.gov/osw/rcra.nsf/0c994248c239947e85256d090071175f/14762161AF3FF45285257DF50054B86D/$file/14848.pdf (last visited July 26, 2018).

58） *E.g.*, Colorado Dept. of Public Health and Environment, Hazardous Materials and Waste Management Div. v. U.S., 693 F.3d 1214, (10th Cir. 2012). 黒川・前掲注(36)185-186頁注38参照。

59） *E.g.*, Warren County v. North Carolina, 528 F. Supp. 276 (E.D.N.C. 1981). 黒川・前掲注(36)186-187頁参照。最近の TSCA 改正法（2016）につき、赤渕芳宏「アメリカにおける化学物質管理法改革の行方―既存化学物質と2つの TSCA 改正法案」人間環境学研究12巻1号65頁以下（2014年）、辻信一『アメリカ有害物質規制法の改正』（昭和堂、2017年）等。TSCA 改正法は§18 に専占に関する規定（専占免除を含む）を置く。例えば、同§18(e)(1)(B)は、California 州のプロポジション65を専占しない旨を規定する（辻・同227-232頁参照）。

60） United States v. Akzo Coatings of Am. 949 F. 2d 1409 (6th Cir. 1991). 敬礼寺知佳「アメリカ環境行政と専占法理」地球環境学ジャーナル1号164-165頁（2007年）、黒坂則子「米国の土壌汚染対策法の現状と課題」環境法研究34号83頁（2009年）参照。

61） 100 F.3d 1509 (10th Cir. 1996). 敬礼寺・前掲注(60)157頁参照。

62） 302 F.3d 928, 946-952 (9th Cir. 2002). 敬礼寺・前掲注(60)173頁参照。

63） 302 F.3d 928, 954 (9th Cir. 2002). 敬礼寺・前掲注(60)165-173頁参照。

64） 鶴居義之「米国における農薬の登録規制制度について」農薬調査研究報告8号36頁以下（2016年）。

65） 同法につき、増沢陽子「情報手法による化学物質のリスク管理―カリフォルニア州プロポジション65の経験から」鳥取環境大学紀要3号59頁以下（2005年）等参照。

66） Chemical Specialties Mfrs. Ass'n v. Allenby, 958 F.2d 941 (9th Cir. 1992).

67） 736 F.2d 1529 (D.C. Cir. 1984), cert. denied, 469 U.S. 1062 (1984).

68） 544 U.S. 431 (2005). 佐藤・前掲注(44)255-256頁、大坂恵里「環境不法行為訴訟の特徴と新たな動向」アメリカ法2011-1号128-129頁（2011年）参照。

69） 久保文明『現代アメリカ政治と公共利益―環境保護をめぐる政治過程』（東京大学出版会、1997年）、NANCY K. KUBASEK ET AL., ENVIROMENTAL LAW, 3-9 (8th ed. 2014); Massachusetts v. EPA, 549 U.S. 497 (2007) 等参照。

70） *See* Roderick M. Jr. Hills, *Against Preemption: How Federalism Can Improve the National Legislative Process*, 82 N.Y.U. L. REV. 1, 29-30(2007); http://www.opensecrets.org/industries/ (last visited Aug. 31, 2018) によると、2017年ロビイングに、エネル

ギー・自然資源利用企業・協会は計３億1834万ドル、環境保護団体は計1744万ドルを支出。両者とも州ロビイングも重視する（*see* NANCY, *id.* at 5-7）。なお、「ハリバートンの抜け穴」につき、黒川哲志「米国ニューヨーク州におけるシェールガス採掘禁止」ジュリ1489号72-77頁（2016年）。

71） *See* Dupont, *supra* note 49, at 174-176.

72） Entergy Nuclear Vt. Yankee, LLC v. Shumlin, 733 F.3d 393 (2nd Cir. 2013). 同判決を批判し、原発の経済性から建設有無の判断は州に留保するとした裁判例を含む原発関連の専占法理を紹介する清水知佳「原子力安全規制における地方自治体の役割—日米比較」高橋滋編『福島原発事故と法政策』199頁以下（第一法規、2016年）がある。全国遺伝子組換え食品表示法 National Bioengineered Food Disclosure Standard, Pub. L. No. 114-216, 130 Stat. 834 (2016) (codified at 7 U.S.C. § 1639 et seq.) の専占につき、Robin Kundis Craig, *Labeling Genetically-Engineered Foods: An Update from One of the Front Lines of Federalism*, 47 ENVTL. L. 609-646 (2017); Lesley K. McAllister, *Implementing the National Bioengineered Food Disclosure Standard*, 13 J. FOOD L. & POL'Y 134 (2017) 等。

73） 畠山・前掲注(15)19-69頁等参照。

74） 環境規制の際に、その効果、副作用、効率性、リスク、他の諸利益・権利（財産権等）との抵触という論点もある。また、NIMBY、NIABY（Not In Anybody's Backyard)、環境正義、世代間衡平といった論点もある（ROBERT V. PERCIVAL ET AL., ENVIRONMENTAL REGULATIONAL LAW, SCIENCE, AND POLICY 15-26 (7th ed. 2013); 黒川・前掲注(36)175頁以下、福永真弓「環境正義がつなぐ未来」吉永明弘ほか編『未来の環境倫理学』63頁以下（勁草書房、2018年）等参照)。

75） なお、日本において、環境権や環境保全義務の内容と主体等に関し、憲法解釈・改正の議論がある（大塚直ほか「特集・憲法における環境規定のあり方」ジュリ1325号72頁以下（2006年）等参照)。現在の環境問題を解決するために、憲法に環境条項を新設する意義・必要性が乏しいとの見解もある（下山憲治「環境権・環境保全義務—福島第一原発事故をふまえて」阪口正二郎ほか編『憲法改正をよく考える』133頁以下（日本評論社、2018年）等参照)。また、仮に国会が憲法に環境条項を導入する提案をした場合に、議員が、その条項の効果・限界について明確な説明をしなければ、各有権者はその効果・限界に関して勝手にイメージを思い描いて賛否の投票をせざるを得ないことも生じうる。その場合の提案と投票の正当性を担保できるだろうか。

EUにおける環境規制
——より良い規制政策の下での評価制度と環境規制

増沢　陽子

1　はじめに

EUの環境法は、近年、その先進的ないし環境・健康重視の内容と影響力の大きさにより、国際的に注目されてきた[1)]。

一方、EUにおいては、1990年代から法の簡素化や質の向上に向けた取組みが始まっていたが、2000年のリスボン戦略[2)]における規制環境の簡素化のさらなる展開の要請[3)]等を受け、2000年代始めに、現在に至る「より良い規制（better regulation）」政策が開始された[4)]。

より良い規制政策の重要な装置の一つが、EUにおける立法・政策提案に関し、当該政策によって生じうる影響について評価を行い、意思決定の基礎の一つとする「影響評価（impact assessment, IA）」制度である。IA制度自体は、政策決定前の事前評価の仕組であるが、より良い規制政策は既存法の事後評価にも力を入れるようになり、また2012年以降、「REFIT」と呼ばれる既存法の見直しのプログラムを導入・実施している[5)]。

こうしたEUのより良い規制政策の下での評価制度[6)]は分野を限定したものではなく、環境規制もその対象に含まれる。EUのIAや事後評価の制度は「規制影響分析（RIA[7)]）」の制度の一つであるが[8)]、環境面に対するRIAの適用については、従来から議論がある[9)]。また、既存法の簡素化は、運用によっては、環境規制に大きな影響を及ぼす可能性もある。EUのIA制度は、一方で、「持続可能性評価[10)]」、あるいは政策レベルの環境影響評価制度との位置づけもなされてきた[11)]。日本においても、今後の環境影響評価制度の発展の方向性に示唆を与えるものとして、注目されている。[12]

このように、EU のより良い規制政策に基づく評価制度は、環境法の観点からも興味深い存在であるが、日本におけるこうした観点からの議論[13]は前述を除いては必ずしも多くないように思われる。

本章は、より良い規制政策の下での評価制度は EU の環境規制にどのような影響を与えるか、という問を基本的な問題意識としている。もとよりこれは大きな問であり、ここでは、これまでの経緯や欧州における議論等を参照しつつ問題状況を整理し、さらなる研究の手掛かりとすることが課題となる。

以下では、2節で、まずより良い規制政策、特に評価制度に係る経緯を持続可能な発展に係る政策との関係に留意しながら略述し、続いて現在の評価制度の概要を述べる。その上で、3節・4節で、IA 制度・REFIT と環境規制との関係について検討する。終りに、今後の研究に向けて若干の留意点を述べる。

2　より良い規制政策・評価制度の経緯

(1)　経　　緯[14]

(i)　**より良い規制政策と IA 制度の始まり**（2001〜2009年頃）　　現在に至るより良い規制政策の始まりともいえるのは、2002年に欧州委員会が作成した4つの文書である。[15] その中には、「『規制環境の簡素化と改善』行動計画[16]」、その一部でもある欧州委員会が導入する IA 制度の説明[17]、が含まれる。[18]

一方、欧州委員会は、2001年6月の欧州理事会に「持続可能な発展戦略[19]」（EU-SDS）を提出し、同意を得た。[20] EU-SDS は、EU における持続可能な発展の長期ビジョンを示し、その実現に向けて、横断的事項及び主要な問題分野に関する提案を行う。[21] 横断的提案の一つとして、「政策提案のすべての影響の注意深い評価は、その EU 内外における経済的、環境的及び社会的な影響の推定を含まなければならない[22]」とし、同年12月の欧州理事会に欧州委員会から提出される規制改善のための行動計画に、主要立法提案にこれら3側面の便益・費用の評価が伴うようにする仕組みが盛り込まれることを述べた。[23]

2002年の文書において、IA 制度は、「効果的かつ効率的な規制環境」、「さらに（further）、持続可能な発展のための欧州の戦略のより一貫した実施」に貢献するもので、政策提案の正負の影響を特定し、「情報に基づく政治判断」を可能にする、とされた[24]。本格評価に際しては、経済、社会及び環境に対する影響を分析するとともに利害関係者との協議が行われる[25]。IA は2003年から段階的に実施されるものとされ[26]、IA の方法に関するガイダンス文書も発表された[27]。

2005年３月、新体制となった欧州委員会は、より良い規制政策に関する新たな文書を策定した[28]。これは、2002年の政策を基に、社会、環境目的等を「引続き考慮」しつつ、「より良い規制が成長と雇用の実現に貢献する方法を強化する」ものである[29]。IA についても、持続可能な発展の重要性を引き下げるものではないとしつつ、経済影響の評価を強化する意図が表明された[30]。その後、ガイドラインが改訂され[31]、また、欧州委員会内で独立した立場で IA を精査、助言する機関として影響評価委員会（Impact Assessment Board, IAB）が設立された[32]。

EU-SDS もまた、2006年に改訂がなされた[33]。改訂 EU-SDS は、より良い規制、及び持続可能な発展の政策形成への統合を基礎とする政策形成の方法を示すとし、その観点から IA 等の活用について述べている[34]。

(ii)　**スマート規制、REFIT の導入（2010～2014年頃）**　2010年に欧州理事会は、2000年のリスボン戦略に続く EU の長期戦略として[35]、「欧州2020」を採択した[36]。同戦略が謳う「スマート、持続可能かつ包括的（inclusive）な成長」のうち、「持続可能な成長」の中には、「より資源効率的で、よりグリーン……な経済を推進すること」も含まれる[37]。

欧州2020も踏まえ、欧州委員会は、それまでのより良い規制政策を「スマート規制」へと衣替えした[38]。「スマート規制」は、基本的方向性はより良い規制と変わらないものの、いくつかの要素を加えるなどしている。その一つが、（新規立法に加え）既存立法の改善を重視し、従来存在する事後評価（evaluation）の仕組みを拡充するとしたことである[39]。具体的には、重要な新規・改正立法提案は同じ分野の既存法の評価に基づくこと、ある政策分野全体を評価する「適合性検査（fitness check）」の対象を拡充すること、等が表明された[40]。その後、欧州委員会は2012年に、REFIT[41] というプログラムを導入し、

EU 立法の中から、改善の余地のある分野を特定し、計画的に評価・見直しを行うものとした[42]。

(iii) **現在のより良い規制政策（2015年～）**　再び新体制となった欧州委員会は、2015年の文書において、より良い規制政策の意義を再確認し、評価制度についても、新たな要素も加えてさらに推進することを表明した[43]。同文書は、「より良い規制の諸原則を適用することは、施策が、証拠に基づき、よく設計され、及び、現実の持続的な便益を市民、ビジネス及び社会全体にもたらすことを確保する」とする[44]。IA・事後評価制度に関する大きな変更として、IAB に代わり、外部委員も参画する規制精査委員会（Regulatory Scrutiny Board, RSB）が設立されることになった[45]。

(2) 現在の評価制度の概要

(i) **IA 制度**　(a) IA の手続　2017年に改正されたより良い規制ガイドライン[46]（以下、本項において「ガイドライン」という）によれば、IA が求められるのは、「重要な（significant）経済的、環境的又は社会的影響を生じうる（likely）欧州委員会の政策提案（initiatives）」で、立法提案に限られない（p. 15）。

手続としては、初期影響評価（Inception IA）の後、関係部局間グループが組織され、関連する情報を収集、分析し、影響評価書（IA レポート）の案を作成する。その過程で利害関係者との協議も行う。評価書案は、RSB の審査を受ける。RSB から積極（positive）の意見を得て、評価書・提案は欧州委員会内の正式協議に進む[47]。

(b) IA の方法　ガイドラインによれば、「IA のプロセスは、政策決定を支える証拠を収集すること及び分析することに関する」ものである（p. 15）。IA においては、①問題の所在、②EU の行動の適切性、③達成すべき目的、④目的達成のための政策オプション、⑤各オプションの経済的、社会的及び環境的な影響と被影響者、⑥異なるオプションの比較、⑦監視・事後評価の方法、を明らかにするべきとされる（pp. 17-32）。

⑤については、設定された各オプションについて、積極・消極双方の潜在的影響を広く特定し、重要な影響を選択して、より深い評価を行う（pp. 23-28）。

（深い）評価では、「重要な影響は、定性的に、及び、可能な場合は常に（whenever possible）定量的に、評価されるべきである」[48]。具体的にどのような影響がありうるかについて、ガイドラインを補完する文書が、「経済」「社会」「環境」影響等に分けて、各々具体的な影響の分野・種類を記載している[49]。環境に関しては、「気候」「大気質」「水質及び水資源」「生物多様性、植物、動物及び景観」「資源の効率的利用（再生資源・非再生資源）」「輸送とエネルギー使用」「土地利用」等13のカテゴリーごとに、数個の問の形で主な影響が挙げられている[50]。

評価をもとに、⑥のオプション間の比較が行われるが、ガイドラインは、有効性、効率性、EU 政策の包括的目標（overarching objectives）との一貫性等の基準に照らして比較すべきとする（pp. 28-29）。

(c) IA の利用　IA は、意思決定との関係では、その「補助（aid）」であって「これに代わるものではない」（p. 15）[51]が、IA が「好ましい（preferred）オプション」の特定に貢献することは期待されている（pp. 28, 30）。立法提案の場合、IA は、議会及び理事会にも提供される（p. 32）。

(ii) **事後評価**　ガイドラインによれば、事後評価（evaluation）とは、EU の既存の措置（intervention）についての、有効性、効率性、（現在の要請との）関連性、一貫性、EU による付加価値、の程度に係る「証拠に基づく判断」である（p. 53）。事後評価において、経済、社会及び環境に関する重要な影響については、原則として、すべて評価されなければならない（p. 51）。事後評価のうち、共通の目的を持つ等の一纏りの措置を合わせて評価することは、適合性検査と呼ばれる（pp. 53-54, 89）。

事後評価の手続の大枠は、次のとおりである（pp. 56-57）。関係部局間グループを中心に評価を進め、最終的な評価結果をまとめる。その間、必要な協議を行い、一定の場合は RSB の助言を得る。結果を公表し、次の活動につなげる。

事後評価には当該政策に係る（過去の）IA も活用され（p. 59）、事後評価の結果は、新たな政策提案の立案や IA に活用される（p. 54）。

(iii) REFIT　2012年に導入され、2015年以降強化が図られている REFIT は、「EU 立法が目的に適合し続け、EU の立法者が意図した結果を実現することを確保する欧州委員会のプログラム」である[52]。また、REFIT は、「形式主義的規制（red tape）を除去し費用を削減しつつ、EU 法が、市民、ビジネス及び社会のために意図した便益を実現することを確保する」とともに、「EU 法をより簡素でよりわかりやすくする」ことを目指す、と説明される[53]。

欧州委員会は、毎年の「活動計画」の中で、REFIT の下で実施する施策について示している[54]。これまでに、様々な法改正提案、事後評価等や適合性検査が REFIT の中に位置づけられている[55]。REFIT に含まれる施策については、「REFIT スコアボード」においてその進捗状況が公表されている[56]。2015年には加盟国政府及び市民・産業界等の人々からなる「REFIT プラットフォーム」が設立され、一般からの提案を踏まえて、欧州委員会に対し提言を行っている[57]。

3　影響評価（IA）制度と環境規制

(1)　EU の IA 制度の性格

2節(1)の経緯が示すとおり、EU の IA 制度は、その「持続可能な発展」戦略によって設立されたものではない。EU の立法・政策プロセスをより効果的・効率的なものにする、というより良い規制政策の一環として導入され、その際、持続可能な発展の実現の手段としての性格も与えられたものである[58]。

とはいえ、2002年のより良い規制政策の文書は、IA 制度が、RIA やより良い規制の文脈と並んで持続可能性影響評価に係る文脈に属することを述べるなど[59]、IA 制度設立時においては、後者の側面についてもある程度強調されていた[60]。しかしながら、その後、特に2005年頃以降、より良い規制政策が経済や効率性といった方向への傾斜を強める中、IA 制度の持続可能な発展を推進する手段としての側面が薄れていったことが指摘されている[61]。

(2)　EU の持続可能な発展政策と環境

EU の IA 制度と持続可能な発展とのつながりは、当初に比べ目立たなくなったとしても、失われたわけではない。例えば、少なくとも、社会・経済・環境の3側面について評価するという方法は維持されている[62]。また、EU 全体の持続可能な発展の関する戦略は、IA において政策提案の「一貫性」を評価する際の一つの参照先となろう[63]。さらに、持続可能な発展政策の側からは、IA 制度は現在も、持続可能な発展の推進の手段と考えられている[64]。

しかしながら、EU において、持続可能な発展の追求がそのまま環境保全の推進を意味するかといえば、必ずしもそうとは言い切れない部分もある[65]。

2001年の EU-SDS は、リスボン戦略に欠けている環境面を補うという意図を有し[66]、改訂 EU-SDS は、環境保全を主要目的の最初に掲げ、具体的な施策としても環境保全施策を（も）広くカバーする内容を挙げている[67]。

一方、リスボン戦略の後継戦略である2010年の欧州 2020 は、持続可能な発展を主流化した、と評されている[68]。たしかに、欧州 2020 は、その優先事項、主要目標、主要政策に、経済成長や社会包摂とともに環境保全に係る内容を組み込んでいる[69]。ただし、主要政策として掲げられているのは、「資源効率的で低炭素な経済」をめざす政策のみであり[70]、環境保全政策の一部に止まっているともいえる[71]。

(3) IA 制度と環境規制

こうした EU の IA 制度は、環境規制にどのような影響を与えているのであろうか。環境法の専門家からは、厳しい意見も聴かれる。Krämer は、2007年の論文で、IA 制度の経緯と初期の評価の実態を踏まえ、「環境に関する限り」、欧州委員会による IA は、「精確な方法論」、「内部管理」、及び施策の環境影響の評価に真剣になる「政治的意思」に欠けているとし、また、IA は、環境保全施策を進める上では、むしろ障害になっている点を述べていた[72]。Krämer はその後、10の環境関連施策（案）に係る IA について検討し、評価の方法論上の問題、政治的な影響、公衆参加の不十分さなどを指摘している[73]。

ここでは、Krämer の指摘の当否を議論することはできないが、若干付言すると、規制影響分析において環境面を評価することに関しては、従来から懸念が存在する[74]。一つの理由は、規制による影響を包括的に評価・比較するための有力な手法として、費用と便益を貨幣価値で表すことを行う費用便益分析（CBA）[75]があるが、環境便益を貨幣価値で示すことには困難が伴うからである[76]。

もっとも、環境影響の中でも、例えば、温室効果ガスの排出については比較的定量化（貨幣化）しやすい[77]など、環境影響の種類・性質によって評価の困難さは異なると考えられる[78]。EU の IA 制度が環境政策に与える影響に関する今後の議論に際しては、欧州2020のような EU の全体戦略における位置づけの違いと相俟っての、環境規制の中での分野等による影響の違いについても、注意する必要があると思われる[79]。

4　REFIT と環境規制

REFIT スコアボードによれば、様々な環境施策が REFIT の下に置かれている[80]。REFIT は、既存の EU 規制の簡素化という方向性を有しており、環境規制の縮減による環境保全の後退につながるのではないかという懸念も生じうる[81]。以下では、REFIT の一環として実施された REACH 規則の実施状況報告の事例を検討し、環境規制における REFIT の意義について若干の考察を加える[82]。

(1)　REACH 規則の REFIT 評価

2006年に制定された REACH 規則[83]においては、加盟国及び欧州化学物質庁（ECHA）が定期的に欧州委員会に施行状況等を報告し、欧州委員会はこれを踏まえて、5年ごとに、全体報告書を公表することとしている（117条）。2回目となる全体報告は、REFIT の下での事後評価として実施されることとなり[84]、2018年に全体報告書が公表された[85]。欧州委員会は、これと並行して、REACH 以外の化学物質規制に関する適合性検査を実施しており、両者合わせると EU の化学物質規制全体の見直し作業が行われることになる[86]。

2018年報告書では、結論として、REACH はその目的達成に向けよく機能しており、向上させるべき点はあるものの、現在、条文（enacting terms）改正は不要、とする（p. 11）。報告書は、REACH により生じた費用のほか、潜在的健康・環境便益についても、ユーロでの推定値（後者は推定水準）を示している（p. 2）。報告書の約半分は、「行動」と題した章に充てられ、16項目にわたり今後とられる（べき）具体的な行動が記されている。それらの行動目録には、REACH またはこれを構成する個々の制度に関する、手続等の簡素化、制度の実用性（workability）の改善、制度運用の効率化、隣接法との関係整理、遵守や執行の強化など、様々な内容が含まれる（pp. 5-11）。簡素化に係る行動を含め、一見して明らかに環境保全レベルの引き下げをもたらすと思われるようなものは見当たらない。報告書自身も、「簡素化は人の健康と環境の保護の水準における縮減をもたらすべきではない」（p. 5）と述べている。

以上の2018年報告書の内容から、また、本来意図された結果を実現するという REFIT の前提や、EU 環境政策の高水準の保護の目標（EU 機能条約191条 2 項）を考えると、今回の REFIT 評価を契機に REACH が実現している現在の保護水準を引き下げる方向で簡素化等が行われるおそれは大きくないように思われる[87)]。一方、（むしろ IA の範疇となるが、）簡素化や負担軽減の重視が、将来に向かってさらに健康環境保護の水準を引き上げようとする議論（同時に、被規制者の負担増につながる）との関係でどのように作用するかについては、今後の状況を注視する必要があると思われる[88)]。

⑵　EU の環境規制と REFIT

REFIT が本来の趣旨どおり、目的達成能力を低減させずに規制コストを下げる[89)]べく運用され、また、EU の環境規制の後ろ盾となってきた原則が変わらず機能するとすれば、REFIT（あるいは事後評価）は、思い切った規制を導入した後に、実施過程で不要・過剰であることが明らかになった部分を解消するという、予防の趣旨に適った調整手段となりうるかもしれない[90)]。これは、日本の環境法にも見られる、限定的な規制から始めて、その実施状況を踏まえ、あるいは追加の規制の必要性が具体化した後、介入を強化する[91)]、という展開とは逆といえる。

5　おわりに

本章は、EU のより良い規制政策の下で欧州委員会が実施している評価制度について、環境規制への影響を探るという基本的な問題意識に立ち、現状の確認と初期的な検討を行った。評価制度は、IA 制度が導入された当初と比較すると、効率化・簡素化の方向性が強く現われているように見える[92]。環境規制との関係については、評価制度が環境規制に抑制的に作用する可能性も窺われるが、環境規制の中での分野により違いもあると見られ、また、EU の環境規制を支持してきた他の要素との関係等もあることから、議論は単純ではない。今後、視点を絞った体系的な研究が必要と思われる。

本章が検討したのは、EU のより良い規制政策における評価制度の限られた一部にすぎない。環境規制との関係を考えるうえでは、関係者との協議手続など、評価制度の全体像を視野に入れたうえで、研究の設計を行うことが必要と考える。

〔付記〕
本章は、科学研究費 17K00686 の助成を受けて行った研究成果の一部である。

【注】

1) EU における近年の厳しい環境規制の背景について、早川有紀『環境リスク規制の比較政治学—日本と EU における化学物質政策』（ミネルヴァ書房、2018年）参照。EU 環境法の全体像について、奥真美「EU 環境法の動向」大系1063頁以下参照。

2) リスボン戦略とは、2000年のリスボン欧州理事会で合意された、EU の10年間の戦略。Paul Craig and Gráinne de Búrca, *EU Law: Text, Cases and Material*s (6th edn, Oxford 2015) 163.

3) Presidency Conclusions, Lisbon European Council, 23 and 24 March 2000, para 17, https://www.consilium.europa.eu/media/21038/lisbon-european-council-presidency-conclusions.pdf (last accessed 29 November 2018).

4) より良い規制政策導入までの経緯について、Ragnar Löfstedt, 'The Swing of the Regulatory Pendulum in Europe: From Precautionary Principle to (Regulatory) Impact Analysis' (2004) 28 The Journal of Risk and Uncertainty 237, 237; Anne C M Meuwese, *Impact Assessment in EU Lawmaking* (Kluwer Law International 2008) 20–21; Craig and de Búrca (n 2) 172, 174; 'European Council in Edinburgh, 11–12 December, 1992, Conclusions of the Presidency', SN 456/1/92 REV 1, 33 などを参照した。「より良い規制」は、より広い概念でもあるが（例えば、参照、Collin Scott, 'Integrating Regulatory Governance and Better Regulation as Reflexive Governance' in Sacha Garben and Inge Govaere

(eds), *The EU Better Regulation Agenda: A Critical Assessment* (Hart Publishing 2018) 13, 13–15; Chris Booth, 'Better Regulation Initiative' in Jon Foreman (ed), *Developments in Environmental Regulation: Risk Based Regulation in the UK and Europe* (Palgrave Macmillan 2018) 91, 91–95)、本稿では、この語を2000年代初め以降の EU のそれについて用いる。なお、Booth（上掲書）は、英国と EU の（評価の仕組みに限られない）「より良い規制」と環境規制について検討している。同書106–110は、2002年から最近（2016年）までの EU の動きをまとめる。

5）本文 2 (1)参照。

6）以下本章では、EU のより良い規制政策の下での IA 制度、事後評価制度及び REFIT を併せて呼ぶ際は、「(EU の）評価制度」という。

7）Regulatory Impact Assessment/Analysis（RIA）は、規制以外を含む場合などには、Impact Analysis/Assessment（IA）とも呼ばれる。参照、OECD, 'Recommendation of the Council on the Regulatory Policy and Governance' (2012) Appendix 1, 25, http://www.oecd.org/gov/regulatory-policy/49990817.pdf (accessed 17 November 2018); Clair A Dunlop and Claudio M Radaelli, 'The Politics and Economics of Regulatory Impact Assessment' in Claire A Dunlop and Claudio M Radaelli (eds), *Handbook of Regulatory Impact Assessment* (Edward Elgar 2016, pbk. 2017) 3, 3. その意味は、例えば、IA について、「提案された一次及び／又は二次法が一定の種類の（certain categories of）利害関係者及び他の側面（dimensions）にどのように影響するかの体系的かつ義務的な評価（appraisal）」（Dunlop and Radaelli (n 7), 4.）と説明される。また，事前評価のみならず、事後評価も含まれうる。ibid. 本章では、IA（制度）は、（一般概念ではなく）EU の制度を指す。

8）例えば、Andrea Renda, 'European Union' in Dunlop and Radaelli (eds) (n 7) 304, 304. 日本においても、EU の IA 制度等に関し、政策評価の観点から調査・研究がある。例えば、株式会社富士通総研『欧州連合（EU）における規制の政策評価に関する調査研究報告書』（2016年12月）, http://www.soumu.go.jp/main_content/000460726.pdf（最終アクセス2018年12月16日）. 福田耕治「EU における政策評価と NPM 改革」日本 EU 学会年報27号75頁以下（2007年）も参照。

9）本文 3 (3)参照。EU に関してはまた、規制の考え方が、予防原則から（これと異なる）RIA の方向に移行する可能性が指摘されていた。Löfstedt, (n 4) 251–253.

10）Dalal-Clayton and Sadler は、その著書において、持続可能性評価（sustainability appraisal）を、一般的な意味と提案された活動の影響の評価に関する特定の意味とを持つものとして用いるとし、後者については、「(1)開発行為の経済的、環境的及び社会的側面の何らかの（some）形の統合的分析、及び(2)持続可能な発展の合意された目的、原則又は基準に関するそれらの影響の評価、を提供するあらゆる（any）プロセス」（原文の強調は省略)、と定義する。Barry Dalal-Clayton and Barry Sadler, *Sustainability Appraisal: A Sourcebook and Reference Guide to International Experience* (Routledge 2014) 5. 同様の意味で使われる（場合がある）他の用語として、sustainability assessment, sustainability impact assessment などがある。ibid 5. 同書は EU の IA 制度を持続可能性評価の面から論じており（ibid 309-328)、本章の構想は、同書の分析から多くを得ている。なお、「持続可能性評価」の理解については、名古屋大学大学院環境学研究科博士前期課程に在籍していた野村茉由氏からも示唆を受けた。

11) 柳憲一郎教授は、EU の IA 制度について、「持続可能性アセスメント（持続可能性アセス)」として紹介するとともに（柳憲一郎『環境アセスメント法に関する総合的研究』250-251頁（清文社、2011年))、「いわば、政策型戦略的環境アセスメントである」(同書251頁）と述べている。柳憲一郎「持続可能性アセスメント」人間環境問題研究会編『特集 環境権と環境配慮義務』環境法研究31号87頁以下、88頁（有斐閣、2006年）も参照。Krämer は、「EC 立法のための環境影響評価」の見出しで、EU の IA 制度について論ずる。Ludwig Krämer, 'The Development of Environmental Assessments at the Level of the European Union' in Jane Holder and Donald McGillivray (eds), *Taking Stock of Environmental Impact Assessment: Law, Policy and Practice* (Routledge-Cavendish 2007) 131, 142-147. また、Holder は、環境影響評価制度の拡張形態として、IA 制度について論じている。Jane Holder, *Environmental Assessment: The Regulation of Decision Making* (Oxford University Press 2004, reprinted 2011) 164-183. EU-IA 制度が RIA の制度であるとともに政策レベル SEA（戦略的環境アセスメント）の制度事例でもあるという見方について、名古屋大学大学院環境学研究科博士前期課程に在籍していた宮浦悠二氏による「政策段階における環境影響評価―日本における望ましい制度設計の提案」（草稿）(2011-2012年）も参考にした。

12) 例えば、柳・前掲注(11)「持続可能性アセスメント」87-88、97頁。柳教授は、前掲注(11)掲載のものを含め、持続可能性評価に関し多くの論稿を発表されている。紙幅の関係で全てを挙げることはできないが、最近のものとして、柳憲一郎「持続可能性アセスメントの理論と実際」大塚直責任編集・環境法研究 6 号31頁以下（信山社、2017年)。また、後掲注(62)。宮浦・前掲注(11)は、EU-IA 制度（ほか各国の制度）も参考に、日本の政策評価（規制の事前評価）制度も踏まえ、政策レベル SEA 制度のあり方を考えようとする。

13) 柳教授の一連の業績（前掲注(11)(12)）のほか、奥真美「EU における環境政策手法の多様化とボランタリーな手法としての環境マネジメントシステム（EMS）の活用―環境マネジメント監査スキーム（EMAS）の導入を例に」都市政策研究 8 号 1 頁以下、5-6 頁（2014年）は、スマート規制と 7 次環境行動計画について述べる。

14) EU の一次文書のほか、全体に、Dalal-Clayton and Sadler (n 10) 310-327 を参考としている。

15) Meuwese (n 4) 21; Löfstedt (n 4) 237, 254 (note 4) 参照。

16) Commission, 'Action Plan "Simplifying and Improving the Regulatory Environment"' (Communication) COM (2002) 278 final.

17) Commission, 'Communication on Impact Assessment' COM (2002) 276 final. 従来存在する個別分野における政策提案の評価の仕組みを統合するものである。ibid 2-3. なお、

本文書の邦訳が柳・前掲注(11)「持続可能性アセスメント」103-119頁に掲載。

18） 利害関係者等との協議方法の改善は、より良い規制政策の柱の一つであるが（COM (2002) 278 final (n 16) 5-6 参照）、本章は協議に関する政策は扱わない。また、EU のより良い規制政策は、欧州委員会だけでなく他の EU 機関や加盟国にも関わるものであるが（ibid 4-5, 11-18 参照）、本章は検討対象を欧州委員会の活動に限る。

19） Commission, 'A Sustainable Europe for a Better World: A European Union Strategy for Sustainable Development' (Communication), COM (2001) 264 final.

20） 'Presidency Conclusions, Göteborg European Council 15 and 16 June 2001', SN 200/1/01 REV 1, 4.

21） COM (2001) 264 final (n 19) 2-5 参照。

22） ibid 6. 原文の強調は省略。

23） ibid 6 (Action). EU-EDS に同意した欧州理事会は、その議長結論文書の中で、こうした評価を「持続可能性影響評価（sustainability impact assessment）」と呼んでいる。SN 200/1/01 REV 1 (n 20) 5.

24） COM (2002) 276 final (n 17) 2.

25） ibid 7, 18-19.

26） ibid 4. 導入当初の IA 制度の具体的手続・方法等については、柳・前掲注(11)「持続可能性アセスメント」89-97頁などが紹介。

27） 参照、Dalal-Clayton and Sadler (n 10) 322.

28） Commission, 'Better Regulation for Growth and Jobs in the European Union' (Communication), COM (2005) 97 final. この時期の欧州委員会の体制変更について、参照、Ragnar E Lofstedt (2007) 'The "Plateau-ing" of the European Better Regulation Agenda: An Analysis of Activities Carried out by the Barrozo Commission' 10 Journal of Risk Research 423, 425-426.

29） COM (2005) 97 final (n 28) 2.

30） ibid. 5.

31） Dalal-Clayton and Sadler (n 10) 323. 参照、COM (2005) 97 final (n 28) 5.

32） Dalal-Clayton and Sadler (n 10) 324-325; 'Information note from the President to the Commission, Enhancing Quality Support and Control for Commission Impact Assessments, The Impact Assessment Board', SEC (2006) 1457/3. IAB の訳語については富士通総研・前掲注(8)も参考。

33） Council document, 'Review of the EU Sustainable Development Strategy (EU SDS) —Renewed Strategy', 10917/06. 日本における紹介として、和達容子「政策文書の紹介—改訂 EU 持続可能な発展戦略の概略」長崎大学総合環境研究　創立10周記念特別号（2007年）73頁以下。

34） Council document 10917/06 (n 33) 6-7. 和達・前掲注(33)76頁。

35） Craig and de Búrca (n 2) 167.

36） Commission, 'EUROPE 2000: A Strategy for Smart, Sustainable and Inclusive Growth'

(Communication), COM (2010) 2020 final; 'European Council 17 June 2010 Conclusions', EUCO 12/1/10 REV 1, 1.

37) COM (2010) 2020 final (n 36) 10.

38) Commission, 'Smart Regulation in the European Union' (Communication), COM (2010) 543 final.

39) COM (2010) 543 final (n 38) 3–4. 既存法の簡素化は、当初からより良い規制の文脈に位置づけられていた。参照、COM (2002) 278 final (n 16) 13–15.

40) COM (2010) 543 final (n 38) 4–5. fitness check の訳語につき、富士通総研・前掲注(8)10頁（「適合性チェック」）を参考。

41) Regulatory Fitness and Performance (Programme) の略称.

42) Commission, 'EU Regulatory Fitness' (Communication), COM (2012) 746, 3–5. Suzanne Kingston, Veerle Heyvaert and Aleksandra Čavoški, *European Environmental Law* (Cambridge 2017) 108; Commission, 'Regulatory Fitness and Performance (REFIT): Results and Next Steps' (Communication), COM (2013) 685 final, 2；富士通総研・前掲注(8)29–30頁も参照。

43) Commission, 'Better Regulation for Better Results – An EU Agenda' (Communication), COM (2015) 215 final. (iii)の記述については、European Commission Press Release, 'Better Regulation Agenda: Enhancing Transparency and Scrutiny for Better EU Law-Making' (Strasbourg, 19 May 2015), http://europa.eu/rapid/press-release_IP-15-4988_en.pdf; Renda (n 8) 309–315; Booth (n 4) 108–109 も参照。

44) COM (2015) 215 final (n 43) 3.

45) ibid 7. RMB の訳語は、富士通総研・前掲注(8)にならう。

46) Commission, 'Better Regulation Guidelines', SWD (2017) 350 final (Hereinafter, "Guidelines"). 本文 2 (2)及び 2 (3)において、括弧書で頁数のみ記載しているのは、ガイドライン（Guidelines）のそれを意味する。また、IA の全体のフローについて、Commission, 'Better Regulation Toolbox', https://ec.europa.eu/info/sites/info/files/better-regulation-toolbox_2.pdf (accessed 11 September 2018) (Hereinafter, "Toolbox"), 41 参照。

47) このパラグラフは、Guidelines (n 46) 14–16 に基づく。Toolbox (n 46) 41 も参照。

48) Toolbox (n 46) 126. Guidelines (n 46) 26 に同旨とみられる記述がある。

49) Toolbox (n 46) 124–134.

50) ibid 131–132.

51) 参照、COM (2002) 276 final (n 17) 3.

52) COM (2015) 215 final (n 43) 10. Guidelines (n 46) 91 も参照。

53) Commission, 'Refit – Making EU Law Simpler and Less Costly', https://ec.europa.eu/info/law/law-making-process/evaluating-and-improving-existing-laws/refit-making-eu-law-simpler-and-less-costly_en (last accessed November 24 2019). COM (2015) 215 final (n 43) 10 も参照。

54) 参照、COM (2015) 215 final (n 43) 11; Commission, 'Refit' (n 53).

55） 例えば、参照、Commission, 'Commission Work Programme 2019: Delivering What We Promised and Preparing for the Future' (Communication), COM (2018) 800 final, 11, Annex 2; Commission, 'Commission Work Programme 2018: An Agenda for a More United, Stronger and More Democratic Europe' (Communication) COM (2017) 650 final, Annex 2（前年度からの再掲もあり）.

56） COM (2013) 685 final (n 42) 13. Commission, 'REFIT Scoreboard', http://publications.europa.eu/webpub/com/refit-scoreboard/en/index.html (accessed 23 March 2019) 参照。

57） 参照、Commission, 'REFIT Platform' (Brochure), https://ec.europa.eu/info/sites/info/files/refit_platform_brochure. pdf (accessed 25 November 2018); Commission, 'The Role, Structure and Working Methods of the REFIT Platform', https://ec.europa.eu/info/law/law-making-process/evaluating-and-improving-existing-laws/refit-making-eu-law-simpler-and-less-costly/refit-platform/role-structure-and-working-methods-refit-platform_en (accessed 30 March 2019); 富士通総研・前掲注(8)20頁。

58） 本文 2(1)(i)参照。Dalal-Clayton and Sadler (n 10) 319 は、IA 制度は、「持続可能な発展戦略の実施を支援するよう明示的に方向づけられた最初の政策評価（policy appraisal）システムの一つと位置づけられた」と述べている。同書は、RIA としての側面と持続可能性評価としての側面を対比的に論じており（ibid 319-328）、本章もこれを参考としている。

59） COM (2002) 276 final (n 17) 2. 前掲注(23)参照。

60） Dalal-Clayton and Sadler (n 10) 320 参照. COM (2002) 278 final (n 16) 7 も参照。

61） Dalal-Clayton and Sadler (n 10) 319-328, 特に 319、320. 2005年頃のこうした変化に関し、Claudio M Radaelli (2007), 'Whither better regulation for the Lisbon agenda?' 14 Journal of European Public Policy 190, 特に203-204；Lofstedt, (n 28) 430-434; Meuwese (n 4) 24-25 も参照。Dalal-Clayton and Sadler (n 10) 319-328 は、2011年頃までの制度・実施状況に基づき評価を行っている。それ以降の状況については、本文 2(1)に掲げた文書等を見る限り、再び大きく方向性が変わったということはないように思われるが、新たな動きもあり、ここでは結論は保留する。Stuart Bell, et al, *Environmental Law* (9th edn, Oxford 2017) 489 も参照。

62） Dalal-Clayton and Sadler (n 10) 326 も参照。

63） 柳憲一郎「戦略的環境アセスメントと持続可能性アセスメントの現状と課題」明治大学法科大学院論集 7 号463頁以下、487頁以下（2010年）に紹介されている事例では、改訂 EU-SDS との一貫性が評価されている（494頁）。

64） 事後評価等とともに、持続可能な発展の主流化の手段であるとする。Commission, 'Next Steps for a Sustainable European Future, European Action for Sustainability' COM (2016) 739 final, 15.

65） 一般に、持続可能な発展において環境が軽視されるおそれについて、Maria Lee, *EU Environmental Law, Governance and Decision Making* (2nd edn, Hart Publishing 2014) 62 参照。同書はまた、EU 条約 3 条の「持続可能な発展」について「議論はありうる

が、力点は経済面にある」と述べる。ibid 63.

66) SN 200/1/01 REV 1 (n 20) 4; COM (2001) 264 final (n 19) 2. しかしながら、意図が十分実現したとは言い難いようである。Krämer (n 11) 144; Lee (n 65) 63–64. Dalal-Clayton and Sadler (n 10) 318 も参照。

67) Council document 10917/06 (n 33) 3–4, 7–17.

68) Commission, 'Next Steps for a Sustainable European Future: European Action for Sustainability' (Communication), COM (2016) 739 final, 2. Kingston, Heyvaert and Čavoški (n 42) 107 は、欧州委員会の見解として、EU-SDS は欧州 2020 に「吸収された（subsumed）」と述べているが、その意味するところは明らかでない。EU-SDSと欧州 2020 については、Commission, 'Reviews of Sustainable Development Strategy', http://ec.europa. eu/environ ment/sustainable-development/strategy/review/index_en. htm (last accessed 31 March 2019) も参照。

69) COM (2010) 2020 final (n 36) 10–11, 14–16.

70) COM (2010) 2020 final (n 36) 14–16. Kingston, Heyvaert and Čavoški (n 42) 107 も参照。ただし、その説明においては、「環境劣化、生物多様性の減少……を防ぐ」ことにも資する、との言及があるなど、他の（環境）分野への波及を意識している。ibid 14, 16.

71) Kingston, Heyvaert and Čavoški (n 42) 107. Lee (n 65) 64–65 も参照。

72) Krämer (n 11) 144–147 (引用部分は 145–146). Krämer のこうした批判について、Bell, et al (n 61) 489, 宮浦・前掲注(11)も参照。

73) Ludwig Krämer, 'Impact Assessment and Environmental Costs in EU Legislation' (2014) 11 Journal for European Environmental & Planning Law 201. Krämer 自身が述べているとおり（ibid 219）、これらの点については、より体系的・実証的な研究が必要であろう。なお、一般に EU の IA 事例についての研究は少なくないと見られるが、今回は検討することはできなかった。環境に関する IA の問題について、Holder (n 11) 174–176 も参照。

74) Jonathan B Wiener, 'Better Regulation in Europe' in Holder and McGillivray (eds) (n 11) 65, 88（いくつかの文献を参照しつつ）. 反論を含めた議論として、ibid 88–97 参照. Klaus Jacob, et al, OECD, 'Integrating the Environment in Regulatory Impact Assessments' (April 2011) GOV/RPC (2011) 8/FINAL, http://www.oecd.org/gov/regulatory-policy/Integrating%20RIA%20in%20Decision%20Making.pdf (accessed 14 December 2018) 9–10 も参照。

75) CBA について、Toolbox (n 46) 451–452, 457–458 参照。

76) Jacob, et al (n 74) 47. Wiener (n 74) 88 も参照。EU の IA 制度では、定量化、貨幣化は、「可能な限り」において求められる。Guidelines (n 46) 26; Toolbox (n 46) 69, 126. Wiener (n 74) 83–85 も参照。

77) Jacob, et al (n 74) 47.

78) なお、Jacob, et al (n 74) 51 は、温室効果ガスの排出のような特定の環境影響に注目する影響評価について、例えば生物多様性への影響といった他の影響が軽視されるリスクを指摘する。

79) 温室効果ガス低減に資する政策は、環境便益が技術的に示しやすく、欧州2020の主要政策として EU の包括的目標との「一貫性」も説明しやすいと思われる。

80) Commission, 'REFIT Scoreboard' (n 56) Priority 1, 3 などを参照。

81) 参照、Liz Newmark, 'ChemSec: Do not "refit" REACH', ENDS Europe, 27 October 2016, https://www.endseurope.com/article/47479/chemsec-do-not-refit-reach (accessed 10 December 2018). なお、Booth (n 4) 123-126 も参照。

82) REACH 規則は、制定時に IA の対象となっている。参照、Meuwese (n 4)188-208; 早川有紀「環境リスクに対する規制影響分析―日本と EU における化学物質規制改革の立法過程」年報行政研究49号120頁以下、128-131頁（2014年）。

Toolbox（n 46）は、すべての既存法の改正提案は簡素化・効率化を目指すべきとの欧州委員会の方針の下、それらは原則として REFIT に含まれるとする一方（p. 9）、事後評価・適合性検査はすべて、既存施策の有効性・効率性等を評価すべきものあって、あえて REFIT プログラムに含める必要はない、とする（p. 10）。（なお、例えば2019年活動計画の REFIT 提案附属書（前掲注(55)）には多くの事後評価等が掲載されている。）本節における REFIT に関する考察は、REFIT 下での事後評価に関する考察である。事後評価につき、Renda (n 8) 311-312 も参照。

83) Regulation (EC) 1907/2006 of the European Parliament and of the Council of 18 December 2006 concerning the Registration, Evaluation, Authorisation and Restriction of Chemicals (REACH), establishing a European Chemicals Agency, amending Directive 1999/45/EC and repealing Council Regulation (EEC) No 793/93 and Commission Regulation (EC) No 1488/94 as well as Council Directive 76/769/EEC and Commission Directives 91/155/EEC, 93/67/EEC, 93/105/EC and 2000/21/EC [2006] OJ L396/1.

84) Commission, 'REFIT Evaluation in view of the Obligation Stemming from Article 117 (4) of Regulation (EC) No 1907/2006 for the Commission to Report by 1 June 2017 on the Implementation of REACH' (Roadmap) (18 May 2016, modified 23 May 2016), http://ec.europa.eu/smart-regulation/roadmaps/docs/2017_env_005_reach_refit_en.pdf.

85) Commission, 'Commission General Report on the Operation of REACH and review of Certain Elements: Conclusions and Actions' (Communication) COM (2018) 116 final. 本文書には、評価のより詳細な文書（SWD（2018）58）が付随するが、今回はこれについては検討していない。

86) 参照、Commission, DG Environment, 'Better Regulation', http://ec.europa.eu/environment/chemicals/better_regulation/index_en.htm (as of 01/02/2018).

87) 同じく EU 法上の環境政策の原則である予防原則について、これと IA がどちらかといえば対抗関係にあると考える Löfstedt も、予防原則が EU 法上明記されている以上「単に無視すること」は「困難」とする。Löfstedt (n 4) 251. なお、Ragnar Lofstedt and Anne Katrin Schlag (2017), 'Looking Back and Going Forward: What Should the New European Commission Do in order to Promote Evidence-based Policy-making?' 20

Journal of Risk Research 1359, 1365 も参照。REACH の評価結果について、Robert Hodgson, 'Brussels Plans Overhaul of Chemicals Regulation' 5 March 2018, ENDS Europe, https://www.endseurope.com/article/52057/brussels-plans-overhaul-of-chemicals-regulation (accessed 10 Deccember 2018) も参照。「より良い規制」一般に関し、Lofstedt (n 28) 437; Booth (n 4) 123–124 も参照。

88） 例えば、COM (2018) 116 final (n 85) 10–11 (Action 16) 参照。

89） COM (2015) 215 final (n 43) 10.

90） Wiener (n 74) 126 は既に、事後的な評価の「順応的管理の側面」を指摘し、これが「予防的規制の『暫定的』性格に合致する（corresponds to）」と述べている。

91） 日本の化学物質規制でいえば、例えば、化審法の数次の改正のうち相当部分はこれにあたると考えられる。

92） Dalal-Clayton and Sadler (n 10) 327; Renda (n 8) 311–312; Booth (n 4) 110 参照。

中国環境保護法の法規範構造変化に関する一考察

奥田　進一

1　問題提起

中国の環境法政策を取り巻く状況は、2014年に環境保護法が改正（以下、14年法という）されて跳躍的に進化し始めた。環境保護法は、1979年に試行法（以下、79年法という）として初めて立法され、1989年に大幅な内容の修正を経て正式法（以下、89年法という）となり、2014年に大改正されたものである。79年法から14年法に至るまでの35年間に、中国の環境問題は急速に深刻化したことはいうまでもない。しかし、この間に環境保護法は２回しか改正されていない。他方で、この35年間に多くの環境関係の個別法が制定され、その多くは頻繁に改正されてきた[1]。後述するように、改正には非常に大きな困難と障壁が存在し、ようやく14年法がそれらを克服ないしは超越できたのだろう。

79年法以来の、中国の環境関係立法の推移を睥睨すると、次のような法現象を看取できる。まず、裁判制度や民事立法が未成熟であった1980年代から2000年代頃までは、諸外国の制度を参考にして国家が環境を管理し、行政法的規制によって環境問題に対処してきた[2]。法制度の構築においては、わが国の明治期に西洋から法移植を行ったのと同じような状況が醸成されたのだが、そこでは社会主義国法として存立するための社会主義思想や社会主義型市場経済体制との調整も課題となった[3]。つぎに、裁判制度が拡充して、民事立法が整備されてきた2000年代以降は、環境法分野においても、裁判規範としての法の再整備が始まったといえる。しかし、思想や経済制度についてはほぼ克服ないしは調整できたが、社会主義国特有の裁判制度ゆえに、欧米諸国や日本等の同制度や裁判事例が直截的なモデルにならず、紛争に法規範を当てはめられないという実務上の混乱[4]が顕著となり、再び法整備を行う必要が生じてきたといえよう[5]。

また、14年法が情報公開・住民参加や公益訴訟を明文規定で制度化したことは、自分の頭で考えて権力と闘う市民や彼らの権利意識の萌芽が背景にあったといえよう。換言すれば、89年法は、国家管理（行政規制）を軸とした、義務（規制）を本位とする法規範によって構成される法構造であったのに対して、14年法は、司法による紛争解決を通じて環境問題を認識して管理するという、権利本位の法規範構造へと大きく転換したのである[6]。他方で、14年法は、国家管理（行政規制）による法の実効性を基本的には留保している。

以上の立法経緯や問題意識を踏まえて、本稿は、1979年から2014年に至るまでの環境保護法の法規範構造変化の背景および14年法において導入された新制度を紹介しながら、環境保護法が、政治的イデオロギーや行政の実務能力に左右されずに、裁判規範としての機能を十分に具備した、環境法分野における基本法としての地位を確立しつつあることを検証することを目的とする。

2　79年法におけるイデオロギーの克服と調整

文化大革命が終息し、1979年９月13日に、全人大において79年法が採択された。試行法とは、内容が不完全であるにあるにもかかわらず、急いで立法する必要がある場合に制定される法律であり、その効力自体に差異はないと説明されている[7]。たとえば、同年にやはり試行法として制定されている森林法は、森林資源の利用と経営面に偏向した内容となっていたが、文革時代の森林乱開発の反省点をその後に盛り込む一方で、森林の保護、育成および合理的利用を通じて、国土緑化、保水効果、気候調節、環境改善を図りつつ、林業生産の活性化をも企図する法として1984年に完全立法されている[8]。これは、不完全立法から完全立法への好例といえよう。

しかし、79年法の立法は、政治的に急がれていたとはいえ[9]、不完全立法ではなかった。79年法から89年法への移行は、環境保護に関わる具体的な法制度が一定の問題領域ごとに整理され、階層構造を持った法体系が形成されたという評価もされている[10]。他方で、79年法は、中国の環境立法の起点といえるが[11]、中国の法体系が未成熟の段階で立法されており、とくに、法的位置づけが曖昧であるという大きな問題を抱えていた。

全人大常務委員会における審議では、79年法の法案は「未成熟である」という理由で、「試行法」という条件付きで採択されている[12]。これに対して、学界では、当初から、79年法は中国初の環境保護基本法であると認識されてきた[13]。しかし、実際には基本法として位置付けるには難しい状況が存在していた。たとえば、前述のとおり、立法上はあくまでも「試行法」であるため、形式的には基本法ではなく、効力や機能に限界が存在した。また、内容面においても、その後に制定される単行法のような具体的制度が五月雨式に規定されており、基本法として本来あるべき大局的な見地からの規定になっていなかった。

結局、79年法が「試行法」であったのは、これが外来型の法制度であり、中国の社会現実に合致するか否かを実験する時間が必要であったからで[14]、そこで何よりも試され、乗り越えなければならなかったのは、環境保護法が社会主義国法としての理論的整合性を具備しているか否かであったのではないだろうか[15]。そこでは、環境保護法の階級性、すなわち環境保護法の保護客体は誰なのかという問題を克服し、環境保護の解決は社会主義国家が課題とする階級闘争にほかならず、資本主義国家のそれとは異なる点に関する議論が盛んになされた[16]。また、社会主義国や伝統中国において、環境保護に関する法が存在する必然性について理論武装する研究もなされていた[17]。たとえば、旧ソ連や東欧諸国の自然資源利用制度と環境保護に関する論文集[18]や、歴代王朝や為政者の自然観や自然資源開発に対する施策や格言を敷衍する研究なども存在する[19]。さらに、経済活動の結果として社会に負の作用を及ぼす公害や自然破壊行為は、社会主義イデオロギーのもとで人民に奉仕すべき指導者の行為や政治理念とは相容れないものであり、環境保護法は党内法規以外に指導者や政府の思想や行動を規律する存在であり、この矛盾を解決するための重要な法律である、ということを理論武装するための努力が積み重ねられてきた[20]。

3　89年法の義務本位的法構造

1980年代後半に入って改革開放政策が軌道に乗ると、79年法が抱えていた社会主義イデオロギーとの矛盾調整は、もはや議論としては後退し、むしろ、国営企業や外国資本による経済活動と資源開発あるいは自然破壊・公害との矛盾調整が重要な理論的関心事項となった。また、環境法の体系化が志向され、三同時制度、排汚費徴収制度等の基本原則をいかに個別法に盛り込むのか、行政許可制度の実施方法、環境法の調整対象、生態学理論による法現象の解明なども研究対象とされた[21)]。このような状況を背景として、89年法が正式法として公布・施行された。じつは、1983年にはすでに79年法の改正作業が始まり、環境法の執行状況、司法の実践、外国の環境立法例等に関する大規模な調査が実施された[22)]。しかし、環境保護部門をめぐる職権範囲、法律の調整範囲、環境管理体制等について議論が紛糾し、とくに資源管理部門との職権調整、経済活動を優先しようとする地方政府との調整等が難航し、結果として環境保護の基本国策は経済建設中心主義へと譲歩を余儀なくされ、排出許可制度等の有効な制度も不採用となったことが指摘されている[23)]。

89年法は、79年法が抱えていた問題点を解消すべく制定されたが、いくつかの問題は引き続き残り、あるいは新しい問題も存在した。まず、試行法が抱えていた法的位置づけの曖昧さは、未解決のままなおも存在した。学問的には、89年法も環境保護分野の基本法であるという認識が多勢であったが[24)]、これを否定する見解も強固に存在した[25)]。つぎに、「協調発展の原則」と称される経済成長優先の視点が前面に出されており、この点は立法当初から激しい批判に晒されてきた[26)]。そして、部門立法としての色彩が濃厚であるという批判もなされてきた[27)]。部門立法とは、特定の行政機関が当該部門に有利な事項を法に盛り込み、これを合法化するという手法であり、89年法も「環境保護総局のための立法」と揶揄されてきた[28)]。さらに、技巧的な制度構築が汚染抑止に集中し、生態系の保護や予防原則などの大局的な理念や制度構築が欠缺していたため、結果として法的拘束力や強制力を発揮することができなかったという問題点も指摘された。[29]

とりわけ、部門立法的傾向が強いという問題点は、89年法が義務本位法構造であったことに関係する。義務本位法構造のもとでは、汚染原因者等を義務違反に問えるか否かは、管轄する行政機関の裁量に委ねられ、行政機関の能力不足や法の不執行があった場合には、法の実効性が失われる。従来、89年法をめぐる研究や議論は、法の実効性の有無という点に集中していた。89年法の義務本位構造が抱える問題点は、とくに、89年法６条に規定されていた「通報・告発権」[30]の内容をめぐる議論、および同29条に規定されていた「期限内治理」[31]に関する議論において顕在化していたと考えられる。そこで、この２つの議論を採りあげて、その問題点を検証する。

(1)　通報・告発権

89年法６条は、「全ての単位及び個人は、環境を保護する義務を負い、かつ環境を汚染し破壊する単位及び個人を通報又は告発する権利を有する」と規定していた。通報・告発権は、環境保護法以外の法律、たとえば大気汚染防治法や水汚染防治法にも同様な規定があり、中国の環境保護法体系を貫く重要な権利規定とされていた。しかし、通報・告発権は、これが公民の権利か、それとも義務かという議論があった。[32]とくに、権利と義務の統一体的な考え方を採る見解は、大衆路線の原則を貫徹するためには、①全人民の環境意識及び法制観念の向上、②環境保護教育の強化及び環境科学知識の普及、③環境保護の大衆監督制度の確立、④環境保護の大衆性組織の確立が必要とされる。また、③に関しては、「国務院及び省、自治区、直轄市の人民政府の環境保護行政部門は、定期的に環境状況公報を発布しなければならない」と規定する89法11条により、環境保護部門の職能が大いに発揮されるとともに、大衆の監督的作用をも発揮されるという。[33]この考え方は、環境保護全人民事業論をその理論的根底に求めているが、環境保護施策への人民の関与はどちらかといえば義務的性格の強いものとして構成していた。[34]

(2) 期限内治理

期限内治理とは、汚染物質排出基準や総量規制区域内における排出枠等を超えて汚染物質を排出した者、重大な環境汚染を発生させた者に対して、一定の期限付きで対策措置を命じる制度である。なお、期限内治理の対策命令を受けた者は、期限内に排出基準の達成等を改善すべく義務付けられるが、期限を過ぎるまでは排出基準等を遵守しなくてよいわけではなく、排出基準等を超過して排出した場合には、罰金等相応の制裁を免れ得ないというのが法の建前であるとされていた[35)]。

89年法29条は、期限内治理の決定権を各級人民政府に与えていたが、環境騒音汚染防治法あるいは固体廃物汚染環境防治法では、国務院の授権範囲内で、事業体の規模や汚染の程度によるものの、県レベル以上の人民政府の環境保護行政主管部門に期限治理決定権を与えている。この時点で、立法間で大きな矛盾が生じており、地方性法規においても決定権の帰属先が分かれていた[36)]。

また、1988年11月29日に鞍山市中級人民法院において、政府に無許可で操業するビール工場の排水行為に対して、環境保護行政主管部門が出した期限内治理決定に対して、同工場が行政訴訟を提起したところ、裁判所は環境保護局の越権行為であるとして、期限内治理決定を取消したという事案も紹介されている[37)]。このように、期限内治理の決定権を地方人民政府が有するのは、計画経済の色彩が強く顕れている現象であり、地方の場合は経済発展を優先させようという思惑から、排出基準超過企業等への営業停止等の行政命令の発出をなるべく遅延させるべく、地方人民政府が期限内治理制度を利用しているからだと指摘されていた[38)]。このように、期限内治理に関して注目しただけでも、汚染の程度や企業規模等の属性によって決定権の帰属先をめぐって、地方人民政府と環境保護行政主管部門とで駆け引きが生じており、環境保護法も部門立法的色彩が濃いといわれる所以がここに存在していた。このように汚職や腐敗の温床にさえなっていた期限内治理制度は、14年法では廃止され、違法な汚染行為等を行う企業に対しては行政機関による施設や設備等の封鎖や差押という厳しい措置を以て対抗する規定（14年法25条）とともに、地方人民政府に環境保護目標と汚染治理の任務を課し、期限内に当該目標を達成する義務を負わせた（14年法28条）。

4　14年法の権利本位的法構造への転換

2000年代以降になると、中国にもグローバル化の波が押し寄せ、国際的な環境問題に主体的に関与する役割が期待されるようになるとともに、民主化に関係する様々な問題、たとえば住民参加、情報公開、環境権などに関する研究も盛んに行われるようになった。さらには、これまで大量に制定した法律・法規を、どのように執行するのかという問題が裁判実務において模索されるようになった。

ここで問題となったのが、環境法の多くが外国からの移植法であり、これらは裁判規範たることを前提としていたことである。しかし、中央政府と地方政府、あるいは政府から人民への上意下達式の中国の法政策執行システムにおいては、移植法は機能不全に陥り、これを機能させようとすると、独立した権能を有する裁判システムが必要となった。とくに、人民が行政のコントロールなしに独自に訴訟を提起して問題解決を図ろうとすることは、理解の範囲内であっても想定外であったのではないだろうか。さらに、規制による行政法一辺倒の法執行システムから、法規範による紛争解決型の法執行システムへの移行と、裁判規範と裁判プロセスの研究が盛んとなり、結局のところ、移植法との相克という新たな課題も生み出した[39]。こうした問題点克服の象徴となったのが、14年法における情報公開および住民参加に関する規定と、企業等の責任に関する規定の新設であろう。

(1)　情報公開・住民参加

14年法53条１項は「公民、法人およびその他の組織は法に基づき環境情報を取得し、環境保護に参加しおよび監督する権利を享受する」と規定して、情報公開請求および住民参加を権利として構成している。また、同条２項は「各級人民政府の環境保護主管部門およびその他の環境保護の監督管理職責を負う部門は、法に基づき環境情報を公開し、住民参加手続きを完全にし、公民、法人およびその他の組織が環境保護に参加および監督するための利便提供をしなければならない」と規定して、公民等が享受する権利を保障するための行政機関の義務を明確に定めている。

環境情報の公開に関しては、2007年4月11日に「環境情報公開弁法（試行）」が公布（2008年5月1日施行）された。同法は全29条からなり、環境保護部門が公布する政府環境情報は、国の関係規定に基づいて公開の認可が必要であり、認可を得ないで公開してはならないことを原則としている（9条）。また、環境保護部門が政府環境情報を公開することによって、国家の安全、公共の安全、経済の安全、社会の安定に悪影響が及んではならない（10条）と制限はあるものの、環境保護部門はその職責・権限の範囲内で、社会に向けて政府環境情報を自発的に公開しなければならない（11条）と規定している。

住民参加に関しては、2015年9月1日に「環境保護公衆参与弁法」が施行された。同弁法は全20条からなり、同法17条は「環境保護主管部門は、その職責の範囲内において宣伝教育活動を強化し、環境科学知識を普及させ、公衆の環境意識、節約意識を増強させなければならない。公衆が自覚的に緑色生活、緑色消費を実践し、低炭素型節約、環境保護の社会的風潮を形成させるように奨励しなければならない」と規定し、さらに同法18条は「環境保護主管部門は、プロジェクト補助金、購買・サービス等の方式を通じて、社会組織が環境保護活動に参加するように支持し、導くことができる」と規定している。

⑵　企業等の責任追及規定の新設

89年法の法律責任に関する規定が薄弱であり、法の執行性が担保されず、違反者の責任を追及できないばかりか、汚染者負担原則との整合性が図れない点などはかねてより指摘されてきた[40]。そして、14年法における最大の関心事項であり、法改正の枢要のひとつとなったのは、企業等に対する責任追及に関する規定の新設であった。とくに、14年法59条に規定された日数乗法処罰[41]は、学術界からも長らく待望された新制度として注目されている[42]。日数乗法処罰とは、企業やその他の生産経営者が違法に汚染物質を排出して過料（原語は、「罰款」と表現する）処分を受け、さらに改善命令を受けながらそれができない場合に、過料処分決定を下した行政機関が、改善命令発出の翌日から起算して、違反状態が継続している日数をもとの過料額に乗じた額を過料として科すという制度である。当該制度が導入された背景には、もともと環境関係法における過料金額が低めに設定される傾向があり、企業等にとっては環境対策コストよりも過料コストの方がはるかに安く、汚染抑止効果がほとんどない状況であった。たとえば、2000年大気汚染防治法48条は、過料額を1万元以上10万元以下としていたため[43]、企業等にとっては、数百万～数千万元規模に上ることもある環境対策コストを支払うよりは、最大で10万元の過料を支払った方が経済的であった。これに対して、日数乗法処罰制度によれば、当初の過料額が10万元で、違法状態が30日継続すれば300万元の過料が科されることから過料コストの方が加重な負担となり、環境対策コストの負担が必須選択となったといえよう。

なお、『中国環境年鑑』2014年版、同2015年版、同2016年版によれば、行政処罰総件数は、2013年が66,292件、2014年が83,195件、2015年が97,000余件であり、過料総額は、2013年が23億5758.1万元、2014年が31億6832.6万元、2015年が42.5億元であった。行政処罰総件数の増加率に比べて、過料総額の増加率が高くなっているのは、14年法において日数乗法処罰制度が導入されたことが大きく影響しているといえよう。

5　公益訴訟制度による法の執行性確保

2009年12月26日に制定された侵権行為責任法（2010年7月1日施行。以下、侵権法という）では、環境汚染責任[44]に関する制度が設けられ（65条）、2012年8月31日に改正・施行された民事訴訟法（以下、12年民訴法という）では、公益訴訟に関する規定（55条）も新設され、14年法においても公益訴訟が明文化された（58条）。以下、公益訴訟制度に関わる法律と関係条文について考察する。

まず、侵権法65条は「環境汚染によって損害をなした場合は、汚染者は権利侵害責任を負わなければならない」と規定している。同条は、環境汚染権利侵害の構成要件を規定したものであるが、行為の違法性を前提としていない。また、同条の規定は、汚染者の過失の有無にかかわらず、汚染によって損害が発生しさえすれば、あらゆる場合において賠償責任を負わなければならないと解釈されている[45]。さらに、被害者は現在世代だけでなく、将来世代をも射程範囲に含め、彼らに代わって国家が責任を追及する可能性もあるという見解も存在する[46]。

つぎに、12年民訴法15条は、「機関、社会団体、企業事業単位は、国家、集団あるいは個人の民事的権利利益に損害を与える行為に対して、損害を受けた単位あるいは個人が人民法院に提訴することを支持することができる」と規定し、自己の権利利益の保護に危うさや訴えの提起に躊躇ないしは障害のある個人や団体を、関係する組織が訴訟費用や弁護士費用の援助あるいは法律情報の提供等の手法により幇助する提訴支持機関という制度を創設している[47]。そして、12年民訴法55条は、「環境汚染、多数の消費者の合法的権益の侵害等の社会公共利益を害する行為に対して法律が規定する機関および関係組織は人民法院に訴訟を提起することができる」と規定する。本条が適用されるためには、①訴訟請求が公益に関するものであること、②原告は法律が規定する機関および関係組織であること、などの条件が満たされる必要があり、「機関」とは人民検察院と行政機関であるとされる[48]。なお、人民検察院と行政機関の一方または双方が原告となって提起された環境公益訴訟のうち、原告勝訴の判決を得ているものは相当多数にのぼるが、社会団体や個人が原告となって提起されたもので勝訴判決にまで至っているものは極めて少数で、なかには審理に付されずにたな晒しになっているものもあるという[49]。

また、近時の環境公益訴訟に係る裁判事例の中には、中国の裁判官の判断手法に新しい傾向が生じていることを看取できるものも存在する。紙幅の関係で詳述できないが、江蘇省連雲港市中級人民法院2014年９月９日判決[50]は、環境公益訴訟における証拠調べに関する具体的方法を、裁判所が職権探知[51]により明示するとともに、その方法に基づいて算出された環境損害の回復に必要な額に不足する分を、加害者たる被告の労役の提供によって補填すべきと判示している。中国の司法判断において、一種の法創造的機能が働く可能性が見いだされた事例として注目に値する。

6　今後の展望

14年法は、単なる法改正にとどまらず、むしろ新法の制定であったといっても過言ではない。そして、そこでは大きな法構造転換が行われたことに注目しなければならない。中国の環境法体系は、上位規範から下位規範へとピラミッド型の法構造が形成されていたわけではなく、上位下位の別なく各規範内容が独立して、モザイク状に存在しているという指摘がなされている[52)]。14年法は、このようなモザイク状の法構造から、環境保護法を最上位法とするピラミッド型の法構造へと転換する作業に先鞭をつけたのである。その転換が確かに行われたことは、79年法および89年法が、国家（行政）による一元管理と規制を軸としていたのに対し、14年法は裁判規範として、司法を通じて環境問題の解決を志向する複数の制度を創設したことによって理解できる。今後は、上位規範に位置すべき個別法の裁判規範化と、モザイク状に点在していた各種法規範の整理が待たれる。そのためには、裁判を通じた司法による法律解釈や法創造も必要となってくるが、前述した環境公益訴訟に係る事案を見る限り、これもすでに胎動しているといえよう。もっとも、このような法規範や裁判制度の合理化ないしは民主化は、14年法の制定によって始まったわけではなく、すでに20世紀末から、西洋移植の法体系をいかに中国の社会現実に適合したものにするかという司法改革に係る努力が積み重ねられてきており[53)]、14年法にみられる法規範構造転換も、その司法改革の大きな流れの一部として評価できよう。

2018年３月13日の第13期全国人民代表大会第１次会議において、大規模な省庁再編が発表された。環境保護部は生態環境部へと組織替えされ、国土資源部、国家海洋局、国家測図地理情報局を吸収して新たに自然資源部が設置されることになった。生態環境部は、環境保護部が担ってきた職責に加えて、国家発展改革委員会が管轄していた気候変動問題をはじめとして、流域管理、地下水汚染、農業汚染、海洋環境保護、核放射能管理などの新しい職責と権限を付与され、各種汚染抑制や監督管理、法執行、各種計画および基準の策定などを主要業務とする巨大官庁へと昇華する。14年法の制定がソフト面での大きな改革であったとすれば、2018年の省庁再編はハード面での大きな改革であるが、このことは近未来的に再び、ソフト面、すなわち法制度の大改革が行われるであろうことを予感させる。中国の社会現実も急速に変化しており、それに合わせて法制度も大きくうねりながら、中国独自の法治の在り方を模索しているのである。

【注】

1) 奥田進一「中国の環境問題と環境法政策—学問的観点から」環境法政策18号（2015年）32頁以下を参照。

2) 王彬輝『論環境法的邏輯嬗変—従“義務本位”到“権利本位”』52頁（科学出版社、2006年）。

3) 王樹義ほか『環境法基本理論研究』444頁（科学出版社、2012年）。

4) 陳泉生ほか著『環境法学基本理論』133頁（中国環境科学出版社、2004年）は、「環境保護の法律解釈」という節を設けて、環境保護のためには法解釈を通じた概念や基本原則の統一の必要性を主張するが、有効なのはいわゆる立法的解釈に相当する法解釈（原文では「法定解釈」と表現する）であって、学理的解釈は含まないとする。

5) 常紀文『環境法前沿問題—歴史梳理與発展探求』68-72頁（中国政法大学出版社、2011年）は、環境保護法を行為規範と裁判規範とを具備した内容に改正すべきことを提唱している。

6) 顔士鵬『中国当代社会転型與環境法的発展』73頁（科学出版社、2008年）は、89年法は、「国家奨励」、「国家依拠」、「国家支持」、「国家が逐次向上させ」、「国家指導」、「国家保障」等の文言が多用されており、国家による環境管理を強調する典型的な「義務本位法」であると主張する。

7) 田中信行編『入門中国法』248頁（弘文堂、2013年）。

8) 森林法の調整範囲に試行があった経緯については、陳漢光・朴光珠編著『環境法基礎』3頁（中国環境科学出版社、1994年）参照。

9) 野村好弘「環境法」加藤一郎編『中国の現代化と法』122-123頁（東京大学出版会、1980年）。

10) 片岡直樹『中国環境汚染防治法の研究』57頁（成文堂、2010年）。

11) 呂忠梅主編『中華人民共和国環境保護法釈義』2頁（中国計画出版社、2014年）。

12) 呂主編・前掲注(11) 3頁。

13) 王燦発『環境法基本問題新探』60頁（中国環境科学出版社、1995年）。

14) 季衛東『超近代の法』220頁（ミネルヴァ書房、1999年）は、法律試行とは「時限立法」という形で法を権力試行の動態に投げ込んで、その動態に応じて法自体を変化させる関係調整の装置でもあると説明する。

15) 寺田浩明「民間法を超えて」ジュリ1258号64頁（2003年）は、伝統型の法実践と外来型の外形の融合という表現で説明し、法律試行は、外来型の制度が伝統型の社会実践の中で民意を反映して熟成されることで、伝統型の社会実践が外来型の法制度を裏付けて伝統型社会に吸収されて行く手続であると理解できる、と指摘する。

16）たとえば、陳・朴編著・前掲注(8) 4－7頁、国家環境保護総局政策法規司編『保護和改善環境的法律保証』22-23頁（中国環境科学出版社、1990年）、胡保林『中国環境保護法的基本制度』28-30頁（中国環境科学出版社、1994年）、王・前掲注(13)62-64頁等がある。

17）姚炎祥主編『環境保護弁証法概論』172-174頁（中国環境科学出版社、1993年）。

18）たとえば、馬驤聡『蘇聯東欧国家環境保護法』（中国環境科学出版社、1990年）や〔蘇〕V.A. 普羅庫丁等著、李春霄・李静華訳『自然資源的合理利用和環境保護』（中国環境科学出版社、1989年）等は、旧ソ連および旧東欧諸国における、第二次世界大戦後の産業振興および自然資源開発とそれに伴う公害問題を、社会主義国の政治、経済、法がどのように対処してきたのかを紹介している。

19）厳足仁『中国歴代環境保護法制』（中国環境科学出版社、1989年）は、中国古代王朝から説き起こし、中華人民共和国に至るまでの各王朝や政権が、自然や環境をどのように扱ってきたのかを法制度を中心に紹介し、環境保護活動とそのための法整備が、社会主義経済社会の建設と発展のために必須事項であると結論付ける。

20）たとえば、叢選功・胡保林主編『幹部環保法律知識教程』67-68頁（中国政法大学出版社、1994年）、陳泉生『環境法原理』127-137頁（法律出版社、1997年）、金瑞林主編『環境法学』82-84頁（北京大学出版社、1999年）、陳徳敏『環境法原理専論』27-31頁（法律出版社、2008年）等は、社会主義国家における環境保護法制確立の思想的あるいは理論的動向について詳述している。

21）羅輝漢『環境法学』32頁（中山大学出版社、1986年）は、環境保護法は、国家が人間と環境システムの矛盾関係を調整する行為規範の総和であるとし、馬驤聡・蔡守秋『中国環境法制通論』26-27頁（学苑出版社、1990年）は、環境保護法は、ある分野において人と人との社会関係を調整するとともに、人と自然環境の関係を調整するものであるとする。

22）徐祥民・陳書全ほか『中国環境資源法的産生與発展』22-23頁（科学出版社、2007年）。

23）徐・陳ほか・前掲注(22)23頁。

24）李摯萍『環境基本法比較研究』（中国政法大学出版社、2013年）183頁。

25）高利紅・寧偉「従立法体系性看〈環境保護法〉的修改」『鄭州大学学報（哲学社会科学版）』2013年第4期43-46頁。また、何衛東「我国環境保護基本法的修改思考―環境保護法実施情況的小型調査報告」中国法学会环境资源法学研究会主编『环境法治与建设和谐社会―2007年全国环境资源法学研讨会（年会）论文集（第一册）』423頁によれば、実務においてはより強く否定されてきたという。

26）片岡・前掲注(10)207-210頁。

27）宋方青・周剛志「論立法公平之程序構建」『厦門大学学報（哲学社会科学版）』2007年第1期55-62頁。

28) 呂主編・前掲注(11) 7頁は、89年法は結果として「都市および工業のための立法」あるいは「汚染防治に偏重した立法」となり、農村および農業を無視し、資源保護を軽視し、市場メカニズムと住民参加という視点は完全に埋没してしまった、と厳しく批判する。

29) 呂主編・前掲注(11) 7頁。

30) 原語は、「検挙・抗告」であるが、あくまでも個人による権利・義務の行使を想定しており、日本法における検挙や抗告とはかなり意味合いが異なるため、実態に即した邦語訳を付した。

31) 「治理」とは、汚染の除去ないしは低減措置を実施することを意味するが、本稿ではあえて原語のままとした。

32) 肖隆安「関干環境法体系若干問題的研究」『中国環境科学』1990年第5期372頁は、環境権と義務は統一的に捉えられなければならないと主張していた。また、陳仁主編『環境法概論』117-118頁（法律出版社、1996年)、陳仁・朴光洙主編『環境執法基礎』94頁（法律出版社、1997年)、李飛君「在環境評価中導入聴証制度的必要性」『環境保護』1996年第4期28頁等は、権利と義務とでそれぞれ並立するものとして考えていた。

33) 陳主編・前掲注(32)118頁。

34) 金主編・前掲注(20)111-114頁および蔡守秋主編『環境法教程』33-35頁（法律出版社、1995年）は、公民の通報・告発権を権利と義務の統一体と捉えながらも、ここに住民参加の法的根拠を求めようと考えていた。

35) 桑原勇進『中国環境法概説Ⅰ　総論』42頁（信山社、2015年)。

36) 田琳「限期治理決定権的帰属探析」国家環境保護総局環境監察局＝中国環境科学学会編『環境執法研究與探討』330頁（中国環境科学出版社、2005年)。

37) 田・前掲注(35)332頁。

38) 田・前掲注(35)334頁。

39) 常・前掲注(5)30頁、張祥偉『中国環境法研究整合路径之探析』48-49頁等（中国政法大学出版社、2014年)。また、張梓太ほか『環境法法典化研究』164-165頁（北京大学出版社、2008年）は、環境法が裁判規範として機能しない現象は、眼前の問題に対応すべく西欧からの法移植を主とする個別法の制定に勤しんだ結果、環境法の体系化と総合化が図られなかったことが原因であり、環境法の法典化の必要性を訴えていた。

40) 金瑞林・王勁『20世紀環境法学研究評述』261-263頁（北京大学出版社、2003年)。なお、張ほか・前掲注(39)225-226頁は、法を執行する行政官僚や裁判官の技能水準の低さに問題があると指摘する。

41) 原語では、「按日計罰」と表現される。邦語訳は、桑原・前掲注(35)194頁に依拠した。

42) 「専家解読環境保護法修訂草案」『中国罔：中国訪談世界』における常紀文教授の見解：http://fangtan.china.com.cn/2014-04/24/content_32185327.htm（2014年4月24日）（最終閲覧日：2018年3月12日)。

43) なお、2015年改正法（2016年1月1日施行）99条では、10万元以上100万元以下に過料額が引き上げられている。

44) 民法通則124条のほか、89年法、1999年改正海洋環境保護法、1995年改正大気汚染防治法、1996年環境騒音汚染防治法、2002年清潔生産促進法、2003年放射性汚染防治法、2004年改正固体廃棄物汚染環境防治法、2008年改正水汚染防治法等の個別法においても、環境汚染権利侵害に関する規定が設けられている。

45) 楊立新『侵権責任法』477頁（法律出版社、2010年）。

46) 楊・前掲注(45)478頁。

47) 王勝明主編『中華人民共和国民事訴訟法釈義（最新修正版）』27頁（法律出版社、2012年）。

48) 竺效「無過錯聯系之数人環境侵権行為的類型」『中國法学』2011年第５期97頁以下。

49) 汪勁（櫻井次郎翻訳）「中国環境公益訴訟の現状と課題」龍谷40巻３号291頁以下(2007年)。

50) たとえば、『中華人民共和国最高人民法院公報』2016年第８期45頁以下。

51) 中国の民事訴訟においては、2012年の民事訴訟法の改正に伴い、職権探知主義から当事者弁論主義への移行が強化されてきたが、一部の証拠調べにおいては職権探知主義が行われている。

52) 片岡・前掲注(10)111頁。

53) 季衛東『現代中国の法変動』478頁（日本評論社、2001年）。

Ⅳ

司法における／司法による環境規制の展開

環境規制と訴訟
——民事訴訟（原子力）

前田　陽一

1　はじめに

原子力発電所（原発）の設置・運転等の可否は、行政訴訟と民事差止訴訟（ないし仮処分）の双方で争われてきた。前者の伊方原発取消訴訟・上告審判決（【1】最判平4・10・29民集46巻7号1174頁）の判断が、女川原発建設差止訴訟・第一審判決（【2】仙台地判平6・1・31判時1482号3頁）の判断枠組みに影響を与え、それに続く民事差止訴訟等の裁判例においても、一部を除き、その判断枠組みが今日まで基本的には維持されてきた[1]。

その一方で、東日本大震災（2011年3月）による福島第一原発の爆発事故の発生と、それを契機とする「核原料物質、核燃料物質及び原子炉の規制に関する法律」（以下「規制法」という）の改正（2013年7月施行）による新規制基準の導入は、経験則と法規制の双方における新たな事態として、その後の裁判例の流れに影響を与えた。

学説では、①新規制基準の導入を受けて、民事差止訴訟の機能を限定すべきだとする主張（高木教授[2]）、②これを批判して民事差止訴訟の機能を積極的に評価する主張（大塚教授[3]）、③上記①を批判的に検討しつつ、新規制基準の導入を契機として旧規制法に基づく伊方最判（【1】判決）の判断枠組みを見直すとともに、いたずらに民事訴訟を排除することなく行政訴訟との機能分担のあり方を探ろうとする主張（橋本教授[4]）などがみられる。

本稿は、上記の大塚教授や橋本教授の議論に多くを負いながら、従来の裁判例の再検討を通じて、行政訴訟に対し独自の意義を有すべき民事差止訴訟等の今後のあるべき方向性を探るものである。

2　旧規制法と伊方最判——民事裁判例を検討する準備作業として

(1)　改正法と旧法の違い

改正法の構造は、いわゆる３条委員会（国家行政組織法３条）である原子力規制委員会が、規制法[5]から授権された法規命令として定めた新規制基準[6]に適合するか否かを判断する方式になっている。一方、旧法の構造は、内閣総理大臣（ないし通商産業大臣）が、原子力委員会（原子炉安全専門審査会が置かれる）に諮問しその意見を尊重して判断する方式になっていた（改正法のような法規命令への委任はなく、審査基準は諮問機関の裁量基準になる）。これを前提に、伊方最判（【１】判決[7]）は以下の判示をして、民事裁判例にも影響を与えた。

(2)　伊方最判の判旨の検討

(i)　許可基準の趣旨　　判決は、原子炉施設の安全性に関する旧規制法の許可基準（原子炉設置者の「技術的能力」〔旧規制法24条１項３号〕、「原子炉施設の位置、構造及び設備」の災害防止上の支障〔同項４号〕）の趣旨について、（同法１条の目的規定をも意識しながら）周辺住民等の生命・身体への危害や環境の放射線汚染などの「深刻な災害」が「万が一にも起こらないよう」、「原子炉設置許可の段階」で、「科学的、専門技術的見地」から、「十分な審査」をすることにあるとした。

(ii)　原子力委員会への諮問の趣旨　　これを受け、判決は、上記安全性「審査」が「極めて高度な最新」の知見に基づく「総合的判断」を必要とすることから、旧規制法24条１項が内閣総理大臣による前項各号の許可基準の適用について原子力委員会に諮問してその意見を尊重する義務を定めているのは、上記各号の「基準の適合性」に関して「原子力委員会の科学的、専門技術的知見に基づく意見を尊重して行う内閣総理大臣の合理的な判断にゆだねる趣旨」と解するのが相当だとした。

(iii)　原子炉設置許可処分の取消訴訟における司法審査　　以上を踏まえ、判決は、上記訴訟における《原子炉施設の安全性に関する司法審査》について、原子力委員会等の「専門技術的な調査審議及び判断を基にしてされた被告行政庁の判断」を敬譲した方式をとった。すなわち、行政庁の上記判断に「不合理な点があるか否か」という観点から、㋐安全性に関する具体的審査基準に「現在の科学技術水準に照らし」「不合理な点」がないか、㋑具体的審査基準に適合するとした原子力委員会等の「調査審議及び判断の過程に看過し難い過誤、欠落」がないかという側面から、いわば《追試》する方式をとって、裁判所が最初から独自に判断をし直す実体判断代置方式を否定した。

(iv)　**主張・立証責任**　上記の「不合理な点」についての「主張、立証責任」が次に問題となるところ、判決は、「本来は、原告側が負うべき」であるとしつつ、証拠の偏在（「安全審査に関する資料をすべて被告行政庁の側が保持している」）等を理由に、「被告行政庁の側において、まず」、その「判断に不合理な点のないことを相当の根拠、資料に基づき主張、立証する必要があり」、それを尽くさない場合には「不合理な点があることが事実上推認される」とした[8]。

この判旨(iv)が後の民事裁判例に影響することになるが、それを導く判旨(i)～(iii)が旧規制法の構造を前提としている点にも留意する必要がある。

3　女川一審判決と伊方最判——民事裁判例検討の起点として

(1)　女川一審判決の判旨

やや長くなるが、多くの裁判例に影響を与えた判断の全体をみておく。

(i)　**差止請求権の根拠**　①「個人の生命・身体」は「極めて重大な保護法益」であり、その「安全を内容とする人格権」は物権と同様「排他性を有する権利」であって、「生命・身体を違法に侵害され」またはそのおそれのある者は「人格権に基づき」「侵害行為の差止めを求めることができる」。②一方、環境権は、実定法上明文の根拠はないものの、「権利の主体となる権利者の範囲、権利の対象となる環境の範囲、権利の内容は、具体的・個別的な事案に即して考えるならば、必ずしも不明確であるとは速断し得ず」、環境権に基づく本件請求は「適格性を有しないとはいえない」が、同請求も差止めを肯認するに足りる危険性の有無にかかる点で「人格権に基づく請求と基本的には同一であるから、以下、本件原発の危険性の有無について判断する」。

(ii) **原子炉施設の潜在的危険性と求められる安全性**　③「低線量域における被曝線量と晩発性障害等の発生との間の関係」は「十分に解明されていない」が、通常の証明度まで「立証を要求することは、不可能を強いること」になる一方、「人の生命・身体」に対する「侵害行為の排除・差止めは、一刻の猶予も許されない」ので、「法的な評価」としては、〔しきい値がないと推定・仮定する見解が一般的という〕程度の立証で「しきい値がない」と認定すべきである。④本件原子炉施設は、種々の対策でも「一定の放射性物質が環境に放出されることは避け難」く、「低線量域での被曝線量と晩発性障害及び遺伝的障害発生との間の関係」は〔上述のように〕「認定し得べきである」。

⑤本件原子炉施設では「基本設計段階、建設段階及び運転段階において種々の安全確保対策」がされているが、「人工の施設である以上、絶対に事故が生」じないと「断ずることはできない」から、生命・身体に対する「侵害の可能性が零でなければならないとするならば」、原発のみならず文明の利器は「その存在を否定されざるを得」ず、「社会通念に反する」。⑥「電力需給の観点」からの本件原発の「必要性」を考え合わせると、「原子炉施設に求められる安全性」とは、「不可避的に一定の放射性物質を環境に放出する」こと等を前提に「その潜在的危険性を顕在化させないよう」、「放出を可及的に少なくし」、「災害発生の危険性をいかなる場合においても、社会観念上無視し得る程度に小さいものに保つことにある」。⑦「生命・身体の安全が最大限の尊重を要する重大な法益」だとしても、「放出される放射性物質に起因する放射線による障害の発生の可能性が社会観念上無視し得る程度に小さい場合」には、「生命・身体に対する侵害のおそれがあるとはいえない」。

(iii) **危険性の立証責任**　⑧人格権等に基づく原発の建設・運転の差止訴訟においては、当該原発に「安全性に欠ける点があり、原告らに被害が及ぶ危険性があることについての立証責任」は「一般の原則どおり、原告が負うべきものと解され」、原告らは、㋐原発の「運転による放射性物質の発生」、㋑原発の

「平常運転時及び事故時における右放射性物質の外部への排出の可能性」、㋒「右放射性物質の拡散の可能性」、㋓「右放射性物質の原告らの身体への到達の可能性」、㋔「右放射性物質に起因する放射線による被害発生の可能性について、立証責任を負うべきことになる」。⑨原告らは、本件原発から20kmの範囲内に居住し、「事故等による災害により、その生命・身体等に直接的かつ重大な被害を受けるものと想定される」とともに、本件原発は「平常運転時においても一定の放射性物質を環境に放出することは避け難く」、原告らは、既に前記㋐ないし㋔の点について「必要な立証を行っていること」や、本件原発の「安全性に関する資料をすべて被告の側が保持していることなどの点を考慮する」と、本件原発の「安全性については、被告の側において、まず、その安全性に欠ける点のないことについて、相当の根拠を示し、かつ、非公開の資料を含む必要な資料を提出したうえで立証する必要があり、被告が右立証を尽くさない場合には」、本件原発に「安全性に欠ける点があることが事実上推定（推認）されるものというべきであ」り、被告において「安全性について必要とされる立証を尽くした場合には、安全性に欠ける点があることについての右の事実上の推定は破れ、原告らにおいて、安全性に欠ける点があることについて更なる立証を行わなければならない」。

(iv)　結　論　⑩「抽象的には、原告らの生命・身体に障害発生の可能性のあることは否定し得ない」が、その「可能性が社会観念上無視し得る程度に小さい場合には、原子炉施設の運転による生命・身体に対する侵害のおそれがあるとはいえない」〔判旨⑥⑦参照〕ところ、⑪「本件安全審査」の「具体的検討内容からみて、原子力安全委員会の右判断は……合理性を有」し、「本件原子炉施設は、その基本設計に係る安全確保対策において欠けるところはな」く、「建設段階及び運転段階における安全確保対策をみても欠ける点は具体的には認められない」ので、「放射線による障害の発生の可能性を社会観念上無視し得る程度に小さいものとするに十分な安全確保対策が講じられている」。⑫他の原発事故の調査結果に照らしても本件原発で「同様な事故が発生するおそれ」があるといえず、「所要の安全確保対策」に照らせば、本件原発の「平常運転により原告らの生命・身体に社会観念上無視し得る程度を超える放射線による障害が生じる可能性があることを具体的に認めること」も、「社会観念上無視し得る程度を超える放射線による障害を及ぼす事故が発生するおそれがあると認めることもでき」ず、原告らの請求には理由がない。

(2) 検　　討

(i) **伊方最判との関係**　　女川一審は、伊方最判を判決文で参照するものではない。しかし、第1に、判旨⑨で「安全性」に関する立証を、証拠（「安全性に関する資料」）の偏在を理由にして、被告側に求めて、立証を尽くさない場合に「安全性に欠ける点があること」が「事実上推定（推認）」されるとする点や、第2に、判旨⑪で原子力安全委員会による「安全審査」の「具体的検討内容」に照らしてその「判断」が「合理性を有」することを主要な理由として（引用は省略したが、判決の判断過程は、上記の《追試》に重点が置かれる一方、原告側による危険性の主張についてはいずれも比較的簡単に斥かれている）、「安全性」を導いている点において、伊方最判の影響を受けているといえる。

一方、女川一審の相違点としては、「人格権」侵害に基づく差止請求を問題としたうえで（判旨①）、侵害の危険性の立証責任につき、「一般の原則」に従って「原告が負うべきもの」としつつ（判旨⑧）、判旨⑨において、あくまでも、原告側が判旨⑧の㋐～㋔による危険性に関する〔一定程度の〕立証をしていることを前提に、前述した証拠の偏在をも考慮して、被告側が安全性の立証を尽くさない限り安全性の欠如を事実上推定したものである。伊方最判のように最初から被告側に立証を求めたものではない。

(ii) **女川一審の問題点**　　女川一審は、(a)差止めに足りる「危険性」について、「社会通念」上ゼロリスク論をとれないことと、「電力需給の観点」からの原発の「必要性」に照らして、「社会観念上無視し得る程度に小さい」危険性では足りず、その程度を超える必要があるとしたうえで、(b)侵害の「危険性」に関する原告側による一定程度の立証をもって、「安全性」について証拠が偏在する被告側に立証を要求した。

(a)については、ゼロリスク論をとれないとしても、生命等の侵害に関して上記のような経済的利益との間の衡量（リスク・ベネフィット分析）が妥当であるかは一つの問題である（後記5参照）が、最大の問題は(b)である。

(b)は、被告側に「安全性」に関する立証を求める点で、妥当な判断枠組みにもみえる。しかし、㋐民事差止訴訟の本来の争点である人格権侵害の「危険性」から、原子力施設の「安全性」のほうに審理の焦点をずらし、かつ、㋑その点の立証を被告側に求めているものの、行政庁による安全審査の「合理性」を《追試》する形での審理にとどめることで行政庁の判断を追認し、後は、原告側に対して「安全性に欠ける点」に関する「更なる立証」（判旨⑨）という高いハードルを課した（その結果、原告側の立証ではそれは覆されないとされた）点は、民事の司法審査として大きな問題がある。判決当時、橋本教授からも、行政庁の処分の違法性を直接争う取消訴訟における「司法審査の限界」の問題とは局面を異にする民事訴訟においては、「原子炉の安全性に関する主張・立証についてもう少し実体的な審査方法が採られるべきではないか」と評されていた。[9]

4　女川一審以降の裁判例の展開

(1)　福島原発事故までとそれ以降の民事差止裁判例の概要

(i)　主な裁判例の一覧　　福島原発事故までの主な裁判例として、女川原発建設差止訴訟（【3】仙台高判平11・3・31判時1680号46頁）、志賀原発建設差止訴訟（【4】金沢地判平6・8・25判時1515号3頁、【5】名古屋高金沢支判平10・9・9判時1656号37頁）、泊原発建設操業差止訴訟（【6】札幌地判平11・2・22判時1676号3頁）、もんじゅ建設運転差止訴訟（【7】福井地判平12・3・22判時1727号77頁）、志賀原発運転差止訴訟（【8】金沢地判平18・3・24判時1930号25頁、【9】名古屋高金沢支判平21・3・18判時2045号3頁、【10】最決平22・10・28 LEX/DB 25464238）、浜岡原発運転差止訴訟（【11】静岡地判平19・10・26 LEX/DB 25470802）、島根原発運転差止訴訟（【12】松江地判平22・5・31判例集未登載）が挙げられる。

また、福島原発事故以降は、大飯原発運転差止仮処分（【13】大阪地決平25・4・16判時2193号44頁、【14】大阪高決平26・5・9判例集未登載）、大飯原発運転差止訴訟（【15】福井地判平26・5・21判時2228号72頁）、大飯原発・高浜原発運転差止仮処分（【16】福井地決平27・4・14判時2290号13頁、【17】福井地決平27・12・24判時2290号29頁）、川内原発運転差止仮処分（【18】鹿児島地決平27・4・22判時2290号147頁、【19】福岡高宮崎支決平28・4・6判時2290号90頁）、高浜原発運転差止仮処分（【20】大津地決平28・3・9判時2290号75頁、【21】大津地決平28・7・12判時2334号113頁、【22】大阪高決平29・3・28判時2334号3頁）、伊方原発運転差止仮処分（【23】広島地決平29・3・30判時2357＝2358合併号160頁、【24】松山地決平29・7・21 LEX/DB 25546812、【25】広島高決平29・12・13判時2357＝2358合併号300頁）が挙げられる。

(ii) **全体の概要**　(a) 伊方・女川型　女川一審（【2】判決）以降、同判決と同様（伊方最判の影響の下）、被告側に「安全性に欠ける点がないこと」の立証を求める判断枠組み（伊方・女川型）を用いる裁判例が大勢である（【2】判決は、原告側に一定の立証を求めた後で被告側に上記立証を求めたが、その後の裁判例は、伊方最判と同様、まずは被告側に立証を求める傾向にある）。また、【2】判決と同様、危険性について「社会観念上無視しうる程度に小さい」か否かを問題とする裁判例が多い。

被告側の立証に関し、志賀二審（【9】判決）は、「安全審査における審査指針等の定める安全上の基準」を満たすことをもって立証したことになる旨を明示し、【11】判決・【13】決定が追随した。これに対し、新規制基準の下で許可された運転に関する高浜仮処分（【20】決定[10]）は、福島原発事故を踏まえて、安全性に関する債務者側の主張・疎明について足りない点（過酷事故対策の設計思想、緊急時対応、基準地震動策定、津波対策、避難計画など）があるとして、仮処分を認めた点が注目される（【22】決定で取り消された）。

(b) 志賀型と大飯型　以上に対し、志賀一審（【8】判決）は、原告側が最初に人格権侵害の具体的危険性について「相当程度の可能性」という軽減された立証責任を負うものとして、この点を重点的に審理する判断枠組み（志賀型）を採用し、かつ、福島原発事故前の段階で唯一差止めを認めた点が注目される（【9】判決で取り消された）。また、事故後最初に差止めを認容した大飯一審（【15】判決[11]）も、伊方・女川型をとらず、「具体的危険性」について原告側に立証責任を負わせつつ、「具体的危険性が万が一でもあ」るかを問題とする判断枠組み（大飯型）をとった点が注目される（〔【15】判決とは異なり〕新規制基準で許可された運転の差止仮処分を認めた【16】決定も【15】判決に類似した判断の仕方をしたが、【17】決定で取り消された）。

(c) 近時の動向　上述のように、新規制基準で許可された運転について、当初は【16】決定や【20】【21】決定のように差止めの仮処分を認める判断がみられたが、それぞれ【17】決定、【22】決定で取り消される一方、【18】【19】【23】【24】決定など否定例が続いた。判断の違いの背景として、新規制基準について、【16】決定が、「緩やかにすぎ、これに適合しても本件原発の安全性は確保されていない」としたのに対し、【19】決定は、「安全性を確保するための極めて高度の合理性を有する」としていた。このような流れの中で、【25】決定[12)]は、被告側が「具体的危険性の不存在」について疎明する責任を負うとしたうえで、「火山事象の影響による危険性」を理由に高裁レベルで差止めの仮処分を認めた点が注目される。

(2) 注目される裁判例の検討

(i) 志賀一審　【８】判決は、①人格権侵害の差止請求の一般論に従って、原告側が「規制値」ないし「許容限度」を「超える放射線を被ばくする具体的可能性」があることの立証責任を負うべき一方で、②「大量の放射性物質を内蔵」する原子力発電所を何の対策もなく運転すれば「周辺公衆が大量の放射線を被ばくするおそれがある」ところ、被告が「高度かつ複雑な科学技術」を用いて「安全設計」や「安全管理」をしているその「方法に関する資料は全て被告が保有している」ことに鑑みると、③原告の側が、被告の上記方法に不備があり、「本件原子炉の運転により原告らが許容限度を超える放射線を被ばくする具体的可能性があることを相当程度立証した場合」には、「公平の観点」から、被告の側が「『許容限度を超える放射線被ばくの具体的危険』が存在しないこと」につき、「具体的根拠を示し、かつ、必要な資料を提出して反証を尽くすべきであり」、④これをしない場合には、上記「具体的危険」の「存在を推認すべきである」とした。

この判断は、立証に関する被告側の《科学技術的な専門性》と《証拠の偏在》に照らした「公平の観点」から、原告側の立証責任を緩和して、「相当程度の可能性」の立証をもって、被告側の（本証ではない）「反証」がない限り、「具体的危険」を事実上「推認」したものである。あくまでも人格権侵害が争点である民事訴訟であることを十分踏まえて、侵害の「具体的危険」の審理に重点を置くとともに、立証責任の分配に関しても、他の公害差止事件にも多くみられる[13)]民事法理論として素直な考え方に立って、原告側の立証責任を緩和している点で、適切な判断枠組みといえよう。

(ii) **大飯一審**　【15】判決は、①「人格権とりわけ生命を守り生活を維持するという人格権の根幹部分」に対する「具体的侵害のおそれ」があるときは、「差止めによって受ける不利益の大きさを問うことなく」、「差止めを請求できる」とともに、②「多数人の人格権を同時に侵害する性質を有するとき」は「差止めの要請が強く働く」としたうえで、③「経済活動の自由」は「人格権の中核部分よりも劣位に置かれるべき」ところ、④「自然災害や戦争以外で、この根源的な権利が極めて広汎に奪われる……事態を招く可能性があるのは原子力発電所の事故のほかは想定し難」く、⑤「かような事態を招く具体的危険性が万が一でもあれば、その差止めが認められる」との一般論の下、⑥福島原発事故を踏まえた冷却機能や使用済み核燃料に関する具体的危険性を肯定し、その及ぶ範囲を250km圏内として差止めを認めた。

判決が、「生命を守り生活を維持する」ことを「人格権の根幹」として、その重要性・優位性を強調し、かつ、有力説[14)]にみられる原告以外を含む被害の広範性を考慮することを議論の起点としたことは注目される。そこから、「具体的危険性が万が一でもあれば」差止めを認めるとした判断については、ゼロリスクを要求するものでないかという批判が多いが、あくまでも伊方最判の判旨(i)の「万が一」や、「根源的な権利」が「極めて広汎に奪われる」危険性を踏まえた立論である点で、従来の「社会観念上無視し得る程度に小さい」危険か否かの基準を再検討しようとするものとして意義を有する（差止めによる「不利益の大きさ」を問わない点の当否については後述）。

(iii) **伊方即時抗告審**　【25】決定は、人格権侵害に基づく差止めを求める原告側に生命身体に対する「具体的危険の存在」を立証（仮処分では疎明）する責任があるとしつつ、この原則を修正した。すなわち、原発の設置審査を受ける事業者の「安全性についての十分な知見」や「原発事故の特質」に照らし、重大被害想定地域の居住者が原告の場合について、㋐被告側に（「安全性」ではなく）「具体的危険性の不存在」に関する立証（疎明）を求めつつ、㋑それに代えて、「基準の合理性及び基準適合判断の合理性」について必要な立証（疎明）をすれば上記「不存在」が推定されるが、㋒必要な立証（疎明）を尽くさないか原告側の反証によって上記「不存在」が推定されない場合には、それでも上記が「不存在」であることを被告側が立証（疎明）しなければならないとしたうえで、「火山事象の影響による危険性」に関して㋑の合理性や㋒の「不存在」の疎明がされていないとして、差止めの仮処分を認めた。

伊方・女川型に類似するが、「安全性」自体でなく、あくまでも「具体的危険性」の不存在の立証に代わるものとして㋐㋑で「安全性」を問題としつつ、㋒で「具体的危険性」（の不存在）を被告側に立証させる形で問題とした判断は、女川一審（【2】判決）の問題点（前記3⑵(ii)㋐㋑）を免れるものであり、民事訴訟と行政訴訟の機能分担を再検討する試みとして評価できる。

上記㋐㋑に類似する判断は、【19】【22】決定にもみられる。しかし、【19】決定は、新規制基準は「社会通念」を反映し「極めて高度の合理性を有」しており、科学的不確実性が残るとしても「現在の科学技術水準」を満たしていれば「具体的危険」性はないとする割り切りをした点[15]に大きな問題がある。【22】決定も、債務者側に安全性基準に適合することの疎明を求めただけで、基準の不合理性についての疎明を債権者側に求めている点に、問題がある。

5　若干の考察

⑴　行政訴訟・民事訴訟の機能分担

改正法が法規命令による新規制基準を導入したことについて、橋本教授は、実定法の構造が変わった以上は伊方最判に代わる判断枠組みが必要となるが、法規命令という理由で、抗告訴訟の審査密度を安易に下げるべきではなく、民事訴訟が排斥されるわけでもない、とする[16]。

行政訴訟・民事訴訟を問わず裁判所の能力の限界に鑑みれば、行政庁による専門技術的な判断に対する一定の敬譲は必要であるが、だからといって、人格権侵害の具体的危険性が直接の争点である民事訴訟の審理で、行政庁の判断の合理性の有無の《追試》のみに終始するのは相当でない。公害差止訴訟では、行政基準を満たしていることだけで民事上適法とされてきたわけでなく、民事法上の理由があれば違法とされてきたように、原発差止訴訟においても、「民事法上の十分な理由」があれば、行政基準を超える判断をすべきである。[17]

(2) 根拠となる権利と考慮要素

女川一審（【2】判決）は、「環境権」に一定の理解を示しつつ、「人格権」のみを問題とした。一方、大飯一審（【15】判決）も、「人格権」を根拠とするが、「生命を守り生活を維持するという人格権の根幹部分」や「多数人の人格権」を問題とする点で、「環境権」への発展の契機を有する。福島原発事故の被害を踏まえれば、上記の「生活の維持」は、家族や地域全体の生活・経済活動の包括的基盤としての地域「環境」が必然的に前提となる。原発訴訟では上記を十分踏まえた特別な意義を有する「人格権」が問題とされるべきであり、人格権の一環としての「生活基盤維持権」[18]という法律構成の試みは、環境権の要素を取り込みうる議論として注目される。

これに関連して、原発の差止めの判断で、㋐大飯一審のように、リスク（損失の大きさ×蓋然性）と経済的利益との間の衡量を否定するか、㋑女川一審など多くの裁判例のように肯定するか、が問題となる。騒音被害等の公害の人格権侵害の差止めについて侵害行為の公共性（差止めによる経済コスト）を考慮するのが判例であるが[19]、生命健康等の侵害に関しては、上記コストを考慮しない立場が裁判例や学説で承認されている。[20]大塚教授は、公害と事故（リスクが問題となる）の区別を意識しつつ、人格権の根幹部分の侵害であることから、㋐の立場をとりつつ、生命等の侵害について「等リスク基準」によるべきだとする。[21]侵害される権利の下記の性質に照らせば、大塚説を支持すべきであるが、仮に㋑の立場をとったとしても、蓋然性は低いとはいえ、周辺地域の多数人の生命健康や生活基盤（国土の一部たる当該地域環境を含む）に対する極めて重大な被害の同時発生が問題となる点[22]を十分に踏まえ、かつ、あくまでも当該原発の稼働による経済的利益との衡量にとどめて判断すべきである。[23]

(3) 立証責任の分担

伊方・女川型は、被告側に「安全性」に関する立証を求めるものではあるが、民事訴訟の機能分担として前述した大きな問題がある（3(2)(ii)㋐㋑）。伊方即時抗告審（【25】決定）は、伊方・女川型に類似するが、上記の問題を免れる判断枠組みをとる点（4(2)(iii)参照）では一定の評価ができる。しかし、志賀一審（【8】判決）のほうが、人格権侵害の「具体的危険」の有無を直接問題とし、かつ、原告側がまずはその点について緩和された「相当程度の可能性」の立証責任を負う点[24]で、民事訴訟としてより適切な判断枠組みといえる（4(2)(i)参照）。大塚説は、これを基本的に支持して、㋐「等リスク」を参照した「安全目標[25]」を超える事故の可能性について「相当程度の可能性」を原告が証明した場合には、㋑被告に「安全目標」を超える事故の危険性の不存在について「本証」を要求する（鑑定を活用すべきだとする）。[26]

上記㋑については、被告の「反証」にとどめる解釈もありうる。しかし、被告が「反証」に成功した場合には、結局は、証拠や専門的知識の点で格差の大きい原告側が、証明責任の原則どおり「本証」をしなければ敗訴することになる。上記の格差を考慮した公平の観点から立証責任を転換し、被告に「本証」を要求すべきである。㋑に関しては、あくまでも「安全目標」を超える事故の危険性をなくすこととの関係で、「安全審査基準」や「基準適合判断」が合理的であることを主張・立証するとともに、広域避難などの「基準」にない点が争点になった場合も、その点が「安全目標」との関係で支障をきたすものでないことを主張・立証すべきであろう。

〔付記〕

脱稿後校正時までに、大飯原発の運転差止めを認容した第一審判決（【15】判決）を取り消す控訴審判決（名古屋高金沢支判平30・7・4裁判所HP)、伊方原発の運転差止めの仮処分を認めた抗告審決定（【25】決定）を取り消す異議審決定（広島高決平30・9・25裁判所HP）など、差止めを否定する裁判例が続いて出されているが、これらを含めた再検討は他日を期したい。

【注】

1) このような裁判例の流れとその分析について、淡路剛久「原発規制と環境民事訴訟」環境法研究5号47頁（2016年）。
2) 高木光「原発訴訟における民事法の役割—大飯三・四号機差止め判決を念頭において」自研91巻10号17頁（2015年）。
3) 大塚直「原発の稼働による危険に対する民事差止訴訟について」環境法研究5号91頁（2016年）。
4) 橋本博之「原発規制と環境行政訴訟」環境法研究5号27頁（2016年）。
5) 原子炉設置許可（法43条の3の5第1項）は、法43条の3の6第1項各号の基準に適合することが要件とされるとともに、その要件の1つとして、同項4号では、「発電用原子炉施設の位置、構造及び設備が核燃料物質若しくは核燃料物質によって汚染された物又は発電用原子炉による災害の防止上支障がないものとして原子力規制委員会規則で定める基準に適合する」こととが定められている。再稼動にかかる変更許可については、法43条の3の8第2項において、上記の法43条の3の6第1項が準用される。
6) 法規命令として、「実用発電用原子炉及びその附属施設の位置、構造及び設備の基準に関する規則」および「実用発電用原子炉及びその附属施設の技術基準に関する規則」。それぞれの審査基準として、「実用発電用原子炉及びその附属施設の位置、構造及び設備の基準に関する規則の解釈」および「実用発電用原子炉及びその附属施設の技術基準に関する規則の解釈」。なお、旧法は、あくまで設置時の安全性審査であったが、新法では、バックフィットの審査が導入された。
7) 交告尚史「伊方の定式の射程」加藤追悼245頁参照。
8) 民訴学説では、立証責任の転換ではなく、被告に事案解明義務を課したもの（竹下守夫「伊方原発訴訟最高裁判決と事案解明義務」木川統一郎博士古稀祝賀論集刊行委員会『民事裁判の充実と促進（中）』〔木川統一郎博士古稀祝賀〕1頁以下（判例タイムズ社、1994年）など）と解する説が有力である（学説の概観について、垣内秀介「判批」高橋宏志ほか編『民事訴訟法判例百選〔第5版〕』132頁（133頁）（有斐閣、2015年）参照）。
9) 橋本博之「判批」平成6年度重判（ジュリ1068号）38頁（40頁）（1995年）。
10) 越智敏裕「判批」新・判例解説 Watch 19号309頁（2016年）参照。
11) 大塚直「判批」法教410号84頁（2014年）参照。
12) 黒川哲志「判批」新・判例解説 Watch 23号289頁（2018年）参照。
13) 同様の考え方に立つものとして、徳島地判昭52・10・7判時864号38頁、札幌地判昭55・10・14判時988号37頁、仙台地決平4・2・28判時1429号109頁、名古屋高判平10・12・17判時1667号3頁、東京高判平19・11・29 LEX/DB 25463972。
14) 淡路剛久『環境権の法理と裁判』69頁（有斐閣、1980年）、大塚直「生活妨害の差止に関する基礎的考察（8・完）」法協107巻4号517頁（581頁）（1990年）。

15）大塚・前掲注(3)99頁、橋本博之「判批」平成28年度重判（ジュリ1505号）58頁（60頁）(2017年）。

16）橋本・前掲注(4)44頁、42頁、38頁以下。

17）大塚・前掲注(3)104頁以下、大塚・前掲注(11)92頁、同「環境民事差止訴訟の現代的課題」淡路古稀537頁（552頁、566頁以下)、吉村良一『公害・環境法講義』275頁（法律文化社、2018年）参照。

18）大塚・前掲注(11)91頁参照。

19）最判平7・7・7民集49巻7号2599頁〔国道43号線訴訟〕。大塚・Basic 417頁、前田陽一『不法行為法〔第3版〕』79頁（弘文堂、2017年）参照。

20）大塚684頁以下。

21）大塚・前掲注(11)91頁、92頁注(29)。同・前掲注(17)551頁も参照。

22）自動車による多数の交通事故が社会において事実上許容されている点が問題となる（大塚・前掲注(11)91頁）が、①被害者集団にも相当程度のメリットがあること、②被害が散発的で保険による迅速な救済がされているなど、被害を社会的に受容しやすい特殊性が指摘できる一方、原発被害は、①立地周辺への不利益の偏在や、②周辺地域全体で深刻な被害が家族や地域全体を巻き込む形で同時に発生し、交通事故のような迅速な救済も望めない点からも、大きな差異がある。

23）大塚・前掲注(11)88頁注(12)参照。

24）大塚・前掲注(17)547頁、大塚・前掲注(3)110頁参照。

25）原子力規制委員会の田中委員長は、事故時のCs137の放出量が100TBqを超えるような事故の発生頻度が100万炉年に1回程度を超えないことを基準とする旨発言した（平成25年度原子力規制委員会第1回会議議事録36頁）。

26）大塚・前掲注(11)93頁、同頁注(36)92頁。大塚・前掲注(3)113頁以下参照。

景観利益の私法における法的保護についての一考察

佐伯　　誠

1　はじめに

平成18年３月30日国立景観訴訟最高裁判決（以下「最高裁判決」という。）が景観利益は709条で保護される利益であると判示したものの、学説では景観利益が成立する場合やその主体、違法性の判断等について更なる検討が必要であるとするもの[1)]があった。最高裁判決から10年あまりが経過した現在、景観利益についていかなる検討がなされるべきか。本稿は、最高裁判決、下級審判決および学説について、理論的な整理と今後の検討のための一定の視座を得ることを目的とする。

2　最高裁判決の論理とその後の裁判例の状況

まず、最高裁判決の特徴と問題点を確認し、次に最高裁判決以降の裁判例をとりあげ、どのような判断を行っているかを確認する。

(1)　最判平 18・3・30 判時1931号３頁の特徴と問題点

この事件では、国立通を中心とした都市景観が問題となっており、Ｘらが、Ｙらが建築した本件建物が違法建築物であり、日照、景観について被害を受けるなどと主張して、本件建物のうち高さ20ｍを超える部分の撤去等を請求した。一審は原告の請求を認めたが、二審は原告側の請求を棄却した。これに対し、最高裁は上述のように景観利益は709条で保護される利益であるとしつつ、本件においてその違法な侵害はなかったとした。

最高裁判決の特徴としては、以下の点が挙げられる。第一に、「良好な景観に近接する地域内に居住し、その恵沢を日常的に享受している者」について景観利益が民法709条の「法律上保護される利益」にあたるとしたことがある。従来、景観利益が民法709条で保護の対象となるかどうかについては、これを認める学説がある一方で、否定する裁判例[2)]や学説[3)]があった。本判決はこの対立に決着をつけたものといえる。

第二に、最高裁判決は、景観利益を「環境的な人格利益[4)]」として認めたものと解される。景観法や国立市の景観条例が制定されていることを挙げ、そこから民法709条にいう「法律上保護される利益」を導いている。

第三に、相関関係説を採用し、景観利益の侵害が違法となるのは刑罰法規・行政法規違反または権利濫用・公序良俗違反にあたる場合であるとした。

一方、本判決についての問題としては、以下の点が挙げられる。

第一に、景観法、国立市の景観条例には個人に景観権を認めた規定がない。したがって、景観利益が民法709条の「法律上保護される利益」とされる場合が「享受」のみであるのか、ほかにも考えられるのではないか、といった点について考える必要があろう。

第二に、いかなる者に「享受」による景観利益が認められるか、その範囲が明確ではない[5)]。主体の範囲が曖昧になるとの批判を招くことになろう[6)]。

第三に、本判決はXが景観利益を有するとしたものの、Yの行為は刑罰法規や行政法規違反、公序良俗違反や権利濫用に該当しないとして、景観利益の違法な侵害を認めなかった。この点について、利益の主体が近隣居住者とされたことで、利益の強さが希釈され違法性が認められにくくなったとの指摘[7)]がみられる。

第四に、本件では差止めが認められるかどうかが中心的な争点であったが、最高裁判決からはその可否についての判断が明らかでない。

(2) 国立訴訟最高裁判決以降の裁判例の展開

最高裁判決以降に景観利益について判断を行った裁判例を検討する。公表されている民事裁判例は４件あったが、紙幅の関係上、景観利益が認められた２件について検討を加える[8)]。

(i) **東京地判平 19・10・23 判タ1285号176頁**　東京都町田市の玉川学園、玉川学園南台、東玉川学園、南大谷及び成瀬地区に住居を有する住民であるＸらが、Ｙに対し、マンションの一部撤去を求めた事例である。

「発展の当初から学園都市を目指して地域の整備が行われたとの70年以上にわたる歴史的経緯があること、……多少の利便性を犠牲としても自然環境を維持することを目的とする住民運動も多く行われており、環境や景観の保護に対する当該地域住民の意識は高いと評価できること、……少なくとも本件土地周辺においては、良好な景観を呈しているといえること（被告らも本件マンションの宣伝においてそのことを記載しており、かかる評価自体を争うものではないと考えられる。）……などからすると、本件土地周辺の景観は、良好な風景として、豊かな生活環境を構成するものであって、少なくとも原告を含むこの景観に近接する地域内の居住者は、上記景観の恵沢を日常的に享受しており、上記景観について景観利益を有するものというべきである。」

「本件地域の住民らは、主として、環境保護や緑化の充実を目的とした活動をしていたのであり、第１種低層住宅のスカイラインを崩さないことに重点を置いた活動をしていたとは認められない……。生活インフラが機能不全に陥らないようにすること、マンションでの生活パターンが本件地域と融合するものであること、周辺住民の平素の暮らしを侵害しないようにすることは、いずれも、良好な風景としての「景観利益」の内容をなすものとは考え難い。」

本件では被告に建築法規違反がなく、公序良俗に違反する行動や権利濫用に該当する事情があったとも認められないことから、景観利益の違法な侵害は認められないとした。

(ii) **京都地判平 22・10・5 判時2103号98頁**[9)]　京都市にある船岡山の南側斜面地に建設されたマンションに近接して居住し、又は土地・建物を占有する者であるＸらが、Ｙに対し本件マンションの一部除去等を求め、また本件工事により騒音・振動被害を受けたとして金員の支払を求めるなどした事案である。

本件マンションが建設された土地は、条例において建築物の高さ15m以下、建ぺい率40％以下と規制されているところ、本件マンションの構造は、高さ18.7m、建ぺい率46.82％である。

「本件地域においては、２階建ての一戸建て住宅が多く建設されており、本件マンションのような５階建ての建物は建設されていなかったこと、被告においても、本件地域について歴史を感じさせる街並みであり、低層の屋敷が建ち並ぶ閑静な邸宅街と宣伝していたことからすると、船岡山に配慮した調和がとれた景観を呈していたといえる。」「マンション建設にあたり、周辺住民から本件マンションのような高い建物を建てるべきではないとの反対運動が起こされたことなども踏まえると、本件地域では景観の保護に対する住民の意識も高かったものといえる」ため、少なくともこの景観に近接する地域内の居住者は上記景観について景観利益を有する。

しかし、「本件マンションの建築が、条例に違反することはあったものの、その違反の程度は重大なものであるとまではいえず、本件地域や原告らの景観に対する影響は少なかったといえる。そして、本件マンションは、本件地域においても相当の高さと容積を有する建物であるといえるが、その点を除けば周囲の景観の調和を乱すような点があるともいえず、他に公序良俗違反や権利の濫用に該当するものであるなどの事情は認められず、その行為の態様や程度の面において社会的に容認された行為としての相当性を欠くものとまでは認められない」として、景観利益が違法に侵害されたものとはいえないとした。

(3) 検　討

第一に、景観利益の有無の判断にあたっては、客観的に良好な景観と捉え得るものが存在していることの認定に際して、原告及び被告の景観に対する意識が考慮されている。まず、原告側の意識については、裁判例(i)では自然環境を維持することを目的とする住民運動が多く行われていること、裁判例(ii)ではマンション建設に反対する住民運動の展開が挙げられている。次に、被告側の意識については、裁判例(i)、(ii)ともにマンション販売にあたっての宣伝行為などにより被告が景観の価値を認識していることが挙げられている。また、行政上の指針や用途地域指定など景観の維持に関する行政活動が行われていることも挙げられている。

第二に、景観利益の主体は、裁判例(i)、(ii)ともに最高裁判決と同じく良好な景観に近接する居住者とされているが、結論として景観利益の違法な侵害が否定されているため、景観利益を有する者の具体的な範囲は示されていない。

第三に、景観利益の違法な侵害があったかどうかについて、裁判例(i)は最高裁判決の基準に則った判断をしているところ、裁判例(ii)では「重大な」法律・条例違反とするがないかを判断している。結論としては、裁判例(i)も(ii)も景観利益の違法な侵害はなかったとした。

(4) 問題点

第一に、景観利益を認める根拠についてである。裁判例(i)および(ii)ともに形式上は最高裁判決のいう「享受」による景観利益が認められるか否かの判断を行っているが、その際、単なる享受だけではなく、マンション建築の反対運動など原告につき景観に対する意識や活動があることを求めている。裁判例(i)および(ii)では、景観の維持形成等に関与せず「享受」のみをしている場合に、景観利益の違法な侵害が実際に認められるかは不明である。

第二に、景観利益を有する者の範囲であるが、最高裁判決の定義をそのまま用いつつ、景観利益が違法に侵害されたとはされていないため、結局のところその範囲について示唆を得られるものではない。

第三に、違法性の判断方法について、裁判例(i)は最高裁判決の判断枠組みを用いているが、権利濫用や公序良俗違反は認められていない。裁判例(ii)では行政法規（条例）違反があっても、「重大な」ものではないとして侵害を認めなかった。最高裁以上に厳しい要件を課しているといえる。

第四に、差止の可否について、結局のところ景観利益の侵害を認めた裁判例がないために、何ら判断が示されなかった。

3　問題点の検討

(1)　景観保護の根拠について

最高裁判決および裁判例の問題点は上にみたとおりである。以下では学説を参照しつつ理論的な整理を試みる。ところで、学説では景観を民法上保護するための理論的根拠について利益とするもの以外にも複数の主張があるので、最高裁判決および裁判例の問題点を検討する前にこれらの主張についてみていく。

景観が民法上で保護される理論的根拠について、学説では①最高裁判決と同様に利益として認めるもの[10]、②権利として認めるもの、③「秩序」違反を理由とするものがある。②権利説として代表的であるのは大阪弁護士会が提唱した環境権説[11]であるが、そこでいう環境の内容が不明確であることや、これを環境に対する個々人の「支配権」として構成したことなどが批判され、裁判例でこれを採用したものはみられない。

次に、③秩序説の論者である吉田克己教授は以下のように述べる[12]。

まず、広中俊雄教授が提唱された「財貨秩序」と「人格秩序」及びその外郭秩序である「競争秩序」、「生活利益秩序」を基礎とし、生活利益秩序においてはある限度を超える侵害があった場合に初めてこの秩序を害するとする。そして、生活秩序利益の確保は、個別的私的利害だけの対象ではなく、市民総体にとっての重要な利害の対象であり、生活利益秩序の内容を定めることは公事に属する。ここでいう公共性は「市民的公共性」であり、国家的利益を内容とするものではない。個々の市民も生活利益秩序の維持から一定の利益を享受しており、公共的利益と私的利益とがオーバーラップしている。生活利益秩序においては「権利」ではなく「秩序」違反に対するサンクションとして差止めが認められる。外郭秩序は実定法規からも形成されるが、市民によって下から形成される。景観形成に関する地域的ルールは下からの外郭秩序形成の例であり、これに違反する行為に対しては、地域的ルール＝外郭秩序違反によるサンクションとして差止めが認められる。

秩序説については、吉村良一教授が自らの景観利益侵害の判断方法に取り入れるなど学説上一定の理解がみられる一方で[13)]、批判も存在する。大塚直教授は、高さ規制について住民の意見が割れていた場合には市民的公共性は存在しないことになるのか、地域的利益に公共的性格があるとしても、同時に私的利益があるからこそ訴えられるのではないかとの疑問を呈している[14)]。吉村教授も、上述のように秩序説に一定の理解を示しながらも「景観利益が個々の住民の私益につながっていることが必要になるのではないか」[15)]と述べ、基本的には個別的利益が必要としている。

権利説および秩序説については、理論的に難点があるといえ、利益として認めることができるかどうかを検討することが妥当であろう[16)]。

では、最高裁判決および裁判例からみられる問題点について、どのような解決が考えられるだろうか。

第一に、景観利益が認められる根拠について検討する。裁判例は、景観に関する意識があることやこれに関わってきたことを利益の認定に関して重視する傾向にあるが、その背景には、単に良好な景観を享受しているよりも、その景観を創出・維持してきたなど、景観との関係性があれば個別的利益を認めやすいという考え方があるようにみえる。また、学説においても、景観の創出・維持を行ってきたことで「公益でもある景観利益が私人である地域住民にしっかりと係留される[17)]」とするものがある。

そうであれば、最高裁のいう良好な景観を「享受」している者だけでなく、裁判例が重視する「関係性」のある者についても、そのことを根拠に個別的な景観利益が認められるのではないか[18)]。大塚教授は、個別的な景観利益が認められる場合として受動的な「享受」、土地所有者等が自発的に土地の使用規制を行ってきた「(相互) 関係性」および環境の共同利用や環境保護団体のような「関与」の三類型を挙げ、「環境関連の公私複合利益」として私法上の保護が受けられる場合があることを主張[19)]している。複数の視点から景観利益の根拠を認めることで、以下に述べるように最高裁判決及び裁判例における問題点を相当程度克服できると思われる。

第二に、景観利益を有する者の範囲について、最高裁の定義では、「享受」

を根拠とする利益を有する者の範囲が明確ではないことが指摘されてきた。これに対し、景観の創出・維持に関与している場合であれば原告側で関係性があることを証明できるであろうし、土地所有の関係性の場合であれば土地所有者といったように、「享受」の場合よりもその範囲は明確になるといえよう。

第三に、景観利益の違法な侵害の判断方法についてである。景観利益が認められる場合を「享受」によるとしていた最高裁判決からすれば、侵害行為の違法性に強いものを要求し、違法性判断は最高裁判決の示した基準とすることも理由があろう。一方、「関係性」がある場合については、景観を自ら形成してきた者らに対する違法な侵害成否の判断であるから、「享受」の場合と比較すると、その保護性は高いということができる。また景観形成への関与には様々な形態や程度が考えられるため、「関係性」による景観利益をも認めるときは、これらの事情を考慮に組み入れることができる受忍限度判断が考えられるのではないか。この点に関して、国立景観訴訟第一審判決（東京地判平14・12・18判時1829号36頁）は、地権者らの「関係性」を根拠として景観利益を認めたと解されるが、受忍限度による違法性判断を行っていることが参考になろう。

第四に、景観利益侵害に対する救済方法は金銭賠償に限られるか。国立景観訴訟に限らず、景観訴訟ではマンション等の建築差止が求められることが多い。この点、利益侵害には差止は認められない[20]と考えることもできるが、景観訴訟においては実態に即していない[21]という批判も考えられるところである。最高裁は差止の可否について何ら言及していないことからも、利益による差止を認めるよう考えていくべきではないか。

⑵　地域的ルールの意義

以上、最高裁判決および裁判例の問題点に対する検討を行ってきたが、学説においては、景観利益侵害の有無を考えるにあたって、「地域的ルール」に言及する説がある。たとえば、「社会的に形成されてきた景観については、そこで事実上維持されてきた景観こそが、社会的な合意を得た景観であり、慣習としてルール化されたものと見ることができる[22]」、「一定地域内において歴史的・慣習的に遵守されてきた高さ制限その他の建築規制は、地区計画として定められ、建築条例によって直接的に規制されるようになる以前に、すでに社会的規範として存在している」[23]というような説明がされている。とくに地域的ルールを強調するのは吉村教授で、地域的ルールの効力を段階的に考え景観利益侵害の枠組みを考えている[24]。吉村教授によると、第一に、最高裁判決が違法性判断の基準として重視すべきとした権利濫用の存否や公序良俗の判断にあたって意味を持つ。第二に、地域的ルールは一定の利益（景観利益等）を、法律上保護される利益ないし権利に高めることが考えられる。そのようにして高められた利益や権利が侵害された場合、当然それに対する救済が与えられる。第三に、地域的ルールが強固なものとなり地域の秩序として形成されているような場合には、地域的ルールに反する行為は秩序を侵害するものとして法的サンクションの対象となるというのである。

上記のように、景観利益を認める学説では多かれ少なかれ地域的ルールについて言及・主張しており、景観利益を考えるにあたって一つの論点となる。

ところで、地域的ルールという考えは、学説で主張されているだけでなく、最高裁判決以後の裁判例における原告の主張にもみられる。まず裁判例(i)においては、原告は地域的ルールが都市マスタープラン中に明文化され、少なくとも第１種低層住居専用地域に指定されている周辺地域と同様の高度規制に服すべきこと、本件土地が昭和39年にグラウンドとしての利用を条件に開発された時、地域住民の意識が地域的ルールとして既に本件土地の土地利用に及んでいたというべきであると主張した。しかし、判決は「任意の協力を超えて拘束力を有する規範があったと認めるべき事情もその具体的な事例も見当たらない」として、地域的ルールの成立を否定した。

次に、裁判例(ii)において、原告は「本件地域で現実に建築されてきたのは、船岡山の風致地区指定である高さ制限10ｍを下回る低層の一戸建住宅ばかりである。これは、船岡山付近の住民が、船岡山の眺望及び船岡山からの眺望を害してはいけないという意識を持ち続けていたためである」と主張した。これに対し、判決は、住民が景観に関するアンケートを行ったのが訴え提起後であり、被告に対する要望書においても10ｍという具体的な高さを示しておらず、現存する建物の高さについて資料があるのか明らかでないとして、地域的ルールの存在を認めなかった。

これらの裁判例では、地域的ルールが存在しないか、または建物の高さ等につき具体的な取り決めのない、景観を大切にすることについて共通の認識があるにとどまる場合といえよう。上の裁判例のみから結論を出すことは早計であろうが、地域的ルールを主張するならば、それは建築物の高さをどの程度までにするかといった、景観を構成する要素について具体的取り決めや事例を伴ったものでなければ認められにくいと思われる。一例としては、建物の高さが地域のシンボルとなっている大木の高さを超えないようにすることをその地域に居住する住民が取り決め、実際にそのような高さの建物による街並みを形成しているような場合が考えられる。この場合、高さの上限については、地域のシンボルたる大木の高さが主張できるだろう。このような地域的ルールについては、景観利益侵害の違法性判断において考慮することができると思われる。

上記のように考えるとして、ある住民による地域的ルールに反する建築行為を別の住民がやめさせるなど、地域的ルールが厳格に守られてきた事例がある場合、地域的ルール違反を根拠とする差止を認めることはできるだろうか。秩序説は上述のようにこれを認めるが、建築行為の差止は所有権の制限にほかならないのであり、それほどの法的効果を認めるには地域的ルールが法源となる根拠を明確に示すことが必要であろう。そうすると、差止を認めるには、地域的ルールが「慣習」といえる場合でなければならないのではないか[25)]。このように慣習に基づく差止を認めるとして、問題となるのは根拠条文をどこに求めるかである。民法236条は、相隣関係につき慣習がある場合これに従う旨を定めているが、同条は境界線付近の建築の制限（234条）および他人の宅地観望の制限（235条）について条文と異なる慣習がある場合を定めたものであり、景観訴訟で主に問題となる高さや色彩についての慣習を直接の対象とするものではない。236条を手掛かりとして考えることができるか、あるいは法適用通則法３条を用いることができるかといった点は慣習に基づく差止を認める論者においても判断が異なる[26)]。上述の２つの条文に加え、民法92条をも含めて地域的ルールと慣習についてさらに検討されるべきであろう。

【注】

1)　吉村良一『環境法の現代的課題―公私協働の視点から』159頁（有斐閣、2011年)。
2)　京都地決平4・8・6判タ792号280頁など。
3)　阿部泰隆「景観は私法的（司法的）に形成されるか（上)」自研81巻2号3頁以下（2004年)、同「景観は私法的（司法的）に形成されるか（下)」自研81巻3号3頁以下（2004年)、福井秀夫「景観利益の法と経済分析」判タ1146号75頁以下（2004年)。
4)　大塚直「国立景観訴訟際高裁判決の意義と課題」ジュリ1323号70頁（73頁)（2006年)。
5)　前田陽一「景観利益の侵害と不法行為の成否」法の支配143号88頁（100頁)（2006年)。
6)　吉村良一「国立景観訴訟最高裁判決」法時79巻1号141頁（144頁)（2006年)。
7)　大塚・前掲注(4)76頁。
8)　行政訴訟も含めた景観に関する訴訟について、富井利安『景観利益の保護法理と裁判』118-133頁（法律文化社、2014年）を参照。また、谷口聡「景観訴訟の整理と総合的検討」地域政策研究19巻4号167頁以下（2017年）が、1955年以降の景観に関する裁判例を整理している。
9)　本判決はその後控訴され、さらに最高裁に上告されている。判決文は公表されていないが、控訴審でも景観利益の違法な侵害は否定され、上告不受理により控訴審判決が確定したようである。産経新聞ホームページ（http://www.sankei.com/west/news/140320/wst1403200063-n1.html)（2018年3月31日閲覧)
10)　民法709条において権利と利益を認めるか、権利のみを認めるかについては学説上議論があるが、ここでは扱わない。
11)　大阪弁護士会環境権研究会編「環境権」(日本評論社、1973年)。
12)　吉田克己『現代社会と民法学』242-256頁（日本評論社、1999年)。
13)　吉村・前掲注(1)167頁。
14)　大塚直「環境訴訟と差止の法理」能見善久ほか編『民法学における法と政策』701頁（721-723頁)（有斐閣、2007年)。
15)　吉村・前掲注(1)146頁。
16)　景観のような、個人には帰属しないものについて個別的利益が認められることについて、大塚教授はこれを「公私複合利益」として整理している。大塚直「公害・環境、医療分野における権利利益侵害要件」NBL 936号40頁（45頁)（2010年）参照。
17)　吉村・前掲注(1)147頁。
18)　吉村教授は、景観の形成・維持にかかわることによって「始めて」個別的利益が認められるとしており（吉村・前掲注(1)147頁)、享受のみによる個別的利益の認定を否定するようである。
19)　大塚・前掲注(14)733-734頁、同「環境訴訟における保護法益の主観性と公共性・序説」法時82巻11号116頁（122頁)（2011年)。
20)　前田・前掲注(5)101頁は、最高裁判決が一般論として景観利益の侵害に対する差止を否定したとする。
21)　大塚・前掲注(4)81頁。

22)　礒野弥生「国立マンション差止請求控訴審判決」環境と公害34巻４号41頁（44頁）(2005年)。

23)　淡路剛久「景観権の形成と国立・大学通り訴訟判決」ジュリ1240号68頁（75頁）(2003年)。

24)　吉村・前掲注(1)166-167頁。

25)　大塚教授のいう「(相互）関係性」が認められる場合である。慣習による差止の可否について、最判平16・2・13民集58巻311頁は、「競走馬の所有者が競走馬の名称等が有する経済的価値を独占的に利用することができることを承認する社会的慣習又は慣習法が存在するとまでいうことはできない」と判示し、慣習があれば差止が認められることを示唆している。

26)　たとえば、大塚・前掲注(4)76頁は236条を挙げるが、富井・前掲注(8)161頁は法適用通則法３条を挙げている。

「サテライト最判」再考

越智　敏裕

1　原告適格論とサテライト最判

(1)　環境規制と行政訴訟

環境規制が不十分である（と主張される）場合、三面関係の環境紛争が惹起し、しばしば処分の相手方でない第三者原告によって行政訴訟が提起される。そこでは主に抗告訴訟の形式が利用され、原告適格が大きな問題となる[1]。

平成16年改正行訴法の施行後ほどなく、いわゆる小田急事件の大法廷判決（最大判平17・12・7民集59巻10号2645頁）が判例変更をし、都市計画事業認可取消訴訟において「騒音、振動等によって健康又は生活環境に係る著しい被害を直接的に受けるおそれのある」事業地周辺住民の原告適格を承認した（傍点は筆者）。しかし、同判決は限定的な文言を用いており、どこまで原告適格が拡大されるのか、その範囲が明らかでなかった。その後、下級審では相当広く適格を容認する例も見られたが[2]、平成21年に出されたいわゆるサテライト最判（最一判平21・10・15民集63巻8号1711頁）は、原告適格の拡大傾向に冷や水を浴びせるような判示で耳目を集めた。

本稿では、サテライト最判がその後の下級審裁判例に理論面で及ぼしている影響を概観して同最判を再検討するが、以下では、判例の判断枠組みに関する代表的な理解[3]をベースとする。原告適格の要件としてはまず、原告が侵害されると主張する権利利益が処分の根拠法規が保護する範囲内にあることが必要である（保護範囲要件）。この要件を満たしても、さらに根拠法規が原告の主張する権利利益を個別的に保護する趣旨を含むことが必要とされ（個別保護要件）、関係法令を含めてこの趣旨を読み取れなければ、原告適格は認められない。環境訴訟の多くの事案では、個別保護要件のレベルで適格が否定されている。

(2)　サテライト最判とは

周知の通り、これは自転車競技法に基づく場外車券発売施設設置許可の取消訴訟を周辺の医療施設設置者、住民らが提起した事案である。

(i)　**判決要旨**　　本判決はまず、①「交通、風紀、教育など広い意味での生活環境」に関する利益（生活環境利益）は、「基本的には公益に属する利益」であって、「法令に手掛り」規定がない限り、原告適格を基礎づける利益たりえないとした。

また、本判決は、同法施行規則が定める≪位置基準[4)]≫に基づく原告適格の判断として、②「場外施設の周辺において居住し又は事業（医療施設等に係る事業を除く。）を営むにすぎない者や、医療施設等の利用者は、位置基準を根拠として場外施設の設置許可の取消しを求める原告適格を有しない」とした。

他方で、③「場外施設の設置、運営に伴い著しい業務上の支障が生ずるおそれがあると位置的に認められる区域に医療施設等を開設する者は、位置基準を根拠として」原告適格を有すると判断した。

その上で本判決は、④原告適格の具体的判断（あてはめ）において、医療施設等に「著しい業務上の支障」が生ずるおそれがある被害想定地域に所在しているか否かにつき、「当該場外施設が設置、運営された場合にその規模、周辺の交通等の地理的状況等から合理的に予測される来場者の流れや滞留の状況等」の考慮を求め、「場外施設と医療施設等との距離や位置関係を中心として社会通念に照らし合理的に判断すべき」と判示して事案を差し戻した[5)]。

最後に本判決は、同法施行規則が定める≪周辺環境調和基準[6)]≫に基づく原告適格の判断として、⑤公益保護の規定にすぎず、これを根拠に「場外施設の周辺に居住する者等の具体的利益を個々人の個別的利益として保護する趣旨を読み取ることは困難」であると判断した。

(ii)　**若干の検討**　　①について。法令は原告適格付与の意図をもって規定されず、上記手掛り規定は通常見出し難いから、同最判は出発点として適格の拡大に対する制約効果を有する。小田急最大判は鉄道騒音の事案で、少なくとも「健康」と「生活環境」を並列させ、両者をことさら区別せず同列に扱っていた。対して、サテライト最判は健康と生活環境を区別し、後者について、法令の手掛り規定がない限り適格を基礎づけえないとした。健康とは異なり、生活環境利益については、例外的な場合に該当しない限り、原則として適格を基礎づけえないと限定したのである。

また、②位置基準はいくつかの個別法に見られる規制手法であるところ、文教・医療施設の利用者、その他の周辺住民の原告適格を否定した。改正行訴法が原告適格を拡大するとすれば、まさにこの点が試金石となっていたものであり、原判決も原告適格を認めていたが、本判決は（あくまで自転車競技法についての判断とはいえ）これを否定して、原告適格の拡大傾向に歯止めをかけた。

③については、後述のように改正前から風俗営業法の事案で医療施設等設置者の原告適格が承認されるべきものと理解されていたから、新しい判示ではない。問題はむしろ④あてはめにおいて原告側に対し不相当ともいえる厳密な立証を要求した点である。訴訟要件のかくも詳細な審理は、本案審理と相当重なる面があり、原告適格判断におけるあてはめがさらに厳格となるおそれがある。

⑤は①の基本的スタンスを自転車競技法について適用した判断であり、周辺環境調和基準による原告適格付与の否定は、少なくともまちづくり訴訟における原告適格の外延を相当狭めていく方向性を持っている。

結局、本判決によると、生活環境利益については、健康・騒音被害が生じない場合は、位置基準のような法令上の手掛り規定がない限り、原則として原告適格を基礎づける利益（基礎利益）とはならない（A）。また、手掛り規定がある場合でも、個別事案で原告適格を認めるためには、原告側が実際に被るであろう被害を詳細に主張立証しなければならない（B）。

大きく見ると、サテライト最判は（A）基礎利益限定と、（B）厳格立証要求の二点で、原告適格を制約する可能性を持っていた[7]。

2　学　　説

サテライト最判には多数の論考が出されているが[8]、学界のスタンスはおしなべて批判的といえ、その射程を限定する方向性を示す評価が一般的である。

ごく一部のみを挙げると、たとえば塩野宏教授は、本判決のような「厳格解釈が今後進められるべき判例政策とは思われない」とし[9]、山本隆司教授は、基礎利益限定と周辺環境調和基準にかかる判断につき「大法廷判決が開いた可能性を強く制限しようとする姿勢にも、首を傾げざるを得ない」とし、「本件最判は生活環境上の利益の個別保護性を一般的に否定するかのようであるが……そのように下級審の努力を無にするものとして本件最判を読むべきではない」等として本判決の射程を解釈的に限定しようと試みている[10]。橋本博之教授は「最高裁のロジックは、結論があって後付けで法令の根拠を探索する『悪しき仕組み解釈』の典型」であると批判する[11]。

3　サテライト最判後の裁判例

以下では、本最判を引用して原告適格を判断した主な事例を分野ごとに取り上げつつ、同判決がその後の環境行政訴訟に与えている影響を見る[12]。

⑴　まちづくり訴訟

(i)　概　観　　都市計画法29条1項に基づく開発許可取消訴訟の原告適格については、下級審でもかねて争われてきた。同法33条1項各号は開発許可の技術的基準を定めているところ、最三判平9・1・28民集51巻1号250頁が、7号について崖崩れ等による直接的な被害想定地域内の周辺住民の生命・身体の安全を個別的に保護する趣旨であるとして原告適格を認めたように、裁判所は原告の主張する利益が各号でどのように考慮されているかを検討して、それが原告適格を基礎づける個別的利益といえるか否かを判断してきた[13]。

上記各号のうち過去に問題とされてきたのは、1号（用途地域等との適合性）、

2号（道路に関する基準）、3号（排水施設に関する基準）、6号（公共施設・公益的施設に関する基準）、7号（宅地の防災に関する基準）、9号（樹木の保存・表土の保全に関する基準）、10号（緩衝体の配置に関する基準）である。

7号は上記の通り最判があり、3号も同様に、溢水等による直接的な被害想定地域内の周辺住民の生命・身体の安全を保護する趣旨を含むといえ、10号も、これを具体化する施行令28条の3の規定等をも参照すれば、騒音・振動等による被害を受けない利益を個別的に保護する趣旨を含むといえるから、いずれも行訴法改正以前の判断枠組みをベースにしても、原告適格を認めうる[14)]。

これに対し、1号、2号、6号、9号は、広く生活環境利益を保護するものともいえ、個別的利益として保護する趣旨を含むか否かにつき争いがありうるから、まさに原告適格拡大の試金石ともいえる判断となる。

(ii) 渋谷区マンション訴訟・東京地判平22・5・13 LEX/DB 25442854

本件では、渋谷区内の共同住宅建設のための開発許可取消訴訟の原告適格が争われた事案で、まず1号について、原告らの主張した予定建築物の倒壊等による生命・身体・財産に対する不利益は、開発許可ではなく、予定建築物につき建築確認がされ、実際に建築されることによりもたらされる不利益であるとして、原告適格を否定した。

次に2号は、開発区域内の居住者等の利益を保護する趣旨であり、開発区域外の周辺住民の利益を保護する趣旨の規定ではないとして、原告適格を否定した。本判決は仮に法33条1項2号について、開発区域外の周辺住民の利益を保護すべきこととしたと解する余地があるとした場合について、次のように言及している。

すなわち、「開発区域内外の道路における車両の通行態様、開発区域内の緑地の密度、開放的な空間の広さなどの点において従前よりも負の変化が生じるといった……影響は、広い意味での生活環境の悪化であって、直ちに周辺住民の生命、身体の安全や健康を脅かしたりその財産に著しい被害を生じさせたりすることまでは想定し難い」。「このような生活環境に関する利益は、基本的には公益に属する利益というべきであって、法令に手掛りとなることが明らかな規定」はないとして（傍点は筆者）、サテライト最判の判示をそのままパラフレーズする形で、同最判を引用の上、活用している。

さらに6号、9号は「公共施設や公益的施設の設置により得られる利益（6号）や、開発区域における樹木の保存や表土の保全により得られる利益（9号）を保護」するもので、周辺住民にとって「広い意味での生活環境に関するものであって、基本的には公益に属する利益」にすぎず、「これらに関し、周辺住民の個別的利益としてもこれを保護する趣旨を含むと解すべき手掛りとなることが明らかな規定を見出すことはできない」と述べて、原告適格を否定した（傍点は筆者）。

本判決は3号、7号、10号に基づく原告適格を一般論として承認しながら、あてはめにおいて原告適格をすべて否定し、結局、本案審理に入らなかった。訴訟要件に関する事実認定の問題ではあるが、サテライト最判の厳格立証要求が現れた判断といえるかも知れない。

(iii)　**文京区マンション訴訟1・東京地判平24・1・18判自372号70頁**　本判決は渋谷区マンション訴訟と同一行政部による判決であり、同様の判断がされている。3号、7号に基づく原告適格の判断はやはり相当厳密にされており、本判決もサテライト最判の厳格立証要求が現れた判断といえようか。

(iv)　**文京区マンション訴訟2・東京地判平24・10・5判自373号97頁**　東京地裁の異なる行政部による本判決も、上記2判決と同様に、2号に基づく原告適格を否定したが、一般論としての原告適格の判断枠組みにおいてサテライト大阪最判を付加的に引用するのみである点が異なる。ただし、本判決は10号に基づく原告適格をも一般論として否定した。

(v)　**平針里山訴訟・名古屋地判平24・9・20 LEX/DB 25482966**　本判決は、3号、7号を根拠とする原告適格を認める一方、9号を根拠とする原告適格をサテライト最判に依拠し、パラフレーズする形で否定した。

しかし他方で、2号について、一般論としての原告適格の判断枠組みにおいて小田急最判を引用しながら、サテライト最判を引用せず、「空地の確保や開発区域外への道路の接続が不十分な場合に、火災等による被害が直接的に及ぶことが想定される開発区域内外の一定範囲の地域の住民の生命、身体の安全等を個々人の個別的利益としても保護する趣旨を含む」として原告適格を肯定した。

すなわち、２号が保護しようとする利益を、上記渋谷区マンション訴訟の判決とは異なり、生活環境利益として捉えないことで、サテライト最判の射程外と理解して判示したわけである。[15)]

以上、都市計画法に基づく開発許可取消訴訟の原告適格についての一連の裁判例をみると、サテライト最判を前提とする限り、法令の規定が原告の生命・身体（事案によっては財産）を個別的に保護する趣旨を含むといえない場合には、原告適格を原則として否定する判断がされており、サテライト最判による基礎利益限定の影響が大きく現れている。[16)]

⑵　風営法パチンコ訴訟

⒤　**概　観**　風俗営業等の規制及び業務の適正化等に関する法律（風俗営業法）に基づく営業許可については文教、医療施設等につき位置基準を伴う離隔距離規制があるところ、すでに最三判平６・９・27 判時1518号10頁は、同法が「診療所等の施設につき善良で静穏な環境の下で円滑に業務を運営するという利益」をも保護しているとし、風俗営業制限地域内の医療施設等の設置者について原告適格を認めていた。この点はサテライト最判も変更していない。

問題はパチンコ店の周辺住民の原告適格であり、サテライト最判の示した周辺環境調和基準の限定による影響が容易に想定されるところである。

(ii)　**大阪地判平 24・11・27 LEX/DB 25445822**　ぱちんこ店（風俗営業施設）の営業許可取消訴訟において、当該施設の周辺住民ら及び当該施設から100m以内に存する小学校に子らを通わせる保護者らが原告となった事案である。

本判決はまず、「ぱちんこ屋の営業所から発せられる騒音又は振動によって被害を受ける近隣住民の静穏な生活環境を享受する利益」（傍点は筆者）につき個別保護要件を満たすとしたうえで、最大で約40m離れた場所の近隣住民に原告適格を認めた。これは、小田急最大判と同様に、営業に伴い発生する騒音被害に着目して「静穏な生活環境」をサテライト最判の「生活環境利益」から特別に切り出すことで、同最判と区別しようとした判断であろう。

次に、本判決は風俗営業の離隔距離規制にかかる規定[17)]を厳密に検討し、教育施設等の場合と異なって、「住居集合地域については、その周囲について、風営法上の営業所の設置に係る具体的な距離制限を設けていない」ことを理由に、これらの規定は「住居集合地域の善良な風俗環境を一般公益として保護している趣旨の規定」であって個別保護要件を満たさないと判断した。本判決はこの判示につきサテライト最判に依拠していないが、同最判の周辺環境調和基準にかかる判断に影響を受けたものと考えられる。

さらに公立小に通う年少者の保護者については、「教育施設等に係る位置基準は、教育施設等の敷地の周囲おおむね100メートルと、営業を禁止する範囲について、具体的な数値をもって規定し、かつ、比較的狭い範囲に限定」している点などを指摘し、詳細な判示でサテライト最判の射程が及ばない旨を明言したうえで、いわば苦労して原告適格を認めた。

さらに本案審理では、距離制限規定違反があるとして営業許可を取り消した。しかし次の控訴審判決は、原判決を取り消した上で請求を棄却した。判断には重要な点で変更がある。

（iii）大阪高判平25・8・30 判自379号68頁　　まず原告適格にかかる判示として、近隣住民については、①騒音被害を念頭に敷地から50mの範囲内の居住者につき認めて原判決を維持し、②周辺環境調和基準につき、原判決と同様に原告適格を否定した。さらに保護者については原判決の判断を変更し、③「不特定多数者にすぎない距離制限対象施設の利用者は、風営法及び関連法令の距離制限規定について一般的公益に属する利益を有するにすぎず、風営法及び関連法令がこれを超えて各利用者の個別的利益を保護する趣旨までも含む」とはいえないとして、原告適格を否定した。

①②は原判決と実質的に変わりないが、③につき本判決は、距離制限規定が保護する利益は「距離制限対象施設の施設内部における静穏さ等の利益に限られる」とし、規制の結果として「反射的に当該施設に赴く途中の道路等についてもある程度静穏な環境と良好な風俗が維持される」にとどまり、「距離制限規定が距離制限対象施設の周辺地域における風俗・環境の維持をも直接の目的としているとは認められない」とした。

その上で本判決は、④行訴法10条１項による自己の法律上の利益に関係のない違法主張の制限を理由として、請求を棄却した。すなわち、原判決が認容した違法事由は小学校からの距離制限違反に関するものであるところ、一部控訴人（原告）らが原告適格を有するのは「風営法及び関連法令による規制を超える値の騒音・振動等の被害を受けないという具体的利益を有することによる」（傍点は筆者）のであって、パチンコ店舗が「小学校から100メートルの範囲内に存するかという点は、上記原告適格の基礎となった騒音・振動被害の点とは関連性がない」としたのである。

周知のとおり、同条10条1項の適用範囲については争いがあり、必ずしも違法主張を厳格に制限する立場が確立されているわけではない[18]。しかし、原告適格を厳格に絞り込むサテライト最判が、＜原告適格を基礎づける規定以外の処分の根拠規定違反の主張は10条1項により制限される＞と解する厳格制限説[19]と結びついた場合、本案審理にも門前払いに近い主張制限のハードルが設定される。

本判決では被告行政側の主張としてサテライト最判が引用されるにとどまるが、本判決の判示③④には、サテライト最判の影響が訴訟要件上も、さらに本案審理上も色濃く表れているといえよう。

(3) 廃棄物訴訟

（i） **概　観**　　産業廃棄物処理施設（中間処理施設・最終処分場）の設置許可、処理業許可をめぐってはしばしば周辺住民等が原告となって取消訴訟が提起されてきた。廃棄物処理法は「生活環境の保全」を法目的としているが、同じ「生活環境」でもサテライト最判の事案とは異なり、有害物質による健康被害を伴う生活環境利益の侵害が想定されており、かねて下級審でも原告適格が肯定されてきた。

周知のとおり、処理業許可について都城最判（最三判平26・7・29民集68巻6号620頁）が出され、今後は設置許可の場合も含めて同判決の判示に従うことになろう。

都城最判によれば、周辺住民のうち、当該最終処分場から有害物質が排出された場合にこれに起因する大気や土壌汚染、水質汚濁、悪臭等による「健康・生活環境に係る著しい被害を直接的に受けるおそれがある範囲」（被害想定地域）内の住民が原告適格を有する。

また、被害想定地域の具体的判断については、処分場の種類・規模等の具体的な諸条件を考慮に入れた上で、当該住民の居住地域と当該処分場の位置との距離関係を中心として、社会通念に照らし合理的に判断すべきであるとして、ミニアセスの調査対象地域内の住民の原告適格を肯定した。具体的には本件処分場の中心地点から約1.8km内の住民につき肯定したが、地域外の20km以上離れた住民につき否定した。

廃棄物訴訟はもともと原告適格が容易に認められる分野であり、承認範囲の拡大による実質的な意義は必ずしも大きくはないが、次に見るように、都城判決が出る前後で対比して裁判例を見ると、サテライト最判に影響を受けた原告適格判断の紆余曲折がわかる。

(ii)　**水戸地判平25・3・1 LEX/DB 25504812**　本件は、茨城県に設置が計画されている産業廃棄物処理施設（焼却施設及び破砕施設）について同県知事がした設置許可には、許可基準に該当しないのに許可がされた違法があると主張して、周辺住民等である原告ら442名が取消訴訟を提起した事案である。

本判決は原告適格判断の一般論において小田急最大判と並べてサテライト最判を引用し、過剰な条文引用をすることなく根拠条文のみから、「本件処理施設の周辺に居住等する者のうち、当該施設からダイオキシン類等の有害物質が排出されることにより生命又は身体等に係る重大な被害を直接に受けるおそれのある者」（傍点は筆者）に原告適格を認めた。結論としてはオーソドックスな判断といえるかも知れない。

しかし、ここで留意すべきは、本判決が「生活環境」ではなく、あえて「生命又は身体等に重大な被害」に限定した点である[20]。小田急最大判は「健康・生活環境に係る著しい被害」としていたところ、サテライト最判が基礎利益から生活環境利益を原則として排除したことを受けて、生命・身体侵害に限定して捉えたうえで、その場合に「著しい」とまではいいがたいために「重大な」に被害の程度を下げたのではないか。実際、上記のとおり都城判決は「健康・生活環境に係る著しい被害」として小田急最大判の路線に表現を戻している。

さらに、本判決は原告適格が認められる範囲について、生命・身体被害のおそれを判断するために、ダイオキシン法施行規則による廃棄物焼却炉の1時間当たりの焼却能力に応じた新設炉の排出基準を踏まえ、原告らの調査が本件処理施設を中心に南北1800m、東西2800mの範囲を調査している点に着目し、「本件処理施設から半径2km以内に居住する住民」についてのみ原告適格を認めた。また、実家が500m内にある原告らについても、「どの程度の頻度で帰宅するのか明らかでなくその生命身体に及ぼす影響が明らかとはいえない」として原告適格を否定した。

原告らのほとんどは施設から4km内の居住者であったところ、申請書に添付される生活環境影響調査が10km四方を調査範囲としていたにもかかわらず、本判決が半径2km内に限定した理由は何も示されていない。本判決はサテライト最判による基礎利益限定に加え、厳格立証要求の影響を受けた面があるように思われる。

(iii) **東京高判平26・9・25 LEX/DB 25504811**　これに対し控訴審である本判決は、第一審判決の後に出された都城最判を追加的に引用した上で、同最判の判示にしたがって「健康又は生活環境に係る著しい被害を直接的に受けるおそれのある者」に原告適格を認めた。「生命・身体等」被害に限定した第一審判決より基礎利益を拡大している。

さらに本判決は原告適格の承認範囲について一審判決を変更した。すなわち、大気汚染の生活環境影響調査項目において年間の平均的な影響を予測する長期平均濃度につき計画施設周辺で施設を中心とした10km四方の範囲を調査する点を指摘し、第一審で原告適格が否定された者を含めてすべての周辺住民原告らに原告適格を認めたのである[21)]。

サテライト最判を受けて原告適格を限定した第一審判決につき、高裁判決は都城最判に依拠して原告適格を正当に拡大、修正したケースといえようか。

(4) 自然・文化財保護訴訟

(i) **概　観**　環境訴訟のなかでも自然・文化財保護はもっとも訴訟要件のハードルが高い分野である。典型的には土地収用法に基づく事業認定取消訴訟のように、財産権侵害を伴う公共事業訴訟では原告適格が認められやすい類型もあるが、たとえば森林法の林地開発許可のように[22)]、民間開発訴訟を中心に原告適格は多くの場合に否定されている。

これは、自然や文化財の恩恵を共有する利益の法的保護性が承認されず、反射的利益ないし事実上の利益として公益に吸収解消されてしまうためである。この理は、サテライト最判の有無にかかわらないが、やはりこれらの訴訟の一部でも、原告適格を否定するために同最判が役だっている。

(ii)　**平針里山訴訟・名古屋地判平 24・9・20 LEX/DB 25482966**　本判決は、まちづくり訴訟として取り上げたが、実際はため池、湿地、棚田、果樹林などがある里山につき、市長による都市計画法29条１項に基づく戸建て分譲地開発目的の開発許可取消訴訟が提起された事案である。自然保護訴訟としてまちづくり訴訟を流用する場合でも、原告適格につき、サテライト最判による基礎利益限定の制約を受けることは言うまでもない。

(iii)　**銅御殿訴訟・東京高判平 25・10・23 判時2221号９頁**　本件は、重要文化財である歴史的建造物に隣接して建築された高層マンションにつき、近隣住民らが、新築に伴う風害等で文化財が損傷するおそれがある等として、文化庁長官が建築主に対し文化財保護法45条１項に基づき環境保全命令をせよとの非申請型義務付け訴訟が提起された事案である。住民らは「文化財の価値を享受する利益と良好な景観の恵沢を享受する利益とが一体不可分に結合した法的利益」等の侵害を主張した。

本判決はサテライト最判を引用しなかったが、控訴人らが、第一審判決が同判決と「実質的に同様の枠組みで判断した」として控訴したため、これに応答する形で判示した。すなわち、文化財保護法、景観法、東京都景観条例、文京区景観条例、歴史まちづくり法の諸規定を検討した上で、根拠規定が控訴人らの主張する上記利益の「確保ないし保全をその趣旨及び目的としていると解することは困難であり、ましてや同条項が本件利益を個々人の個別的利益としても保護すべきものとする趣旨をも含むと解することはできない」とした。

住民らの主張する利益は「生活環境利益」でさえないかも知れないが、本判決はサテライト最判の基礎利益限定の結果として要求される法令上の手掛りを探索し、それがないとして原告適格を否定したものといえる[23)]。

文化財保護訴訟の先例としては史跡指定解除処分にかかる伊場遺跡判決[24)]があり、サテライト最判にかかわらず原告適格の肯定には困難を伴ったはずであって、本来確認する必要さえ乏しい法令上の手掛りの不存在が、いわば自信をもって原告適格を否定する論拠として用いられた例といえるのではないか。

(iv) **京都会館訴訟・京都地判平 27・7・24 LEX/DB 25541111**　本判決は、歴史的建造物として名高い京都会館第一ホール部分を解体した上で、新たな建物を新築するための建築確認の取消訴訟において、周辺住民らの原告適格を否定した。

建築確認取消訴訟については、①建築確認に係る建築物の倒壊、炎上等による被害想定地域内の居住者、建物所有者につき、また、②当該建築物により日照、通風を阻害される周辺住民につき、原告適格が認められているため[25)]、比較的多くの事案で原告適格を獲得する原告が存在する。

しかし本件では土地利用の状況から、すなわち京都会館の敷地が観光地の中枢にあって、かつ、運河や公園、公共施設に囲まれているために、①②で原告適格を獲得しうる者が存在しなかったようである。

そこで原告らはまず景観利益を主張したが、本判決は建築基準法や原告らの主張する関係法令の規定を検討しても、景観利益を個別的に保護する趣旨を読み取れないとして原告適格を否定した。この点は否定例が多いが[26)]、サテライト最判後は、法令上の手掛りを探索するにあたり景観利益につき距離制限等の位置基準を見いだしがたい点に鑑みると、原告適格承認のハードルがさらに高くなったように思われる。

次に原告らは、「来館者及び交通量の増加や騒音の増大等、周辺住民の生活環境に重大な影響」が及ぶと主張したが、本判決はサテライト最判に依拠して、「一般的に、大規模な建築物が建設された場合に周辺住民等が被る可能性のある被害は、交通量の増加、騒音等広い意味での生活環境の悪化」にすぎないとした上で、「このような生活環境に関する利益は、基本的には公益に属する利益というべき」であり、「法令に手掛りとなることが明らかな規定がない」以上、個別保護要件を満たさないとした。

まちづくり訴訟で見た開発許可取消訴訟における議論と同様の問題状況とい

えよう。本件では原告適格をクリアーできる原告がいなかったために、訴えは却下された。

(5)　その他の訴訟

東京地判平26・2・6 LEX/DB 25517713は、一般消費者である原告が、経済産業大臣の東京電力株式会社に対する電気料金を値上げする旨の電気供給約款の変更認可について、原告に再生可能エネルギー発電促進賦課金等が課せられ、原告と太陽光発電利用者との間で実質的な電気料金の差が生ずるから、電気事業法19条2項4号の「特定の者に対して不当な差別的取扱いをするものではないこと」という認可要件に適合しないと主張して、認可の取消訴訟を提起した事案で、一般論においてサテライト最判を引用した上で原告適格を否定した。

もっとも、本判決は鉄道事業法にかかる近鉄特急最判・最一判平元・4・13判時1313号121頁を念頭に、これと区別して原告適格を一般論として否定しつつも、一般電気事業が事業許可制の下で地域独占的な供給を行う公益事業である点に鑑みて、一定の場合[27)]に原告適格を承認した。これは現在の判例理論を前提とする限りで正当な判断といえよう。

本判決にはサテライト最判の影響がないように見え、事案としても射程が及ばないはずであるが、本判決が一般論であえて同最判を引用したのは、原告適格を例外的に認めるに際し、同最判を無視するのではなく事案を区別したことを強調する意味があったと考えられる。

4　結びに代えて

サテライト最判の基礎利益限定と厳格立証要求は、その後の下級審裁判例を見ると、環境行政訴訟の展開に少なからぬ影響を確実に与えている。サテライト最判は、原告適格を否定するためにしばしばパラフレーズまでされながら引用されている。他方、原告適格を肯定する場合にはあくまでサテライト最判の射程外と位置づけて、同最判と区別する運用がされているといえそうである。

原告適格をめぐっての論説は依然としてかまびすしい。しかし、原告適格は単なる一訴訟要件にすぎないのであって、かかる間口の判断のために膨大な行数を費やす判決が出され、法学研究者がこれを詳細に検討し批判するという作業にいかほどの意味があるのであろうか。より重要なことは、言うまでもなく違法判断であって、現在の原告適格を巡る論争の大半は端的に言って、司法資源の浪費にすぎまい。

サテライト最判は変更されるべきである。しかし、まだ当面はそれを望みえないなら、引き続き同最判の射程を限定する解釈を試み、実質的に無効化していく方向性を目指しつつも、立法的解決として環境団体訴訟制度の導入により原告適格論を簡便化すべきであろう。それでも原告適格を巡る議論はなお残るが、それは一段階上の次元でされるはずである。

【注】

1）　例えば大塚・Basic 436頁。

2）　一例として、墓地埋葬法の経営許可にかかる福岡高判平 20・5・27 LEX/DB 28141382。

3）　小早川光郎『行政法講義下Ⅲ』256頁以下（弘文堂、2007年）。なお、処分は原告にとって不利益なものでなければならず（不利益要件）、不利益といえなければ適格は認められないが、環境訴訟では、まず問題とならない。

4）　学校その他の文教施設及び病院その他の医療施設（以下「医療施設等」という。）から相当の距離を有し、文教上又は保健衛生上著しい支障を来すおそれがないこと。ただし明確な距離制限はない。

5）　差戻審で原告適格は認められたが、請求は棄却された（大阪地判平 24・2・29 判時2165号69頁、大阪高判平 24・10・11 LEX/DB 25483129）。

6）　施設の規模、構造及び設備並びにこれらの配置は周辺環境と調和したものであること。

7）　厳格立証要求に対する学説からの批判の例として、阿部泰隆「本件評釈」判時2087号164号、169頁（2010年）。

8）　本文、他の注に挙げたもののほか、評釈等として石垣智子「周辺住民等の原格適格をめぐる諸問題」判タ1358号30頁（2011年）、板垣勝彦「本件評釈」法協129巻 5 号224頁（2012年）（本判決につき「原告適格にとってマイナスの前提から出発している」と評する）、宇賀克也「判例で学ぶ行政法（第 9 回）場外車券発売施設設置許可取消訴訟の原告適格(1)」自治実務セミナー51巻 7 号40頁（2012年）、角松生史「『地域像維持請求権』をめぐって」阿部古稀477頁、498頁以下、神橋一彦「本件評釈」民商143巻 3 号295頁（2010年）、清野正彦・曹時62巻11号196頁（2011年）、杉浦一輝・判タ1335号45頁（2011年）・1336号20頁（2011年）、勢一智子・別冊ジュリ212号368頁（2012年）、高橋明男「本件評釈」ジュリ臨増1398号58頁〔平成21年度重判〕（2010年）、常岡孝好「本件評釈」別冊ジュリ206号220頁（2011年）、豊田里麻「最近の判例から　サテライト大阪事件最高裁判決—場外車券発売施設設置許可処分における設置予定地の周辺住民等の原告適格」法律のひろば63巻2号56頁（2010年）など多数。

9）塩野宏『行政法Ⅱ〔第5版補訂版〕』142頁（有斐閣、2013年）。

10）山本隆司『判例から探究する行政法』465、472頁（有斐閣、2012年）。
「本判決の射程は、自転車競技法および同法施行規則による許可基準と同様に処分の基準が漠然としている場合にしか及ばない」ともする。同467頁。

11）橋本博之「平成16年行政事件訴訟法改正後の課題」自研86巻9号3頁、14頁（2010年）。

12）さしあたり本稿執筆時点（2018年1月）においてTKC法律情報データベース上、サテライト最判を引用した裁判例として掲載されている9件につき検討するが、実際には他にもあるはずであり、また本文で挙げる以外にサテライト最判を引用せずとも実際上その影響を受けた判決があると推測される。

13）司法研修所編『改訂行政事件訴訟の一般的問題に関する実務的研究』99頁以下（法曹会、2000年）参照。

14）司法研修所編・前掲注(13)101頁参照。

15）例えば大阪地判平25・2・15 LEX/DB 25445868も2号に基づく原告適格を認めているが、生活環境利益としてではなく、あくまで周辺住民の生命・身体の安全を根拠としており、また、サテライト最判を引用していない。なお控訴審の大阪高判平26・3・20 LEX/DB 25446689は原判決を維持した。

16）なお、開発許可取消訴訟の事案ではないが、東京地判平24・7・10 LEX/DB 25495327は、都市再開発法11条1項の規定に基づく第一種市街地再開発事業にかかる組合の設立認可につき、事業施行区域の周辺住民が提起した認可取消訴訟の原告適格を否定した。本判決は明示的にサテライト最判を引用していないが、景観利益にかかる判断は同最判を意識したものといえる。控訴審の東京高判平25・9・25 LEX/DB 25446341も原判決を維持した。

17）風営法4条2項2号、同法施行令6条1号及び大阪府施行条例2条1項。

18）越智敏裕『環境訴訟法』67頁以下（日本評論社、2015年）。

19）例えば三井グラウンド判決・東京地判平20・5・29判時2015号24頁参照。他方で、広く違法主張を認める立場として、東海第二原発判決・東京高判平13・7・4判タ1063号79頁。

20）同種事案でも、結論として多くの場合に原告適格が認められている（ただし、サテライト最判は引用していない）が、例えば岡山地判平25・3・19判自383号64頁も本判決と同様の表現を用いている。他方、福岡地判平20・2・25判時2122号50頁や福島地判平24・4・24判時2148号45頁は「健康又は生活環境」とし、いずれも小田急最大判を意識した表現ぶりをしている。古く横浜地判平11・11・24判タ1054号121頁は、周辺農家である原告につき「消費者との問題の解決に当たる原告自身も、財産的な損害にとどまらない重大な精神的被害を被ることにもなりかねない」として、「心身両面における健康への影響」を理由に原告適格を肯定していた。また、大阪地判平 18・2・22 判タ1221号238頁は「生命、健康又は生活環境に係る著しい被害を直接的に受けるおそれ」と表現している。

21) 厳密には裁判コストとのかねあいで控訴人が絞り込まれており、訴えを却下された7名を含む計50名が控訴した。

22) 最三判平 13・3・13 判時1747号81頁参照。

23) 第一審判決・東京地判平 24・2・17 判時2221号17頁はサテライト最判を引用してはいないが、控訴審判決より詳細に「法令」上の「手掛り」を検討し、それがないことを異常ともいえる執拗さをもって示していた。

24) 最三判平元・6・20 判時1334号201頁。

25) 最三判平 14・1・22 民集56巻1号46頁、最一判平 14・3・28 民集56巻3号613頁。

26) 数少ない肯定例として、那覇地判平 21・1・20 判タ1337号131頁、否定例として、東京地判平 18・9・29 LEX/DB 28131742。

27) 「電気料金その他の供給条件について一般電気事業者がその独占的地位を利用して恣意的に定める等して、各需要家間の取扱いが不公平となるような事態は容認されず、各需要家間に看過することのできない著しい不公平が生じているような場合には、そのような不利益な差別的取扱いをされている需要家の利益は、一般的公益の中に吸収、解消させることは困難」と判示している。

環境規制と訴訟
――国家賠償

下山　憲治

1　はじめに

環境保全を目的とした各種規制（以下「環境規制」）は、適時・適切に行われ、しかも、違法に私人の権利・法的利益を侵害しないことが理想といえる。しかし、実際には、例えば、規制が過剰であったり、規制の実施にあたって尽くすべき配慮をしなかったため規制の相手方に被害が生じる場合がある。他方、水俣病[1)]等の公害事件のように、本来適切な環境規制によって保護されるべき者（以下「被保護者」）に損害が生じる場合がある。そして、このような環境規制に起因した損害の賠償が国家賠償法（以下「国賠法」）に基づいて請求されることもある。ここでは、国・自治体と規制の相手方、被保護者をそれぞれ極とする三極関係の視点が重要となる。また、国賠制度の目的は既に発生した損害を填補して被害者を救済することにあるが、その機能には、被害者救済機能のほか、法治主義の観点から行政の規制権限の行使・不行使に対する適法性を担保する違法行為抑止・監視機能もある[2)]。これら機能にも留意しつつ、民法不法行為責任と国賠責任の異同のほか、国賠訴訟における違法・過失判断[3)]の特性を中心に検討する。

2　民法不法行為責任と国家賠償責任の異同

(1)　公権力の行使と国家賠償

環境規制では、①法律（条例を含む。以下同じ）の制定とその委任に基づく行政上の基準設定、②これらを根拠とする私人に対する規制・監督、そして、③義務違反に対する制裁や各種強制措置という３段階が基本となる。国・自治体の行為は、純粋な私経済作用[4)]と国賠法２条１項の対象を除き、国賠法１条１項にいう「公権力の行使」に当たり、民法不法行為の対象とはならない[5)]。

環境規制に当たる公務員は、規制権限の行使を具体的に定める法律を根拠にして、その許容する範囲内で国民の権利・法的利益の侵害を意図的に行う。そのため、通常、権利・法的利益の侵害が許容されない私人間の民法不法行為責任と異なる場面があり、違法と過失の判断方法も違ってくる。それは、私人間では見られない行政指導のような非権力行為であっても同様である。

(2) 環境規制における典型的な違法・過失の判断方法

環境規制で用いられる権力行為の法的評価にあたっては、まず、規制権限の根拠となる法規範への適合性審査が論点となる。その際、規制を受ける私人の権利・法的利益も重要な考慮要素となる。この公権力の発動要件が欠如しているかどうかに着目して違法性が判断され、当該職務を担当する標準的公務員像からすると、その違法性を認識すべきであったかが過失の問題とされる（公権力発動要件欠如説[6)]）。なお、根拠法の解釈について複数の学説上の争いがある場合、そのうちの１つを採用して権限行使をしたものの、その解釈がのちに裁判において違法と評価されても、依拠した学説が相当の根拠をもっている場合には公務員の過失が否定されうる[7)]。

(3) 加害行為の階層性

公権力の行使には、許認可や監督処分などの個別具体的な行為もあれば、その前提となる規制基準の設定行為もある。環境規制の詳細などのすべてを法律で規定するのは困難であるため、法律レベルではある程度大まかに定め、詳細は省令等による規制基準に委ねられることが多い。省令等の適法性は、①法律の委任の範囲内で定めること、②委任の趣旨に違反しないことの２つの基準を中心にして判断される。例えば、筑豊じん肺訴訟[8)]や原発事故訴訟[9)]のように、適時かつ適切な内容に省令が改正されなかったため適正な規制監督が行われなかったとして、国賠請求を認める判決もみられる。

この加害行為の階層性に応じて、予見対象が異なる場合もある。規制根拠となる法令の趣旨や規定内容にもよる[10)]が、一般に、加害行為が個別具体的な処分である場合には具体的危険が、規制基準の設定行為である場合には具体的危険を類型化した定型的危険や相応に抽象化した危険が予見対象となり易い。

3　国家賠償訴訟における違法と過失

(1)　職務義務違反による判断

公権力発動要件欠如説とは異なり、処分の違法性判断に当たって、その処分の基礎となる行為が争点となる場合がある。例えば、許認可前の調査や申請の審査の不十分さ、審査の過誤など、その判断過程の違法が争われる場合である[11)]。この種の事案では、国賠法上の違法性判断の基礎を「職務上の法的義務（注意義務）違反」におく裁判例も多く（職務義務違反説[12)]）、許認可に至る意思決定過程における過失要素も取り込んだ形で違法性判断が行われ易い[13)]。ただ、この職務義務違反説に対しては、過失が無ければ違法でないとの結果を招くため、違法行為抑制機能の観点から権力行為の違法判断を歪めるとの批判も強い[14)]。

(2)　抗告訴訟と国賠訴訟における違法性の異同

環境規制に関する法的紛争では、規制の相手方が行政処分の取消しと同時に国賠を請求することも多い。その場合、抗告訴訟と国賠訴訟における違法判断の異同が論点となり、学説上、違法性同一説と違法性相対説が対立する[15)]。もっとも、例えば不許可処分の取消判決が確定した後、許可されるまでの逸失利益の賠償が請求される場合、抗告訴訟と国賠訴訟で違法評価は同一となりうる。他方、水俣病認定遅延国賠訴訟[16)]では、その認定申請に対する不作為によって生じた精神的苦痛に対する慰謝料が請求された。慰謝料を請求する理由は、不作為の違法確認訴訟において「相当の期間」が経過し不作為の違法が確定しても、直ちに水俣病認定が行われるわけではないこと、また、水俣病と認定されれば遡及して給付を得ることができるからである。最高裁は、「人が社会生活において他者から内心の静穏な感情」を害されない法的利益はあるものの、「相当の期間」経過が直ちに社会通念上受忍限度を超え、その法的利益を侵害するものとして違法と判断されるわけではないと判示した。この最高裁判決の評価は様々であるが[17]、問題とされる法的利益ないし損害との関係で[18]、抗告訴訟と国賠訴訟における加害行為の違法性評価の方法や結果が変わることがありうることを示したものといえる[19]。

4　規制権限の不行使と国家賠償訴訟

(1)　規制権限不行使の違法

環境規制の権限不行使は、規制の相手方の行為が直接の原因となって被保護者に被害が発生したものの、その被害発生までに、行政機関が何らかの措置を講じることで因果の鎖を断ち切って、被害発生を回避・軽減できたと認められるときに争われる。典型的には、規制権限を全く行使しなかった場合、その行使が不十分な場合、あるいは、行使そのものが遅すぎたような場合である。その中には、先行行為として加害者である私人に対する行政機関の許認可等があり、その後、規制監督という後続行為が適切に行われなかった場合もある。

環境規制権限には、公益実現ないし一定範囲の者の権利利益を保護するため、相手方の権利自由への介入が法律に基づき許容される側面と、相手方の権利自由の保障のため介入が抑制される側面がある。この両面を踏まえて、関係法令の趣旨・目的や諸要件に照らし、危険性・有害性の性質・程度などの事情に応じて、適切な時点で、調査研究・評価を行政機関自らが、あるいは、事業者に行わせることや各種命令などの規制権限を適切に講ずべき義務（作為義務）の存否が規制権限不行使の違法判断において重要となる。

(2)　作為義務違反の判断方法と考え方

作為義務違反の判断方法について学説・裁判例では、主に裁量権収縮論と裁量権消極的濫用論の２つがある[20]。裁量権収縮論は、保護法益に対する具体的危険の存在、その予見可能性と結果回避可能性、規制権限を行使する以外に適切な回避方法がないこと（補充性）、そして、その行使を国民が期待すること（期待可能性）、以上の要件が充足されたとき、公務員の裁量権が収縮し、権限行使が義務付けられるとする[21]。一方、裁量権消極的濫用論は、最高裁の違法判断定式が典型である。すなわち、「国又は公共団体の公務員による規制権限の不行使は、その権限を定めた法令の趣旨、目的やその権限の性質等に照らし、具体的事情の下において、その不行使が許容される限度を逸脱して著しく合理性を欠くと認められるときは、その不行使により被害を受けた者との関係において、国家賠償法１条１項の適用上違法となる[22]」。

裁量権収縮論においては、個別具体的な規制権限の根拠法令や規定内容を離れ、一般に共通する責任成立要件を設定する点に特徴があるものの、その点に疑問も提起されている[23]。裁量権消極的濫用論も、従来の裁判例からすると、いまだ具体的な判断枠組みが示されていない点で課題も多い。ただ、以上の学説では、一定の条件下において規制権限の不行使の違法を認めようとするものであるから、実質的問題はいかなる要素を考慮して違法性が判断されるかである。規制権限の不行使に関する違法判断にあたって前記学説で概ね共通する重要な考慮要素は、①公務員（行政機関）に必要な規制権限の存在、②その権限を定めた法令の趣旨・目的とその権限の性質等の考慮、③問題となる保護法益の性質・内容と程度、④被害発生のおそれに対する予見可能性、④結果回避・軽減可能性、そして、⑤権限行使の必要性である[24]。

⑶　環境規制権限の不行使と個別類型

環境規制権限の不行使に関する国賠訴訟を大まかに類型化すると、①水俣病関西訴訟に見られる一般公害型訴訟、②筑豊じん肺訴訟や泉南アスベスト訴訟に見られる労働環境型訴訟、そして、③原発事故訴訟を典型とする事故・災害型訴訟がある[25]。これらは、ある特徴を示す一応の区分であって、様々な事情によって同時的に、あるいは、時間の経過などによって複合・重複する場合もあり、必ずしも排他的区分ではない。

①・②類型では、化学物質等による大気や水質、土壌などの汚染を通じて発生する住民等の生命・身体及び健康等の被害の救済が重要な法的・政策的論点

となり、また、被害が徐々に拡大し、認識される過程で、医学的知見の変化や法令改正をエポックとして、いつの時点で規制権限を行使すべきであったかが被害者救済の範囲と関連して国賠訴訟では大きな争点となり易い。

②類型では、主として労働者の労働環境保全を目的としていることを理由に、裁判例では、近隣住民を含め労働者以外の者に対する国賠責任が「反射的利益」論により否定される傾向にある。また、③類型では、事故発生前＝被害発生前の規制権限行使が問われる点で①②類型とは異なり、また、規制権限不行使の違法時点（期間）の相違によって救済される被害者の範囲に差異は生じない。さらに、これら類型に共通するが、被害発生のおそれなど個別法令に基づく規制権限の行使に関する予見対象と予見可能時点が大きな論点となる。最後に、直接の加害者である相手方と公的主体との責任割合論も重要な論点である。

なお、これら論点は主に規制権限不行使の場面で争点化することが多いが、作為の場合であっても同様であろう。

5　法的保護利益（反射的利益）論

(1) 「反射的利益」論とその問題

労働者に対する国の規制権限不行使が違法と判断されたにもかかわらず、泉南アスベスト訴訟においては工場周辺住民に、建設アスベスト訴訟においては労働者には当たらない一人親方や零細事業者（以下「一人親方等」）について、「反射的利益」論により国賠責任が否定されてきた[26)]。この「反射的利益」論は、公的主体の権限（不）行使がもっぱら公益の保護・実現ないし原告とは異なる者の保護を目的としており、それによって特定者（原告）が何らかの利益を得たとしてもそれは単なる「反射的利益」ないし「事実上の利益」に過ぎないため、公的主体には、何らかの配慮や保護をする法的義務も、また、侵害された場合の責任も生じないとするものである[27)]。

「反射的利益」は、元来、取消訴訟の原告適格（法律上の利益）を否定する「決まり文句」である。取消訴訟は、違法な処分の効果を失わせ、権利利益の保護・救済を図ること及びそれによって処分の適法性を担保することが目的であるため、処分根拠規定等から原告適格の有無が判定される。しかし、国賠訴訟は、既に発生した損害の填補・負担配分が目的であって、処分の効果自体を争うものではないから、「反射的利益」論は妥当しない。また、「反射的利益」論は、それのみをもって違法性または損害要件を欠くという極めて概括的な判断を招くおそれがあるため、否定する学説が一般的である[28]。なお、近年では、学説上、国賠法による保護対象となるべき損害か、職務義務の射程に入れるべきものかなど具体的な検討が必要との指摘もある[29]。

(2) 裁判例の動向

建設アスベスト訴訟高裁判決では、労働安全衛生法等の労働保護法が労働者のみを主な保護対象としているものの、労働者と共通する労働環境・作業環境で建設作業に従事することや、労働者以外の者であっても「安全、すなわち、健康を損ない、生命を脅かす危険の除去という人間の生存に関わる」ため、「反射的利益（事実上の利益）に過ぎない」とは直ちにいえず、「少なくとも、労働者と変わらない時間作業場に所在する者や労働者の家族などの安全を保護する趣旨を含む」と判示するものがある[30]。また、労働安全衛生法55・57条について、労働者に限らず、「健康障害を生じさせるような物質が作業現場に持ち込まれないよう、持ち込まれた場合においてもその有害性を直ちに認識できるよう配慮した規定」であることや、労働実態からすれば「労働者に対する規制権限不行使があった場合の国家賠償の保護範囲としては、……労働者でない時期にも及ぼすべきである[31]」旨を判示する高裁判決もある。

このような裁判例の動向を受け、最高裁の今後の判断が注目される。ただ、特に、人の生命・身体等に関わる権利・法的利益の保護は、法律の誠実な執行や公益実現にあたっても常に考慮され、配慮・尊重されるべきものであるから、国賠法によっても保護されるべき利益であり、「反射的利益」とされるものではないことを忘れてはならない[32]。

6　原発事故と予見・結果回避可能性

(1)　予見の対象と具体性

予見可能性の存否を判断するにあたっては、予見対象とその具体性がポイントとなる。結果回避手段である各種権限行使のための要件、当該権限の性質と内容、程度などを検討のうえ、どのような危険・危険性がどの程度確定的あるいは信頼性をもった科学的知見により認識できればよいのかが問題となる。

例えば、伝統的な警察規制の発想である未然防止とは異なり、原発規制は、事故等による影響・災害の大きさも踏まえ「多方面にわたる極めて高度な最新の科学的、専門技術的知見に基づいてされる必要があるうえ、科学技術は不断に進歩、発展」しており、「最新の科学技術水準への即応」が求められ[33]、その趣旨は、事前警戒・予防に立脚しているものと思われる。しかも、規制の根拠たる技術基準の内容が性能規定化されていれば、行政機関が発する個別の命令（電気事業40条）に当たって常に個別具体的な措置・仕様を詳細に明示することが求められるわけではない。それゆえ、回避手段として重要施設の水密化や非常用発電機の高所配置などが考えられるとき、原発事故・生業訴訟福島地裁判決[34]は、「想定される自然現象」（津波）について「合理的な根拠に基づいて『予測』され、『統計的に妥当とみなされる』津波」を予見対象とし、比較的早期の2002年の段階で予見可能性を認め、技術基準適合命令を発する義務があったと判示した。

この種の事例では、権限根拠規定が科学的不確実性をどのように処理しようとしているのか、どの程度の科学的知見を規制権限の作動・発動要件としているのかなどについて、法解釈により明確にしておく必要がある。規制権限が事前警戒・予防に立脚していれば、その権限行使にあたっては、確定的知見のみではなく、生成途上にある相当程度信頼性が担保された科学的知見も考慮し、「安全性に対する合理的疑い」があれば、それに対して必要で相当と考えられる規制措置を適時に、かつ適切に行う義務が公的主体にあるといえる[35]。

⑵　結果回避の費用負担と証明

結果回避手段について、その費用の側面を全く無視することはできない[36]。しかし、原発事故の場合、放射性物質・原子力を扱う特殊性、「安全の確保を旨とする」との原子力基本法の趣旨である事前警戒・予防の発想による原発事業者の責任、想定すべき自然現象・被害などを考慮し、原発事業者による試算結果などの事情を踏まえると、新たに生じるコストなど相当程度の負担は、原発事業者が本来的に負うべきであろう[37]。

結果回避可能性の証明負担の配分も重要な論点となる。原発事故訴訟・千葉判決[38]と同・東京判決[39]に、この差異が鮮明に表れている。原発規制に関し保有する情報・証拠の偏在は明らかである。また、原発規制権限を有する国にはその規制に関するアカウンタビリティがあり、しかも、原発規制の事前警戒・予防の考え方などからすれば、証明度の操作等を行い、少なくとも合理性のありそうな結果回避措置を原告がある程度特定すれば、それに対する具体的な結果回避不能の証明を相当程度、国に負担させるような処理が必要であろう。

7　国と規制の相手方の責任割合論

被害発生が、直接の加害者たる私人（規制の相手方）のみではなく、国等による環境規制権限の不行使にも起因している場合、直接の加害者が第一次的責任を負い、国等は第二次的、補完的責任を負うに過ぎないから、「損害の公平な分担の観点」から、被害者に対する国等の責任は、概ね４分の１[40]、３分の１[41]から２分の１程度[42]が従来の裁判例で認められてきた。本来、不真正連帯債務として、被害者（原告）との関係ではそれぞれが全額について責任を負うのが通常である。ただ直接の加害者の責任を踏まえ、国等に全額負担させるのは妥当でないというある種の「バランス感覚」が裁判官にあるのかもしれない。他方、原発事故訴訟において国の責任を認めた地裁判決では、前記の生業訴訟・福島地裁判決を除き、国による原発推進政策や規制監督権限の性質などを理由に全額について国の責任を認める傾向にある[43]。

責任割合は被告間の求償問題を解決するために必要であっても原告との関係

では問題とならず、また、原子力推進政策などは注意義務ないし予見義務の高度化事由として考慮すべき事項である。それゆえ、京都訴訟・京都地裁判決が簡潔に判示しているように、国が適切に「規制権限を行使していれば、本件事故を防ぐことは可能であったから、いずれもが各原告に対する損害全額に寄与したもの」であって、国の二次的・後見的責任論は被告間における内部的な責任負担割合を決する要素に過ぎない[44]。いずれにしても、ここで示した裁判例の傾向は、原発事故訴訟に限られるものではなく、具体的根拠規定のないまま、対原告との関係において国の責任を限定してきた従来の裁判例の傾向を批判的にとらえるうえで大きな意味をもっている[45]。

8　おわりに

本稿では許認可などの典型的な規制手法に関わる国賠訴訟について、主要な論点に絞って検討を加えた。しかし、環境規制に関わる国賠訴訟では、規制に関連して適切な情報の不提供[46]、誤った行政指導[47]などを加害行為とするものが提起されるなど多様である。加えて、今後、科学的不確実性と国賠責任などについて多くの訴訟が提起されてくるように思われる。科学的知見、科学論やエビデンスに関する訴訟手続上の議論も踏まえた検討の深化が必要となろう。

【注】

1）　大塚直「水俣病関西訴訟最高裁判決の意義と課題」判タ1194号91頁（2006年）参照。

2）　宇賀克也「国家責任の機能」兼子仁・宮崎良夫編集代表『行政法学の現状分析』〔高柳信一先生古稀記念論集〕423頁以下（勁草書房、1991年）参照。

3）　例えば、武田真一郎「続・国家賠償における違法性と過失について」成蹊88号536頁以下（2018年）がある。

4）　例えば、医師の医療行為は私経済作用として民法不法行為責任の対象となることは、最高裁判例で確定している（最判昭36・2・16民集15巻2号244頁及び最判昭57・4・1民集36巻4号519頁）。

5）　西埜章『国家賠償法コンメンタール〔第2版〕』92頁以下（勁草書房、2014年）参照。

6）　宇賀克也『行政法概説Ⅱ行政救済法〔第6版〕』426頁以下（有斐閣、2018年）参照。このような思考方法とは異なる民法不法行為における過失と違法性に関する議論については、窪田充見編『新注釈民法（15）債権（8）§§697～711』272頁以下〔橋本佳幸〕（有斐閣、2016年）参照。

7）例えば、最判昭 49・12・12 民集28巻10号2028頁及び最判平 16・1・15 民集58巻 1 号226頁。

8）最判平 16・4・27 民集58巻 4 号1032頁。

9）原発事故訴訟では、群馬訴訟・前橋地判平 39・3・17 判時2339号 4 頁のように、省令改正が必要と判断するものもあれば、不要とする生業訴訟・福島地判平 29・10・10 判時2356号 3 頁もある。

10）原発事故訴訟の場合には、根拠法令の趣旨・目的等を踏まえ、事前警戒・予防の観点から、蓋然性の比較的低い抽象的危険が対象となる（拙稿「原発事故賠償訴訟の動向と論点」判時2375・2376合併号234頁以下（2018年）参照）。

11）この点を長崎地判平 28・2・23 判例集未登載は過失の問題として、名古屋地判平 26・3・13 判時2225号95頁は違法の問題として取り扱っている。紀伊長島町事件（最判平 16・12・24 民集58巻 9 号2536頁）の国賠訴訟における名古屋高判平 26・11・26 判例集未登載は、認定処分の違法判断に関する基礎となる行為について、「地位を不当に害しない配慮義務」の違反を違法性、その違法性の認識を過失の問題と区別している点に特徴がある。

12）この点に関する最近の学説については、米田雅宏「国家賠償法一条が定める違法概念の体系的理解に向けた一考察（１、２・完）」法學81巻 6 号99頁（2018年）、82巻 1 号70頁（2018年）参照。

13）拙稿「国家賠償請求訴訟による救済」現代行政法講座編集委員会編『現代行政法講座Ⅱ　行政手続と行政救済』331頁（日本評論社、2015年）参照。

14）例えば、西埜・前掲注(2)334頁。

15）例えば、西埜・前掲注(2)45頁以下。

16）最判平 3・4・26 民集45巻 4 号653頁。

17）例えば、原島良成「判批」百選（３版）180頁（有斐閣、2018年）参照。職務義務違反説との関係などを指摘するものとして、本多滝夫「行政救済法における権利・利益」磯部力ほか編『行政法の新構想Ⅲ』227頁（229頁参照）（有斐閣、2008年）。

18）申請に要した諸経費等の賠償を認め、慰謝料を認めなかった事例に、長野地判平 22・3・26 判自334号36頁がある。

19）遠藤博也『国家補償法上巻』166頁（青林書院新社、1981年）、藤田宙靖『行政法総論』540頁（青林書院、2013年）、稲葉馨「国家賠償法上の違法性について」法学73巻 6 号29頁（45頁および54頁以下）（2010年）参照。

20）少数説ではあるが、三極関係のうち、国・自治体と被保護者との関係を重視する安全性確保義務論も注目され（三橋良士明「不作為にかかわる損害賠償」雄川一郎他編『現代行政法大系 6 』171頁以下（有斐閣、1983年）参照）、基本権保護義務論との近接性もあると考えられる（桑原・基礎理論290頁以下参照）。

21）学説については、宇賀克也「行政介入請求権と危険管理責任」磯部力ほか編『行政法の新構想Ⅲ』257頁（260頁）（有斐閣、2008年）参照。

22) 例えば、筑豊じん肺訴訟・平16・4・27民集58巻4号1032頁、水俣病関西訴訟・平16・10・15民集58巻7号1802頁及び泉南アスベスト訴訟・最判平26・10・9民集68巻8号799頁。

23) 山本隆司・金井直樹「判批」法協112巻6号172頁〔山本隆司〕(2005年)及び野呂充「不作為に対する救済」公法71号174頁以下(2009年)参照。

24) 山下竜一「権限不行使事例の構造と裁量審査のあり方」曽和俊文ほか編『行政法理論の探求』〔芝池義一先生古稀記念〕563頁以下(有斐閣、2016年)、西田幸介「規制権限の不行使と国家賠償—『規制不作為違法定式』の判断構造」法學81巻6号872頁以下(2018年)参照。

25) 「公害型」と「事故型」の区分については、大塚直「高浜原発再稼働差止仮処分決定及び川内原発再稼働仮処分決定の意義と課題」環境法研究3号41頁以下(2015年)参照。

26) 拙稿「アスベスト国賠訴訟と規制権限不行使の違法判断に関する一考察」環境法研究4号65頁(2016年)参照。

27) 例えば、村重慶一・宗宮英俊『国家賠償訴訟の実務』39頁〔都築弘〕(新日本法規出版、1993年)また深見敏正『国家賠償訴訟』54頁(青林書院、2015年)参照。二子石亮・鈴木和孝「規制権限不行使をめぐる国家賠償法上の諸問題について—その1」判タ1356号7頁(12頁以下)(2011年)も参照。

28) 例えば、稲葉馨「国賠訴訟における『反射的利益論』」菅野喜八郎編『憲法と行政法』〔小嶋和司博士東北大学退職記念〕595頁以下(良書普及会、1987年)。学説の整理に関し、北村和生「権限不行使に対する司法救済」ジュリ1310号35頁以下(2006年)、本多滝夫・前掲注(11)227頁以下参照。

29) 高木光「省令制定権者の職務上の義務—泉南アスベスト国賠訴訟を素材として」自研90巻8号3頁以下(2014年)参照。

30) 関西建設アスベスト京都訴訟・大阪高判平30・8・31裁判所ウェブサイト。

31) 関西建設アスベスト大阪訴訟・大阪高判平30・9・20裁判所ウェブサイト。

32) 例えば、拙稿「国家賠償訴訟における保護範囲論(再論)」碓井光明ほか編『行政手続・行政救済法の展開』〔西埜章先生・中川義朗先生・海老澤俊郎先生喜寿記念〕381頁以下(信山社、2019年)。

33) 伊方原発訴訟・最判平4・10・29民集46巻7号1174頁。

34) 生業訴訟・福島地判平29・10・10判時2356号3頁。

35) 拙稿「国の法的責任」淡路剛久ほか編『福島原発事故賠償の研究』68頁(81頁以下)(日本評論社、2015年)。

36) 千葉訴訟・千葉地判平29・9・22裁判所ウェブサイトは、結果回避可能性の判断にあたってこの費用面を重視しすぎていること、証明負担を過度に原告に負わせるなど問題が多い。このような発想は、泉南アスベスト訴訟(第一陣)・最判平26・10・9判時2241号13頁で覆された大阪高判平23・8・25判時2135号60頁に類似している。

37) このコストの側面については、清水晶紀「福島原発事故をめぐる規制権限不行使に対する国家賠償責任の成否」自治総研476号 1 頁以下（2018年）参照。

38）　千葉地判平 29・9・22 裁判所ウェブサイト。

39）　東京地判平 30・3・16 判例集未登載。

40）　水俣病関西訴訟・大阪高判平成 13・4・27 判時1761号 3 頁。

41）　筑豊じん肺訴訟・福岡高判平 13・7・19 判時1785号89頁、建設アスベスト首都圏東京訴訟・東京高判平 30・3・14 裁判所ウェブサイト。

42）　泉南アスベスト訴訟（第二陣）・大阪高判平 25・12・25 民集68巻 8 号900頁、関西建設アスベスト大阪訴訟・大阪高判平 30・9・20 裁判所ウェブサイト。

43）　前橋地判平 29・3・17 判時2339号 4 頁、首都圏訴訟・東京地判平 30・3・16 判例集未登載。

44）　京都訴訟・京都地判平 30・3・15 判時2375・2376合併号14頁。

45）　拙稿「国の原発規制と国家賠償責任」淡路剛久監修『原発事故被害回復の法と政策』22頁（41頁以下）（日本評論社、2018年）。

46）　福岡高判平 17・12・22 判時1935号53頁。

47）　東京高判平 5・10・28 訟月40巻 9 号2249頁や東京地判平 24・8・7 判時2168号86頁。

中国環境公益訴訟の現状・課題について

劉　明全

1　はじめに

日本では、環境公益訴訟についての法律は存在しないが、純粋環境損害・生態学的損害をテーマとしている研究は増えてきている[1)]。また、今後、環境公益訴訟が世界的に制度化される可能性がある。同時に、中国では、2015年から現在まで、環境公益訴訟（特に環境民事公益訴訟）が制度化されている。なぜなら、大気・水・土壌などの汚染が発生し、その地域における生態系の機能が害されたとしても、それらは純粋環境損害であり、人の法益が侵害されたわけではなく、訴訟を提起できる者が存在していない。このような環境汚染・生態破壊を起こす行為が一般的民事訴訟による救済の範囲を超えるため、当該問題の対応として、民事訴訟法・環境保護法の改正とともに、環境公益訴訟が導入されることになった[2)]。

以下、中国の環境公益訴訟の関係規定（2）と環境法廷（3）を整理した上で、検察院提訴（4）と相関組織提訴（5）及び生態環境損害賠償訴訟（6）を分析し、比較の視点から残された課題をまとめてみて（7）、結びに代える（8）ことにしたい。

2　関係規定の制定・改正

第一に、第Ⅰ期（2012年以前）の状況をみる。環境公益訴訟に関する条文は、一つのみである。すなわち、海洋環境保護法（1999年改正、以下「海保法」）90条が「海洋生態、海洋水産資源、海洋保護区を破壊し、国に重大な損失をもたらした場合、本法による海洋環境監督管理権を行使する部門が、国を代表して、その責任者に対し損害賠償を要求することができる。」と規定する。当該規定における「部門」については、国務院の環境保護部門、国家海洋部門、国家海事部門、国家漁業部門、軍隊環境保護部門及び沿海の地方政府（自治体）の海洋環境監督管理権の部門が挙げられる[3)]。

第二に、第Ⅱ期（2013年～2014年）の状況をみる。2012年８月31日、第11期全国人民代表大会常務委員会（以下「全人代常委会」）第28次会議で、民事訴訟法が改正され、環境公益訴訟についての規定が定められた。修正案施行（2013年１月１日）までの間は、環境公益訴訟について、訴訟を提起できる主体の範囲が広かった。たとえば、検察院・行政機関とともに、個人・社会団体も原告として訴えたケースが見られる。しかし、修正案施行により、「法律が規定する機関と相関組織」のみが原告になれることになる。行政機関が「法律が規定する機関」ではないという立法者の説明がある[4)]。

第三に、第Ⅲ期（2015年１月～2017年６月）の状況をみる。第12期全人代常委会第８次会議において、『環境保護法』が第四次案で改正された（2014年４月24日改正、2015年１月１日施行）。そのうち、環境公益訴訟に関する新しい条文（第58条）がある。すなわち、１項：「環境を汚染し、生態系を破壊し、社会公共利益を損害する行為に対して、区のある市レベル以上の人民政府の民政部門に、法律に従い、登録し、五年以上連続して、環境保護公益活動に従事し、かつ、違法行為のない社会組織は、環境公益訴訟を提起することができる。」、２項：「前項規定に適合する社会組織が人民法院に訴訟を提起した場合、人民法院が法に基づいてこれを受理しなければならない。」、３項：「訴訟を提起した社会組織は、当該訴訟を通して経済的利益を貪り取ってはならない。」。

また、上述した新民事訴訟法や新環保法が「起訴条件、管轄、責任の方式及び訴訟のコスト負担など」を定めず、抽象的な原則のみを規定したため、最高法環境資源審判廷が2014年７月に設立されたのち、環境民事公益訴訟現状を調査した上、『環境民事公益訴訟を審理する法律の適用の若干問題に関する解釈』（2015年１月７日施行）を定めた[5)]。この解釈が新環保法関係条文の判断基準となる。その後、『環境侵権責任紛争案を審理する法律の適用の若干問題に関する解釈』（2015年6月3日施行）も定められた。両者の違いは、前者が環境民事公益訴訟を対象とするものであるのに対し、後者が環境汚染による不法行為を対象とするものである点にある。また、環境民事公益訴訟が後者の規定を適用することもできると定められている。

第四に、第Ⅳ期（2017年7月以後）の状況をみる。2017年6月27日、全人代常委会により、民事訴訟法と行政訴訟法の改正が行われた。2017年7月1日より、新たな規定が施行されている。検察官は、職務において生態環境と資源保護の社会公共利益を損害する行為を発見し、相関機関・組織が存在しないあるいは訴訟を提起しない場合、民事訴訟を提起することができる（改正民事訴訟法55条2項）。行政訴訟として、検察官が職責を履行するとき、生態環境と資源保護に対する監督管理職責を持つ行政機関が職権を違法に行使し、または不作為によって、国家利益あるいは社会公共利益が侵害される場合、検察官から検察建議で行政機関に対し違法な権限の行使の停止又は適切な権限行使を促したが、行政機関が履行しない場合、検察官が法律に基づき訴訟を提起する（改正行政訴訟法25条4項）。

また、2018年2月頃、最高法と最高検が『検察公益訴訟の法律適用の若干問題に関する解釈』（2018年3月2日施行）を共同で定めた。当該解釈が検察院による環境公益訴訟に関する最高指導規則であるといえる。

3　環境法廷

環境審判廷は、環境民事公益訴訟を含む環境訴訟を集中して審理するための独立の法廷である。日本の裁判所の民事部・刑事部などと同じ組織である。その成立の趣旨として、環境汚染による不法行為が複雑であることや、因果関係の証明のルールが一般不法行為と違い、非常に難しいことなどが挙げられる。2007年環境審判廷のモデルケースが始まってから、環境資源審判廷の数は増えているとみられる[6)]。最高法の環境資源審判法廷（2014年）を含めて全国に約1000箇所である[7)]。主な裁判の方式は、「三合一」という形である。すなわち、刑事、行政、民事など三つの種類の環境関係訴訟がすべて環境法廷において裁判される。

2000年～2013年、環境民事公益訴訟が約50件[8]、2015年～2016年[9]、1審受理189件（環境民事公益訴訟137件、環境行政公益訴訟51件、行政付帯民事公益訴訟1件、73件裁判終了）、2審受理11件（すべて裁判終了[10]）。最高法「指導案例」（2017年3月まで87件）の中では、環境公益訴訟は1件のみである[11]。最高法が2017年3月、10件「典型案例」を公布した[12]。また、最高検が2017年1月、5件環境公益訴訟である「指導案例」を公布した[13]。

4　検察院による環境公益訴訟

検察院による環境公益訴訟の発展について、期限付きの地方モデルケースから始まり、全国での実施の拡大までというルートが見られる。2015年新環保法施行までには、法律上は明確な根拠規定が定められていなかったが、全人代常委会の決定（「一部の地域において公益訴訟試点作業を行うことを最高人民検察院に授権することに関する決定」、以下「全人代常委会決定」）が検察院に原告資格を与えた。これにより、2015年7月1日から2017年6月30日まで、検察院による公益訴訟の「モデルケース」が13箇所で行われた。最高検が2015年7月2日、「検察機関が公益訴訟を提起する改革モデルケースプログラム」（以下「最高検プログラム」）を出し、目標・原則や民事公益訴訟・行政公益訴訟を提起する手続きなどやプログラムの実施や作業の要求などを決めた。最高検が2015年12月16日、「人民検察院が公益訴訟を提起するモデルケース作業の実施アプローチ」（計4章58条、以下「最高検アプローチ」）を決定した。最高検アプローチも13箇所のモデルケース地方のみに実行されると定められた。最高検プログラムへの対応として、最高法が2016年3月1日、「人民法院が人民検察院による提起された公益訴訟を裁判するモデルケース作業の実施アプローチ」（計25条、以下「最高法アプローチ」）を実行した。最高法アプローチによれば、行政公益訴訟を提起するために、三つの資料が必要である（12条）。すなわち、①起訴状、②国家と社会公共利益が侵害された「初歩」の証明をする資料、③行政機関に検察建議を提出し、違法行政行為の修正か職責を法により履行するのを督促するなど訴え前の手続きの履行の証明をする資料。民事公益訴訟の場合、②と異なり、「社会公共利益を損害する行為」のみを対象とする（2条）。他方、責任の方式について、差止め（侵害を停止すること・妨害を排除すること・危険を除去すること）、原状を恢復すること、損失を賠償すること、謝罪すること、などが定められる（3条）。

検察院による環境行政訴訟と環境民事訴訟には、二つの共通点が見られる。①前提として、純粋環境損害について行為者が起訴されない或いは訴訟を提起する原告がいない。②訴え前の督促など検察建議を出すことで、関係機関や組織を督促・指示することである。一方、二つの相違点がある。①民事公益訴訟では社会公共の利益のみが対象だが、行政公益訴訟では国家利益も対象になる（最高法プログラム12条）。②訴訟を提起する裁判所が異なる。すなわち、民事公益訴訟は中級人民法院であるのに対し、行政公益訴訟の場合は、原則として、基層人民法院であるとともに、例外として、中級人民法院も管轄する（重大・複雑なケースや、国務院部門か県級以上の地方政府の行政行為が対象になる場合）（最高法プログラム15条）。

モデルケース期間（2015年～2017年）における特色として、以下の五点が挙げられている[14)]。①訴え前の手続きにより、解決されたのは約8割にのぼる。②7割のケースにおける被告が、国土・環境保護・林業・水利水務・防空・建設・農業・財政などの政府機関であった。③証拠を全面的に収集し、総合的に判断した上で提訴を決定する。④訴訟請求が主に履行の訴え・確認の訴えである。⑤重い立証責任を負う（証明の程度が高いということである。例えば、行政公益附帯民事公益訴訟において行政行為の違法性も証明したケースがみられる）。また、検察機関が「原告」ではなく、「公訴人」の資格で訴訟に参加すること、2審の性質が「抗訴」であること、国家利益・社会公共利益の侵害・侵害の危険を対象とすること、などが主張される[15)]。

そして、モデルケースの実施と法改正とに関係はある。法改正はモデルケースの「短期」実施を「延長」する意義があり、連続的な規定である。すなわち、2017年7月1日から、改正民事訴訟法55条2項・改正行政訴訟法25条4項に基づき、検察院による環境公益訴訟が制度の試行を経て、本格的に実施されることになる。

5　相関組織による環境公益訴訟

区のある市レベル以上の人民政府の民政部門に、法律に基づき、登録し、5年以上連続的に環境保護の公益活動に従事し、かつ違法の記録のない社会組織が、環境公益訴訟を提起することができると規定する（改正環保法58条）。相関組織による環境民事公益訴訟の保護措置として、組織の資格における「違法記録」は、民事違法を含まず行政処罰・刑事処罰のみに限定される[16)]。しかし、相関組織による対応は限界があるのではないか。例えば、「自然の友・緑発会対汚染企業環境民事公益訴訟」は、江蘇省常州市外国語学校に隣接する被告の汚染された土地により、当該学校の教員・学生等に健康被害が生じたために環境NGOが訴訟を提起した。2017年1月25日、常州市中級人民法院は二点の理由を挙げ、原告の請求を棄却した[17)]。すなわち、常州市政府が環境の修復を行っているから、既に行政が対応しているので被告が対応する必要がないこと、本件工場土地が数十年間の工場運営により汚染されたが、原告らが被告らとその前の企業とそれぞれの不法行為責任の範囲・形式・金額に関する証拠を提出しなかったことである。要するに、政府の修復・観測で、環境NGOによる差止請求や損害賠償請求は認められる必要がないとされたのである[18)]。このような裁判理由によると、環境NGOによる環境民事公益訴訟が行政側の措置に代替されること、汚染者の賠償責任がなくなることなどの問題が生じるおそれがあるのではないか。

6　生態環境損害賠償訴訟

生態環境損害賠償訴訟について、以下のように、検察院だけでなく行政機関によるモデルケース段階から全国までの発展も見られる。まず、7つの省のモデルケース段階において、中央（中共・国務院）の「生態環境損害賠償制度改革モデルケースプログラム」(2015年)により、7つの省レベルの地方政府が生態環境損害賠償訴訟を提起することができる。実績として、「一部の省における生態環境損害賠償制度改革モデルケースに関する報告」(2016年)がある。次に、2017年8月、「生態環境損害賠償制度改革プログラム」の実施により、全国の市レベル地方政府が生態環境損害賠償訴訟を提起することができる。

しかし、生態環境損害賠償訴訟は改正民事訴訟法55条や改正行政訴訟法25条による環境公益訴訟と違うものである。第一に、訴える主体が異なる。前者が行政機関であるのに対し、後者は検察機関である。第二に、前者の根拠となるのは上述の改革プログラムのみであるのに対し、後者の根拠としては民事訴訟法・行政訴訟法・環保法及び相関司法解釈などがある。

7　残された課題

(1)　裁判規則

第一に、原告適格についてである。環境公益訴訟は公益を対象とするのに対し、不法行為は私益を対象とする。しかし、中国では、環境公益訴訟は不法行為法の規定が明確に適用されている[19]。これによると、原告適格の問題が生じることになる。

公益と民事訴訟上の私益・行政訴訟上の行政相対人利益について、普通の民事訴訟は、私益が中心となるのに対して、環境公益訴訟の場合、公益が中心になるわけである。当該公益が民事訴訟の対象になると、責任構成や責任の方式が変更されるべきか、損害賠償と差止めについてどちらが主な請求になるべきかなどの問題がある。

第二に、不法行為の構成要件や責任方式についてである。裁判例で因果関係・違法性など要件の適用の混乱が見られている[20]。そのため、統一かつ詳細な適用ルール(司法解釈)を適切に使用する必要がある。

第三に、行政機関は「法律が規定する機関」であるか、或いは生態環境損害賠償訴訟が環境民事公益訴訟であるかについてである。立法者である全人代の条文説明により、行政機関は民事訴訟法の55条にいう「法律が規定する機関」

ではないが、市レベルの地方政府による生態環境損害賠償の請求は、民事訴訟法55条に違反する問題を回避するのであろうか。形式として環境民事公益訴訟と呼ばなくとも、どちらも同じ生態学的損害について損害賠償を請求することができるから、実質的な内容が同じではないかという問題があると思われる。だとすると、前者は後者と同様の性質をもつということであろうか。また、それぞれの法根拠（物権説や不法行為説など）について、どのように関連してくるのだろうか。

(2) 検 察 院

検察院による環境公益訴訟を可能とする法律の制定の際、これを支持する説と反対する説があった[21]。現在も、法理上・解釈論として、問題がないとはいえない。

第一に、環境民事公益訴訟を制限すべき、環境行政公益訴訟を拡張すべきという学説や問題点の指摘があるとみられる。

第二に、自然資源国家所有権に基づき[22]、検察機関が国家を代表し、環境公益を不法に侵害する者に対して訴えるのは当然だという解釈論が見られるが、検察院が監督機関であるのに、民事損賠賠償を提起するのはどう見るべきか。

第三に、検察院が環境刑事訴訟を提起したときに刑事付帯民事訴訟を提起できるのが、新たに民事訴訟を提起することもできる。両者にどのような違いがあるか。

第四に、検察院が「法律が規定する機関」であるか[23]。

(3) 行 政 権

第一に、司法権と行政権についてである。環境民事公益訴訟に関する最高法解釈１条により、「重大環境リスク」が訴えの範囲に入れられている。その判断基準について、環境影響評価、行政許可を持っていない汚染排出行為や、排出基準を超える行為などがあげられる[24]。しかし、環境民事公益訴訟が行政権を侵害するおそれがあるという声もある[25]。

第二に、訴え前の手続きについてである。全人代常委会決定が、「公益訴訟を提起する前に、人民検察院は、行政機関が違法行為を是正することを督促すべきであり、あるいは、法律が規定する機関と相関組織が公益訴訟を提起することを督促・支持すべきである。」と定める。実務上、最高検プログラム・同アプローチ・最高法アプローチが、訴えの前の手続きも規定している。訴訟法では、上述のように、訴えの前の手続きも規定される（民事訴訟法55条２項・行政訴訟法25条４項）。訴え前の手続きがあるとしても、検察院が訴訟で行政機関に対し是正しても行政機関が手続きを取らない場合に、行政機関の活動と訴訟とが重なることはないように思われる。なお、行政権と重なることがなくなるかという問題もないとはいえない。

第三に、行政庁の環境保護の手段について、二つの課題があると考えられる。まず、行政処分を行うか公益訴訟を提起するか。前述のように、行政庁は、法律上、行政処分等の手段と公益訴訟の手段を持っているため、その二種類の手段の間の関係について、検討する必要がある。行政処分により相手方に義務が生じる。そのため、執行不全の可能性が低いと思われる。この「有力な」手段の代わりに、訴訟を提起すると、時間や費用等がかかること等のコストが生じる。それが適切ではないと思われる。よって、行政庁が行政処分でなく公益訴訟を選択する場合を限定する必要がある。即ち、行政権限を十分に行使したが、それでもなお公益訴訟が必要な場合に、行政庁の当事者適格を認めるのは適切である。この場合、行政庁がその「十分に行使した」ことについて立証すべきである。次に、公益訴訟の場合、どのような行政庁に当事者適格を付与するか。行政庁の関係者からは、「県レベル以上の自治体や政府の環境保護の行政主管部門とその他の法律による環境監督管理権を行使する部門が公益訴訟を提起することができる。」と主張される[26)]。

第四に、行政庁が環境公益訴訟を提起できることが適当かどうかについてである。今日の中国の現状を見ると、環境公益訴訟の原告として、行政庁が適切である。その理由は以下の通りである。まず、中国での事情がある。前述のように、現在、生態破壊を含める環境汚染が深刻な問題であることが認識されている。それに対する対策が喫緊の課題であるし、最も強い機関としての行政庁が参加しないと、本当に環境公益を守ることができるかという民間からの疑問が生じる。このような理由から行政庁による環境公益訴訟が必要とされるのではないか。次に、環境問題の解決のために、中国における環境関係の立法が重視されることになっている。また、先進国でも途上国でも、環境公益訴訟が世界レベルで実施されるのは否定できないと思われる。上述した事情からみると、中国では行政庁による環境公益訴訟には、メリットとデメリットの利益衡量から、前者の方が大きいのではないか。従って、検討すべき課題は、公益訴訟を通じてどのように環境（公益）を保護すべきかということである。

8　結びにかえて

日本では、環境に関する行政法が制定されており、環境行政による環境保護への対応が十分であるといってもいいであろう[27)]。これに対し、中国では、経済発展のため、長い間環境行政は不十分なものであった。現在、生態環境省の発足（2018年３月）などからみると、環境行政は強化されてきているが、なお環境公益訴訟も補充的に制度化されるべきである。しかし、訴え前の手続き・構成要件の判断要素などの「細かい」規則の改善が必要である。最後に日本法との関係であるが、中国法では、権利構成又は不法行為構成の様々な問題があるものの、環境公益については、先行した事例や経験などがあるから、日本法の環境公益訴訟の導入にとって、適格原告や行政権との関係などの面で有益な示唆を与えることができると考えられる。

〔付記〕
私は、早稲田大学大学院法学研究科に留学したとき（2009～2015）、法学の研究や論文の執筆や留学の生活などの様々な面で、指導教官である大塚教授よりご指導いただきまして、心より感謝を申し上げます。博士課程を修了しましたが、大塚研メンバーとしての勉強・研究は「修了」ではなく、卒業がこれからの「出発点」だと信じております。大塚先生還暦記念論文集への投稿チャンスは、私にとって非常に光栄なことでございます。今後ともご指導をくださいますようお願い申し上げます。先生のご健康をお祈り申し上げます。また、早稲田大学法学研究科博士後期課程佐伯誠氏による原稿の日本語チェックのご協力について、感謝します。

【注】

1） 大塚直「公害・環境分野での民事差止訴訟と団体訴訟」加藤追悼632頁以下。

2） 参见郑学林等「《关于审理环境民事公益诉讼案件适用法律若干问题的解释》的理解和适用」人民司法2015年５期。

3） 参见别涛「环境公益诉讼立法的新起点—《民诉法》修改之评析与《环保法》修改之建议」法学评论2013年１期。

4） 参见信春鹰『中华人民共和国环境保护法释义』201页（法律出版社、2014年）。

5） 前掲注(2)。

6） 環境資源審判法廷が、民事法廷や刑事法廷などと同じレベルの裁判所の一つの内部組織である。

7） 江必新・最高人民法院副院長の報告により、956箇所である。「绿建环保」最後訪問：2017年10月18日。

8） 刘毅「环境公益诉讼迎来春天？」人民日报2015年１月17日。

9） 「最高人民法院发布环境公益诉讼十大典型案例」新华网2017年３月７日。最後訪問：2017年10月30日。

10） 江必新・最高人民法院副院長の報告により、2015から2017.10まで、964件受理（455件終了）。「绿建环保」。最後訪問：2017年10月18日。

11） 中国生物多样性保护与绿色发展基金会诉宁夏瑞泰科技股份有限公司环境污染公益诉讼案（指导案例75号）。

12） ①江苏省泰州市环保联合会诉泰兴锦汇化工有限公司等水污染民事公益诉讼案、②中国生物多样性保护与绿色发展基金会诉宁夏瑞泰科技股份有限公司等腾格里沙漠污染系列民事公益诉讼案、③中华环保联合会诉山东德州晶华集团振华有限公司大气污染民事公益诉讼案、④重庆市绿色志愿者联合会诉湖北恩施自治州建始磺厂坪矿业有限责任公司水库污染民事公益诉讼案、⑤中华环保联合会诉江苏江阴长泾梁平生猪专业合作社等养殖污染民事公益诉讼案、⑥北京市朝阳区自然之友环境研究所诉山东金岭化工股份有限公司大气污染民事公益诉讼案、⑦江苏省镇江市生态环境公益保护协会诉江苏优立光学眼镜公司固体废物污染民事公益诉讼案、⑧江苏省徐州市人民检察院诉徐州市鸿顺造纸有限公司水污染民事公益诉讼案、⑨贵州省六盘水市六枝特区人民检察院诉贵州省镇宁布依族苗族自治县丁旗镇人民政府环境行政公益诉讼案、⑩吉林省白山市人民检察院诉白山市江源区卫生和计划生育局、白山市江源区中医院环境行政附带民事公益诉讼案。「最高人民法院发布环境公益诉讼十大典型案例」新华网2017年３月７日。最後訪問：2017年10月30日。

13） ①许建惠、许玉仙民事公益诉讼案（检例第28号）、②白山市江源区卫生和计划生育局及江源区中医院行政附带民事公益诉讼案（检例第29号）、③郧阳区林业局行政公益诉讼案（检例第30号）、④清流县环保局行政公益诉讼案（检例第31号）、⑤锦屏县环保局行政公益诉讼案（检例第32号）。

14） 徐全兵「检察机关提起行政公益诉讼的职能定位与制度构建」行政法学研究2017年５期。

15） 前掲注(14)。

16） 最高人民法院『关于审理环境民事公益诉讼案件适用法律若干问题的解释』第５条。

17）江苏省常州市中级人民法院（2016）苏04民初214号民事判决。

18）2017年２月17日、原告が上訴した。江蘇省高級人民法院が2018年２月28日、初めて審問を行った。当該高級法院が2018年12月27日、１審を破棄し、汚染者の敗訴の２審判決を出した。

19）環保法64条が「環境汚染や生態系破壊による損害を起こしたとき、侵権責任法関係規定に依拠し、侵権責任を負わなければならない。」と規定する。

20）大塚直・劉明全「中国法における公害・生活妨害の差止の法理」比較法学48巻３号（2015年）参照。

21）劉明全「中国の環境公益訴訟についての一考察」法研論集150号（2014年）。

22）私権説について、崔建远「自然资源国家所有权的定位及完善」法学研究2013年４期。公権説について、巩固「自然资源国家所有权公权说再论」法学研究2015年２期。二元説について、叶榅平「自然资源国家所有权的双重权能结构」法学研究2016年３期、税兵「自然资源国家所有权双阶构造说」法学研究2013年４期。三元説について、王涌「自然资源国家所有权三层结构说」法学研究2013年４期。所有制説について、徐祥民「自然资源国家所有权之国家所有制说」法学研究2013年４期。

23）胡・田論文により、民事公益訴訟の原告として、検察機関、法律が規定する機関と相関組織が挙げられる。胡卫列・田凯「检察机关提起行政公益诉讼试点情况研究」行政法学研究2017年２期。

24）最高人民法院『关于审理环境民事公益诉讼案件适用法律若干问题的解释』第１条。

25）王明远「论我国环境公益诉讼的发展方向:基于行政权与司法权关系理论的分析」中国法学2016年１期。

26）前掲注(3)。

27）自然資源・生態環境という環境公益は、人間の生命・健康・生活などの基盤である。これらの汚染について、予防・防止する必要が認識されているものの、日本民法709条を根拠としては、差止訴訟を提起することができないと言わざるを得ない。個人による権利利益ではないからである。事件性は環境公益訴訟の立法にとって重要な課題である。事件性の問題を乗り越えるため、環境公益訴訟の法理は導入されるべきである。これは、日本法の立法論として、緊急な課題であると思われる。

大塚直先生略歴・主要業績一覧

略　　歴

1958年11月23日　愛知県名古屋市に生まれる

1977年３月　愛知県立旭丘高等学校卒業
1980年10月　司法試験第２次試験合格
1981年３月　東京大学法学部卒業
1981年４月　東京大学法学部助手
1986年４月　学習院大学法学部助教授
1988年９月　カリフォルニア大学バークレイ校ロースクール客員研究員（1990年９月まで）
1994年４月　放送大学非常勤講師（現在に至る）
1995年４月　東京大学大学院法学政治学研究科非常勤講師（1997年３月まで、2002年４月から現在に至る）
1995年４月　東京大学教養学部非常勤講師（1996年３月まで）
1996年４月　早稲田大学法学部非常勤講師（2001年３月まで）
1993年４月　学習院大学法学部教授
2000年10月　東京大学大学院総合文化研究科非常勤講師（2001年９月まで、2003年９月から2004年10月まで）
2001年４月　早稲田大学法学部教授
2004年４月　早稲田大学大学院法務研究科教授（法学部兼任）
2005年４月　東北大学大学院法務研究科非常勤講師（現在に至る）
2014年４月　早稲田大学法学部教授（大学院法務研究科兼任）

所属学会

1993年７月　国際比較環境法センター理事
1997年６月　環境法政策学会常任理事（2009年６月より事務局長、2017年６月より理事長）
2005年４月　環境経済・政策学会理事（2009年３月まで、2014年４月から2015年

3 月まで)

2011年11月　環境放射能除染学会評議員

2013年 5 月　環境情報科学センター理事（2015年 5 月より理事長）

このほか、日本私法学会会員、比較法学会会員、日米法学会会員、日仏法学会会員、廃棄物資源循環学会会員

主要学外活動

1997年 4 月　環境省中央環境審議会専門委員（2001年 2 月まで）

1997年12月　通商産業省産業構造審議会臨時委員（2014年 3 月まで）

1999年 4 月　東京都環境審議会臨時委員（2003年 3 月まで）

1999年 5 月　通商産業省消費経済審議会臨時委員（2000年 3 月まで）

1999年10月　科学技術庁原子力損害賠償紛争審査会委員（2010年 8 月まで）

2001年 2 月　環境省中央環境審議会臨時委員（2005年 1 月まで、2015年 2 月から2017年 2 月まで）

2001年11月　東京都環境影響評価審議会臨時委員（2002年10月まで）

2003年11月　東京都環境審議会委員（2011年 3 月まで）

2004年 3 月　国土交通省社会資本整備審議会臨時委員（現在に至る）

2005年 1 月　環境省中央環境審議会委員（2015年 2 月まで、2017年 2 月から現在に至る）

2006年 4 月　法務省司法試験考査委員（環境法）（2015年10月まで）

2010年 4 月　公益財団法人日本容器包装リサイクル協会評議員（現在に至る）

2011年 4 月　文部科学省原子力損害賠償紛争審査会委員（2016年 6 月より会長代理。現在に至る）

2011年 5 月　東京都環境影響評価審議会委員（2017年 5 月まで）

2015年 5 月　内閣府原子力委員会専門委員（2018年 5 月まで）

2016年 4 月　国土交通省交通政策審議会臨時委員（2018年 3 月まで）

主要業績目録

Ⅰ 著　書

環境法（有斐閣、2002年〔初版〕、2006年〔第 2 版〕、2010年〔第 3 版〕）

地球温暖化をめぐる法政策（昭和堂、2004年）

国内排出枠取引制度と温暖化対策（岩波書店、2011年）

環境法 BASIC（有斐閣、2013年〔初版〕、2016年〔第 2 版〕）

Ⅱ　共編書・共著書・監修書

要論物権法（青林書院、1992年）（遠藤浩・良永和隆・工藤祐巌・鎌野邦樹・花本広志・長谷川貞之各氏との共著）
土壌汚染と企業の責任（有斐閣、1996年）（加藤一郎・森島昭夫・柳憲一郎各氏との共同監修）
環境問題の行方〔ジュリスト増刊・新世紀の展望2〕（有斐閣、1999年）（森島昭夫・北村喜宣各氏との共編）
環境法入門（日本経済新聞社、2000年〔初版〕、2003年〔第2版〕、2007年〔第3版〕）（畠山武道・北村喜宣各氏との共著）
循環型社会――科学と政策（有斐閣、2000年）（酒井伸一・森千里・植田和弘各氏との共著）
環境法学の挑戦〔淡路剛久教授・阿部泰隆教授還暦記念〕（日本評論社、2002年）（北村喜宣氏との共編）
環境法辞典（有斐閣、2002年）（淡路剛久編集代表、磯崎博司・北村喜宣各氏との共編）
「土壌汚染対策法」のすべて（化学工業日報社、2003年）（大歳幸男・内藤克彦・中島誠各氏との共著）
環境と法（成文堂、2004年）（牛山積・首藤重幸・須網隆夫・栩澤能生各氏との共著）
ベーシック環境六法（第一法規、2004年〔平成16年版〕、2006年〔改訂〕、2008年〔3訂〕、2010年〔4訂〕、2012年〔5訂〕、2014年〔6訂〕（淡路剛久・磯崎博司・北村喜宣各氏との共編）、2016年〔7訂〕、2018年〔8訂〕（北村喜宣・高村ゆかり・島村健各氏との共編）
環境法判例百選（有斐閣、2004年〔初版〕、2011年〔第2版〕（淡路剛久・北村喜宣各氏との共編）、2018年〔第3版〕（北村喜宣氏との共編））
要件事実論と民法学との対話（商事法務、2005年）（後藤巻則・山野目章夫各氏との共編）
環境法ケースブック（有斐閣、2006年〔初版〕、2009年〔第2版〕）（北村喜宣氏との共編）
21世紀判例契約法の最前線〔野村豊弘先生還暦記念論文集〕（判例タイムズ社、2006年）（加藤雅信・円谷峻・沖野眞已各氏との共編）
要件事実論30講（弘文堂、2007年〔初版〕、2009年〔第2版〕、2012年〔第3版〕、2018年〔第4版〕）（村田渉・山野目章夫・後藤巻則・高橋文清・村上正敏・三角比呂各氏との共著）
労働と環境（日本評論社、2008年）（石田真氏との共編著）
Q&A 実務に役立つ環境法（第一法規、2009年）

環境リスク管理と予防原則――法学的・経済学的検討（有斐閣、2010年）（植田和弘氏との共同監修）
環境法大系〔森嶌昭夫先生喜寿記念〕（商事法務、2012年）（新美育文・松村弓彦各氏との共編）
社会の発展と権利の創造――民法・環境法学の最前線〔淡路剛久先生古稀祝賀〕（有斐閣、2012年）（大村敦志・野澤正充各氏との共編）
震災・原発事故と環境法（民事法研究会、2013年）（高橋滋氏との共編）
18歳からはじめる環境法（法律文化社、2013年〔初版〕、2018年〔第2版〕）
民法の未来〔野村豊弘先生古稀記念論文集〕（商事法務、2014年）（能見善久・岡孝・樋口範雄・沖野眞已・中山信弘・本山敦各氏との共編）
環境と社会〔新訂〕（放送大学教育委振興会、2015年）（植田和弘氏との共著）
製造現場の疑問に答えるQ&A環境法令相談室ライブラリダイジェスト99!（第一法規、2017年）（島田浩樹・安達宏之各氏との共同監修）
21世紀民事法学の挑戦〔加藤雅信先生古稀記念〕（信山社、2018年）（加藤新太郎・太田勝造・田高寛貴各氏との共編）

Ⅲ　分担執筆

遠藤浩・水本浩・北川善太郎・伊藤滋夫（編）『民法注解財産法 第1巻 民法総則』157-190頁（青林書院、1989年）（「民法25条」から「民法32条の2」まで）
水野忠恒（編）『現代法の諸相』（放送大学教育振興会、1995年〔初版〕、1999年〔改訂版〕）（「環境法(1)――環境法総論」「環境法(2)――環境法各論(1)」「環境法(3)――環境法各論(2)」）
阿部泰隆・淡路剛久（編）『環境法』（有斐閣、1995年〔初版〕、1998年〔第2版〕、2002年〔第2版追補版〕、2004年〔第3版〕、2006年〔第3版補訂版〕、2011年〔第4版〕）（「公害賠償訴訟」、「私法的差止訴訟」）
遠藤浩（編）『民法Ⅴ（契約総論）』〔注解法律学全集14〕265-282頁（青林書院、1997年）（「第521条」から「第548条」まで）
金森久雄・荒憲治郎・森口親司（編）『経済辞典』（有斐閣、1998年）（環境法関連部分）
奥田昌道・安永正昭・池田真朗（編）『判例講義 民法Ⅱ債権』（悠々社、2002年〔初版〕、2005年〔補訂版〕、2014年〔第2版〕）（「ニューサンスないし公害（信玄公旗掛松事件）」、「差止請求」、「幼児の過失相殺」、「被害者側の過失」、「過失相殺の類推適用」、「通常と異なる被害者の身体的特徴と損害賠償額の算定」）
淡路剛久・岩渕勲（編）『企業のための環境法』285-298頁（有斐閣、2002年）（「民事訴訟」）
鎌田薫・加藤新太郎・須藤典明・中田裕康・三木浩一・大村敦志（編著）『民事法3 債

権各論』344-350頁（日本評論社、2005年）（「損害賠償と差止め」）

Ⅳ 論　　文

1986年

「生活妨害の差止に関する基礎的考察――物権的妨害排除請求と不法行為に基づく請求との交錯(1)」法学協会雑誌103巻 4 号595-680頁

「生活妨害の差止に関する基礎的考察――物権的妨害排除請求と不法行為に基づく請求との交錯(2)」法学協会雑誌103巻 6 号1112-1209頁

「生活妨害の差止に関する基礎的考察――物権的妨害排除請求と不法行為に基づく請求との交錯(3)」法学協会雑誌103巻 8 号1528-1624頁

「生活妨害の差止に関する基礎的考察――物権的妨害排除請求と不法行為に基づく請求との交錯(4)」法学協会雑誌103巻11号2200-2294頁

1987年

「生活妨害の差止に関する基礎的考察――物権的妨害排除請求と不法行為に基づく請求との交錯(5)」法学協会雑誌104巻 2 号315-412頁

「生活妨害の差止に関する基礎的考察――物権的妨害排除請求と不法行為に基づく請求との交錯(6)」法学協会雑誌104巻 9 号1249-1357頁

「生活妨害の差止に関する基礎的考察――物権的妨害排除請求と不法行為に基づく請求との交錯」私法49号153-159頁

「生活妨害の差止に関する裁判例の分析(1)」判例タイムズ645号18-35頁

「生活妨害の差止に関する裁判例の分析(2)」判例タイムズ646号28-44頁

「生活妨害の差止に関する裁判例の分析(3)」判例タイムズ647号14-40頁

1988年

「生活妨害の差止に関する裁判例の分析(4・完)」判例タイムズ650号29-60頁

「フランス法における action possessoire（占有訴権）に関する基礎的考察――わが国における生活妨害の差止に関する研究を機縁として」学習院大学法学部研究年報23号281-350頁

1990年

「生活妨害の差止に関する基礎的考察――物権的妨害排除請求と不法行為に基づく請求との交錯(7)」法学協会雑誌107巻 3 号408-495頁

「生活妨害の差止に関する基礎的考察――物権的妨害排除請求と不法行為に基づく請求との交錯(8・完)」法学協会雑誌107巻 4 号517-620頁

1991年

「環境賦課金――環境保護のための間接的（経済的）手段(1)」ジュリスト979号44-51頁

「環境賦課金――環境保護のための間接的（経済的）手段(2)」ジュリスト981号92-100

頁
「環境賦課金――環境保護のための間接的（経済的）手段(3)」ジュリスト982号39-47頁
「環境賦課金――環境保護のための間接的（経済的）手段(4)」ジュリスト983号101-108頁
「環境賦課金――環境保護のための間接的（経済的）手段(5)」ジュリスト986号47-57頁
「環境賦課金――環境保護のための間接的（経済的）手段(6・完)」ジュリスト987号61-65頁

1992年

「不法行為における『過失』の結果回避義務」アメリカ法［1992-1］1-28頁
「不法行為における結果回避義務――公害を中心として」星野英一・森島昭夫（編）『現代社会と民法学の動向（上）』〔加藤一郎先生古稀記念論文集〕35-66頁（有斐閣）
「わが国における環境アセスメント（上）」NBL505号18-24頁
「わが国における環境アセスメント（下）」NBL507号34-37頁

1993年

「公害・環境の民事判例――戦後の歩みと展望」ジュリスト1015号248-257頁
「所有権（物権的請求権）・人格権・環境権」法学教室157号23-25頁
「後遺症確定後に死亡した被害者の逸失利益――東京地判平4・3・26を契機として」判例タイムズ825号29-37頁

1994年

「市街地土壌汚染浄化の費用負担（上）」ジュリスト1038号72-77頁
「市街地土壌汚染浄化の費用負担（下）」ジュリスト1040号95-105頁
「環境基本計画」ジュリスト1041号22-27頁
「共同不法行為論」法律時報66巻10号30-36頁
「土壌汚染浄化の費用負担」廃棄物学会誌5巻5号382-393頁
「環境権」法学教室171号33-35頁

1995年

「環境基本計画の検討」環境と公害24巻3号10-15頁
「米国のスーパーファンド法の現状とわが国への示唆(1)」NBL562号26-32頁
「米国のスーパーファンド法の現状とわが国への示唆(2)」NBL563号61-66頁
「米国のスーパーファンド法の現状とわが国への示唆(3)」NBL568号65-73頁
「米国のスーパーファンド法の現状とわが国への示唆(4・完)」NBL569号56-63頁
「野生生物をめぐる法的諸問題」環境法研究22号163-190頁
「Apportionment of the Costs for Cleaning Up Contaminated Soil in Urban Areas」学習院大学法学部研究年報30号129-144頁
「ヨーロッパ主要国における土壌汚染浄化の費用負担の現状とわが国への示唆（上）」

ジュリスト1067号90-96頁
「ヨーロッパ主要国における土壌汚染浄化の費用負担の現状とわが国への示唆（中）」ジュリスト1069号98-105頁
「ヨーロッパ主要国における土壌汚染浄化の費用負担の現状とわが国への示唆（下）」ジュリスト1071号89-96頁
「容器包装リサイクル法の特色と課題」ジュリスト1074号110-116頁
「廃棄物減量・リサイクル政策の新展開(1)――包装廃棄物の抑制・再利用政策および廃棄物に関する賦課金政策を中心として」NBL576号26-30頁
「廃棄物減量・リサイクル政策の新展開(2)――包装廃棄物の抑制・再利用政策および廃棄物に関する賦課金政策を中心として」NBL582号32-36頁
「最近の大気汚染訴訟判決と共同不法行為論――西淀川第２－４次訴訟判決を中心として」判例タイムズ889号3-10頁
「環境保護のための間接的手段」化学工学59巻12号890-893頁

1996年

「わが国における環境影響評価の制度設計について」ジュリスト1083号38-45頁
「民法と現代社会１――公害・環境問題」法学教室185号54-58頁
「アメリカ合衆国の大気清浄法における二酸化硫黄排出権取引プログラム」国際比較環境法センター（編）『世界の環境法』1-18頁（国際比較環境法センター）
「カナダにおける環境アセスメント」国際比較環境法センター（編）『世界の環境法』172-183頁（国際比較環境法センター）
「フランスにおける包装廃棄物の抑制・リサイクル政策」国際比較環境法センター（編）『世界の環境法』231-239頁（国際比較環境法センター）
「オランダの土壌保護法制」国際比較環境法センター（編）『世界の環境法』268-277頁（国際比較環境法センター）
「CO_2 賦課金に関する最近の動向――ヨーロッパを中心として」国際比較環境法センター（編）『世界の環境法』297-310頁（国際比較環境法センター）
「環境保護のための間接的（経済的）手段――1991年のOECD理事会勧告を中心として」国際比較環境法センター（編）『世界の環境法』436-444頁（国際比較環境法センター）
「土壌汚染浄化法制の現状と課題」加藤一郎・森島昭夫・大塚直・柳憲一郎（監修）『土壌汚染と企業の責任』1-36頁（有斐閣）
「地球温暖化対策関連法制の国際比較――オランダにおける温暖化防止対策の概要」季刊環境研究101号20-22頁
「地球温暖化対策関連法制の国際比較――気候変動枠組条約議定書（骨子）の検討案」季刊環境研究101号52-63頁（淡路剛久・磯崎博司・加藤峰夫各氏との共著）

「水俣病判決の総合的検討（その１）」ジュリスト1088号21-29頁
「水俣病判決の総合的検討（その２）」ジュリスト1090号81-89頁
「水俣病判決の総合的検討（その３）」ジュリスト1093号101-105頁
「水俣病判決の総合的検討（その４）」ジュリスト1094号109-112頁
「水俣病判決の総合的検討（その５・完）」ジュリスト1097号76-85頁
「原因競合における割合的責任論に関する基礎的考察——競合的不法行為を中心として」中川良延・平井宜雄・野村豊弘・加藤雅信・瀬川信久・廣瀬久和・内田貴（編）『日本民法学の形成と課題（下）』〔星野英一先生古稀祝賀〕849-891頁（有斐閣）
「森林の水源涵養機能保全のための基金・協定制度等について」季刊環境研究102号120-127頁（前田陽一氏との共著）
「土壌汚染の現状と課題」産業と環境25巻９号31-36頁
「カナダの環境影響評価制度の特色」環境庁環境アセスメント研究会（監修）『世界の環境アセスメント』76-78頁（ぎょうせい）
「経済先進国における環境アセスメントの現状」環境情報科学25巻４号7-11頁

1997年

「共同不法行為論——最近の大気汚染訴訟判決を中心として」淡路剛久・寺西俊一（編）『公害環境法理論の新たな展開』165-185頁（日本評論社）
「欧米の土壌汚染浄化に関する費用負担」環境と公害26巻４号9-15頁
「人格権に基づく差止請求——他の構成による差止請求との関係を中心として」民商法雑誌116巻４・５号1-53頁
「産業廃棄物の事業者責任に関する法的問題」ジュリスト1120号35-44頁
「廃棄物減量・リサイクル政策の新展開(3)——包装廃棄物の抑制・再利用政策および廃棄物に関する賦課金政策を中心として」NBL629号29-39頁
「廃棄物減量・リサイクル政策の新展開(4・完)——包装廃棄物の抑制・再利用政策および廃棄物に関する賦課金政策を中心として」NBL631号33-41頁

1998年

「環境影響評価法と環境影響評価条例との関係について」西谷剛・藤田宙靖・磯部力・碓井光明・来生新（編）『政策実現と行政法』〔成田頼明先生古稀記念〕（有斐閣）
「保護法益としての人身と人格」ジュリスト1126号36-47頁
「生活妨害の差止に関する最近の動向と課題」山田卓生・藤岡康宏（編）『権利侵害と被侵害利益』〔新・現代損害賠償法講座２〕179-206頁（日本評論社）
「排出枠取引と共同実施」ジュリスト1130号51-58頁
「環境影響評価法の法的評価」判例タイムズ959号12-23頁
「都市環境問題をめぐる『政策と法』——環境法学の観点から」『政策と法』〔岩波講座現代の法４〕65-107頁（岩波書店）

「政策実現の法的手段――民事的救済と政策」『政策と法』〔岩波講座 現代の法 4〕177-213頁（岩波書店）
「環境影響評価の目的・法的性格」環境法政策学会（編）『新しい環境アセスメント法――その理論と課題』〔環境法政策学会誌 1 号〕24-35頁（商事法務研究会）
「リサイクルの総合法制の方向」廃棄物学会誌 9 巻 6 号413-423頁
「民法715条・717条（使用者責任・工作物責任）」広中俊雄・星野英一（編）『民法典の百年 III――個別的観察(2)債権編』673-730頁（有斐閣）
「嘉手納基地訴訟控訴審判決について」環境と公害28巻 2 号57-61頁
「家電リサイクル法の問題点と今後のリサイクル法制の展望――いわゆる製造者責任を中心として」ジュリスト1142号75-86頁
「廃棄物・リサイクルが一体となった健全な物質環境を促進する総合的法制枠組（提案）」ジュリスト1147号55-62頁（浅野直人・高橋滋・柳憲一郎・松村弓彦各氏との共著）

1999年

「環境影響評価法の特徴と課題」法の支配112号28-42頁
「リサイクルの総合法制の方向」C&G 3 号90-95頁
「物質循環をめぐる総合的法制度の検討――いわゆる上流対策を中心として」森島昭夫・大塚直・北村喜宣（編）『環境問題の行方』〔ジュリスト増刊・新世紀の展望 2〕163-170頁（有斐閣）
「廃棄物・リサイクルが一体となった健全な物質環境を促進する総合的法制枠組提案」環境法政策学会（編）『リサイクル社会を目指して――循環型廃棄物法制の課題と展望』〔環境法政策学会誌 2 号〕37-52頁（商事法務研究会）（総合法制ワーキンググループによる）
「PRTR 法の法的評価」ジュリスト1163号115-121頁
「化学物質の排出に対する法制度の展開――ダイオキシン類対策特別措置法を中心として」学習院大学法学会雑誌35巻 1 号61-78頁
「市街地土壌汚染浄化をめぐる新たな動向と法的論点(1)」自治研究75巻10号16-32頁
「市街地土壌汚染浄化をめぐる新たな動向と法的論点(2)」自治研究75巻11号22-36頁
「環境影響評価と民事差止訴訟」日本エネルギー法研究所研究報告書80号85-95頁

2000年

「アメリカにおけるノンポイントソース対策」季刊環境研究116号111-114頁（冨田由彦氏との共著）
「排出権取引制度の新たな展開(1)――アメリカ合衆国の酸性雨プログラムにおける排出権取引制度を中心として」ジュリスト1171号77-82頁（久保田泉氏との共著）
「排出権取引制度の新たな展開(2・完)――アメリカ合衆国の酸性雨プログラムにおける

排出権取引制度を中心として」ジュリスト1183号158-167頁（久保田泉氏との共著）
「排出権取引」日本エネルギー法研究所研究報告書82号145-156頁
「市街地土壌汚染浄化をめぐる新たな動向と法的論点(3・完)」自治研究76巻4号33-46頁
「循環型諸立法の全体的評価」ジュリスト1184号2-16頁
「環境影響評価法の法的評価」畠山武道・井口博（編）『環境影響評価法実務』21-47頁（信山社）
「東海村臨界事故と損害賠償」ジュリスト1186号36-43頁
「市街地土壌汚染の環境基準および対策基準の考え方」資源環境対策36巻14号65-71頁（大野正人氏との共著）

2001年

「共同不法行為論」法律時報73巻3号20-25頁
「不作為医療過誤による患者の死亡と損害・因果関係論——二つの最高裁判決を機縁として（最判平成11・2・25／最判平成12・9・22)」ジュリスト1199号9-17頁
「土壌・地下水汚染対策と法的責任」環境法政策学会（編）『化学物質・土壌汚染と法政策——環境リスク評価とコミュニケーション』〔環境法政策学会誌4号〕33-42頁（商事法務研究会）
「循環型社会形成推進基本法の意義と課題」廃棄物学会誌12巻5号286-291頁
「気候変動に関するイギリスの諸制度について——協定・税・排出権取引」季刊環境研究122号123-132頁（久保田泉氏との共著）
「拡大生産者責任（EPR）とは何か——自動車リサイクル法を巡る議論を題材として」法学教室255号80-86頁

2002年

「環境政策の新たな手法——地球温暖化防止対策を素材に」法学教室256号94-101頁
「原因者主義か所有者主義か——土壌環境保全対策に関する立法を素材にして」法学教室257号89-97頁
「環境訴訟の展開——民事差止訴訟を中心に」法学教室258号62-70頁
「環境損害に対する責任」大塚直・北村喜宣（編）『環境法学の挑戦』〔淡路剛久教授・阿部泰隆教授還暦記念〕77-92頁（日本評論社）
「国内制度に関する法的手法の分析と提案」環境法政策学会（編）『温暖化対策へのアプローチ——地球温暖化防止に向けた法政策の取組み』〔環境法政策学会誌5号〕29-44頁（商事法務研究会）
「地球温暖化問題に対する国内対応の現状と課題」都道府県展望525号8-11頁
「スーパーファンド法をめぐる議論」アメリカ法［2002-1］43-57頁
「自動車リサイクル法の制度と課題」廃棄物学会誌13巻4号193-199頁

「交通事故と医療事故の競合事例について」清水暁・岸田貞夫・良永和隆・長谷川貞之・山田創一（編）『現代民法学の理論と課題』〔遠藤浩先生傘寿記念〕505-523頁（第一法規）
「国内排出枠取引制度の胎動」ジュリスト1232号2-4頁
「土壌汚染対策法の法的評価」ジュリスト1233号15-23頁
「自動車リサイクル法の評価と課題」ジュリスト1234号54-63頁
「各国の土壌汚染対策制度と土壌汚染対策法の特徴」季刊環境研究127号40-49頁

2003年

「〔研究ノート〕遺伝子改変生物のバイオセーフティ」L&T18号4-12頁
「環境法における費用負担論・責任論」法学教室269号7-14頁
「産業廃棄物処理をめぐる最近の諸問題について」都道府県展望535号3-6頁
「廃棄物・リサイクルをめぐる法的問題」細田衛士・室田武（編）『循環型社会の制度と政策』71-102頁（岩波書店）
「廃棄物処理法改正のポイントについて」月刊廃棄物29巻5号4-7頁
「国内制度に関する法的手法の分析と提案」環境法政策学会（編）『温暖化対策へのアプローチ――地球温暖化防止に向けた法政策の取組み』〔環境法政策学会誌5号〕29-44頁（商事法務）
「環境法における費用負担――環境基本法制定から10年を振り返って」三田学会雑誌96巻2号63-87頁
「遺伝子組換え生物のバイオセイフティについて」環境科学会誌16巻4号347-351頁
「自動車リサイクル法の評価と課題」環境法研究28号36-45頁

2004年

「2003年廃棄物処理法改正・同施行令改正、及び特定産業廃棄物に起因する支障の除去等に関する特別措置法制定について」いんだすと19巻2号6-13頁
「化学物質をめぐる法的問題」牛山積・首藤重幸・大塚直・須網隆夫・桝澤能生『環境と法』81-112頁（成文堂）
「環境法を学ぶにあたって――環境法学の特色と課題」法学教室283号65-72頁
「未然防止原則、予防原則・予防的アプローチ(1)――その国際的展開とEUの動向」法学教室284号70-75頁
「未然防止原則、予防原則・予防的アプローチ(2)――わが国の環境法の状況(1)」法学教室285号53-58頁
「未然防止原則、予防原則・予防的アプローチ(3)――わが国の環境法の状況(2)」法学教室286号63-71頁
「未然防止原則、予防原則・予防的アプローチ(4)――わが国の環境法の状況(3)」法学教室287号64-71頁

「未然防止原則、予防原則・予防的アプローチ(5)——今後の課題(1)」法学教室289号106-111頁
「未然防止原則、予防原則・予防的アプローチ(6)——今後の課題(2)」法学教室290号86-92頁
「責任原則」環境法政策学会（編）『総括 環境基本法の10年——その課題と展望』〔環境法政策学会誌７号〕28-40頁（商事法務）
「予防原則・予防的アプローチ——法学的観点から」環境と公害34巻２号9-14頁

2005年

「環境権(1)」法学教室293号87-96頁
「環境権(2)」法学教室294号111-121頁
「不法行為法と要件事実論——規範的要件としての過失および受忍限度を中心として」NBL812号90-102頁
「中長期的な地球温暖化防止の国際制度設計——日本の環境法における基本原則からのパースペクティブ」季刊環境研究138号128-133頁
「京都議定書発効と温暖化対策——特集にあたって」ジュリスト1296号6-7頁
「EU の排出枠取引制度とわが国の課題」ジュリスト1296号36-47頁
「民法709条の現代語化と権利侵害論に関する覚書」判例タイムズ1186号16-21頁
「環境法における費用負担論・責任論——拡大生産者責任（EPR）を中心として」城山英明・山本隆司（編）『環境と生命』〔融ける境超える法５〕113-137頁（東京大学出版会）
「外来生物法と予防原則」環境法研究30号51-60頁

2006年

「水俣病関西訴訟最高裁判決（最二小判平成16・10・15）の意義と課題」判例タイムズ1194号91-99頁
「環境損害に対する責任——EU 指令を中心として」L&T30号24-31頁
「EUの排出枠取引制度と我が国の課題」日本エネルギー法研究所研究報告書106号3-22頁
「環境訴訟における要件事実」伊藤滋夫（企画委員代表）『要件事実の現在を考える』80-93頁（商事法務）（手塚一郎氏との共著）
「リサイクル関係法と EPR」環境法政策学会（編）『リサイクル関係法の再構築——その評価と展望』〔環境法政策学会誌９号〕17-31頁（商事法務）
「名誉毀損行為をめぐるプロバイダ等の責任」加藤雅信・円谷峻・大塚直・沖野眞已（編）『21世紀判例契約法の最前線』〔野村豊弘先生還暦記念論文集〕385-408頁（判例タイムズ社）
「容器包装リサイクル法の改正の評価と課題」廃棄物学会誌17巻４号166-173頁

「『地方分権と環境行政』に関する問題提起」季刊環境研究142号142-147頁
「予防原則・予防的アプローチ補論」法学教室313号67-76頁
「国立景観訴訟最高裁判決の意義と課題」ジュリスト1323号70-81頁
「地球温暖化対策推進法の改正と国内排出枠取引制度の胎動」NBL844号22-31頁
「憲法環境規定及び環境基本法規定に関するワーキンググループ提案」季刊環境研究143号107-122頁（奥真美・樺島博志・北村喜宣・黒川哲志・桑原勇進・清野幾久子・松本和彦・柳憲一郎各氏との共著）
「憲法における環境規定のあり方――特集にあたって」ジュリスト1325号72-73頁
「憲法環境規定のあり方――環境法研究者の立場から」ジュリスト1325号108-119頁
「『持続可能な発展』概念」法学教室315号67-76頁

2007年

「廃棄物の定義(1)」法学教室316号39-44頁
「廃棄物の定義(2)」法学教室317号74-83頁
「土壌汚染に関する現代的課題」法学教室319号105-112頁
「地球温暖化対策としての排出枠取引制度」法学教室320号88-99頁
「環境訴訟と差止の法理――差止に関する環境共同利用権説・集団利益訴訟論・環境秩序説をめぐって」能見善久・瀬川信久・佐藤岩昭・森田修（編）『民法学における法と政策』〔平井宜雄先生古稀記念〕701-742頁（有斐閣）
「環境法における予防原則」城山英明・西川洋一（編）『科学技術の発展と法』〔法の再構築Ⅲ〕115-142頁（東京大学出版会）
「化学物質管理法（PRTR 法）と企業の自主的取組・情報的手法（上）」法学教室322号81-87頁
「化学物質管理法（PRTR 法）と企業の自主的取組・情報的手法（下）」法学教室323号102-108頁
「気候変動緩和のための国内排出量取引の導入の必要性について」学術の動向12巻７号66-68頁
「排出枠取引制度の設計にあたっての法政策的論点――温暖化対策の手法として」季刊環境研究146号5-13頁
「環境法の原則を基盤とした京都議定書第１約束期間後の国際枠組提案」季刊環境研究146号168-182頁
「権利侵害論」内田貴・大村敦志（編）『民法の争点』〔ジュリスト増刊・新・法律学の争点シリーズ１〕266-269頁（有斐閣）
「統合的汚染防止規制・統合的環境保護をめぐる問題について」法学教室325号110-119頁
「遺伝子組換え生物のバイオセーフティと予防的アプローチ」岩間徹・柳憲一郎（編）

『環境リスク管理と法』〔浅野直人教授還暦記念論文集〕127-150頁（慈学社出版）
「石綿健康被害救済法と費用負担」法学教室326号71-77頁

2008年

「アメリカ土壌汚染・ブラウンフィールド問題――あらゆる適切な調査についての最終規則」季刊環境研究148号136-148頁（福田矩美子・黒坂則子氏との共著）
「環境修復の責任・費用負担について――環境損害論への道程」法学教室329号94-103頁
「現代環境法政策の課題」法学教室330号89-100頁
「2006年地球温暖化対策推進法の改正と割当量口座簿制度」日本エネルギー法研究所研究報告書113号95-106頁
「地球温暖化と排出枠取引――特集に当たって」ジュリスト1357号6-8頁
「国内排出枠取引に関する法的・法政策的課題」ジュリスト1357号19-36頁
「環境法の基本原則を基盤とした将来枠組提案」環境法政策学会（編）『温暖化防止に向けた将来枠組み――環境法の基本原則とポスト2012年への提案』〔環境法政策学会誌11号〕30-52頁（商事法務）
「環境損害」環境科学会誌21巻４号271-272頁
「企業と予防原則――予防原則と民事訴訟の関係を中心として」石田眞・大塚直（編）『労働と環境』149-162頁（日本評論社）
「差止と損害賠償――不法行為法改正試案について」早稲田大学孔子学院（編）『日中民法論壇』26-52頁（早稲田大学出版部）
「差止と損害賠償――不法行為法改正試案について」ジュリスト1362号68-80頁
「家電リサイクル法――支払い方式等主要４課題とその対応」いんだすと23巻９号7-11頁
「地球温暖化対策としての国内排出枠取引――法制度の観点から」L&T41号4-11頁
「ポスト2012年の温暖化将来枠組と法政策」環境法研究33号3-28頁
「米国スーパーファンド法の現状と我が国の土壌汚染対策法の改正への提言」自由と正義59巻11号17-27頁
「ポスト2012年の温暖化将来枠組と法政策」日本エネルギー法研究所研究報告書115号3-20頁
「土壌汚染対策と自治体の役割」地方自治職員研修41巻11号15-17頁
「排出量取引の国内統合市場の試行的実施および排出量取引に関する東京都の取組みについて」NBL895号32-43頁

2009年

「環境損害に対する責任――特集に当たって」ジュリスト1372号40-41頁
「環境損害に対する責任」ジュリスト1372号42-53頁
「予防的科学訴訟と要件事実」法科大学院要件事実教育研究所報７号139-153頁

「差止根拠論の新展開について――近時の議論に対する批判的検討」前田重行・神田秀樹・神作裕之（編）『企業法の変遷』〔前田庸先生喜寿記念〕45-69頁（有斐閣）
「差止と損害賠償――不法行為法改正試案について」民法改正研究会（編）『民法改正と世界の民法典』（信山社）129-150頁
「加藤一郎先生の不法行為理論と実践」ジュリスト1380号44-54頁
「地方分権推進と環境行政――環境行政と地方分権推進との win-win の関係を目指して」季刊環境研究153号28-33頁
「土壌汚染対策法改正の法的評価」ジュリスト1382号56-66頁
「わが国の化学物質管理と予防原則」季刊環境研究154号76-82頁
「リスク社会と環境法――環境法における予防原則について」法哲学年報2009年54-71頁
「四大公害訴訟判決」法学教室349号20-21頁
「土壌汚染対策法の改正について」環境法研究34号56-73頁
「国内排出枠取引制度導入の現状と課題」新世代法政策学研究４号121-150頁
「土壌汚染対策法の改正と今後の課題」日本不動産学会誌23巻３号38-42頁
「国内排出枠取引に関する課題」日本エネルギー法研究所研究報告書118号3-19頁

2010年

「土壌汚染対策法の改正について」建設リサイクル50号10-13頁
「ドイツにおける EU 環境責任指令の国内法化――公法上の環境損害責任」季刊環境研究156号218-225頁（藤井康博氏との共著）
「環境法の全体像」月報司法書士458号2-8頁
「日本の化学物質管理と予防原則」植田和弘・大塚直（監修）『環境リスク管理と予防原則――法学的・経済学的検討』25-38頁（有斐閣）
「予防原則の法的課題――予防原則の国内適用に関する論点と課題」植田和弘・大塚直（監修）『環境リスク管理と予防原則――法学的・経済学的検討』293-328頁（有斐閣）
「排出枠取引制度」環境法政策学会（編）『気候変動をめぐる政策手法と国際協力――その現状と課題』〔環境法政策学会誌13号〕42-57頁（商事法務）
「イギリスにおける EU 環境責任指令の国内法化」季刊環境研究158号167-175頁（常陰武士氏との共著）
「建設リサイクルに関する残された課題と展望」いんだすと25巻９号7-10頁
「公害・環境、医療分野における権利利益侵害要件」NBL936号40-53頁
「土壌汚染に関する不法行為及び汚染地の瑕疵について」ジュリスト1407号66-80頁
「環境訴訟における保護法益の主観性と公共性・序説」法律時報82巻11号116-126頁
「本格的な国内排出枠取引制度の制度設計」L&T49号19-26頁
「廃棄物処理法の2010年改正について」ジュリスト1410号38-47頁

「土壌汚染に関する不法行為及び汚染地の瑕疵について」日本エネルギー法研究所研究報告書121号3-25頁

2011年

「大気汚染防止法および水質汚濁防止法2010年改正」L&T51号26-31頁

「差止訴訟における因果関係と違法性の判断――諫早湾干拓地潮受堤防撤去等請求事件控訴審判決（福岡高判平成22・12・6）を機縁として」法律時報83巻7号100-104頁

「環境影響評価法の改正と残された課題」L&T52号4-11頁

「原発の損害賠償」法学教室372号27-28頁

「福島第一原子力発電所事故による損害賠償」法律時報83巻11号48-54頁

「公害・環境分野での民事差止訴訟と団体訴訟――フランス法の動向と日本法の検討」森島昭夫・塩野宏（編）『変動する日本社会と法』〔加藤一郎先生追悼論文集〕623-658頁（有斐閣）

「福島第一原発事故による損害賠償と賠償支援機構法――不法行為法学の観点から」ジュリスト1433号39-44頁

2012年

「水俣病の概念（病像）に関する法的問題について」法学教室376号41-48頁

「環境法における費用負担――原因者負担原則を中心に」新美育文・松村弓彦・大塚直（編）『環境法大系』〔森嶌昭夫先生喜寿記念〕207-235頁（商事法務）

「環境民事差止訴訟の現代的課題――予防的科学訴訟とドイツにおける公法私法一体化論を中心として」大塚直・大村敦志・野澤正充（編）『社会の発展と権利の創造――民法・環境法学の最前線』〔淡路剛久先生古稀祝賀〕537-583頁（有斐閣）

「環境法における費用負担と原子力損害賠償」新世代法政策学研究15号83-121頁

「公害・環境における権利利益侵害要件」日本エネルギー法研究所研究報告書125号3-19頁

「福島第一原発事故による損害とメキシコ湾油濁による損害」淡路剛久・寺西俊一・吉村良一・大久保規子（編）『公害環境訴訟の新たな展開――権利救済から政策形成へ』209-226頁（日本評論社）

「公害に関する近時の裁判例の動向と課題」環境法政策学会（編）『公害・環境紛争処理の変容――その実態と課題』〔環境法政策学会誌15号〕10-30頁（商事法務）

「福島第一原発事故による原子力損害の賠償――紛争審査会中間指針第1次、第2次追補を中心として」L&T56号1-9頁

「小型家電リサイクル法の意義と法的課題」廃棄物資源循環学会誌23巻4号319-326頁

「再生可能エネルギーに関する二大アプローチと国内法」法律時報84巻10号42-46頁

「容器包装リサイクル法制の課題」月刊廃棄物38巻9号4-11頁

「わが国における循環管理制度の展望」いんだすと27巻10号10-13頁

2013年

「わが国における再生可能エネルギーの展開」高橋滋・大塚直（編）『震災・原発事故と環境法』37-64頁（民事法研究会）

「福島第１原子力発電所事故による損害賠償」高橋滋・大塚直（編）『震災・原発事故と環境法』65-110頁（民事法研究会）

「放射性物質を含んだ廃棄物・土壌問題」高橋滋・大塚直（編）『震災・原発事故と環境法』111-134頁（民事法研究会）

「再生可能エネルギーの展開――エネルギー供給 WG 報告」環境技術42巻３号163-168頁

「小型家電リサイクル法の施行」L&T60号14-20頁

「放射性物質による汚染と回復」環境法政策学会（編）『原発事故の環境法への影響――その現状と課題』〔環境法政策学会誌16号〕15-35頁（商事法務）

「再生可能エネルギーの展開」環境法政策学会（編）『原発事故の環境法への影響――その現状と課題』〔環境法政策学会誌16号〕143-158頁（商事法務）

「温室効果ガスの排出枠取引制度――国内法上の課題を中心として」季刊環境研究172号142-153頁

2014年

「環境法の理念・原則と環境権」環境法政策学会（編）『環境基本法制定20周年――環境法の過去・現在・未来』〔環境法政策学会誌17号〕11-28頁（商事法務）

「容器包装リサイクル法の見直しについて――実現可能性を踏まえた拡大生産者責任の適用を中心として」廃棄物資源循環学会誌25巻２号101-107頁

「建設アスベスト訴訟における加害行為の競合――横浜地判平成24・5・25判決（横浜建設アスベスト訴訟判決）を機縁として」能見善久・岡孝・樋口範雄・大塚直・沖野眞已・中山信弘・本山敦（編）『民法の未来』〔野村豊弘先生古稀記念論文集〕263-290頁（商事法務）

「環境対策の費用負担」髙橋信隆・亘理格・北村喜宣（編）『環境保全の法と理論』〔畠山武道先生古稀記念〕41-55頁（北海道大学出版会）

「福島第１原発事故が環境法に与えた影響」環境法研究１号107-136頁

A Japanese Approach to the Domestic Implementation of the Supplementary Protocol, Akiho Shibata (ed.), International Liability Regime for Biodiversity Damage: The Nagoya-Kuala Lumpur Supplementary Protocol, pp. 201-217 (Routledge)（二見絵里子氏との共著）

「解体等工事におけるアスベスト飛散に関する大気汚染防止法の改正と残された課題」L&T64号23-31頁

Cleanup of the Soil Contaminated by Radiation from the Fukushima Daiichi Nuclear Plant Accident and Liability of the Nuclear Power Plant Operator, Mathilde Hautereau-Boutonnet (dir.), Après-Fukushima, regards juridiques franco-japonais, pp. 41-52 (Presses Universitaires d'Aix-Marseille)

「大飯原発３号機、４号機差止訴訟判決（福井地判平成26・5・21）について」環境と公害44巻２号50-56頁

「環境法における法の実現手法」佐伯仁志（責任編集）『法の実現手法』〔岩波講座 現代法の動態２〕233-266頁（岩波書店）

「土壌汚染に関する諸問題——環境法（土壌汚染対策法）と民法の関係」吉田克己・マチルド・ブトネ（編）『環境と契約——日仏の視線の交錯』77-110頁（成文堂）

「水銀条約の国内対応に関する法的課題」高岡昌輝（監修）『水銀に関する水俣条約と最新対策・技術』23-31頁（シーエムシー出版）

「不法行為との関係——中間利息の控除を中心として」法律時報86巻12号50-55頁

「大飯原発運転差止訴訟第１審判決の意義と課題」法学教室410号84-94頁

「改正アセスメント法の現状と課題」環境法研究39号3-28頁

2015年

「中国法における公害・生活妨害の差止めの法理」比較法学48巻３号63-125頁（劉明全氏との共著）

「水俣条約に基づく新たな国内措置について」いんだすと30巻３号8-11頁

「改正フロン類法の意義と課題」L&T67号9-16頁

「共同不法行為・競合的不法行為に関する検討」NBL1056号47-57頁

「不法行為・差止訴訟における科学的不確実性（序説）」高翔龍・野村豊弘・加藤雅信・廣瀬久和・瀬川信久・中田裕康・河上正二・内田貴・大村敦志（編）『日本民法学の新たな時代』〔星野英一先生追悼〕797-832頁（有斐閣）

「共同不法行為・競合的不法行為に関する検討（補遺）」現代不法行為法研究会（編）『不法行為法の立法的課題』209-224頁（商事法務）

「高浜原発再稼働差止仮処分決定及び川内原発再稼働仮処分決定の意義と課題」環境法研究３号41-54頁

「水銀に関する水俣条約の国内法対応」L&T69号22-30頁

「福島第１原発事故と環境法」日本エネルギー法研究所研究報告書133号3-21頁

「土壌汚染対策に関する法的課題」論究ジュリスト15号53-61頁

2016年

「廃棄物の投棄及び汚染土壌をめぐる損害賠償と汚染除去」論究ジュリスト16号69-77頁

「水銀に関する水俣条約の国内法対応とその評価」環境法政策学会（編）『化学物質の管理——その評価と課題』〔環境法政策学会誌19号〕58-78頁（商事法務）

「産業排出（統合的汚染防止及び管理）指令――産業排出（統合的汚染防止及び管理）に関する2010年11月24日欧州議会及び欧州理事会指令 2010/75/EU」季刊環境研究181号74-98頁（原田一葉氏との共著）

「EU 廃電気電子機器（WEEE）指令2012年改正と最近の改正案について」環境法研究 4 号181-213頁（松本津奈子氏との共著）

「原発の稼働による危険に対する民事差止訴訟について――高浜 3・4 号機原発再稼働禁止仮処分申立事件決定（大津地決平成 28・3・9）及び川内原発稼働等禁止仮処分申立却下決定に対する即時抗告事件決定（福岡高裁宮崎支決平成 28・4・6）を中心として」環境法研究 5 号91-116頁

「環境リスクの法政策的検討」日本リスク研究学会誌26巻 2 号91-96頁

「土壌汚染関連法の10年間と今後」化学物質と環境139号11-13頁

「関西建設アスベスト京都訴訟判決（京都地判平 28・1・29）における製造・販売業者の責任」L&T73号18-26頁

2017年

「民事訴訟における科学的不確実性の扱い」吉田克己・マチルド・オートロー＝ブトネ（編）『環境リスクへの法的対応』29-52頁（成文堂）

「法律」季刊環境研究182号6-12頁

「土壌汚染対策法と基準値等の現状と課題」環境情報科学46巻 2 号12-17頁

「わが国の環境法・政策の過去・現在・未来」浦川道太郎先生・内田勝一先生・鎌田薫先生古稀記念論文集編集委員会（編）『早稲田民法学の現在』〔浦川道太郎先生・内田勝一先生・鎌田薫先生古稀記念論文集〕621-645頁（成文堂）

「電力に対する温暖化対策と環境影響評価――近時の電力システム改革が環境法・環境政策に与える影響への対処」環境法研究 6 号1-30頁

「フランスにおける生態学的損害の回復――生物多様性、自然及び景観の回復についての2016年 8 月 8 日法の検討」環境法研究 6 号205-219頁（佐伯誠氏との共著）

「監督義務者責任を巡る対立する要請と制度設計」法律時報89巻11号104-107頁

「土壌汚染対策法2017年改正」法学教室446号64-70頁

「CCS（炭素貯留）の法・規制の枠組みの構築――CCSに関する海洋汚染防止法の問題点を中心として」環境管理53巻12号73-82頁

2018年

「EPR ガイダンス現代化とわが国の循環関連法」廃棄物資源循環学会誌29巻 1 号14-23頁

「廃棄物処理法2017年改正」L&T78号1-9頁

「複数不法行為者の責任の関係に関する最近の議論について――最判平成 13・3・13 及び神奈川建設アスベスト訴訟東京高裁判決（東京高判平成 29・10・27）を中心と

して」松久三四彦・後藤巻則・金山直樹・水野謙・池田雅則・新堂明子・大島梨沙（編）『社会の変容と民法の課題（下）』〔瀬川信久先生・吉田克己先生古稀記念論文集〕189-214頁（成文堂）

「共同不法行為・競合的不法行為論と建設アスベスト訴訟判決について」加藤新太郎・太田勝造・大塚直・田高寛貴（編）『21世紀民事法学の挑戦（下）』〔加藤雅信先生古稀記念〕623-650頁（信山社）

「神奈川建設アスベスト第1陣訴訟東京高裁判決（東京高判平29・10・27）における企業の責任」L&T79号1-9頁

「平穏生活権概念の展開——福島原発事故訴訟諸判決を題材として」環境法研究8号1-45頁

「転機を迎える温暖化対策と環境法——総論」環境法政策学会（編）『転機を迎える温暖化対策と環境法——課題と展望』〔環境法政策学会誌21号〕3-36頁（商事法務）

「債権法改正の不法行為法への影響」安永正昭・鎌田薫・能見善久（監修）『債権法改正と民法学Ⅰ総論・総則』95-122頁（商事法務）

Ⅴ　翻訳・紹介

1987年

ジャン・フワイエほか（山口俊夫（編訳）、日本弁護士連合会（編））『フランスの司法』71-89頁（ジャン・リブマン「判事の『政治化』——それは過去の問題か」）、193-212頁（ピエール・マルタゲ「司法官になるための方法」）（ぎょうせい）

1990年

Jeff L. Lewin, Compensated Injunctions and the Evolution of Nuisance Law, 71 Iowa L. Rev. 775 (1986)、アメリカ法［1990-1］66-71頁

1998年

「アメリカ包括的環境対処・補償・責任法（CERCLA；スーパーファンド法）」季刊環境研究109号105-110頁（磯田尚子・牛嶋仁・織朱實・久保はるか・廣瀬美佳・村上友理各氏との共訳）

世界各国の環境法制に係る邦訳調査アメリカ班（大塚直・磯田尚子・牛嶋仁・織朱實・久保はるか・廣瀬美佳・村上友理）「CERCLA（スーパーファンド法）」国際比較環境法センター（編）『主要国における最新廃棄物法制』241-332頁（商事法務研究会）

2000年

「ドイツ排水賦課金法——水体への排水導入に対する賦課金に関する法律（排水賦課金法 AbwAG）」季刊環境研究116号85-89頁

2001年

「拡大生産者責任に関するOECDガイダンスマニュアル(1)」季刊環境研究121号156-174頁（村上友里・奥真美・高村ゆかり・藤堂薫子・赤渕芳宏各氏との共著）

「拡大生産者責任に関するOECDガイダンスマニュアル(2)」季刊環境研究122号104-119頁（村上友里・奥真美・高村ゆかり・藤堂薫子・赤渕芳宏各氏との共著）

「オランダのエネルギー効率ベンチマーキング協定について」季刊環境研究122号158-168頁（久保田泉氏との共著）

2002年

「拡大生産者責任に関するOECDガイダンスマニュアル(3・完)」季刊環境研究124号127-138頁（村上友里・奥真美・高村ゆかり・藤堂薫子・赤渕芳宏各氏との共著）

「環境損害の未然防止及び救済に係る環境責任に関する欧州議会及び理事会の指令案」季刊環境研究126号116-126頁（高村ゆかり・赤渕芳宏各氏との共訳）

2003年

「EC新環境情報指令（2003/4/EC）」環境法政策学会（編）『環境政策における参加と情報的手法――環境パートナーシップの確立に向けて』〔環境法政策学会誌6号〕79-88頁（商事法務）（中村有利子氏との共訳）

2004年

「EU排出枠取引指令――欧州共同体内における温室効果ガスの排出枠取引スキームを設置し欧州理事会指令96/61/ECを改正する2003年10月13日の欧州議会および欧州理事会指令2003/87/EC」季刊環境研究133号86-104頁（久保田泉氏との共訳）

2005年

「環境損害の未然防止及び修復についての環境責任に関する2004年4月21日の欧州議会及び理事会の指令2004/35/EC」季刊環境研究139号141-152頁（高村ゆかり・赤渕芳宏各氏との共訳）

2006年

「ドイツ温室効果ガス排出権取引法（TEHG）」季刊環境研究140号3頁（岡村りら・外純子各氏との共著）

2007年

「EU欧州議会及び理事会の指令2003/87/ECならびに欧州議会及び理事会の決定280/2004/ECに従った、標準化され保護された登録簿システムに関する2004年12月21日の欧州委員会の規則2216/2004」季刊環境研究144号7-21頁（赤渕芳宏・仲田孝仁・外純子各氏との共訳）

「EU廃電気電子機器に関する欧州議会及び理事会指令（2002/96/EC）」季刊環境研究144号22-32頁（冨田由彦・竹原正篤各氏との共訳）

「EU廃電気電子機器に関する欧州議会及び理事会指令（2002/96/EC）修正案」季刊環

境研究144号33-34頁（竹原正篤氏との共訳）

「アメリカ・ブラウンフィールド法——中小企業の責任の軽減およびブラウンフィールドの再活性化に関する法律」季刊環境研究144号70-81頁（赤渕芳宏・外純子・冨田由彦各氏との共訳）

2009年

「EU新排出枠取引指令——欧州共同体の温室効果ガスの排出枠取引スキームを改善し拡大するため欧州理事会指令2003/87/ECを改正する欧州議会および欧州理事会指令案」季刊環境研究152号133-159頁（小島恵氏との共著）

「アメリカ統一環境契約法」季刊環境研究155号139-168頁（赤渕芳宏・福田矩美子各氏との共著）

Daniel A. Farber「自然に対する不法行為——アメリカ法における自然環境に対する被害の回復」ジュリスト1372号54-60頁（辻雄一郎氏との共訳）

趙弘植「自然資源への損害をいかに修復するか——韓国の視点」ジュリスト1372号61-65頁（小島恵氏との共訳）

葉俊榮「気候変動の時代に変化する環境責任（Environmental Liability）のパラダイム——台湾の教訓」ジュリスト1372号66-71頁（小島恵氏との共訳）

2010年

「ドイツ環境損害法、並びに、水管理法及び連邦自然保護法の改正——環境損害の未然防止及び修復についての環境責任に関する欧州議会及び理事会の指令を国内法化するための2007年5月10日の法律」季刊環境研究156号226-231頁（藤井康博・外純子各氏との共訳）

2013年

「ドイツ温室効果ガス排出権取引法（TEHG）」季刊環境研究171号148-158頁（原田一葉氏との共訳）

2015年

マチルド・ブトネ「エリカ号事件——生態学的損害の承認」環境法研究3号55-75頁（佐伯誠氏との共訳）

ヴェルル・ヘイバード「規範移入の形態——イギリス判例法における比例原則と予防原則の受容の比較」環境法研究3号77-120頁（小島恵・二見絵里子各氏との共訳）

2017年

OECD「拡大生産者責任・効率的な廃棄物管理のためのガイダンス現代化」環境法研究6号221-236頁（松本津奈子氏との共訳）

2018年

Mathilde Hautereau-Boutonnet「民事責任法における生態学的損害の回復」環境法研究8号143-157頁（佐伯誠氏との共訳）

Ⅵ　判例研究

1982年

「受任者の利益のためにも締結された委任契約であっても、委任者が解除権自体を放棄したものとは解されない事情がある場合には、651条の適用があるとされた事例（最判昭和56年１月19日民集35巻１号１頁）」法学協会雑誌99巻12号1909-1924頁

1983年

「共用設備が設置されている車庫が建物の区分所有等に関する法律１条にいう専有部分に当たるとされた事例（最判昭和56年６月18日民集35巻４号798頁）」法学協会雑誌100巻４号829-843頁

1984年

「工場抵当法に基づく抵当権者は搬出された目的動産をもとの備付場所に戻すよう請求しうるとされた事例（最判昭和57年３月12日民集36巻３号349頁）」法学協会雑誌101巻３号492-503頁

1985年

「双方の給付が同時履行の関係にある場合、一方が催告のみをして契約解除の意思表示をしても無効であり、自己の債務の履行の提供をしなければならないとされた事例（最判昭和29年７月27日民集８巻７号1455頁）」法学協会雑誌102巻２号409-422頁

「一時使用のための賃貸借については、買取請求権に関する借地法10条の適用はないとされた事例（最判昭和29年７月20日民集８巻７号1415頁）」法学協会雑誌102巻３号606-620頁

1986年

「隣接ビルの袖看板の片面を遮蔽し、その効用を害するような袖看板の撤去及び遮蔽に伴う損害の賠償請求が棄却された事例」判例評論345号（判例時報1247号）46-51頁

1991年

「航空機騒音被害と受忍限度――小松基地騒音訴訟判決」法学教室130号82-83頁

1993年

「責任無能力者が失火した場合の監督義務者の免責要件（東京高判平成３年９月11日判時1423号80頁）」判例タイムズ801号29-37頁

「厚木基地第１次、横田基地第１、２次訴訟最高裁判決について」ジュリスト1026号53-61頁

1994年

「西淀川事件――都市型複合汚染の因果関係及び共同不法行為性」森島昭夫・淡路剛久（編）『公害・環境判例百選』（別冊ジュリスト126号）44-47頁（有斐閣）

「道路指定土地内の違法建築物に対する収去請求の可否」平成５年度重要判例解説

（ジュリスト1046号）75-77頁
「川崎公害訴訟判決及び倉敷公害訴訟判決について」ジュリスト1049号29-38頁
「宗教法人とその代表者に対する誹謗による信者（間接被害者）からの慰謝料請求（大阪地判平成５年２月26日判時1480号105頁ほか３件）」判例タイムズ846号93-100頁
1995年
「公営住宅使用権の相続性」久貴忠彦・米倉明（編）『家族法判例百選〔第５版〕』（別冊ジュリスト132号）178-179頁（有斐閣）
「占有改定・指図による占有移転と即時取得」星野英一・平井宜雄（編）『民法判例百選Ⅰ〔第４版〕』（別冊ジュリスト136号）140-141頁（有斐閣）、星野英一・平井宜雄・能見善久（編）『民法判例百選Ⅰ〔第５版〕』（別冊ジュリスト159号）142-143頁（有斐閣、2001年）、同（編）『民法判例百選Ⅰ〔第５版新法対応補正版〕』（別冊ジュリスト175号）142-143頁（有斐閣、2005年）、中田裕康・潮見佳男・道垣内弘人（編）『民法判例百選Ⅰ〔第６版〕』（別冊ジュリスト195号）134-135頁（有斐閣、2009年）、潮見佳男・道垣内弘人（編）『民法判例百選Ⅰ〔第７版〕』（別冊ジュリスト223号）132-133頁（有斐閣、2015年）、同（編）『民法判例百選Ⅰ〔第８版〕』（別冊ジュリスト237号）138-139頁（有斐閣、2018年）
「共同抵当権の目的不動産が同一物上保証人に属する場合と後順位抵当権者の代位」星野英一・平井宜雄（編）『民法判例百選Ⅰ〔第４版〕』（別冊ジュリスト136号）190-191頁（有斐閣）、星野英一・平井宜雄・能見善久（編）『民法判例百選Ⅰ〔第５版〕』（別冊ジュリスト159号）194-195頁（有斐閣、2001年）、同（編）『民法判例百選Ⅰ〔第５版新法対応補正版〕』（別冊ジュリスト175号）194-195頁（有斐閣、2005年）、中田裕康・潮見佳男・道垣内弘人（編）『民法判例百選Ⅰ〔第６版〕』（別冊ジュリスト195号）190-191頁（有斐閣、2009年）
1996年
「国道43号線訴訟上告審判決（最判平７・７・７）」判例タイムズ918号56-68頁
1997年
「輪番制によるごみ集積場の提案と反対者に対する排出差止請求」私法判例リマークス15号（法律時報別冊）23-26頁
1999年
「民法724条後段の除斥期間の効果を制限する特段の事情」平成10年度重要判例解説（ジュリスト1157号）82-83頁
2000年
「今期の主な裁判例――民事責任」判例タイムズ1016号65-72頁
2001年
「名古屋南部大気汚染訴訟――１人の原告の健康被害のために道路の供用の差止めを認

めた例（東京地判平成12・11・2）」法学教室248号16-20頁

「民法724条後段の除斥期間の効果を制限する特段の事情」星野英一・平井宜雄・能見善久（編）『民法判例百選II〔第5版〕』（別冊ジュリスト160号）210-211頁（有斐閣）、同（編）『民法判例百選II〔第5版新法対応補正版〕』（別冊ジュリスト176号210-211頁（有斐閣、2005年）

2002年

「遺産分割と登記」久貴忠彦・米倉明・水野紀子（編）『家族法判例百選〔第6版〕』（別冊ジュリスト162号）148-149頁（有斐閣）、水野紀子・大村敦志・窪田充見（編）『家族法判例百選〔第7版〕』（別冊ジュリスト193号）150-151頁（有斐閣、2008年）

「今期の主な裁判例――民事責任」判例タイムズ1099号57-63頁

2003年

「従業員による高齢者の預金管理事務の代行と銀行の使用者責任」私法判例リマークス26号（法律時報別冊）66-69頁

「名誉等の侵害に基づく小説の出版等の差止めが認められた事例」法学教室270号別冊判例セレクト2002・15頁

「東京大気汚染第1次訴訟第1審判決」判例タイムズ1116号31-40頁

2004年

「西淀川事件第1次訴訟――都市型複合汚染の因果関係と共同不法行為性」淡路剛久・大塚直・北村喜宣（編）『環境法判例百選』（別冊ジュリスト171号）34-37頁（有斐閣）、同（編）『環境法判例百選〔第2版〕』（別冊ジュリスト206号）34-37頁（有斐閣、2011年）

「開業医の転送義務違反と後遺症が残らなかった相当程度の可能性」平成15年度重要判例解説（ジュリスト1269号）85-86頁

「今期の主な裁判例――民事責任」判例タイムズ1150号71-80頁

2005年

「国立景観訴訟控訴審判決」NBL799号4-5頁

「行政の規制権限不行使による国家賠償責任と除斥期間の起算点」法学教室294号別冊判例セレクト2004・22頁

2006年

「水俣病と国・県の責任――水俣病関西訴訟上告審判決」私法判例リマークス32号（法律時報別冊）40-43頁

「階層的に構成されている暴力団の最上位の組長の使用者責任」法学教室306号別冊判例セレクト2005・24頁

「今期の主な裁判例――民事責任」判例タイムズ1204号21-26頁

「国立景観訴訟最高裁判決」NBL834号4-6頁

「MRSAによる院内感染と患者の死亡との因果関係」宇都木伸・町野朔・平林勝政・甲斐克則（編）『医事法判例百選』（別冊ジュリスト183号）170-171頁（有斐閣）

2007年

「諫早湾干拓工事差止仮処分事件決定」環境法研究32号90-105頁

2008年

「今期の主な裁判例——民事責任」判例タイムズ1263号41-47頁

2009年

「今期の主な裁判例——民事責任」判例タイムズ1284号54-58頁

「放送事業者等から取材を受けた者の期待・信頼の侵害による不法行為の成否」平成20年度重要判例解説（ジュリスト1376号）91-92頁

2010年

「今期の主な裁判例——民事責任」判例タイムズ1312号31-39頁

「鞆の浦景観訴訟本案判決について」Law & Practice 4号81-94頁

2011年

「公害健康被害の補償等に関する法律における水俣病の認定基準」現代民事判例研究会（編）『民事判例 II——2010年後期』166-169頁（日本評論社）

「諫早湾干拓事業により有明海の漁業環境が悪化したとし、漁民らの判決確定後3年までに5年間堤防の排水門の開門を継続することの請求が認められた事例——諫早湾干拓地潮受堤防撤去等請求事件第1審・控訴審判決」判例評論632号（判例時報2120号）148-155頁

2012年

「環境裁判例の動向」現代民事判例研究会（編）『民事判例 IV——2011年後期』81-88頁（日本評論社）

「通信社から配信され新聞に掲載された記事による名誉毀損と新聞社の不法行為責任」平成23年度重要判例解説（ジュリスト1440号）80-81頁

「通信社から配信を受け新聞に掲載された記事による名誉毀損と新聞社の不法行為責任」私法判例リマークス45号（法律時報別冊）42-45頁

「抗癌剤イレッサの製造物責任法上の欠陥と国の規制権限不行使」現代民事判例研究会（編）『民事判例 V——2012年前期』144-147頁（日本評論社）

「割合的責任」樋口範雄・柿嶋美子・浅香吉幹・岩田太（編）『アメリカ法判例百選』（別冊ジュリスト213号）170-171頁（有斐閣）

2014年

「水俣病認定申請棄却処分取消訴訟における審理・判断の方法」L&T62号52-58頁

「医療用医薬品と製造物責任法2条2項の欠陥」平成25年度重要判例解説（ジュリスト1466号）91-92頁

「環境裁判例の動向」現代民事判例研究会（編）『民事判例 Ⅷ――2013年後期』59-65頁（日本評論社）

「製造業労災型及び市場労災型の石綿関連疾患と不法行為責任」現代民事判例研究会（編）『民事判例 Ⅷ――2013年後期』106-109頁（日本評論社）

2015年

「NHK の放送番組による台湾住民の名誉侵害による不法行為の成否」私法判例リマークス50号（法律時報別冊）46-49頁

「泉南アスベスト訴訟最高裁判決」現代民事判例研究会（編）『民事判例 X――2014年後期』114-117頁（日本評論社）

2016年

「環境裁判例の動向」現代民事判例研究会（編）『民事判例 Ⅻ――2015年後期』57-61頁（日本評論社）

2017年

「アスベスト被害についての国と使用者の責任関係」現代民事判例研究会（編）『民事判例14――2016年後期』114-117頁（日本評論社）

「認知症高齢者に対する監督者責任」現代民事判例研究会（編）『民事判例14――2016年後期』102-105頁（日本評論社）

「交通事故被害者の事故後の別原因による死亡と逸失利益」新美育文・山本豊・古笛恵子（編）『交通事故判例百選〔第５版〕』（別冊ジュリスト233号）84-85頁（有斐閣）

「化学物質過敏状態と安全配慮義務違反」環境法研究42号88-100頁

2018年

「共同不法行為と過失相殺」窪田充見・森田宏樹（編）『民法判例百選 II〔第８版〕』（別冊ジュリスト238号）216-217頁（有斐閣）

「環境裁判例の動向」現代民事判例研究会（編）『民事判例16――2017年後期』42-48頁（日本評論社）

「国道43号線事件上告審判決――道路の騒音・自動車排ガスによる侵害の差止めと損害賠償」大塚直・北村喜宣（編）『環境法判例百選〔第３版〕』（別冊ジュリスト240号）58-61頁（有斐閣）

Ⅶ　その他

1989年

「保険改革の動向――カリフォルニア州」ジュリスト931号16頁

1991年

「〔比較環境法国際シンポジウム報告〕世界の環境法制（下）――「海浜開発と環境法」、「地球環境と法」をテーマに」NBL478号63-67頁

ミッシェル・プリウール・野村豊弘・大塚直「〔座談会〕フランスにおける環境影響評価制度」ジュリスト986号43-46頁

1993年

淡路剛久・大塚直・北村喜宣・森島昭夫「〔研究会〕公害・環境判例の軌跡と展望」ジュリスト1015号227-247頁

1996年

「環境アセスメントの法的性格に関する覚書」日本エネルギー法研究所月報119号1-4頁

1997年

「ドイツにおける環境アセスメント」日本エネルギー法研究所月報123号1-4頁

「随想――環境法学について」判例地方自治155号12頁

大塚直・吉田文和・四手井綱英・柴田徳衛・木原啓吉・永井進・寺西俊一・磯崎博司「〔座談会〕"環境費用"の負担問題をどう考えるか」環境と公害26巻4号39-46頁

国際比較環境法センター・ワーキンググループ（淡路剛久・磯崎博司・大塚直・加藤久和・加藤峰夫）「国連気候変動枠組条約議定書についての考え方」環境と公害27巻2号43-50頁

「ドイツの包装廃棄物法規命令に基づく Duales System の展開と評価」日本エネルギー法研究所月報128号1-4頁

「〔報告〕環境アセスメント制度の現状と課題」明治学院大学立法研究会・行政手続法研究会（編）『環境アセスメント法――合理的意思決定の法システム』2-31頁（信山社）

大塚直・倉阪秀史・緒方行治・標博重・常岡孝好「〔討論〕環境アセスメント制度のポイント」明治学院大学立法研究会・行政手続法研究会（編）『環境アセスメント法――合理的意思決定の法システム』121-167頁（信山社）

1998年

大塚直・大橋光夫・鈴木勇吉・竹内謙・星野信之・森島昭夫「〔座談会〕廃棄物とリサイクルが一体となった総合法制に向けて」ジュリスト1147号32-54頁

1999年

淡路剛久・加藤久和・浅野直人・阿部泰隆・大塚直・北村喜宣・鈴木勇吉・樋渡俊一・牧野征男「〔パネルディスカッション〕循環型廃棄物法制への展望」環境法政策学会（編）『リサイクル社会を目指して――循環型廃棄物法制の課題と展望』〔環境法政策学会誌2号〕73-107（商事法務研究会）

「〔ワークショップ〕人格権に基づく特定的救済」私法61号154-155頁

「法制度からみた住宅リサイクル」すまいろん51号6-10頁

大塚直・片桐知己・野沢正光・野城智也「〔ディスカッション〕循環を阻むもの、進めるもの」すまいろん51号21-27頁

2000年

「民法724条後段の20年の性質」書斎の窓496号22-25頁

2001年

高橋宏志・大塚直・瀬木比呂志・秋山幹男・井上治典「〔座談会〕差止と執行停止の理論と実務」判例タイムズ1062号8-36頁

2002年

大塚直・宇賀克也「〔対話で学ぶ行政法第10回〕民法との対話――国家賠償法」法学教室258号91-112頁

浅野直人・早川光俊・浅岡美恵・磯崎博司・大塚直・加藤久和・小林悦夫・宮本一「〔パネルディスカッション〕地球温暖化対策のさらなる推進」環境法政策学会（編）『温暖化対策へのアプローチ――地球温暖化防止に向けた法政策の取組み』〔環境法政策学会誌5号〕51-79頁（商事法務）

2003年

「〔書評〕加藤雅信著『新民法体系V――事務管理・不当利得・不法行為』」法学教室272号64頁

大塚直・北村喜宣「環境法セミナー 連載の開始にあたって」ジュリスト1247号70-71頁

石野耕也・大塚直・北村喜宣・中谷和弘・淡路剛久・松浦寛「〔座談会〕環境法セミナー(1)環境権」ジュリスト1247号79-94頁

石野耕也・大塚直・北村喜宣・植田和弘・倉阪秀史「〔座談会〕環境法セミナー(2)環境法と環境経済学」ジュリスト1250号122-142頁

石野耕也・大塚直・北村喜宣・中谷和弘・側嶋秀展・西井正弘「〔座談会〕環境法セミナー(3)環境条約と環境外交」ジュリスト1253号100-121頁

2004年

「〔講演〕改正廃棄物処理法について」いんだすと19巻1号26-28頁

石野耕也・岩間徹・大塚直・北村喜宣・中谷和弘「〔座談会〕環境法セミナー(4)予防的方策と環境法」ジュリスト1264号64-82頁

大塚直・北村喜宣・中谷和弘・丸山雅夫・南川秀樹「〔座談会〕環境法セミナー(5)環境刑法」ジュリスト1270号112-139頁

「気候変動防止のための将来枠組みと法原則――国際ワークショップの概要」季刊環境研究138号113-116頁

石野耕也・大塚直・北村喜宣・斎藤誠「〔座談会〕環境法セミナー(6)地方分権と環境法のあり方」ジュリスト1275号133-155頁

石野耕也・大塚直・北村喜宣・平覚・中谷和弘「〔座談会〕環境法セミナー(7)環境と貿易」ジュリスト1278号89-107頁

浅野直人・浦野紘平・大塚直・村山武彦・成元哲・家中茂・柳沢幸雄・柳憲一郎・植田

和弘「〔パネルディスカッション〕環境リスクと予防原則」環境と公害34巻2号29-37頁

2005年

浅野直人・石野耕也・大塚直・北村喜宣・中谷和弘「〔座談会〕環境法セミナー(8)温暖化対策と環境法の課題」ジュリスト1292号104-132頁

2006年

大塚直・北村喜宣・中谷和弘・畠山武道「〔座談会〕環境法セミナー(9)自然環境保護法制の到達点と将来展望」ジュリスト1304号110-137頁

笠井正俊・山野目章夫・後藤巻則・大塚直・林陽子「〔シンポジウム〕要件事実論と民法学との対話」私法68号3-52頁

大久保規子・加藤久和・井内摂男・大塚直・大平惇・神下豊・紙野健二・後藤敏彦「〔パネルディスカッション〕リサイクル関係法の評価と展望」環境法政策学会(編)『リサイクル関係法の再構築——その評価と展望』〔環境法政策学会誌9号〕71-108頁（商事法務）

淡路剛久・柳憲一郎・大塚直・小川康則・加藤峰夫・高木亨・高橋滋・高橋満彦・田中正・茅野恒秀「〔パネルディスカッション〕地方分権と環境行政」季刊環境研究142号178-189頁

2007年

「〔巻頭言〕中国の環境問題」季刊環境研究144号3-4頁

大塚直・加藤雅信・加藤新太郎「〔鼎談〕差止めを語る」判例タイムズ1229号4-32頁

「〔書評〕松村弓彦・柳憲一郎・荏原明則・小賀野晶一・織朱實著『ロースクール環境法』」環境法研究32号215-217頁

上村達男・大塚直・ジェニー・スティール・松本和彦・中山竜一・桑原勇進「〔国際シンポジウム記録〕環境法における予防原則——欧州法からの示唆」企業と法創造4巻2号5-55頁

2008年

伊藤隆敏・大塚直・本郷尚・佐藤秀夫「〔座談会〕市場メカニズムで地球温暖化を防ぐ」ESP511号4-21頁

浅野直人・井上秀典・磯崎博司・大塚直・梶原成元・高村ゆかり・早川光俊・山田健司「〔パネルディスカッション〕ポスト2012年の将来枠組み形成」環境法政策学会(編)『温暖化防止に向けた将来枠組み——環境法の基本原則とポスト2012年への提案』〔環境法政策学会誌11号〕57-103頁（商事法務）

井村秀文・小林光・村田佳壽子・小倉紀雄・花木啓祐・大塚直・楠田哲也・鈴木基之「〔パネル討論〕環境関連諸学会の役割と連携」環境科学会誌21巻4号345-353頁

北川正恭・大塚直・松岡俊二・瀬川至朗・吉田徳久・堀口健治「〔座談会〕サステイナ

ビリティ・政治・ジャーナリズム」サステナ９号4-19頁

2009年

瀬川信久・沖野眞已・加藤雅信・岡孝・野澤正充・松岡久和・山野目章夫・大塚直「〔シンポジウム〕日本民法典財産法編の改正」私法71号3-59頁

大塚直・由田秀人「〔対談〕一般廃棄物施策の展開とその気になるポイント」月刊廃棄物35巻１号10-13頁

淡路剛久・大塚直・ジェイソン・ジョンストン・高村ゆかり・ダニエル・A・ファーバー・趙弘植・葉俊栄「〔討論〕環境損害の回復と責任――市民訴訟・団体訴訟との関係を中心として」ジュリスト1372号88-101頁

「〔講演〕土壌汚染に関する紛争について」ちょうせい58号12-25頁

「土壌汚染対策法の改正と「制度的管理」への動向」日本エネルギー法研究所月報201号1-5頁

2010年

山下友信・大塚直・三木浩一・村上博「〔座談会〕法学部で勉強しよう！――３・４年生へのアドバイス」法学教室355号4-25頁

「〔コラム〕環境問題と消費者」廣瀬久和・河上正二（編）『消費者法判例百選』（別冊ジュリスト200号）123頁（有斐閣）

淡路剛久・大久保規子・浅岡美恵・浅野直人・大塚直・木村祐二・高村ゆかり・山田健司「〔パネルディスカッション〕気候変動をめぐる政策手法と国際協力」環境法政策学会（編）『気候変動をめぐる政策手法と国際協力――その現状と課題』〔環境法政策学会誌13号〕85-140頁（商事法務）

井手秀樹・岸井大太郎・大塚直「〔座談会〕国内排出量取引制度の競争政策上の論点――公正取引委員会「地球温暖化対策における経済的手法を用いた施策に係る競争政策上の課題――国内排出量取引制度における論点（中間報告）」を踏まえて」L&T49号4-18頁

2011年

大村敦志・山下純司・能美善久・新堂明子・水野謙・大塚直・田村善之「新しい法益と不法行為法の課題」私法73号3-52頁

「山本説に対するコメント――憲法・不法行為法・環境法の断面」企業と法創造７巻３号100-105頁

「コメント」環境法政策学会（編）『環境影響評価――その意義と課題』〔環境法政策学会誌14号〕106-109頁（商事法務）

2012年

花岡千草・大塚直・田中充・槇重善「〔シンポジウム〕アセス法のこれまでと、これから」環境アセスメント学会誌10巻１号55-61頁浅野直人・北村喜宣・及川敬貴・大塚直・畠山武道・日置雅晴・福士明・六車明「〔パネルディスカッション〕公害・環境紛争処理の変容」環境法政策学会（編）『公害・環境紛争処理の変容――その実態と課題』〔環境法政策学会誌15号〕105-130頁（商事法務）

2013年

淡路剛久・礒野弥生・植田和弘・上田康治・大塚直・桑原勇進・高橋滋「〔パネルディスカッション〕原発事故の環境法への影響」環境法政策学会（編）『原発事故の環境法への影響――その現状と課題』〔環境法政策学会誌16号〕105-124頁（商事法務）

崎田裕子・吉田弘志・大友詔雄・鈴木亨・大塚直・浅野直人「〔シンポジウム〕自立・分散型エネルギーシステムの形成と地域社会の活性化――第４次環境基本計画の点検」開発こうほう604号1-7頁

2014年

「〔自著を語る〕『環境法 BASIC』の執筆に当たって考えたこと」書斎の窓631号61-64頁

「〔シンポジウム報告〕計画段階配慮書手続の意義――制度面の課題等」環境アセスメント学会誌12巻１号62-65頁

石野耕也・礒野弥生・淡路剛久・大久保規子・大塚直・北村喜宣・島村健・西尾哲茂「〔パネルディスカッション〕環境基本法制定20周年――環境法の過去・現在・未来」環境法政策学会（編）『環境基本法制定20周年――環境法の過去・現在・未来』〔環境法政策学会誌17号〕99-129頁（商事法務）

2015年

「はじめに〔アジア諸国における環境法制の現状と課題〕」環境法政策学会（編）『アジアの環境法政策と日本――その課題と展望』〔環境法政策学会学会誌18号〕3-4頁（商事法務）

手嶋豊・前田陽一・潮見佳男・山本敬三・米村滋人・橋本佳幸・大塚直・吉村良一・能見善久「〔シンポジウム〕不法行為法の立法的課題」私法78号3-56頁

「〔講演〕東電事故賠償において示された原子力損害賠償制度に関する理論的課題」一橋大学環境法政策講座（編）『原子力損害賠償の現状と課題』19-37頁（商事法務）

大塚直・潮見佳男・髙橋滋・野村豊弘・丸島俊介・渡辺智之・中島肇「〔パネルディスカッション〕福島事故賠償の在り方を踏まえた原子力損害賠償制度の課題」一橋大学環境法政策講座（編）『原子力損害賠償の現状と課題』90-100頁（商事法務）

「〔講演〕共同不法行為・競合的不法行為に関する検討」先物・証券取引被害研究46号53-60頁

2016年

浅野直人・織朱實・大塚直・崎田裕子・藤原悌・前田定孝・増沢陽子・松本和彦・森下

哲「〔パネルディスカッション〕化学物質の管理」環境法政策学会（編）『化学物質の管理――その評価と課題』〔環境法政策学会誌19号〕107-144頁（商事法務）

2018年

竹本和彦・鎌形浩史・大塚直・加藤和弘・村上暁信「〔座談会〕持続可能な社会づくりに向けた環境政策と環境研究の連携」環境情報科学47巻1号57-68頁

明日香壽川・大塚直・島村健・桃井貴子・宮本憲一・山下英俊・長谷川公一「〔座談会〕石炭火力発電所建設問題と日本の気候変動政策――地域の足元から地球規模で考える」環境と公害47巻4号56-63頁

大塚直・岡松暁子・相澤寛史・浅岡美恵・久保田泉・釼持麻衣・関正雄・高村ゆかり「〔パネルディスカッション〕転機を迎える温暖化対策と環境法」環境法政策学会（編）『転機を迎える温暖化対策と環境法――課題と展望』〔環境法政策学会誌21号〕109-137頁（商事法務）

＊2018年末までに公刊されたものを、可能な限り網羅的に掲げた。おおよそ刊行月順に並べられているが、連載などかならずしもそのようにされていないものもある。

あとがき

大塚直先生は、2018年11月23日、めでたく還暦を迎えられた。本書は、先生の謦咳に接し、学部および大学院においてその指導を受けて学究の道に進んだ者、ならびに学会などにおいて先生と親しく学問的交流を温めてきた者により、先生の還暦を寿ぐべく編まれた論文集である。

大塚先生は、助手論文を元とした「生活妨害の差止に関する基礎的考察——物権的妨害排除請求と不法行為に基づく請求との交錯」により、学壇に華々しいデビューを飾られた。星野英一先生のご指導の下で著された同論文は、民法学およびその一領域である差止論においてその劃期をなすものとして受け止められたが、そこでは、さらに環境法学者としての素地もすでに形作られていたとみるのはいささか牽強付会であろうか。ともあれ、同論文の連載が完結した直後にジュリスト誌上に掲載された「環境賦課金——環境保護のための間接的（経済的）手段」が大塚先生の環境法学者としての地位を早くも決定づけた点は衆目の一致するところであろう。その後の先生の環境法学者としてのご関心とご業績は、環境影響評価、土壌汚染、物質・資源循環にと瞬く間に拡がっていき、現在では環境法総論および各論のあらゆる分野にわたっている。先生のご思索は、わが国環境法学が長らく待望した本格的研究書である『環境法』（有斐閣、初版2002年）、および『環境法 BASIC』（有斐閣、初版2013年）に結実している。また巻末に付した業績一覧を一瞥すれば、先生がわが国の環境法研究に新たな地平を拓いてこられた、その足跡を知ることができよう。

民法学者と環境法学者という二面を併せ持つ大塚先生の還暦に献呈する論文集とあらば、本来、環境法学のみならず民法学の成果をも広く纂集するのでなければ十分とはいえなかろう。先生が民法学、環境法学、２つの学理の途をともに究めんとされていることは、やはり業績一覧からよく知られよう。だが、本書では力及ばずこれを断念し、主に環境法学を専門とする方々に限ってご寄稿をお願いすることとした。このことをまずは大塚先生にお詫び申し上げなければならない。本書がこれまでの先生の学恩にいささかなりとも応えるものであれば、これに勝れる喜びはない。

本書を企画するにあたり、あらかじめ編者によって「環境規制の現代的展開」という共通テーマを立て、環境規制を多様な角度から考究するという方針を決めた。その上で、それぞれの執筆者には誠に失礼なことながら、ご執筆いただく個別のテーマをお示しし、その枠づけの中でご執筆をお願いすることとした。また分量についても厳しくお守りいただくようお願いした。この企画にご賛同いただき、限られた期間にもかかわらずご論稿をお寄せいただいた先生方に、厚く御礼申し上げる。とりわけ、本書においては、行政法学さらに法社会学の視座から環境問題に接近され、大塚先生とともにわが国環境法学の開拓線を拡げてこられた北村喜宣先生、大塚先生と同じく星野英一先生の下で学ばれ、民法学（不法行為法、親族相続法）をご専門とし環境法学にもご造詣の深い前田陽一先生にご寄稿をいただくことができたことを、ここに特に記し、改めて御礼申し上げる。

出版事情のとりわけ厳しいなか、本書の刊行を快くお引き受けいただき、企画から公刊に至るまでお世話いただいた法律文化社、とりわけ編集全般についてご尽力いただいた小西英央氏には、編者はもとより、執筆者一同、厚く御礼申し上げる。末尾の略歴・業績一覧の作成にあたっては、大塚先生ご自身のお手を煩わせるとともに、最終の確認作業につき二見絵里子氏（清和大学法学部非常勤講師）の協力を得た。

先生は、華甲を過ぎた現在もなお、研究教育はもとより、環境法政策学会をはじめとする学会・研究会の運営や、中央環境審議会をはじめとする政府の審議会等への参画など、多方面にわたり精力的な活動を続けておられる。引き続き、わたくしども後進にご指導ご鞭撻を賜るようにお願い申し上げる。また、先生の研究生活を長らく支えてこられた令夫人とともに、これからもお健やかにご活躍されることを祈念申し上げ、ここに本書を献げる。

2019年５月

編者を代表して

赤渕　芳宏

環境規制の現代的展開
——大塚直先生還暦記念論文集

2019年6月20日　初版第1刷発行

編　者　大久保規子（おおくぼのりこ）・高村ゆかり（たかむら）
　　　　赤渕芳宏（あかぶちよしひろ）・久保田泉（くぼたいずみ）

発行者　田靡純子

発行所　株式会社 法律文化社
〒603-8053
京都市北区上賀茂岩ヶ垣内町71
電話 075(791)7131　FAX 075(721)8400
http://www.hou-bun.com/

印刷：㈱冨山房インターナショナル／製本：㈱藤沢製本
装幀：谷本天志

ISBN978-4-589-04017-6